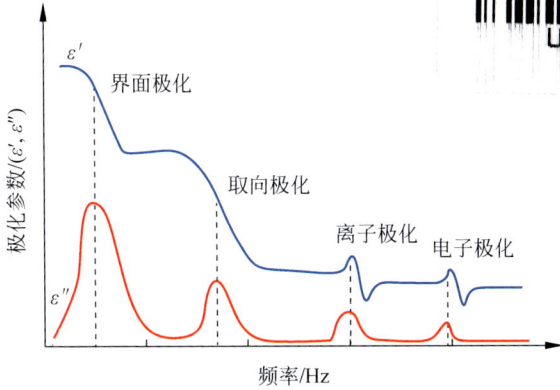

图 2-1　典型的介电谱示意图

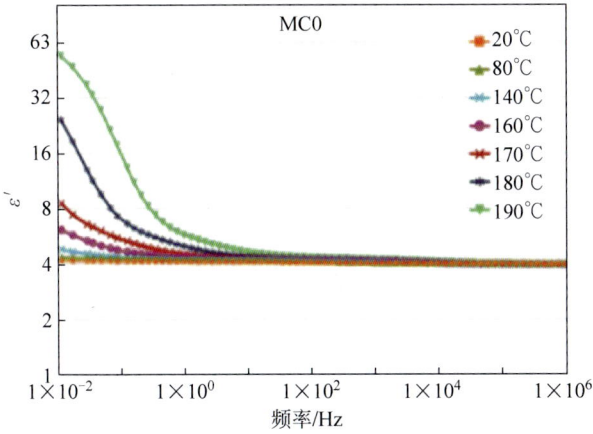

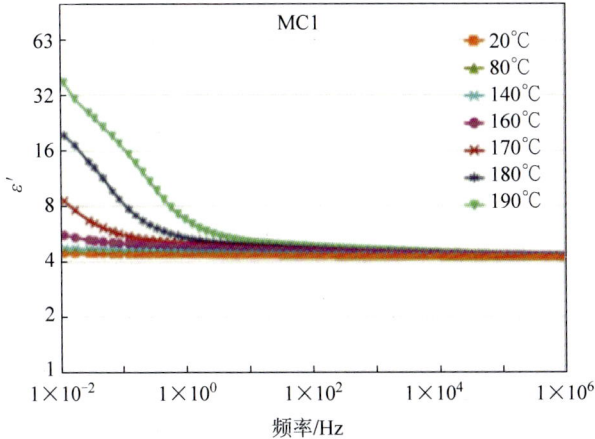

(a)

图 2-2　不同频率和温度时环氧树脂复合材料介电常数实部和虚部变化规律

　　(a) 20～190℃ 样品 MC0、MC1 随频率变化的介电常数实部
　　(b) 20～190℃ 样品 MC0、MC1 随频率变化的介电常数虚部

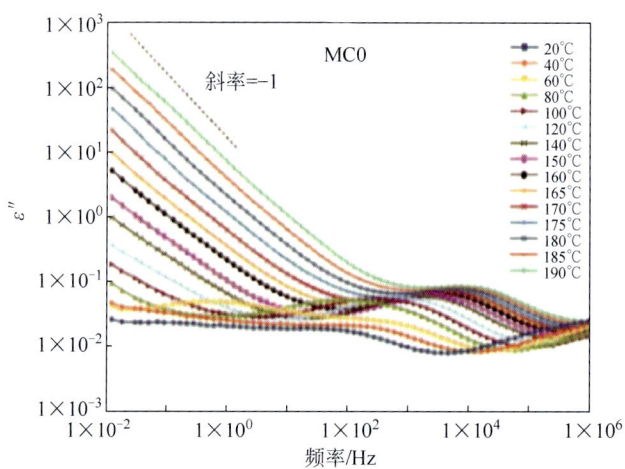

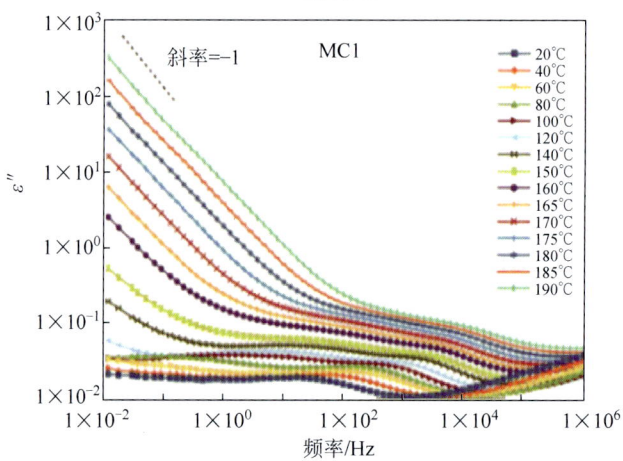

(b)

图 2-2(续)

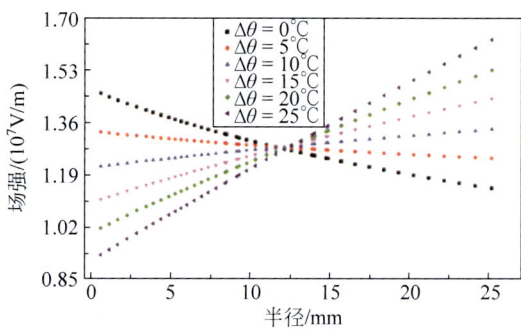

图 2-4 不同温度梯度下±320 kV 电缆绝缘层中的场强分布

图 2-8　两类环氧树脂导热机理示意图

（a）传统环氧树脂的导热机理；（b）液晶环氧树脂结晶区的导热机理

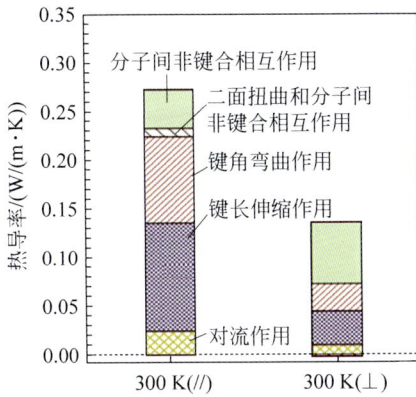

图 2-11　不同因素对液晶聚合物各向异性热导率的贡献

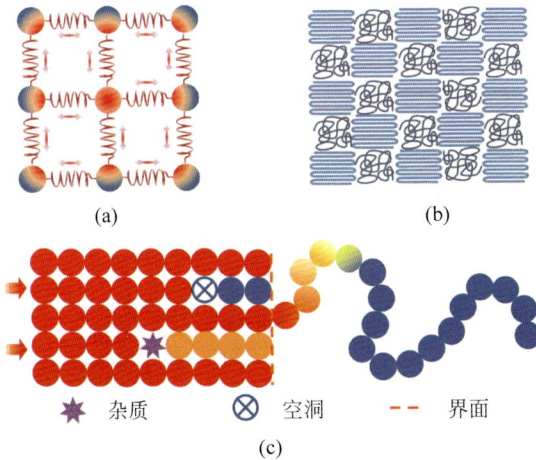

图 3-1　聚合物结构及导热过程示意图

（a）通过弹簧—质量系统描绘分子链或原子的振动；（b）聚合物中的晶体和非晶体区域；

（c）导致聚合物中声子散射的因素

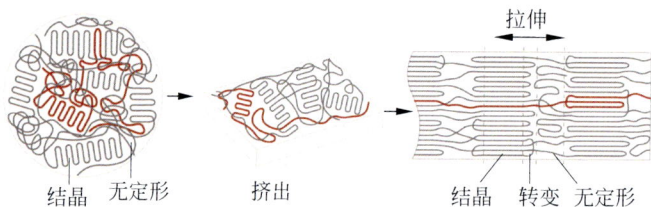

图 3-2　拉伸过程中分子链演变的示意图

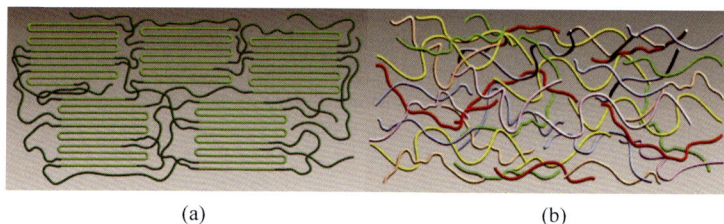

图 3-3　半晶体和非晶聚合物纳米纤维的微观结构

（a）拉伸的半晶体聚合物中的链取向形态，折叠链是被非晶区域包围的晶体或晶体域；
（b）非晶聚合物中的链取向形态，没有折叠的晶体域的链取向

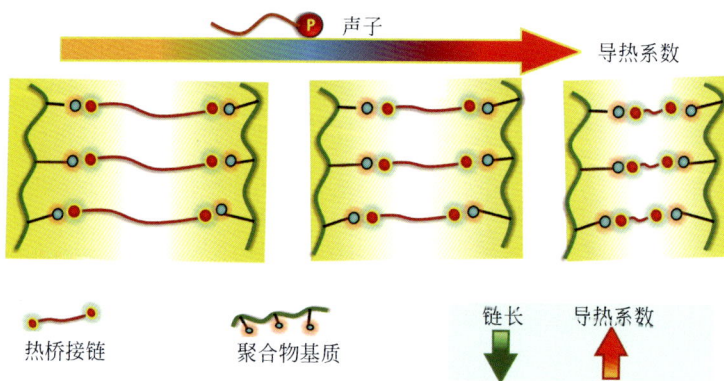

图 3-4　PVA 复合膜的热导率与热桥接链长的示意图

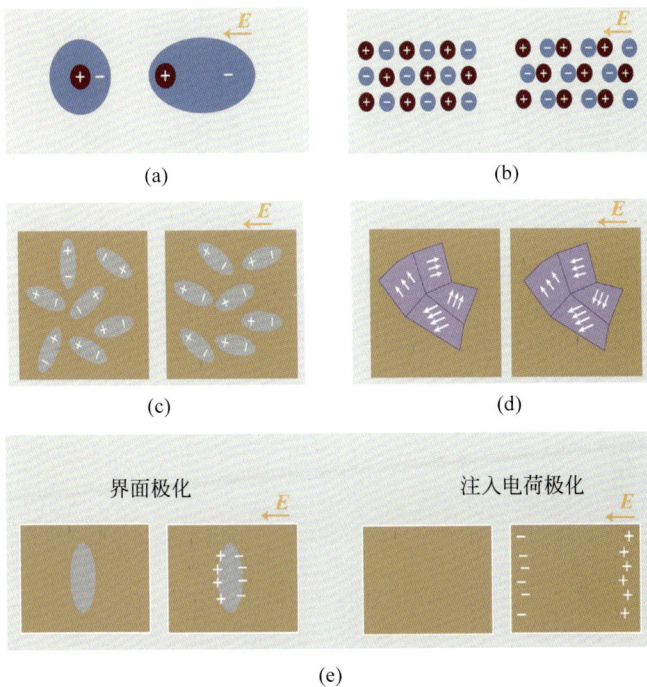

图 3-8 聚合物电介质极化示意图

（a）电子极化；（b）原子和离子极化；（c）偶极极化；（d）自发极化；（e）空间电荷极化

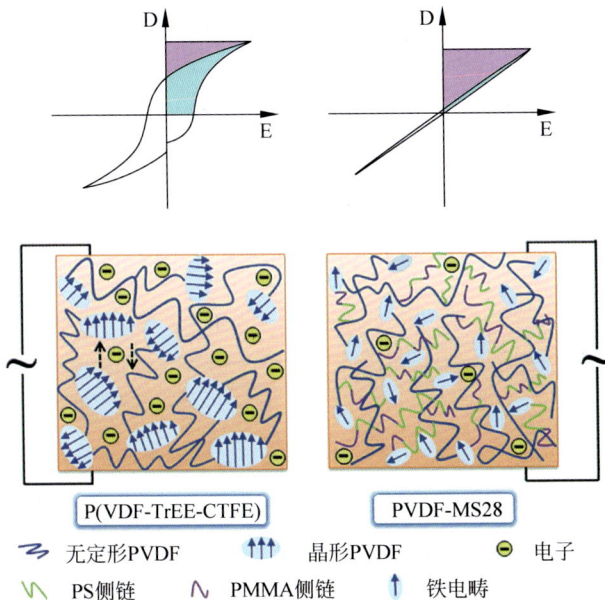

图 3-10 P(VDF-TrFE-CTFE)和 PVDF-MS28 的分子排列模型示意图

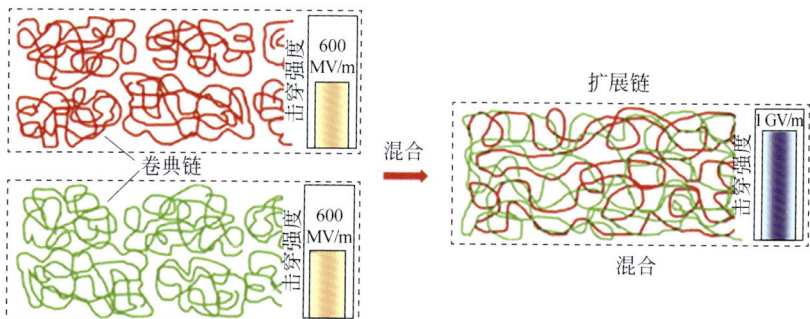

图 3-11 PI/PEI 混合增强静电相互作用扩展链结构排列示意图

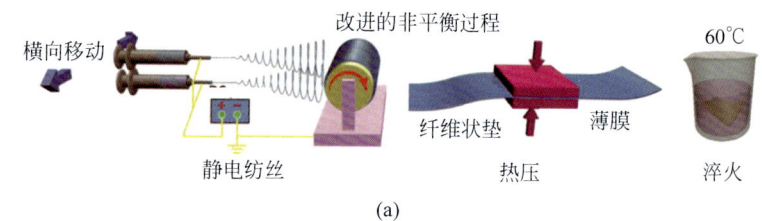

(a)

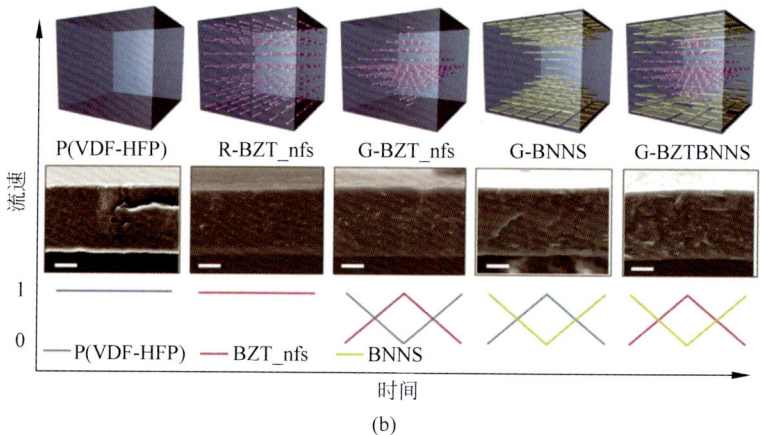

(b)

图 3-12 非平衡过程制备渐变结构聚合物纳米复合材料

（a）制备过程示意图；（b）不同结构材料的扫描电镜图像

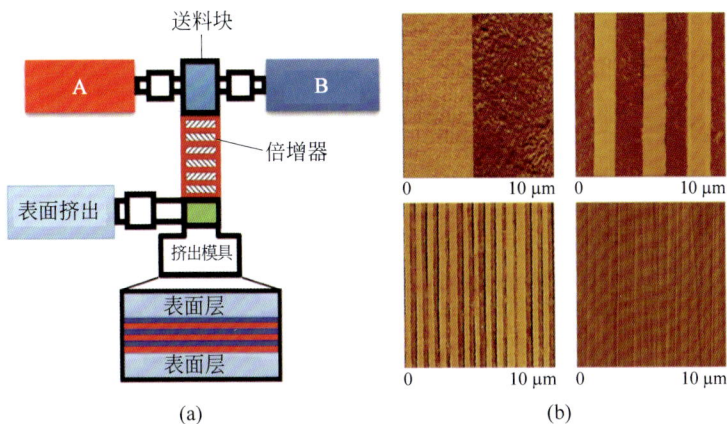

图 3-16　多层薄膜示意图及其表征

（a）多层共挤出过程；（b）多层薄膜的 AFM 相位图

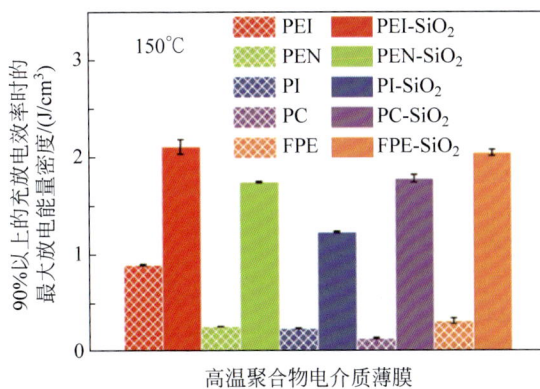

图 3-17　150℃ 薄膜在涂层前后达到 90％以上的充放电效率时的
最大放电能量密度

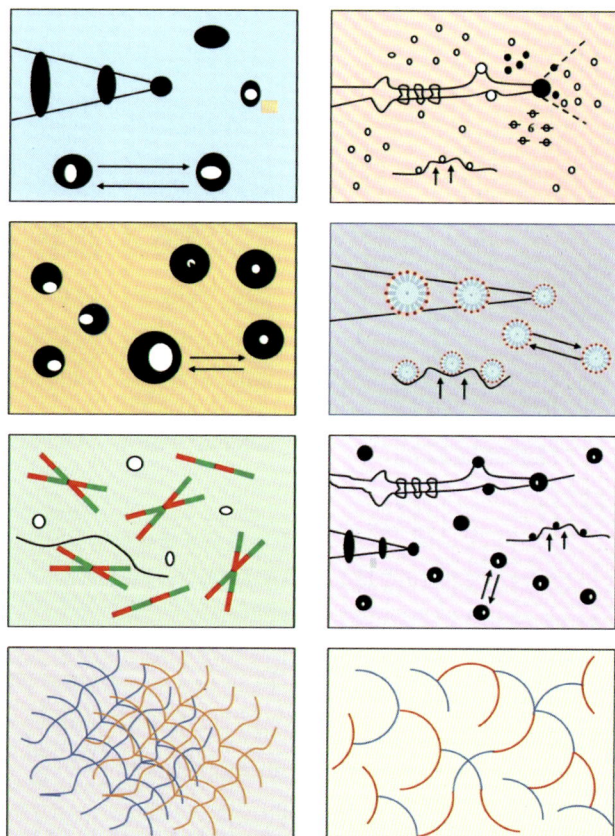

图 3-19　异相增韧机制模型示意图

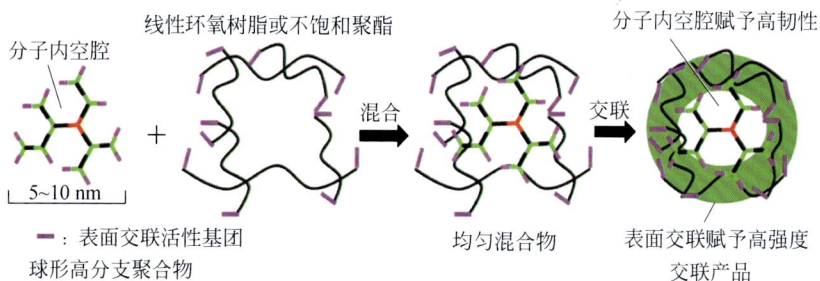

图 3-21　原位加强和增韧机制的示意图

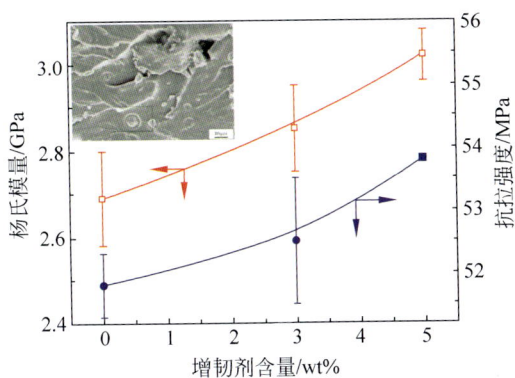

图 3-22　聚脲-2/环氧体系的拉伸性能

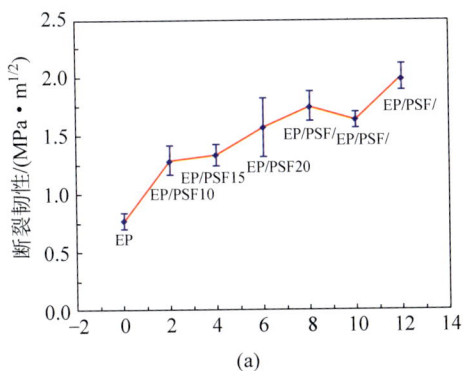

(a)

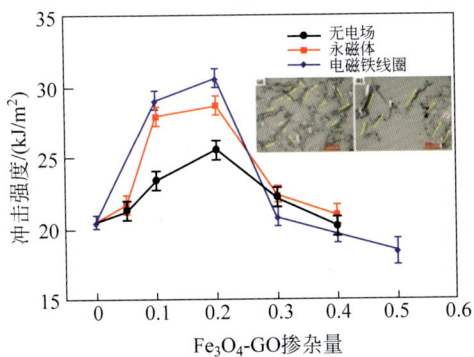

(b)

图 3-23　不同纳米填料对环氧体系的增韧效果

（a）EP/PSF 体系断裂韧性；（b）含 Fe_3O_4 复合材料的冲击强度和 TEM 图

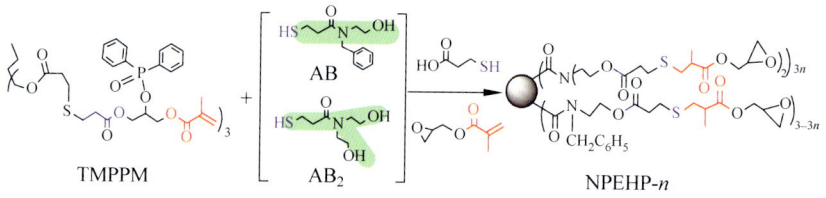

图 3-25 NPEHP-n 的合成方案示意图

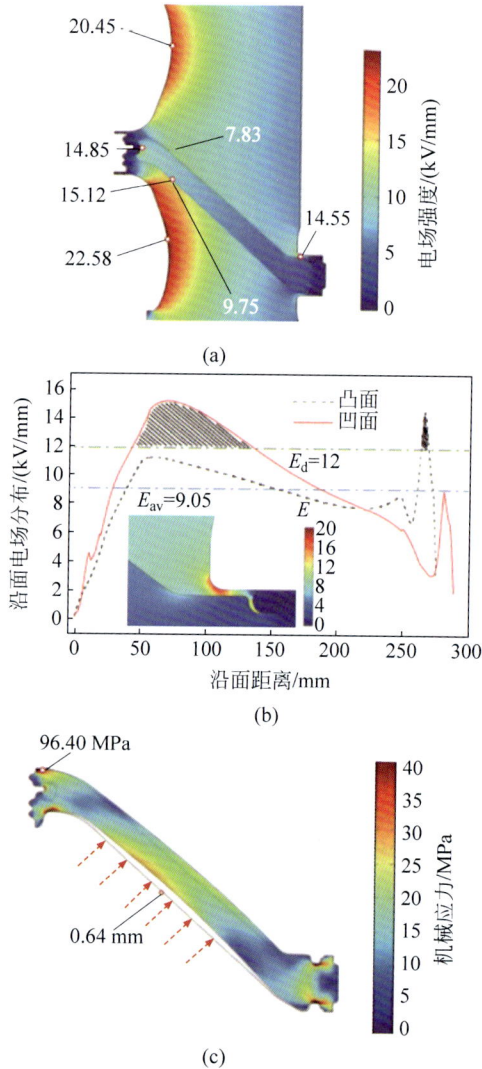

(a)

(b)

(c)

图 5-4 550 kV 盆式绝缘子结构优化前后性能对比图

（a）优化前电场分布；（b）优化前沿面电场分布；（c）优化前应力分布；
（d）优化后电场分布；（e）优化后沿面电场分布；（f）优化后应力分布

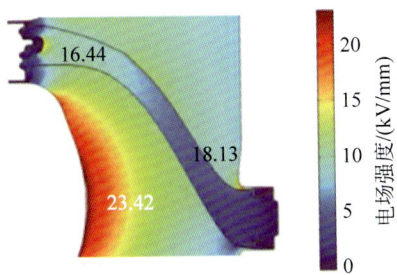

(d)

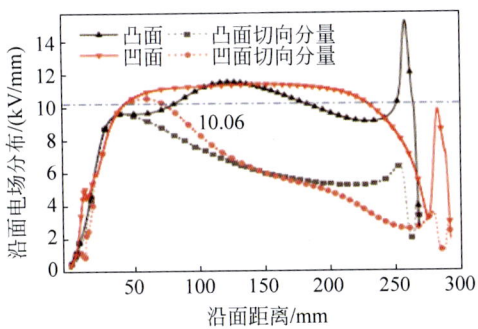

(e)

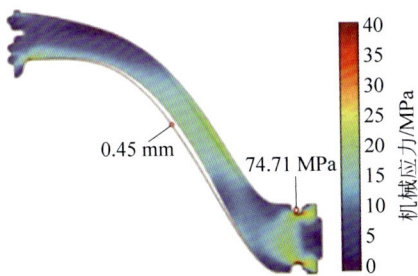

(f)

图 5-4（续）

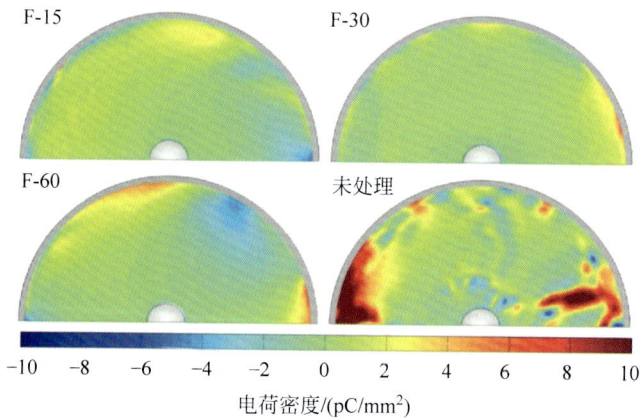

F-15   F-30

F-60   未处理

−10 −8 −6 −4 −2 0 2 4 6 8 10

电荷密度/(pC/mm²)

(a)

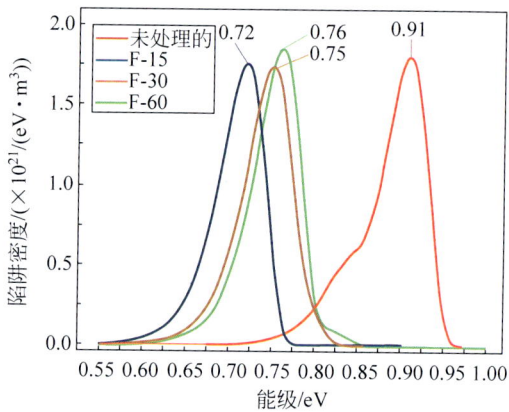

(b)

图 5-6　盆式绝缘子表面氟化处理

（a）绝缘子氟化前后表面电荷分布情况；（b）氟化前后的电子陷阱能级分布

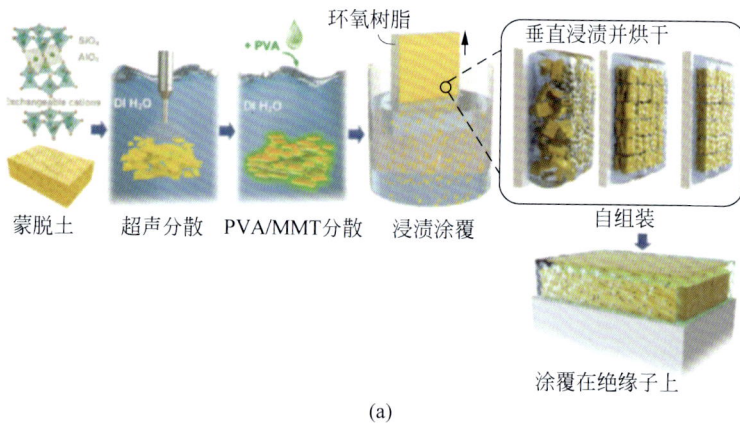

环氧树脂

垂直浸渍并烘干

蒙脱土　　超声分散　　PVA/MMT分散　　浸渍涂覆

自组装

涂覆在绝缘子上

(a)

图 5-7　自组装二维纳米层涂层

（a）制备过程；（b）交联过程；（c）涂覆前后表面电荷分布和沿面闪络电压的变化

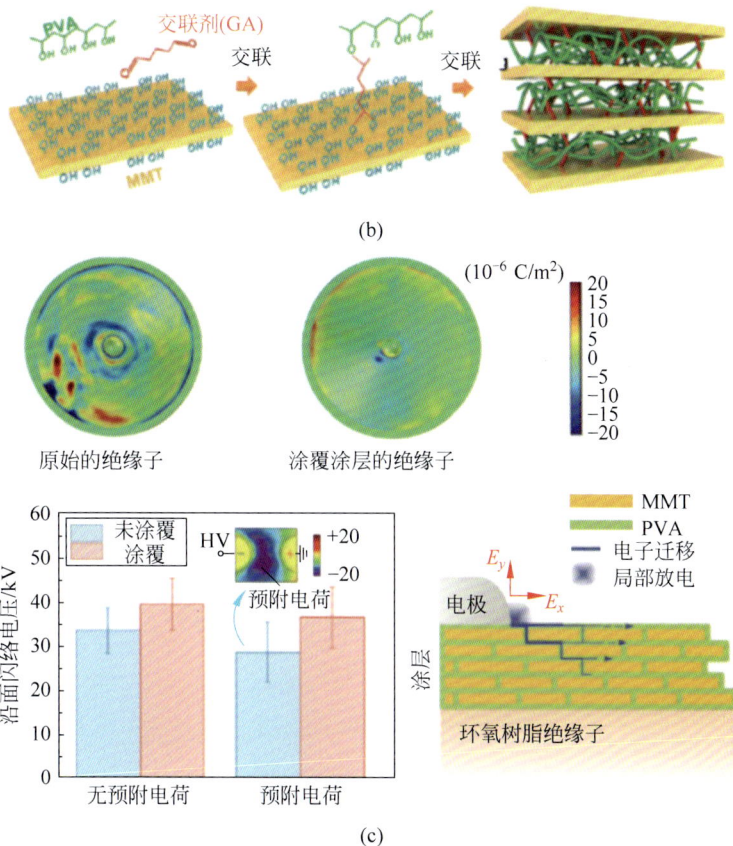

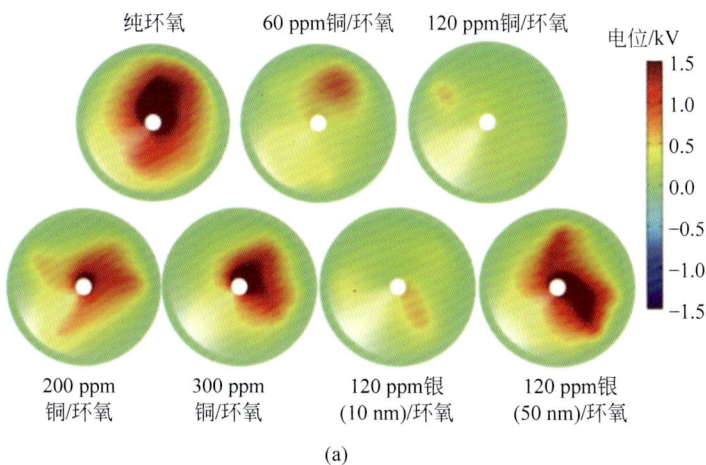

(b)

原始的绝缘子   涂覆涂层的绝缘子

$(10^{-6}\ \text{C/m}^2)$

(c)

图 5-7(续)

纯环氧   60 ppm铜/环氧   120 ppm铜/环氧

电位/kV

200 ppm
铜/环氧   300 ppm
铜/环氧   120 ppm银
(10 nm)/环氧   120 ppm银
(50 nm)/环氧

(a)

图 5-8 不同类型绝缘子表面电位、电荷分布和闪络电压

（a）表面电位分布；（b）沿径向的表面电荷平均值；（c）闪络电压

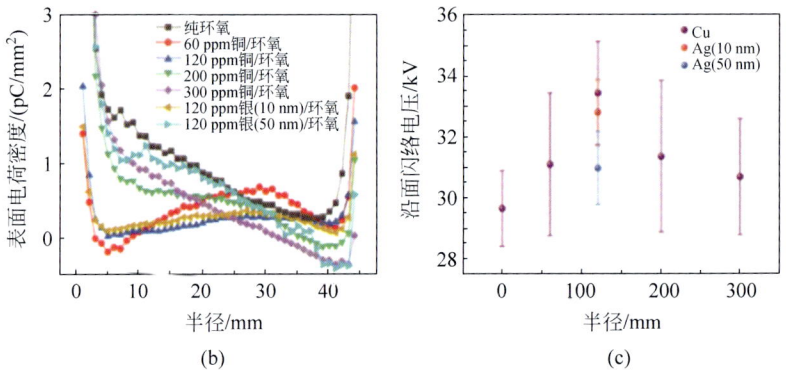

图 5-8(续)

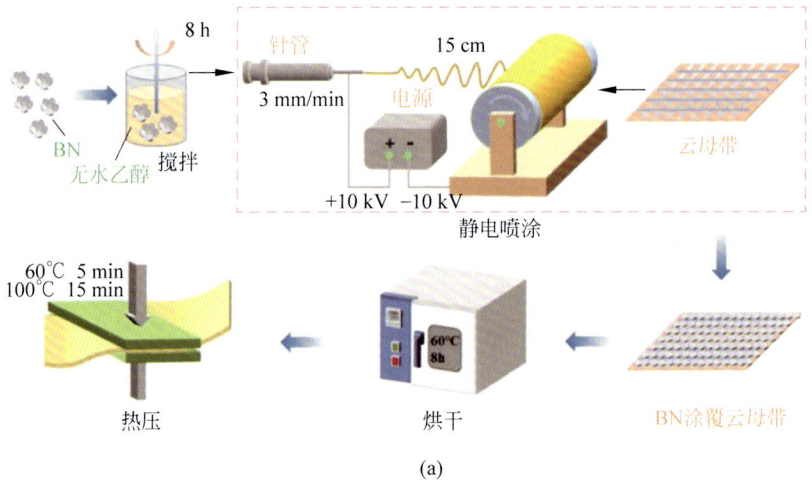

(a)

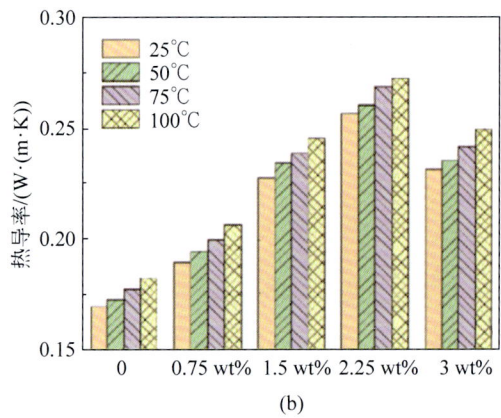

(b)

图 5-10 BN 静电喷涂云母带流程及性能

(a) 工艺流程; (b) 导热性能; (c) 击穿场强

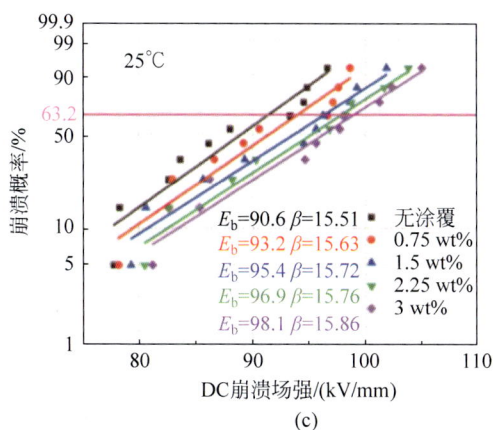

(c)

图 5-10(续)

阴极　　　　　　　　　　阳极

—— 0 s　　　　　---- 60 s
300 s　　　　　---- 600 s
1200 s　　　　　1800 s

(a)

阴极　　　　　　　　　　阳极

—— 0 s　　　　　---- 60 s
300 s　　　　　---- 600 s
1200 s　　　　　1800 s

(b)

阴极　　　　　　　　　　阳极

—— 0 s　　　　　---- 60 s
300 s　　　　　---- 600 s
1200 s　　　　　1800 s

(c)

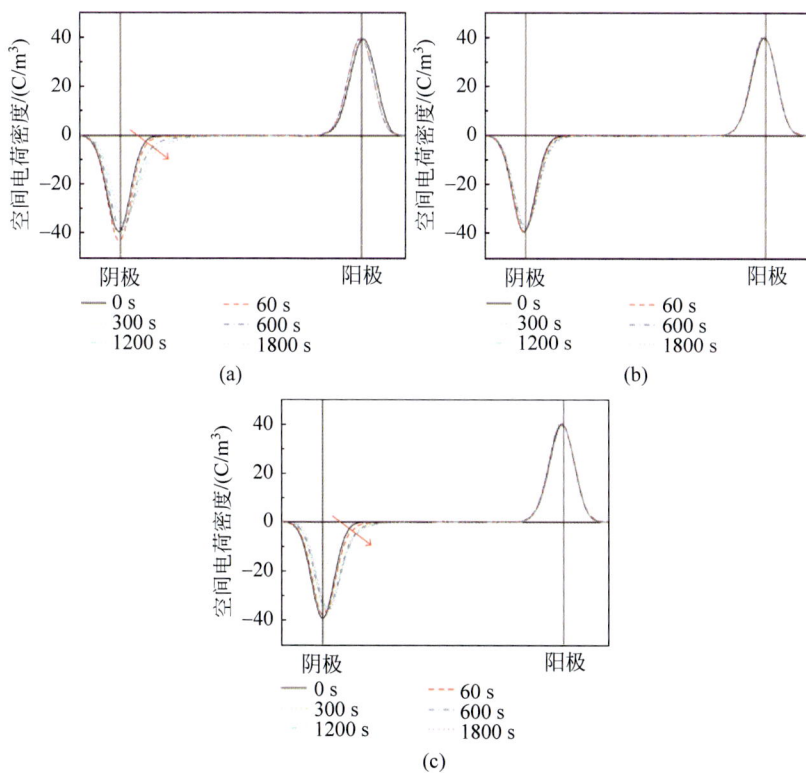

图 5-13　sPP 及复合材料在 60 kV/mm 直流电场作用下
1800 s 时的空间电荷分布

（a）SiO$_2$ 纳米颗粒在复合材料中的含量为 0 phr；（b）SiO$_2$ 纳米颗粒在复合材料中的
含量为 1 phr；（c）SiO$_2$ 纳米颗粒在复合材料中的含量为 3 phr

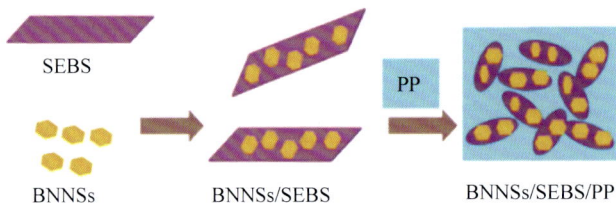

(a)

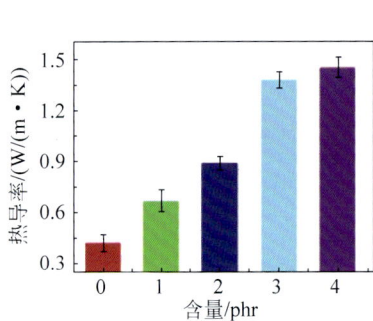

(b)

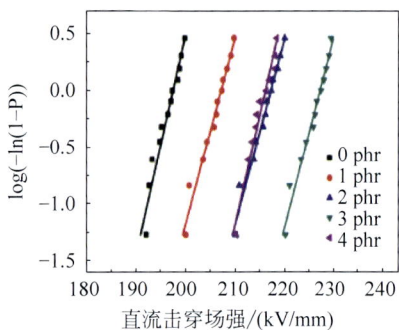

(c)

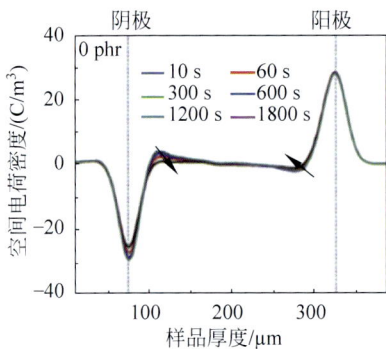

(d)

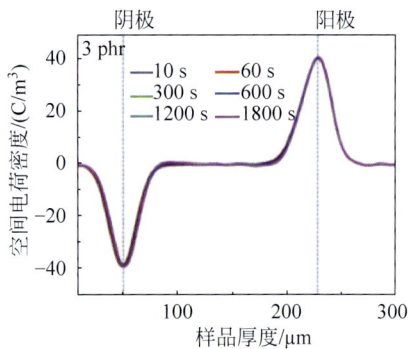

(e)

图 6-1　BNNSs/SEBS/PP 复合材料的导热与绝缘性能

（a）导热绝缘材料设计思路；（b）BNNSs 含量与复合材料热导率的关系；

（c）BNNSs 含量与直流击穿场强的关系；（d）0 phr BNNSs 含量下的空间电荷密度；

（e）3 phr BNNSs 含量下的空间电荷密度

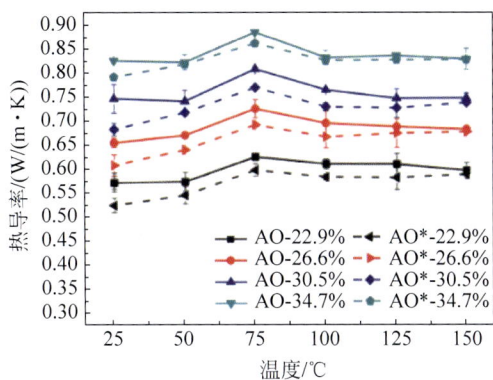

(a)

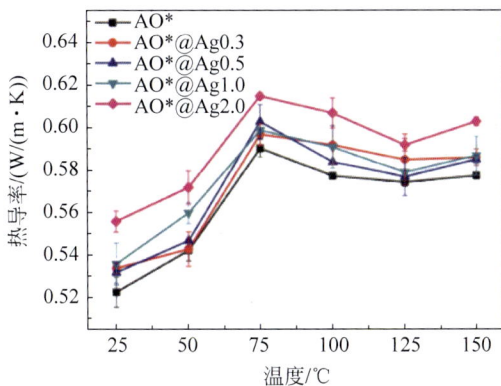

(b)

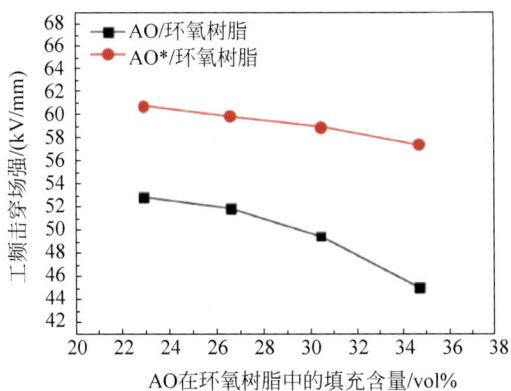

(c)

图 6-2 AO、AO*、AO*@Ag 环氧复合材料的导热与绝缘性能

（a）AO、AO* 环氧复合材料的热导率；（b）AO*@Ag 环氧复合材料的热导率；
（c）AO、AO* 环氧复合材料的工频击穿场强；（d）AO*@Ag 环氧复合材料的
工频击穿场强

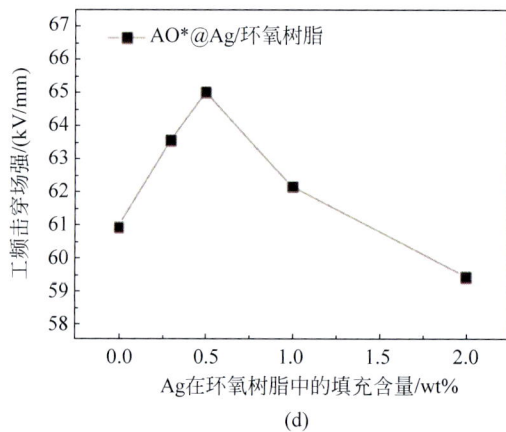

(d)

图 6-2 (续)

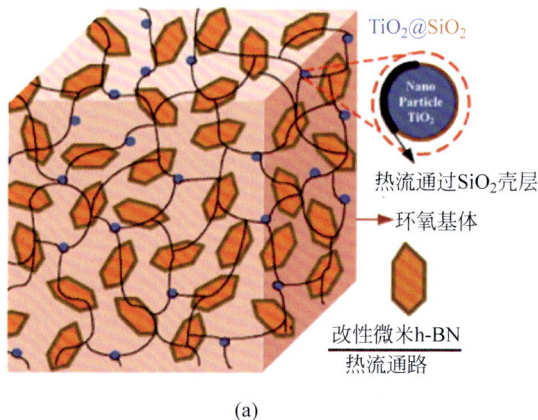

(a)

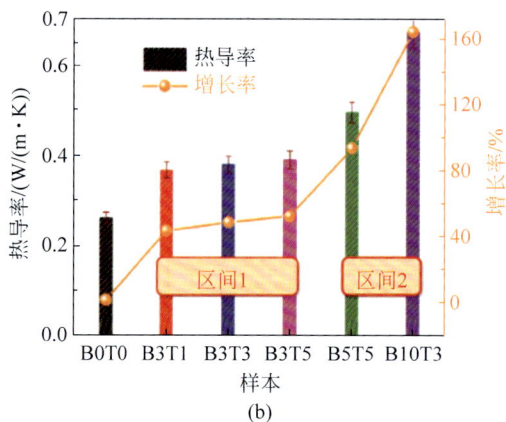

(b)

图 6-3 BN/TiO$_2$@SiO$_2$ 环氧复合材料的导热与高频绝缘性能

（a）BN/TiO$_2$@SiO$_2$ 环氧复合材料导热网络示意图；（b）BN/TiO$_2$@SiO$_2$ 环氧复合材料的热导率；（c）BN/TiO$_2$@SiO$_2$ 环氧复合材料在 10 kHz 下的击穿场强

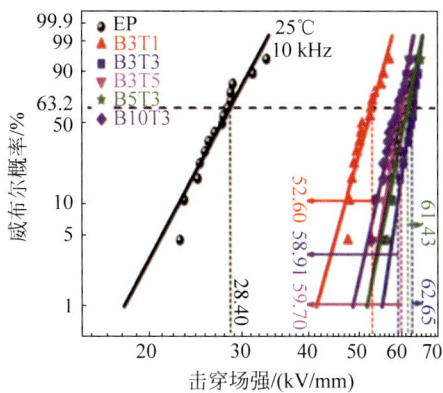

图 6-3（续）

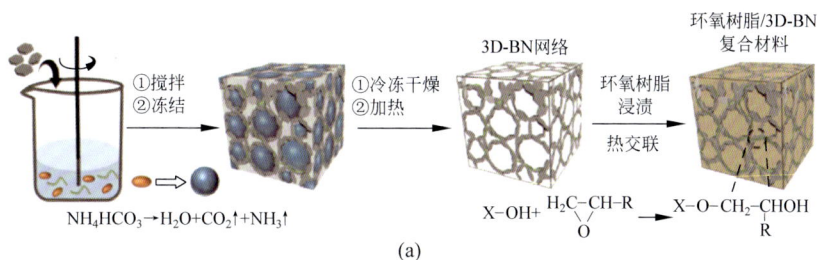

(a)

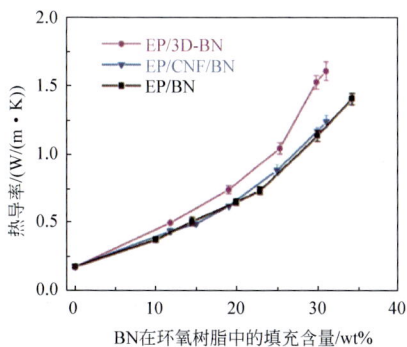

(b)

图 6-4　采用冰模板法制备的 BN/环氧复合材料的导热与高频绝缘性能

（a）BN/环氧复合材料导热网络设计思路；（b）BN/环氧复合材料的热导率；
（c）BN/环氧复合材料在 44 kHz、13 kV 下的击穿时间

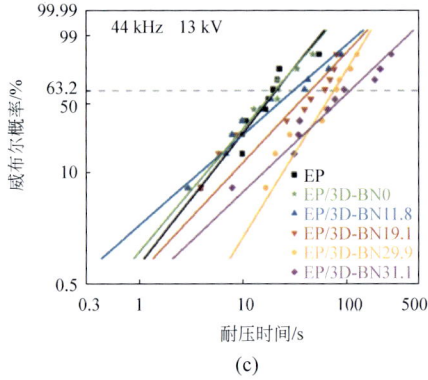

(c)

图 6-4(续)

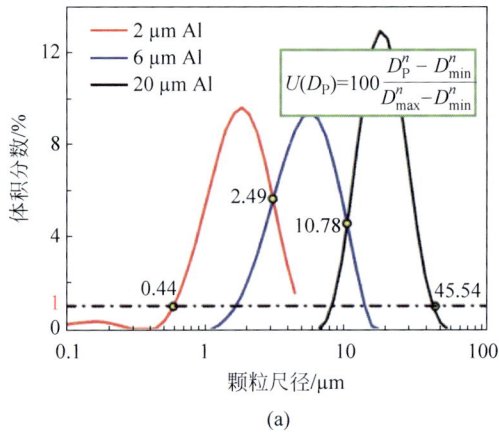

$$U(D_P)=100\frac{D_P^n - D_{\min}^n}{D_{\max}^n - D_{\min}^n}$$

(a)

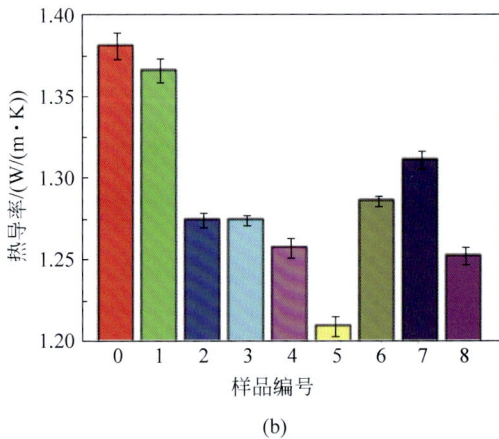

(b)

图 6-6 采用 Dinger-funk 堆积方程设计高导热低黏度硅橡胶复合材料

（a）3 种 Al 球的直径分布图；（b）硅橡胶复合材料的热导率（0 号为按照堆积而制）；

（c）硅橡胶复合材料的黏度（0 号为按照堆积而制）

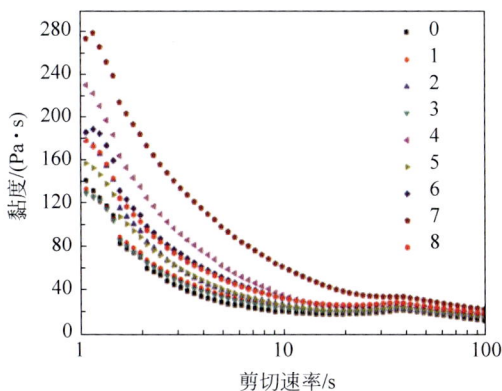

(c)

图 6-6(续)

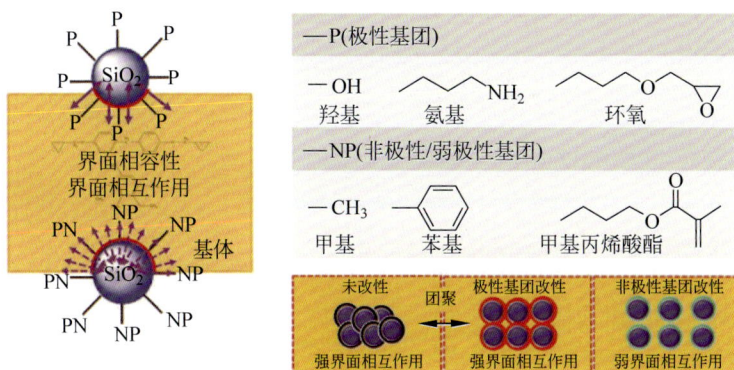

填料表面化学状态的影响

—P(极性基团)

—OH   —NH₂   环氧
羟基   氨基

—NP(非极性/弱极性基团)

—CH₃   苯基   甲基丙烯酸酯
甲基

未改性 → 极性基团改性 ← 非极性基团改性
团聚
强界面相互作用   强界面相互作用   弱界面相互作用

(a)

图 6-7   不同硅烷偶联剂改性 SiO₂ 对环氧树脂悬浮液黏度的影响

(a)不同极性硅烷偶联剂;(b)不同改性 SiO₂ 纳米颗粒/环氧树脂悬浮液的黏度

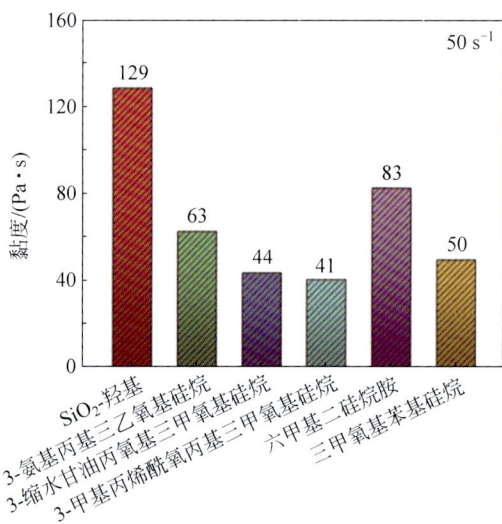

(b)

图 6-7(续)

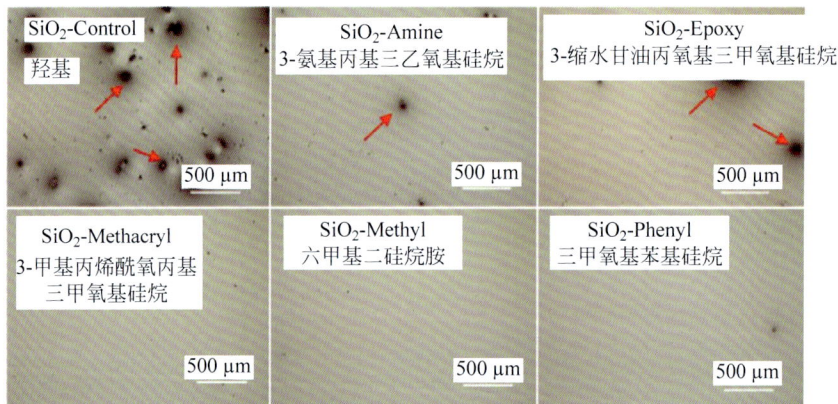

图 6-8 不同硅烷偶联剂改性 SiO_2 在环氧树脂悬浮液内的分散效果

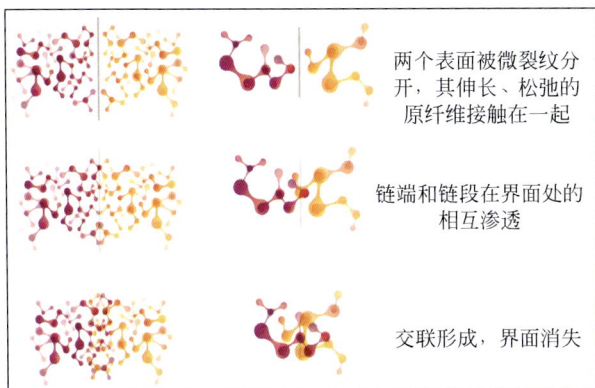

两个表面被微裂纹分开，其伸长、松弛的原纤维接触在一起

链端和链段在界面处的相互渗透

交联形成，界面消失

图 10-2　分子互穿图示：新的物理交联形成

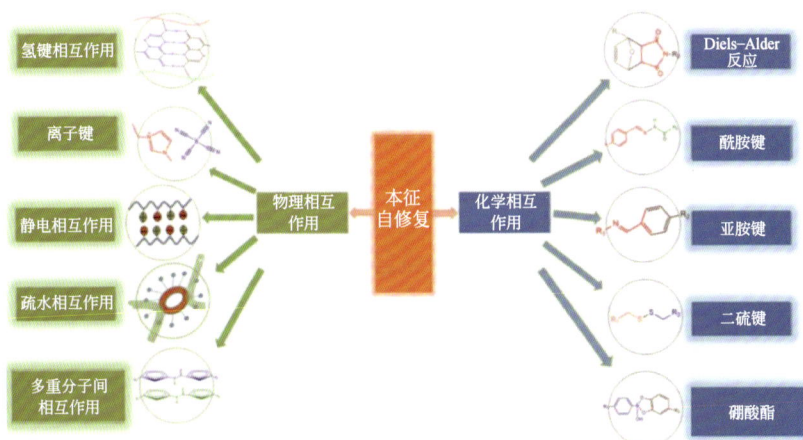

氢键相互作用

离子键

静电相互作用

疏水相互作用

多重分子间相互作用

物理相互作用

本征自修复

化学相互作用

Diels-Alder 反应

酰胺键

亚胺键

二硫键

硼酸酯

图 10-4　本征型自修复机理的分类

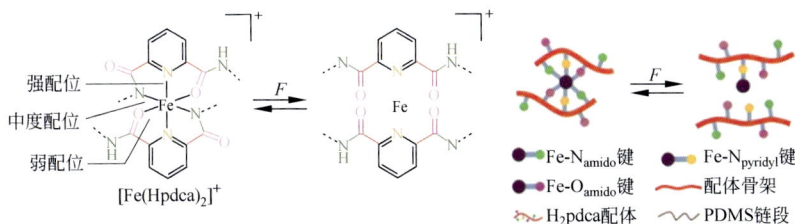

强配位

中度配位

弱配位

$[Fe(Hpdca)_2]^+$

● Fe-N$_{amido}$键　● Fe-N$_{pyridyl}$键
● Fe-O$_{amido}$键　━ 配体骨架
H$_2$pdca配体　〰 PDMS链段

图 10-5　$[Fe(Hpdca)_2]^+$ 的化学结构示意图

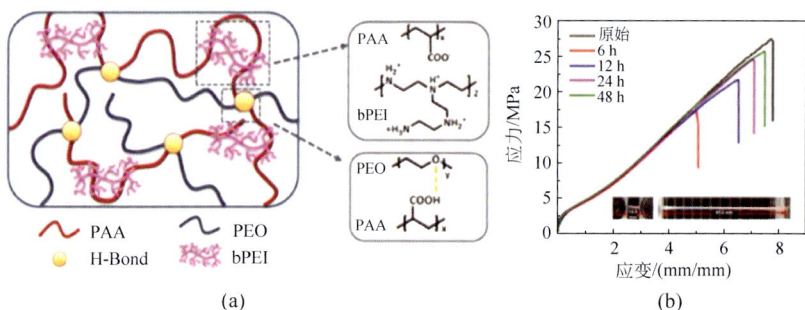

图 10-6　PEIx/PAA/PEO 结构示意图及在不同自修复时间的
应力—应变曲线

（a）bPEIx/PAA/PEO 结构示意图；（b）bPEIx/PAA/PEO 在不同自修复
时间的应力—应变曲线

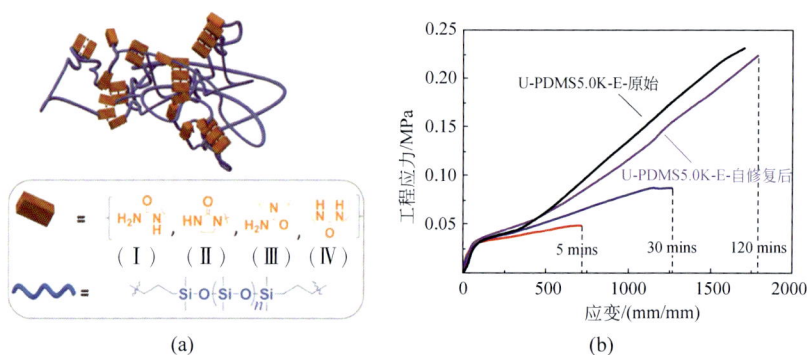

图 10-7　U-PDMS 弹性体及自修复情况

（a）U-PDMS 弹性体结构示意图；（b）U-PDMS-5.0K-E 不同自修复时间下自修复
样品的应力—应变曲线

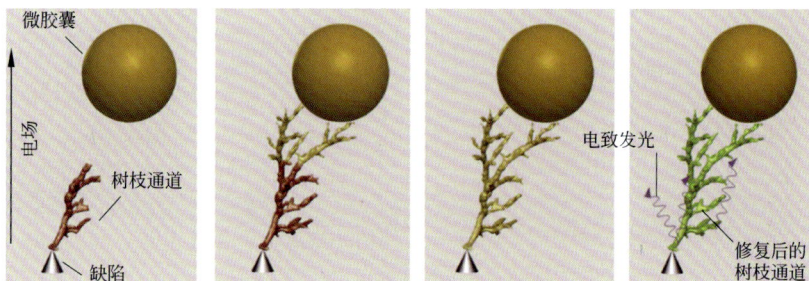

图 10-14　电树自修复示意图

绝缘封装与聚合物介质材料

党智敏（Dang Zhimin） 著

清华大学出版社
北京

内 容 简 介

新能源技术已成为全球关注的热点,实现新能源技术发展离不开高性能电力电子器件和电力装备的支撑。绝缘封装与聚合物介质材料是保证电力电子器件和电力装备高效、长时、安全服役的关键。本书围绕绝缘封装技术和绝缘介质材料安排了 10 章内容,深入探讨绝缘封装技术与聚合物绝缘材料在电力电子器件与电力装备制造领域中的应用现状、面临的挑战,以及前沿的科学研究和技术创新趋势,以期实现绝缘封装在满足现代电力电子器件与电力装备需求的同时,更加环境友好、可持续,为未来高性能电力电子器件和电力装备制造行业发展提供重要工艺和材料支撑。

本书适合从事电力电子器件和电力设备设计制造领域的科技工作者阅读,也可供高等院校、科研机构和相关企业从事绝缘封装技术和绝缘介质材料研究的教师、研究生、高年级本科生以及企业研发人员参考,努力实现“材要好用,材要能用”的目标,促进电力电子器件和电力装备制造的高质量发展。

图书在版编目(CIP)数据

绝缘封装与聚合物介质材料 / 党智敏著. -- 北京 : 清华大学出版社,2025. 6. -- ISBN 978-7-302-68931-7

Ⅰ. TN405;TB34

中国国家版本馆 CIP 数据核字第 202562T80B 号

责任编辑:樊 婧
封面设计:何凤霞
责任校对:赵丽敏
责任印制:刘 菲

出版发行:清华大学出版社
      网   址:https://www.tup.com.cn,https://www.wqxuetang.com
      地   址:北京清华大学学研大厦 A 座   邮   编:100084
      社 总 机:010-83470000   邮   购:010-62786544
      投稿与读者服务:010-62776969,c-service@tup.tsinghua.edu.cn
      质量反馈:010-62772015,zhiliang@tup.tsinghua.edu.cn
印 装 者:涿州市般润文化传播有限公司
经   销:全国新华书店
开   本:153mm×235mm   **印 张**:22.25   **插 页**:12   **字   数**:385 千字
版   次:2025 年 7 月第 1 版   **印   次**:2025 年 7 月第 1 次印刷
定   价:128.00 元

产品编号:109042-01

前 言

　　随着人类对美好生活的更高追求,优美舒适的环境、轻松健康的身心、快捷方便的出行等驱使着科技的不断发展。在此过程中与"新能源"技术相关的领域得到各级政务和行业的高度关注和支持,已成为当前我国政府实现中华民族复兴的重要科技任务之一。

　　实现新能源技术创新离不开电力电子器件和电力装备的支撑。电力电子器件是控制、信息、生物等高科技领域的重要基础,其性能的优劣直接影响整机的工作状态、效能发挥和服役寿命等。为了使器件和装备的各种功能特性与功率特性获得高效安全的充分利用,对电力电子器件和电力装备进行必要的绝缘封装至关重要,绝缘封装的效果主要在于封装工艺优化和封装材料性能的提升。

　　在现代电力电子技术和电力装备的快速进展中,绝缘封装技术在提高器件和装备运行可靠性及长期稳定性上有重要作用。随着微型化和高功率密度成为器件设计的新趋势,对绝缘封装材料的性能要求更加严苛。聚合物绝缘材料,因其具有卓越的绝缘特性,且拥有轻质、易加工及成本低等优点,在众多绝缘材料中脱颖而出,成为器件封装技术和大型电力设备绝缘结构的核心要素。绝缘封装材料不仅要确保阻止电流的非预期泄漏,维持电力电子元件和电力装备功能的电气隔离,还需要在不利条件下保护器件或装置免受温度、湿度、化学物质及物理场变化带来的损伤。

　　本书将深入探讨绝缘封装技术与聚合物绝缘材料,阐述其在电力电子器件与电力装备制造领域中的应用现状、面临的挑战,以及前沿的科学研究和技术创新趋势,着重讨论如何通过材料科学和工程技术的进步,使绝缘封装在满足现代电力电子器件与电力装备需求的同时,更加环境友好、可持续,为未来高性能电力电子器件和电力装备制造行业的发展提供重要技术和材料支撑。

　　本书分为绝缘介质材料和绝缘封装技术两大部分,共包括 10 章内容。其中第 1 章为绪论,2～5 章分别介绍了绝缘封装本征型有机介质材料、绝缘封装聚合物复合介质材料、高功率器件绝缘封装与聚合物介质材料，以及高压干式电力装备与介质相关内容，属于绝缘介质材料领域；6～10 章分别介绍了聚合物绝缘封装的热管理、应力管理、绝缘封装工艺性、绝缘封装长效性及绝缘封装自愈性等核心内容，属于绝缘封装技术领域。

　　本书具体章节内容设置、逻辑关系和专著统稿由作者党智敏完成，在相关章节的内容收集、分析、整理等过程中，王天宇博士、冯遵鹏博士，以及王昕劼、梁彤、宋延晖、刘荻帆等同学付出了辛苦的工作！本书完成过程中受到国家自然科学基金项目、科技部国家重点研发计划项目、北京市中关村国家自主创新示范区开放实验室概念验证项目等资助。作者谨向支持和鼓励本书完成的朋友和诸位同仁致谢，向为本书顺利出版付出辛勤劳动的清华大学出版社的编辑们致以诚挚谢意！鉴于时间有限、加之作者本人学识浅陋，书中难免存在错误和疏漏之处，望广大读者、同行不吝赐教和斧正。

　　本书主要面向从事电力电子器件和电力设备绝缘封装研究和技术开发的科研院所学者、科研人员及公司和企业的相关技术人员。本书涵盖的内容包括了绝缘封装技术和绝缘介质材料两大部分，特别期望从事聚合物介质材料研究的人员能够结合绝缘封装技术的现实需求和工艺特点，研发能够满足绝缘封装全流程要求的高性能介质材料，实现"材要好用，材要能用"的目标，促进电力电子器件和电力装备制造的高质量发展。

党智敏

2024 年 8 月　清华园

目 录

第1章

绪　论

1.1　绝缘封装技术与聚合物绝缘材料

在现代电力电子技术的快速进展中,绝缘封装技术在提高器件和装备运行可靠性及长期稳定性上扮演着举足轻重的角色。随着微型化和高功率密度成为器件设计的新趋势,对绝缘材料的要求也日益严苛。聚合物绝缘材料因其卓越的绝缘特性、轻质、易加工及成本效益等优点,在众多绝缘材料中脱颖而出,成为器件封装技术的核心要素[1-8]。绝缘封装材料不仅要确保阻止电流的非预期泄漏,维持电力电子元件功能的电气隔离,还需要在不利条件下保护器件或装置免受温度、湿度、化学物质和物理应力的损害[9-10]。本书将深入探讨绝缘封装技术与聚合物绝缘材料,阐述其在电力电子器件与装备制造领域中的应用现状、面临的挑战,以及前沿的科学研究和技术创新趋势,着重讨论如何通过材料科学和工程技术的进步,使绝缘封装在满足现代电力电子器件与装备需求的同时,更加环境友好、可持续,为未来高性能电力电子制造行业的发展提供动能。

1.1.1　电力电子器件绝缘

电力电子器件又称功率半导体器件,是一类用于控制和转换电能的半导体器件。电力电子器件允许电能从一种形式高效地转换到另一种形式,如交流(alternating current,AC)到直流(direct current,DC),或者改变电压和电流的大小。作为电能转化的关键器件,电力电子器件被广泛应用在特高压输电、电动汽车、太阳能发电和风能转换系统等重要领域[5,11-13]。随着科技的不断发展和电力变换需求的逐步提升,电力电子器件从第一代可控整流器(silicon controlled rectifiers,SCRs),发展到各类晶体管(BJT、MOSFET、IGBT),再到基于碳化硅(SiC)和氮化镓(GaN)等宽禁带半导体材料的电力电子器件,正向着高功率、高频率、高电压、高温度和大电流的方向发展[14]。同时,电力电子器件趋于复杂和微型化,对绝缘材料的性能要求越来越高,绝缘封装对电力电子器件的电气性能、热性能、效率和可靠性都有重要影响,已成为电力电子器件领域除芯片本身之外的另一核心部分。图 1-1 概括了电力电子器件的发展历史,有助于理解电力电子器件技术的发展脉络。

高压干式电力装备(如干式电力变压器、高压断路器、指气体绝缘开关设备和固态继电器等)是高压电力系统中用于控制、转换、传输和分配电能的设备,它不使用液体(如变压器油)作为冷却和绝缘介质,而是采用空气或固体作为绝缘介质[15-16]。干式装备被设计用于承受和运营在数千伏甚至更高电压的条件下,通常设计为密封良好的结构,用以防止潮湿和污染物影响其绝缘特性。因此高压干式电力装备的绝缘设计和绝缘材料选择至关重要,将直接影响电力系统的性能、安全性及持续运行的能力。

电子器件绝缘的研究始于电子产业的早期,随着科技的发展,绝缘材料是防止电流在非预期路径上流动的关键因素,其重要性不仅反映在保护设备运行安全上,更在于它对提高设备的性能和稳定性有着直接的影响。在电子器件中,无论是晶体管、芯片,还是电路板,适当的绝缘都有助于减少噪声,提高信号完整性,以及防止短路和电气故障。此外,适当的绝缘可避免因绝缘层击穿导致的设备损毁或数据丢失,这在高电压、高频率的应用场合尤为关键[17-18]。随着对更小、功能更多的电子器件的需求增加,绝缘材料的研究也日趋复杂。这些材料需要在不同温度、湿度及化学环境下维持其性能,而在某些医疗或军事应用中,这些条件可达到极端。因此,研究工作不仅聚焦于基础物性的改善,如电气、热学和机械性能,还在寻求更高的可靠性和长期稳定性。

早期的绝缘材料研究主要集中在传统的无机材料上,如瓷器、玻璃和木材等。但是这些无机材料往往密度大且易脆断,限制了其在电力电子器件中的广泛应用。随着合成聚合物的出现,研究者开始将焦点转移到塑料和橡胶等有机绝缘材料上,这些材料不仅成本更低,还具有更好的韧性和更易加工的优点[19-20]。当前,高分子聚合物绝缘材料是电力电子器件绝缘的重要工程材料,也是该领域往更高端发展的

电力电子初期（20世纪初至20世纪70年代）

电力电子被用于简单的功率调节和电机控制。最早是基于汞弧阀（阀）和硅控整流器（SCRs）技术

硅半导体器件的兴起（20世纪70年代至20世纪90年代）

硅晶体管和整流器技术的引入，使电力电子设备更为小型化、高效率。晶体管（如功率MOSFET和BJT）和整流器的应用使电能转换在工业和消费电子产品中变得更加普遍

微电子和数字控制（20世纪90年代至21世纪初）

随着微处理器的引入，电力电子的控制系统变得更为精确和可靠。数字控制技术减小了电路尺寸，增加了智能化功能

宽禁带半导体时代（21世纪初至今）

基于硅碳化硅（SiC）和氮化镓（GaN）等宽禁带半导体材料的电力电子器件，现在是电力电子领域的最前沿技术。这些材料有着更高的热稳定性、电压耐受性和效率，能在更高频率和极端条件下工作

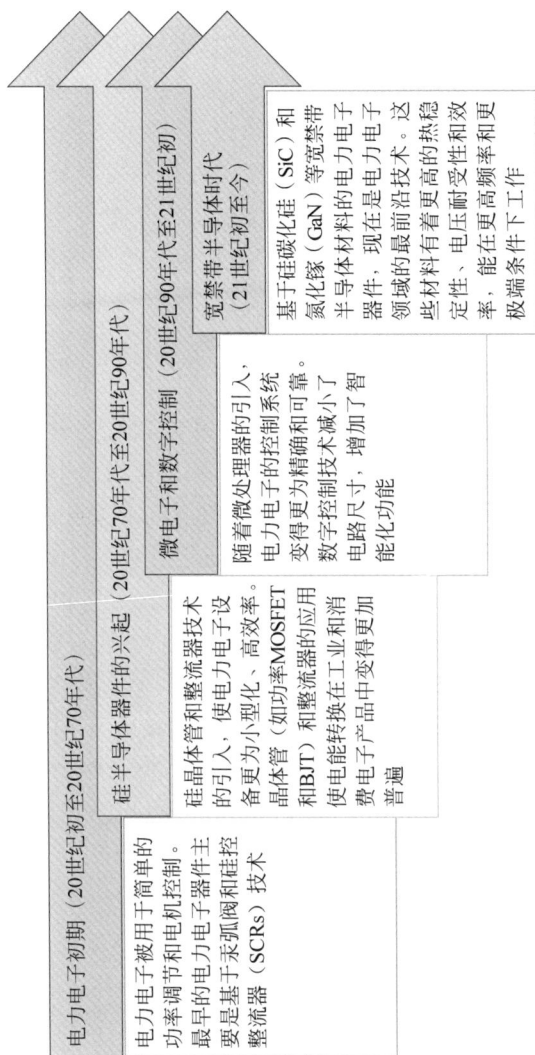

图 1-1 电力电子器件的发展历史

研究热点,许多研究人员针对高分子聚合物绝缘材料开发出不同结构和功能的聚合物及其复合材料,以改善他们的介电性能和热特性,通过纳米技术增强其机械强度和降低介电损耗。针对不同电力电子器件的应用环境,许多研究也关注于改进聚合物的耐化学性和热稳定性,使其更适合恶劣环境下的应用。此外,3D打印技术的兴起为绝缘材料的研究和应用带来新方向。借助这项技术,研究人员可以设计和制造具有复杂结构和优化性能参数的定制绝缘组件,这不仅为原型设计和小批量生产提供便利,也为进一步研究提供了工具,以探索未来电力电子器件绝缘的可能性。近年来,随着可持续发展和环保意识的增强,生物基和可降解的聚合物也陆续被引入电子器件绝缘领域[21]。这些新型绿色聚合物绝缘材料能够在不牺牲电气性能的同时,减少对环境的影响,并提供新的循环利用和废物管理的可能性。

1.1.2　绝缘封装技术

作为电力电子器件绝缘的关键环节,绝缘封装技术占据了电力电子器件制造行业的重要地位,其应用涵盖了从日常用品中的小型电子设备,从手机和平板电脑,到大型的工业和电力系统,包括发电厂、输电线路及配电设施等。绝缘封装不仅为电子组件提供了物理保护,防止环境因素如灰尘、水分和化学物质的入侵,还具有保护电路免受电气噪声干扰的作用。此外,在汽车、航空航天、军事等领域,绝缘封装技术也扮演着保障设备可靠性的关键角色。

绝缘封装技术的研究历史与电子行业的起步几乎同步。它起初为防护固体电子元件而设计,随着集成电路(integrated circuit,IC)技术的发展,复杂的绝缘封装技术被用来保护和延长元件的使用寿命[22]。传统封装材料有时采用硬质如陶瓷和金属外壳,为器件提供坚固的保护。但这些材料重量大、成本高,难以适应便携式设备的轻量化需求,于是人们逐渐转向使用更轻便、更有成本效益的聚合物绝缘材料。

目前绝缘封装技术的研究和发展聚焦于三个关键领域:材料科学、封装设计和制造过程,如图 1-2 所示。在材料科学方面,研究者追求开发电性能、热性能和力学性能更优良的新型聚合物材料及其复合材料,以满足绝缘封装在不同操作条件下的性能要求,包括改善介电性能、增强导热性能及提升材料的机械强度等。在绝缘封装设计方面,需要考虑到装配的方便性和成本效益,以确保在大规模生产中的可实施性。目前面向特定应用场景的绝缘封装策略正在被开发出来，例如用于高温环境的高绝缘强度材料，用于空间有限场合的小型化封装，或是针对高频信号的低介电常数封装等。制造过程则是对封装技术实现的关键环节。随着超精细封装技术的兴起，需要在极微小的空间内完成高精度封装，这就需要精确的制造工艺。先进的制造技术如微注塑成型、立体造型技术（3D 打印）及吸附技术等，已经被引入封装生产流程中，以提供更精确和灵活的封装选项。

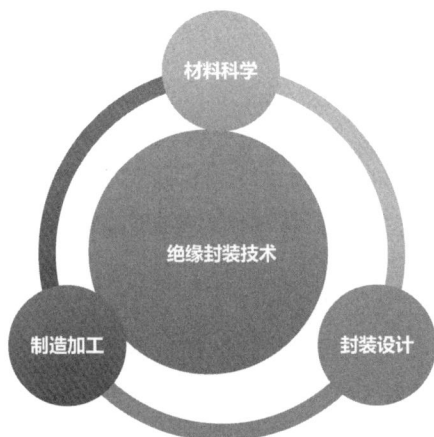

图 1-2 绝缘封装技术

除了以上技术的发展，在环保规制不断严格的背景下，绝缘封装技术的一个最新趋势是环境友好型材料和工艺。开发器件和设备弃用后的可回收、易分解的封装材料，以及降低制造过程对环境的影响，已成为该领域工作的重要组成部分。总体来说，绝缘封装技术涵盖材料科学、封装设计、制造工艺等多个领域，遵循着性能提升、重量减轻、成本降低、环境影响最小化的原则，正不断进步以满足当前与未来电力电子行业的发展需求。

1.1.3 绝缘封装材料

绝缘封装材料作为电力电子器件封装过程中关键的组成部分，从工业用的大型电力设备到家用电子产品应用广泛，如绝缘涂层、封装胶、固化型绝缘层和印刷线路板（printed circuit board，PCB）底板等。在微电子领域，包括智能手机、笔记本电脑等便携式设备也广泛采用这些绝缘材料来保护微型元件。它们使得电子器件得以从外部环境中得到有效的防护，也在不同电子组件间提供了必要的电气隔离[23-25]。这些材料必须具备的特性包括优异的电气绝缘特性、良好的热稳定性、足够强的机械性能、耐化学性和加工工艺的兼容性。

绝缘封装材料的发展历史可以追溯到电子器件和电力设备的起源，其发展与技术进步紧密相连。在电气工程早期，绝缘材料的选择相对有限，常见材料包括天然橡胶、瓷器、云母及各种树脂和油。这些材料在早期的电机、变压器和电线绝缘中得到应用。随着第一次工业革命的推进，对更持久和稳定的绝缘材料的需求增加。这促使了包括石棉、玻璃纤维和改性天然树脂等新材料的出现。20世纪初，随着化学工业的发展，热固性塑料如酚醛树脂（bakelite）、环氧树脂（epoxy resins）是绝缘封装材料的重要进步。它们提供了更高的温度容忍度和电气稳定性。20世纪30—40年代，热塑性塑料如聚氯乙烯（polyvinyl chloride，PVC）和聚四氟乙烯（polytetrafluoroethylene，PTFE）的引入为电线和电缆绝缘带来了巨大变革，其被广泛用于低压电线和电缆的绝缘和护套制作。随着半导体和微电子工业的兴起，细致的结构控制、更好的散热和微尺寸兼容性变得至关重要。硅橡胶（silicone rubbers）、聚酰亚胺（polyimides，PI）和各种聚合物复合材料被用于高级集成电路和微型电子设备的封装和保护。进入21世纪，环保法规和可持续发展的需求成为发展新型绝缘封装材料的主要动力。在材料的合成和应用过程中越来越多地考虑生态影响和生物健康风险[26-30]。

随着现代电子技术的发展，电子产品趋向于更小型化、更薄型化，对绝缘封装材料的导热性能、绝缘性能和加工性能提出了更高的要求。为此，许多研究采用各种纳米填料（如氧化铝、氮化硼、碳纳米管）来增强传统聚合物绝缘材料的热传导性[31]。聚合物复合材料的开发也允许在不牺牲绝缘性的情况下提供更好的热稳定性和力学强度。进一步的研究则聚焦于发展具有自修复功能的聚合物绝缘封装材料，这些材料可以在出现微小裂纹或损伤时触发自动修复，从而恢复其原有性能，延长电子产品的使用寿命。同时，智能化封装材料也逐步成为研究的热点，其能在一定刺激下（如温度、压力、化学刺激等）改变其性质，此类材料的开发将为电子器件提供更加智能和适应性强的绝缘技术[32-33]。

总体来说，绝缘封装材料的发展反映了科技进步和社会需求的演变。现代材料不仅要满足电气性能要求，还要具备环保、可持续和高效的特点。随着技术的进步，未来的绝缘封装材料将更加多元化，满足诸如电动汽车、可再生能源和小型化、智能化电子器件等领域的特定需求。

1.2　聚合物绝缘材料基础

由于聚合物材料优异的绝缘性能,面对高电压大电流的工业需求,国内外研究者致力于聚合物绝缘材料的结构和性能研究,从材料组成和制备工艺出发,探索出许多针对不同应用场景的不同结构和性能的聚合物绝缘材料。为了使读者对该领域的基础知识有更清晰的认识,本节将针对常见的聚合物绝缘材料、聚合物绝缘材料的性能参数、固体击穿过程与耐压实验、聚合物绝缘材料发展现状等做阐述。

1.2.1　聚合物绝缘材料

聚合物绝缘材料作为最主要的绝缘封装材料,因具有轻质、高绝缘性、易加工、适应性强等特点而被广泛应用于各种设备和组件的绝缘结构。聚合物绝缘材料可以大致分类为热固性聚合物、热塑性聚合物和弹性体三种,每种类型的材料具备独特的属性,并服务于特定的应用场景[34-37]。

1. 热固性聚合物

热固性聚合物也称为热固性塑料,是一类在热或压力作用下固化成不可熔、不可溶的立体网络结构的材料。热固性聚合物具有优异的热稳定性、化学稳定性及高机械强度。

(1) 环氧树脂

环氧树脂(epoxy resins)由环氧原位聚合而成,其分子中含有大量的环氧基($-O-CH_2-CH-$)。作为最被广泛使用的绝缘封装材料,环氧树脂具有以下优点:室温下流动性好、加工性能好,可通过浇注工艺通过模具固化成任意形状;化学结构中存在许多羟基、醚基和环氧基,很容易与其他材料粘连,因而黏性好;内部分子结构紧密,机械强度优异,以环氧基制备的绝缘器件十分坚固;电气性能优异,体积电阻率在 $10^{14}\Omega\cdot m$,工频下介电常数约为 3.5,介质损耗角正切值小于 0.004;有很好的耐酸碱和化学腐蚀性能,耐热工作温度在 100～150℃;成本低,具有良好的经济效益。

(2) 不饱和聚酯树脂

不饱和聚酯树脂(unsaturated polyester resins)是由二元酸和二

元醇经缩聚反应而生成的,这种高分子化合物中含有不饱和双键。这类材料具有良好的弯曲、压缩和拉伸强度,通常用于制造高强度绝缘体,如电动机绝缘和变压器的冷却绕组等。它们因其良好的机械特性和价格合理而被广发使用。

（3）酚醛树脂

酚醛树脂(phenolic resins)主要由酚类(如苯酚、甲酚和双酚A等)和醛类(如甲醛、乙醛和糠醛等)经过缩合而来,是市场上性价比较高的绝缘材料之一。其具有极好的尺寸稳定性和热稳定性,经常用作开关、插座和其他电子元件的外壳材料。

2. 热塑性聚合物

与热固性聚合物相反,热塑性聚合物在加热时会变软,冷却时会硬化,可以重复加工成形。它们通常用于制造具有复杂形状的绝缘部件,更易于回收和重复使用。

（1）聚乙烯

交联聚乙烯(cross-linked polyethylene,XLPE)是常见的高压电缆主绝缘材料,采用过氧化物交联的方法使聚乙烯分子由线型分子结构变为三维网状结构,由热塑性材料变成热固性材料。交联聚乙烯具有以下优点:耐热性能优异,采用XLPE作为绝缘的电缆,长期工作温度可提高到90℃,能承受的瞬时短路温度可达250℃;由于XLPE在大分子间生成网状结构,拉伸强度和抗蠕变性能均有提高,具有良好的耐环境应力开裂性能;保持了聚乙烯良好的绝缘性能;具有较强的耐酸碱和耐油性,其燃烧产物主要为水和二氧化碳,对环境的危害较小,满足安全环保要求。

（2）聚氯乙烯

聚氯乙烯成本低廉,被广泛用于低压电线和电缆的绝缘和护套。PVC作为电线电缆的优点是不易燃烧、耐老化、耐油、耐化学药品、耐冲击、易着色。聚氯乙烯护套具有优良的耐磨性、能抵抗油、酸、碱、菌、潮气及日光照射等,最低工作温度为−40℃,耐高温可达105℃。

（3）聚酰胺

聚酰胺(polyamide,PA)俗称尼龙(nylon),是大分子主链重复单元中含有酰胺基团的高聚物的总称。聚酰胺可由内酰胺开环聚合制得,也可由二元胺与二元酸缩聚制得。因其良好的尺寸稳定性和抗冲击性,常用作端子和连接器的绝缘部分。

3. 弹性体

弹性体是常温下呈现橡胶状弹性的高分子材料(包括橡胶和类橡胶物质)的总称,包括各种天然胶和合成胶,能够在经受拉伸或压缩后恢复形状。这类材料显示出优异的柔韧性和延展性,适宜用于动态应力环境下。

硅橡胶是典型的弹性体材料,具有易成形、耐高低温、耐湿性的优势。其在绝缘性受潮、频率变化或温度升高时变化较小,并且耐电晕性和耐电弧性极好,是输电线路复合绝缘子的主要材料。

这些聚合物绝缘材料的选择取决于其所需的绝缘性能、力学性能、热稳定性、化学稳定性、加工工艺及成本等因素。在实际应用中,经常会根据特定的使用环境和技术要求,同时考虑到可持续性和环保标准,来选择合适类型的聚合物绝缘材料。随着新材料和高级加工技术的不断发展,未来的聚合物绝缘材料将表现出更优异的综合性能。

1.2.2 聚合物绝缘材料性能基本参数

聚合物绝缘材料性能的基本参数对于其在各种电子设备中的应用至关重要。这些参数不仅定义了材料能否满足特定应用的基本需求,还决定了材料能够承受的外部条件和运行环境[38-41]。评估聚合物绝缘材料的关键性能指标主要包括:

1. 介电常数 ε_r

电极化是电介质的根本属性,它可用一对电极间有电介质时的电容 C 与无电介质(真空)时的电容 C_0 的比值来表示:

$$\varepsilon_r = C/C_0 \tag{1-1}$$

ε_r 称为相对介电常数(dielectric constant)。电极化存在多种形式,在电场中,电介质中被化学键所束缚的电荷(电子和正、负离子)将沿电场或反电场方向作有限位移,出现电子极化和离子极化;极性分子或基团也会在电场作用力矩作用下转动,出现偶极极化。多相复合电介质中由于各相电场分布不均匀而产生与界面电荷积累有关的极化,称为界面极化。极化的出现使电容器可以容纳更多的电荷,因而电容增大,$\varepsilon_r \geqslant 1$。

电子极化和弹性离子极化的建立速率极快,而偶极极化、界面极化和离子松弛极化的建立较慢,因此 ε_r 与电场频率有关。在恒定电场下,$\varepsilon_r = \varepsilon_s$,当频率很高时,$\varepsilon_r = \varepsilon_\infty$,显然 $\varepsilon_s > \varepsilon_\infty$。因此,$\Delta\varepsilon_r = \varepsilon_s -$

ε_∞ 表示缓慢极化建立的程度。

库仑定律中用的介电常数 ε 与 ε_r 关系是：$\varepsilon = \varepsilon_0 \varepsilon_r$，$\varepsilon_0$ 是空气介电常数(8.85×10^{-12} F/m)，工程电介质中最常用的是相对介电常数 ε_r。

2. 损耗因数 tanδ

极化建立过程中，缓慢极化所对应的电荷转移或偶极子转动，在时间上往往滞后于电场。在交变电场中的电介质，这种缓慢极化将消耗电能，因此其介电响应总是包括极化和损耗两部分，通常用复介电常数来描述：

$$\varepsilon_r = \varepsilon_r' - j\varepsilon_r'' \tag{1-2}$$

交变电场中若电场变化是时间的正弦函数，则表示为：

$$E = E_m e^{j\omega t} \tag{1-3}$$

由于存在缓慢极化，因此与极化有关的静电位移也应与时间有关，在相位上滞后电场角度 δ，即 $D = D_m e^{j(\omega t - \delta)}$。

由于 $D = \varepsilon_0 \varepsilon_r E$，因此 $\varepsilon_0 \varepsilon_r = D/E = (D_m/E_m) e^{-j\delta} = (D_m/E_m)\cos\delta - j(D_m/E_m)\sin\delta$，于是可得：

$$\varepsilon_0 \varepsilon_r' = (D_m/E_m)\cos\delta \tag{1-4}$$

$$\varepsilon_0 \varepsilon_r'' = (D_m/E_m)\sin\delta \tag{1-5}$$

$$\tan\delta = \varepsilon_r''/\varepsilon_r' \tag{1-6}$$

$$\varepsilon_r'' = \varepsilon_r' \tan\delta \tag{1-7}$$

δ 称为损耗角，$\tan\delta$ 称为介质损耗率或损耗因数(dissipation factor or dielectric loss)，ε_r'' 称为损耗指数，$\tan\delta$ 或 ε_r'' 与电介质在电场变化一周期内所消耗的能量成正比。

3. 电阻率

电阻率(resistivity)分为体积电阻率(volume resistivity)和表面电阻率(surface resistivity)。电阻是施加的直流电压与流过的电流比值(单位为 Ω)。若该电流是从材料体积内部通过的，则比值称为体积电阻 R_v；若是从表面流过的，则称为表面电阻 R_s。电阻与试样尺寸有关，若电极面积为 A，表面电极的宽度为 b，两电极间距离为 d，如图 1-3 所示，则 R_v 和 R_s 可表示为：

$$R_v = \rho_v d/A \tag{1-8}$$

$$R_s = \rho_s d/b \tag{1-9}$$

式中，ρ_v 为体积电阻率，单位为 $\Omega \cdot m$；ρ_s 为表面电阻率，单位为 Ω。

其倒数分别称为体积电导率 σ_v(单位为 S/m)和表面电导率 σ_s(单位为 S)。绝缘体的体积电导率低于 10^{-7} S/m,导体则大于 10^4 S/m,半导电材料介于两者之间。电阻率不仅关乎材料本身,还受到表面平滑度、清洁度等因素的影响。

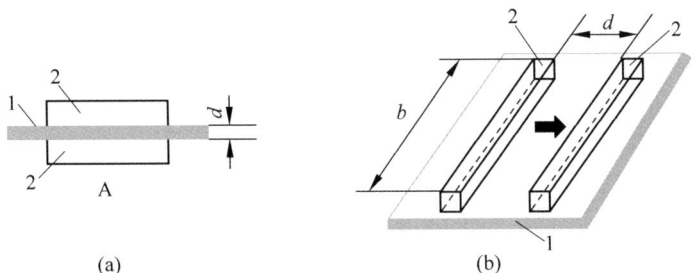

图 1-3 电介质材料体积电阻和表面电阻测量示意图

1—电介质材料;2—电极

(a) 体积电流;(b) 表面电流

电导率 σ 与载流子的浓度 n、所携带的电荷量 Q 及迁移率 μ 有关:

$$\sigma = nQ\mu \tag{1-10}$$

4. 绝缘强度(insulation strength)

使两个电极间的绝缘丧失绝缘能力的最低电场强度称为击穿电场强度(也称耐电强度),单位为 V/m,常用 MV/m(即 kV/mm),相应的电压称为击穿电压。如果电极是在绝缘体同侧表面上,则丧失绝缘能力的最低电压值称为滑闪电压。

5. 热导率 λ

当固体中两个面间有温差 ΔT 时,热将通过固体传导到低温侧,热流 dQ/dt 与温度梯度 $\Delta T/\Delta x$ 成正比,Δx 为面间距离,A 为面积:

$$\frac{1}{A}\frac{dQ}{dt} = \lambda \frac{\Delta T}{\Delta x} \tag{1-11}$$

λ 为热导率(thermal conductivity),单位为 W/(m·K)。与电导率 σ 相当,从 λ 也可计算热阻 R_m:

$$R_m = (1/\lambda)(\Delta x/A) \tag{1-12}$$

并且也存在与欧姆定律相似的关系,温差相当于电压,热流量 dQ/dt 相当于电流:

$$\frac{dQ}{dt} = \frac{\Delta T}{R_m} \tag{1-13}$$

导热过程有两种机理。对于分子固体或非晶态固体,主要是通过分子传导或通过临近基团的热激化所引起的分子对分子间能量传递,即通过热激化基团的平移、转动或振动实现热导。该机理实质上是扩散机理,热导随温度升高而增大,这种情况下材料具有较低的热导率。对于晶体,则主要与结构内晶格的振动有关,即通过所谓声子导热,通过该机理导热的速率比前者快得多,能提供较高的热导率,但晶体中的热激化作用以晶格缺陷形式产生干扰波干扰声子导热,这种导热方式的导热能力随温度升高而降低。

6. 比热容 c

热容量是物质温度升高 1K 所吸收的热量;比热容(specific heat capacity)c 是物质单位质量的热容量。在一定气压下测得的比热称为比定压热容 c_p,在一定容积下测得的比热称为比定容热容 c_v,单位为 $J/(kg \cdot K)$。

25℃时聚合物比热容约为 $0.84 \sim 2.3 \ kJ/(kg \cdot K)$,聚乙烯最高(非晶态为 2.3,晶态为 1.7),含卤素聚合物(聚四氟乙烯、聚氯乙烯约为 1.0)较低,酯类居中。

7. 机械性能

机械性能(mechanical properties)包括模量、韧性、拉伸强度等。力学性能数值范围很宽,有许多刚柔性能不同的材料。一般塑料的强度较金属低,但是质量轻,比强度与金属接近;而玻璃纤维及碳纤维增强的塑料,其强度及比强度均超过一般金属。

机械强度是材料抵抗机械变形或断裂所需应力的度量,对不同的破坏力有不同的强度指标。不过,现今通过各种强度实验测得的强度值往往是几种力学性质的综合反映,只有个别项目可以测得典型的力学性能指标。强度中最重要的是拉伸强度即断裂强度,此外还有屈服强度、弯曲强度、压缩强度和硬度等。与断裂强度对应的形变称为断裂伸长率。

韧性与强度不同,是指材料断裂时所需能量的度量。能量是应力与应变的乘积,因此延展材料韧性比脆性材料高得多。韧性常以冲击实验来测量。冲击实验中按照试样有无缺口又分两种情况,不带缺口的冲击强度用应力应变曲线的面积(断裂功)表示;带缺口的冲击强度用单位缺口长度的能量表示。带缺口试样的冲击实验中,按照试样安放方式又分为支梁式和悬臂梁式(Izod 冲击强度)两种。试样带缺口的目的是把冲击能集中在缺口上，以提高实验的准确性。

弹性模量 E、切变模量 G、体积弹性模量 B 三者之间的关系为：

$$E = 2G(1+\gamma) = 3B(1-2\gamma) \tag{1-14}$$

式中，γ 为泊松比，代表拉伸实验时材料横向收缩率与纵向伸长率的比值。若是理想不可压缩体，变形时体积不变，即 $\Delta V/V_0 = 0$，则 $B \to \infty$，$\gamma = 0.5$，$E = 3G$；若是一般材料，变形时有体积变化，拉伸时体膨胀，则 $\gamma = 0.2 \sim 0.5$（理论上 γ 为 $0 \sim 0.5$），$B = E/3 \sim \infty$，$G = (1/3 \sim 1/2)E$。因此，四个力学参数 E、G、B、γ 中只有两个参数是独立的。若材料的本质越接近液体，例如橡胶，则其 γ 接近 0.5，且 $B \gg E$；若材料本质越接近晶体，则其 $\gamma \approx 0.33$，$E = 2.7G = B$。对于各向异性材料，其独立的弹性模量可达 $5 \sim 6$ 个之多。单轴取向材料有五个独立的弹性模量，双轴取向即平面无规取向材料，也有五个独立的弹性模量。

这些性能参数在聚合物绝缘材料的研发、测试和应用选择中起到基础且决定性的作用，研究和工程团队需要根据不同电子设备的功能要求和工作环境，选择或定制具有最适性能参数的聚合物绝缘材料。随着技术进步，对聚合物绝缘材料的性能要求也在不断提高，促使材料科学家不断寻找新的材料和改性技术，以满足这些需求。

1.2.3 聚合物绝缘材料特征

在固体中，热可以通过电荷载体（如电子和空穴）或声子（原子晶格振动的能量量子）传输。在金属中，热导率由电子主导，而对于绝缘体和半导体，热导率由声子的贡献主导。对于大多数聚合物，热传导的主要机制是通过声子。聚合物的热导率 λ 可以从 Debye 方程中获得，即

$$\lambda = \frac{c_{\mathrm{p}} v l}{3} \tag{1-15}$$

式中，c_{p} 是每单位体积的比热容；v 是声子速度；l 是声子平均自由程。对于大多数聚合物，由于与其他声子、缺陷和晶界的散射，l 非常小。因此，大多数聚合物的 λ 较低，为 $0.1 \sim 0.5$ W/(m·K)，这对于绝缘封装等需要高导热性的应用场景来说是不够的。聚合物具有成本低、加工性良好、重量轻、电阻率高、绝缘强度高、耐腐蚀等优点，在电力电子封装和绝缘等许多应用中经常需要使用基于聚合物的导热绝缘材料。

为了提高绝缘聚合物的导热性能,通常会在聚合物中引入导热填料,如氧化铝、氮化硼、氮化铝、氮化硅、金属颗粒、碳纳米管和石墨烯等。对于需要高热导率和电绝缘性能的应用,通常使用氧化铝、氮化硼、氮化铝等填料,金属颗粒、碳纳米管和石墨烯通常用于不需要电绝缘的应用。填料类型、填料尺寸和填料形状对聚合物复合材料的热导率有很大影响。此外,填料的空间排列和填料的取向对热导率也很重要。一维填料或二维填料可以在加工过程中取向,这会使复合材料具有各向异性热导率。例如,如果复合材料中二维片状填料高度取向,则其平面内的热导率将大于法线平面的热导率。针对不同的应用场景,需要选择各向同性或各向异性热导率的材料。

热导率由聚合物和填料的结构、性能,以及复合材料的形态和聚合物与填料之间的相互作用决定。在设计导热聚合物复合材料时,仅仅选择合适的聚合物和填料是不够的,需要从整体设计复合材料的结构满足所有的应用要求,聚合物和填料的形态及其相互作用也需要精细调控。除了热导率以外,还需要考虑和平衡其他特性和可加工性。通常在复合材料结构中形成连续的填料网络是获得高热导率的关键。然而高导热网络通常需要更高的填充物含量,这可能导致复合材料的加工性能和机械性能变差,并且增加了成本。目前有许多研究都通过控制填料的空间排列,在较低的填料含量下开发具有高热导率的复合材料,以优化复合材料加工性的同时降低成本。同时,填料与聚合物基体的相互作用也对热导率有重要影响。填料和聚合物之间的不良界面可能导致界面热阻增高,从而降低热导率。复合材料中两相界面面积的急剧增加产生的界面极化也会影响复合材料的介电性能和绝缘性能。许多研究通过改善聚合物—填料之间的界面相互作用,从而显著提高整个复合材料的热导率。

1.2.4 固体击穿过程与耐压实验

固体击穿是指固体绝缘材料在高电压作用下形成导电通道,从而丧失绝缘特性的现象。这一过程的成因是电场力足以在绝缘材料内部产生电子运动,并引发永久性的物质结构破坏。一般来说,相较于气体和液体的电气强度,固体的电气强度最高,在十几至几百千伏每毫米,击穿过程最复杂,且不可恢复。固体击穿过程的起始点和持续过程是复杂且多变的,同时受材料特性、结构、温度、电场强度和应用环境等因素影响[42-43]。

固体绝缘材料的击穿机理是绝缘材料领域内的一个重要研究课题,它决定了材料在高压应用中的可靠性和寿命。击穿可以分为几种主要类型,包括电击穿、热击穿、电化学击穿[44]。这几种击穿形式与作用时间密切相关,在极短时间内,击穿电压随着击穿时间的缩短提高,为电击穿;随着电压作用时间的增长,击穿电压随着击穿前加压时间的增加下降,为热击穿;电压作用时间更长(数十小时以上)则为电化学击穿,也被称为电老化。图 1-4 以电压作用时间展示了击穿的三种形式。

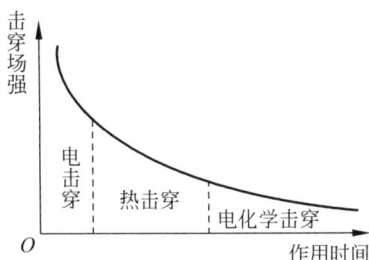

图 1-4 固体击穿场强与电压作用时间的关系

1. 电击穿

电击穿是由于固体中存在少量的电子,在强电场下,绝缘材料中产生足够的能量激发电子,电子获得的能量足以跳出原子或分子束缚并形成自由载流子,从而在绝缘体内形成电导路径,最终导致绝缘失效。电击穿的击穿电压与介质温度、厚度和频率等因素都无关,但与材料自身特性和电场的不均匀程度关系密切。在极不均匀场或冲击电压下,会出现不完全击穿的现象。随着冲击电压施加次数的增多,不完全击穿导致累积效应出现,材料绝缘性能逐渐下降。此外,材料内如果存在缺陷(如气隙或气泡)等,也会造成电介质内部电场畸变,使材料击穿场强降低。

2. 热击穿

热击穿是由于损耗的存在,固体在电场中会发热升温,温度升高导致电阻下降,电流增大,损耗发热进一步增大。当绝缘材料内部因电流通过产生的热量不能有效散发时,材料内部温度迅速上升。如果温度超过了材料的热稳定性或分解温度,绝缘材料的化学结构会被破坏,导致材料的击穿。这一过程可能由内部缺陷如空隙或杂质引起的局部过热触发。热击穿常常和电击穿一起出现。

3. 电化学击穿

电化学击穿又称电老化,它是指在某些情况下电场可以诱导材料中的电化学反应,这些反应可能导致电导通道的形成。在长时间电场作用下,材料的物理和化学性能都会产生不可逆的劣化,最终导致击穿现象发生。在涉及湿气、电解质或其他化学活性物质的环境中,例如当绝缘材料暴露于潮湿环境时,可能会发生电化学击穿。

电化学击穿主要分为电离性老化、电导性老化和电解性老化。电离性老化是因为在交流电场下,电介质内部如果存在气隙或气泡等缺陷,缺陷处的场强会比固体内部场强大,在气隙或气泡处很容易发生电离,造成邻近的固体分解,并沿着电场方向更进一步发展,形成"电树枝";电导性老化则是在交流电场下,绝缘层中如果存在水等液体导电物体,该液体沿着电场方向渗透扩散至绝缘深处,形成"水树枝";电解性老化是在直流电压的长期作用下,固体内部的电化学过程使其逐渐老化直至最终击穿。此外,潮湿和污秽等环境都会加速绝缘材料的电解性老化。

耐压实验是评估绝缘材料能够在高电压应用下保持其绝缘特性的实验方法,是电子和电气行业的标准测试之一。耐压实验是一种破坏性实验,按照施加电压的类别可以分为交流耐压实验、直流耐压实验、雷电冲击耐压实验和操作冲击耐压实验等[45]。具体实验标准参照 GB/T 16927.1-2011 的相关规定。

1.2.5 聚合物绝缘复合材料现状

聚合物绝缘材料是一个充满活力的研究领域。随着电力电子行业的快速发展及新材料技术的持续创新,这一领域正迅速演进。聚合物绝缘材料不仅在电力传输、电子封装和微电子行业中扮演着核心角色,还在可持续能源、汽车、航空航天等高科技领域中展现出其重要性。

聚合物复合材料由聚合物基体与一种或多种填料经科学特定方法制备而成,是性能优化的一个重要领域。获得提升的绝缘性能常常通过以下方法实现:向聚合物基体中添加无机物填料(如氧化铝、二氧化硅、氮化硼等)可以有效地改善其热导率和介电特性[46]。特别是一些纳米填料,它们可以在不影响材料机械和电气绝缘特性的前提下提升热稳定性。使用纳米技术可以在聚合物中引入多功能的纳米尺度增强物相,比如碳纳米管(CNTs)、石墨烯或者纳米纤维等,这些都可以提高复合材料的电气、热和机械性能。通过改性填料表面优化填料与聚合物基体之间的相容性,可以获得更好的分散性、增强界面附着强度和降低内部应力集中。通过考虑聚合物复合材料中聚合物基体种类、填充物种类和含量,以及复合材料中的界面特征和多相之间的相互作用,已经发展出具有合适绝缘性能的聚合物基纳米复合材料。

近年来,更多诸如高电压、大电流的远距离输电和脉冲功率电源的出现为电力器件绝缘性能提出了更大的需求,带来了更高的挑战。考虑到与高科技应用相关的社会需求的迅速变化,新材料的设计思想和开发策略不断出现。针对这些特定场景的绝缘需求,应充分了解复合材料中各组分的特性,进行合适的结构控制,以期获得具有理想性能的绝缘材料。这些性质包括材料的介电常数实部和虚部、带隙、绝缘强度、热机械行为、玻璃化转变温度等,还与制造工艺和成本有关。目前,随着大数据科学的应用,包括各种微观结构(分子结构)和宏观性能(例如玻璃化转变温度、黏度等)在内的大量材料科学数据提供了搜索和设计新型聚合物基复合材料用于绝缘封装的机会。这种计算—结构设计的材料工程设计策略已经逐渐开始应用。利用高通量的实验手段和计算模拟,研究人员可以迅速评估大量的材料组合及其可能的绝缘特性,加速优化合适绝缘材料配方的过程。这些技术不仅减少了新材料研发时间和材料成本,还能预测和解释复杂聚合体系的行为。例如基于经典力场的分子动力学模拟和数据驱动的范例、基于密度泛函理论(density functional theory,DFT)、通过第一原理计算得到材料的介电常数和带隙,通过三维结构的修正识别出"有希望的"重复单元等。成功地预先识别和优化适用于能源领域应用的新材料方法并非易事,必须解决由于可能存在缺陷、杂质或添加剂而引起的诸多问题,其间还会涉及介质损耗、介质击穿和热特征等因素。实验验证在计算的过程中也是必不可少的,一个包含"计算—合成—工艺—特征—计算"的循环是极为有益的[47-49]。

随着环境保护意识的提升,生物基和可回收聚合物绝缘材料正受到越来越多的关注。研究人员正在开发来自可再生资源的聚合物、能够在使用后降解的材料,以减少这些高性能材料对环境的影响。此外,可持续性也逐渐成为评估新型聚合物绝缘材料的一个关键指标。这涉及从原材料的采集、材料的制备、产品的使用,直至最终的废弃处理全阶段的环境影响评估等过程。总体来看,聚合物绝缘复合材料正跟随电力电子器件产业的脚步快速前进,它们的开发和研究正在帮助解决从微小的芯片封装到大规模电气设备中的绝缘问题,同时为全球电力电子装备的可持续发展做出贡献。随着新材料的不断涌现和新技术的应用,聚合物绝缘材料将在未来发挥更加关键的作用。

1.3 聚合物绝缘材料若干关键问题

常见的聚合物具有低导热性,例如环氧树脂、聚乙烯(polyethylene, PE)、聚丙烯(polypropylene,PP)和丙烯腈-丁二烯-苯乙烯(acrylonitrile-butadiene-styrene,ABS)等。由于热导率低,它们在作为绝缘封装材料时不能有效地散热,它们的高热膨胀(coefficient of thermal expansion,CTE)系数会导致热失效。因此,许多研究针对提高绝缘封装材料的导热系数开展研发工作,例如通过在聚合物中添加导热填料可以显著改善绝缘封装材料的热性能和介电性能,如氮化硼(BN)、氮化铝(AlN)、二氧化硅(SiO_2)和氧化铝(Al_2O_3)等不同的纳米颗粒已被用于提高聚合物的热导率[50-53]。然而,在大多数此类研究中,热性能和介电性能、加工性能等其他性能仍然较差。因此,需要改进工艺,找到一个平衡点,使材料在保持优异电气绝缘特性的同时具备良好的导热性能和易加工性能。针对不同设备的绝缘封装,则需要进行加工工艺优化和精细化结构设计,以保证绝缘的长期稳定性。此外,需要重点研究复杂条件下绝缘材料性能的演化规律,了解并预测多物理场下绝缘材料特性的演化对于材料的设计、应用及可靠性评估至关重要。

1.3.1 绝缘性能、导热性能与加工性能协同调控

在聚合物绝缘材料的研究与开发过程中,绝缘性能、导热性能与加工性能三者之间的协同调控是一个重要的、具有挑战性的问题,图 1-5 体现了这三个重要性能之间的相互关联,由此也可以看出性能的调控是一个复杂且需综合考虑的过程。理想的材料需要能够在维持优异电气绝缘特性的同时,具备良好的导热性能和便于加工的特点。

图 1-5 绝缘性能、导热性能与加工性能协同调控

1．绝缘性能与导热性能之间的协同调控

一般来说，良好的聚合物绝缘材料特指具有高电阻和低介电损耗的材料，但这类纯聚合物材料的导热性能往往不尽人意。对于需要在高功率、高频率运行的电子器件而言，不足的导热能力可能会导致局部温度升高，致使电子器件在运行过程中因散热不足而过热，影响器件性能和寿命。为了提高导热性能，常见的做法是添加具有高导热性的填料，如金属粉末、氧化铝或氮化硼。然而，这些高导热填料通常会对材料的电气绝缘特性产生不利影响，带来性能衰退和寿命缩短的问题。此外，提高导热性能常常依赖于无机填料的引入，如金属氧化物或碳基材料，但这些填料的加入有可能降低材料的电气绝缘能力。因此，研究者需要巧妙设计填料的类型、形状、尺寸分布及分散均匀性，以达到兼顾良好导热与维持高电气绝缘特性的目标。

借助非导电的导热填料，如氧化铝、氮化硼、氧化硅等，可以在不影响绝缘性能的同时提高材料的导热性。尤其是将这些无机填料以纳米级尺寸分散在聚合物基体中，有助于在超越微观尺度的界面获得较大的导热路径。使用表面改性技术，通过化学处理提高填料与聚合物之间的界面相容性，从而减少材料内部应力集中点，可以使复合材料保持良好的绝缘特性的同时更有效地传导热量。使用界面偶联剂能够增强材料内部的填料分散，并优化热传导网络的建立。对复合材料进行高效的导热通道结构设计，例如构建连续的导热网络或层状结构的复合材料，可以使热量沿特定的方向流动，提高热扩散率而不影响材料的绝缘性。

尽管上述策略在实验室规模中显示出了提升材料导热性能的潜力，但在实际应用中仍然存在一些挑战。例如，在提高填料的含量与分散性来提升导热性能时，可能会降低绝缘材料整体的力学强度，过度的填充也可能会导致加工困难。此外，新材料的老化性能无法知晓，如何确保其在长期运行和极端工作条件下材料的稳定性，避免因热循环等原因引起的老化与性能下降也是研究的难点。

2．绝缘性能与加工性能之间的协同调控

在绝缘性能与加工性能之间实现平衡也同样具有挑战性。高绝缘性能的聚合物绝缘材料通常需要在复杂的条件下固化，如高温或特定的化学环境，这可能会限制其在工业中大规模生产。例如，一些高绝缘性能的热固性材料，如环氧树脂，其加工过程涉及精确温度控制和较长的固化周期,在加入无机填料后,其制备工艺进一步精细化,无法做到大规模加工。而热塑性聚合物虽然加工性更好,但其绝缘性能受制于材料的热稳定性,无法适用于许多绝缘应用场景。因此,研究者正在开发新的固化剂、催化剂和生产工艺,以改善材料的加工性能而不牺牲其绝缘特性。

3. 导热性能与加工性能之间的协同调控

导热性能和加工性能之间的协同调控涉及材料的热稳定性及它在高温下的流变特性。为了增加导热性,绝缘复合材料引入的热导填料必须在材料的加工温度范围内保持稳定,同时对材料的流动性影响应较小。例如,高填充比例的复合材料在加工过程中可能导致流动性降低,影响注塑成型或挤出成型的质量。此外,高导热填料的加入也不应导致聚合物复合材料出现过度的热膨胀,影响使用过程中的尺寸稳定。通过选择适当的填料、改良分散技术和流变性调控等方法,可以实现导热性能和加工性能间的平衡。

综上所述,为了协同优化聚合物绝缘材料的绝缘性能、导热性能及加工性能,当前的研究焦点集中在开发创新复合材料、优化材料制备工艺及提高能够预测材料性能的理论和模型。随着新合成方法和纳米技术的持续革新、计算材料科学的进步,需要采取多学科交叉的研究策略,从材料设计、加工工艺到性能测试等多个方面进行考量和优化。通过革新合成方法、引入新型功能添加剂和采用先进的制造工艺等策略,不断推动这一领域向前发展。

1.3.2 绝缘封装加工工艺优化与精细结构控制

在聚合物绝缘材料的应用中,封装加工工艺及其结构控制至关重要。要确保材料不仅能在理想状态下提供优异的绝缘性能,还要在加工和实际应用中保持这些性能,就必须深入研究并优化加工工艺,在微观和宏观两个层面上实现精细结构控制。

加工工艺优化的挑战与策略存在于以下几个方面:针对工艺参数进行优化,仔细调整温度、压力、固化时间和其他工艺变量,以确保聚合物绝缘材料均匀固化,提高封装的质量。过程优化也可以减少内部应力,防止裂纹或缺陷的产生。调控聚合物的流变性能,以适应复杂的封装形状和薄膜制造工艺。目前常用手段是通过选择合适的分子量分布、添加塑化剂或使用合适的基料来实现。为了应对日益增长的环保需求,需要加强绿色加工技术开发,研究利用水性或无溶剂的合成和加工技术,减少对环境的影响,同时确保材料的绝缘特性和稳定性。可以采用自动化设备和智能化监控系统,以提高加工效率,减少人为错误,确保生产过程的稳定性和重复性[54]。

在绝缘封装的精细结构控制方面,针对分子层面的绝缘设计是目前研究的难点。从分子层面理解和控制聚合物的结构,如交联密度、支链种类和支化度等,对材料的力学性能和绝缘性能有直接影响。此外,需要对材料的微观结构进行形态控制,通过特殊的加工技术(例如相分离技术)控制材料内部的孔隙结构、晶体形态及界面,以此影响导热路径和电介质特性。通过表面修饰改善界面也是一种研究思路。采用表面涂层,或者对聚合物表面进行化学或物理改性,可以改善接触界面、增强界面结合强度,同时提供额外的功能,如抗腐蚀或亲水/疏水性等。

目前,聚合物绝缘材料的加工工艺趋向于更精密、更环保,并且在能效方面更具成本效益。然而,实现大规模生产的同时保持高精度和材料性能的稳定性依然是一大挑战。为了应对这些挑战,材料科学家、化学工程师和制造工程师需要紧密合作,通过先进的实验方法和数值模拟工具,深入研究材料在加工过程中的行为,实现加工工艺与微观结构的精准调控。最终目标是开发出综合性能更优越、环保,且符合工业规模化生产要求的新型绝缘封装材料。

1.3.3 复杂条件下封装材料绝缘性能演化规律

复杂条件下聚合物绝缘封装材料的特性演化是确保电力电子器件在全生命周期内可靠性的关键。聚合物绝缘材料在高温、高湿、高电压、机械应力、化学腐蚀及长期老化等条件下都可能经历性能的变化,了解并预测这些条件下绝缘材料特性的演化对于材料的设计、应用及可靠性评估至关重要。例如在高温和高湿环境下,聚合物绝缘材料的吸湿性能会影响其绝缘性能,湿气的渗透可能导致水解反应、加速老化和降低电气性能。长期施加高电压也可能导致材料中电荷积累、形成电导路径,甚至产生局部高热,加速材料结构和化学稳定性的破坏。此外,在机械振动或应力作用下,材料的微观裂纹可能扩散,也可能导致绝缘性能的降低。在有腐蚀性化学物质存在的环境中,可能发生交联度的下降或聚合物链的断裂,材料的化学稳定性受到挑战[55]。

目前研究人员采用多种手段来研究绝缘材料在复杂条件下的特

性演化规律。例如,使用加速老化测试实验,通过将材料暴露在加速的老化条件下(比如更高的温度、更潮湿的环境或者加大电压应力),模拟其长期的使用情况,以预测其在正常使用条件下的性能变化。多物理场模拟计算也是目前研究的热点。应用计算机辅助设计和有限元分析软件,对材料在不同物理场耦合作用下的行为进行模拟,可以辅助理解其内部结构和性能的变化规律。使用实时监控技术,通过传感器和在线监测技术实时跟踪绝缘材料的性能,确定其在实际使用条件下的特性演化。使用微观表征技术是目前常用的观测材料微观性能的方法,采用扫描电子显微镜(scanning electron microscope,SEM)、透射电子显微镜(transmission electron microscope,TEM)、原子力显微镜(atomic force microscope,AFM)等技术,研究材料微观结构的变化,以指导宏观特性演化的研究和认识[56-57]。

尽管目前的研究已经取得一定的进展,但材料特性演化规律的全面理解和精确预测仍面临挑战。在未来的发展中,以下方面将成为研究的重点:研究不同环境因素及其交互对材料性能影响的具体机制和规律;建立跨尺度模型,发展能够联结分子尺度材料行为与宏观性能变化的多尺度模型;发展先进耐久性评估技术,开发更灵敏的测试方法和辅助工具,以评估材料在复杂服务环境下的稳定性;开发新型自修复绝缘材料,通过内部化学反应自动修复微观损伤,提升材料在复杂条件下的耐久性。

通过这些研究和技术进展,希望未来能够提供更可靠的数据和方法用于设计和使用聚合物绝缘封装材料,确保它们在电力电子器件的全生命周期内提供持久且稳定的绝缘性能。

1.4 绝缘封装聚合物介质研究内容

针对1.3节中绝缘封装聚合物介质若干关键问题的阐述,结合该领域的基础研究现状与工程需求,总结分析出绝缘封装聚合物介质领域的研究内容主要包括如下几个方面。

(1)采用材料基因工程的方法学开展绝缘封装材料多尺度结构与性能的理论模拟研究,从理论上给出聚合物及其复合材料多尺度结构(埃尺度、纳尺度、介尺度、微尺度等)与宏观性能(介电性能、导热性能、绝缘性能等)精确定量化关系。

(2)开展绝缘封装聚合物及其复合材料在复杂环境条件(交直

流、过电压、宽温区、应力作用等)下短时与长时宏观性能和多层次结构演变规律的研究,结合理论模拟与实验研究,提出绝缘封装聚合物及其复合材料在多种环境条件下材料结构与性能的依赖关系,为这类器件的绝缘封装选型提供物质支撑。

(3)开展绝缘封装聚合物及其复合材料绝缘性能参数解耦调控及其他性能协同调控的有效方法学研究,进一步揭示绝缘封装聚合物组成、结构、性能、效能之间关系,建立绝缘封装聚合物材料复杂体系宏观性能调控的理论基础,获得具有高绝缘、高导热、长寿命、易加工、低成本的绝缘封装聚合物材料。

(4)开展绝缘封装聚合物及其复合材料制备方法学的研究,重点探索制备工艺参数对绝缘封装聚合物材料结构和性能的影响规律,特别是针对不同器件(变压器、绝缘子、电缆和电机等)的规模化制备,探究具有精细结构控制的绝缘封装加工工艺条件,使绝缘封装性能更稳定。

1.5 本书内容安排

绝缘封装聚合物介质是关键科学问题难度大、工程应用紧迫的重要研究领域,研究内容极为丰富。本书主要从基础理论出发,围绕本领域关注的关键科学与技术问题,重点介绍绝缘封装聚合物介质及其聚合物复合材料的设计、制备、结构与性能关系,分析研究各种类型绝缘封装聚合物介质在不同场景下的应用与性能,包括导热特性、绝缘特性、应力管理、老化特性和自愈性等,揭示影响绝缘封装聚合物介质及其聚合物复合材料宏观性能的关键因素,为绝缘封装聚合物介质应用基础研究提供思路及其为未来工程应用奠定基础。本书大致分为三部分。

第一部分为第1章,简单介绍绝缘封装聚合物介质研究与应用的概况及部分基本概念,并对该领域的存在的问题、重点研究内容、发展方向及未来的应用进行了阐述与总结。

第二部分包括第2~5章,重点介绍绝缘封装聚合物介质及其聚合物复合材料的基本特性、基础理论、存在问题及结构与性能的调控策略。其中基础理论内容是关键。

第三部分包括第6~10章,重点讨论聚合物绝缘封装的特性与影响因素,包括热管理、应力管理、绝缘封装工艺、老化特性和自愈性等。

所介绍的内容均是针对聚合物绝缘封装领域目前的研究热点,为聚合物绝缘封装的研究方向提供思路。

参考文献

[1] DANG Z M. Dielectric polymer materials for high-density energy storage [M]. Elsevier Press,2018.

[2] FENG Q K,ZHONG S L,PEI J Y,et al. Recent progress and future prospects on all-organic polymer dielectrics for energy storage capacitors [J]. Chemical Reviews,2022,122(3): 3820-3878.

[3] 郑建毅,何闻. 脉冲功率技术的研究现状和发展趋势综述 [J]. 机电工程, 2008,4: 1-4.

[4] 李化,王文娟,李智威,等. 2.7 MJ/m³ 高储能密度脉冲电容器研制 [J]. 高压电器,2016,52(3): 69-73.

[5] 尚星宇,庞磊,卜钦浩,等. 大功率高频变压器绝缘问题研究综述 [J]. 中国电机工程学报,2024,44(8): 3306-3326.

[6] 曹金梅,田付强,雷清泉. 高导热聚合物复合绝缘材料研究进展 [J]. 科学通报,2022,67: 640-654.

[7] FU C,YAN C,REN L,et al. Improving thermal conductivity through welding boron nitride nanosheets onto silver nanowires via silver nanoparticles [J]. Composites Science and Technology,2019,177: 118-126.

[8] ZHANG Y X,FENG Z P,CHEN F Y,et al. Long-term capacitance variation characteristics,law extraction,single and collaborative prediction of film capacitors at room temperature and humidity [J]. Microelectronics Reliability, 2022,139: 114845.

[9] 李寒梅,陈蓼璞,朱维维,等. 高导热聚合物复合材料结构与性能研究进展 [J]. 化学研究,2018,29: 429-440.

[10] SONG Y M,XIE Y,MALYARCHUK V,et al. Digital cameras with designs inspired by the arthropod eye [J]. Nature,2013,497: 95-99.

[11] HAN Z D,FINA A. Thermal conductivity of carbon nanotubes and their polymer nanocomposites: a review [J]. Progress in Polymer Science,2011, 36: 914-944.

[12] BIGG D M. Thermal conductivity of heterophase polymer compositions [J]. Advances in Polymer Science,1995,119: 1-30.

[13] HU Y,CHEN C,WEN Y,et al. Novel micro-nano epoxy composites for electronic packaging application: Balance of thermal conductivity and processability [J]. Composites Science and Technology,2021; 209: 108760.

[14] ZHANG X. Nano/microscale heat transfer [M]. McGraw-Hill Press,New York,2007.

[15] 谢毓城. 电力变压器手册 [M]. 北京：机械工业出版社,2003.

[16] 余涛. 干式电力变压器技术与应用 [M]. 北京：中国电力出版社,2008

[17] KASAP S, CAPPER P. Handbook of Electronic and Photonic Materials [M]. Springer,2017.

[18] ZHANG Z, WONG C P. Recent advances in flip-chip underfill: materials, process, and reliability [J]. IEEE Transactions on Advanced Packaging, 2004,27(3): 515-524.

[19] RUEDA M M, AUSCHER M C, FULCHION R, et al. Rheology and applications of highly filled polymers: a review of current understanding [J]. Progress in Polymer Science,2017,66: 22-53.

[20] SHIOTA A, OBER C K. Orientation of liquid crystalline epoxides under AC electric fields [J]. Macromolecules,1997,30: 4278-4287.

[21] LIU J, ZHANG H B, SUN R, et al. Hydrophobic, flexible, and lightweight MXene foams for high-performance electromagnetic-interference shielding [J]. Advanced Materials,2017,29(38): 1702367.

[22] SONG S H, KATAGI H, TAKEZAWA Y. Study on high thermal conductivity of mesogenic epoxy resin with spherulite structure [J]. Polymer,2012,53: 4489-4492.

[23] IWAMOTO N, YUE M F, FAN H. Molecular modeling and multiscaling issues for electronic material applications [M]. New York: Springer,2012.

[24] BARCLAY G G, MCNAMEE S G, OBER C K, et al. The mechanical and magnetic alignment of liquid-crystalline epoxy thermosets [J]. Journal of Polymer Science A: Polymer Chemistry,1992,30: 1845-1853.

[25] SWAMINATHAN S, SIKKA K K, INDYK R F, et al. Measurement of underfill interfacial and bulk fracture toughness in flip-chip packages [J]. Microelectronics Reliability,2016,66: 161-172.

[26] BENICEWICZ B C, SMITH M E, EARLS J D, et al. Magnetic field orientation of liquid crystalline epoxy thermosets [J]. Macromolecules, 1998,31(15): 4730-4738.

[27] LIN Y, CONNELL J W. Advances in 2D boron nitride nanostructures: nanosheets, nanoribbons, nanomeshes, and hybrids with graphene [J]. Nanoscale,2012,4(22): 6908-6939.

[28] DANG Z M, YUAN J K, YAO S H, et al. Flexible nanodielectric materials with high permittivity for power energy storage [J]. Advanced Materials, 2013,25(44): 6334-6365.

[29] HUANG X, ZHANG S, ZHANG P, et al. Autonomous indication of electrical degradation in polymers [J]. Nature Materials, 2024, 23: 237-243.

[30] YAO Y, ZENG X, SUN R, et al. Highly thermally conductive composite papers prepared based on the thought of bioinspired engineering [J]. ACS

Applied Materials & Interfaces,2016,8(24):15645-15653.

[31] BARIKANI M,HASANZADEH I. Effect of different chemical modification systems on thermal and electrical conductivity of functionalized multiwall carbon nanotube/epoxy nanocomposites [J]. Polymer-Plastic Technology and Engineering,2013,52(9): 869-876.

[32] HUANG X Y,IIZUKA T,JIANG P K,et al. Role of interface on the thermal conductivity of highly filled dielectric epoxy/AlN composites [J]. Journal of Physical Chemistry C,2012,116: 13629-13639.

[33] XIA Z P,Li Z Q. Structural evolution of hexagonal BN and cubic BN during ball milling [J]. Journal of Alloys Compounds,2007,436: 170-173.

[34] ZHANG W,FISHER T S,MINGO N. The atomistic Green's function method: an efficient simulation approach for nanoscale phonon transport [J]. Numerical. Heat Transfer B,2007,51(5): 333-349.

[35] FU J F,SHI L Y,ZHANG D S,et al. Effect of nanoparticles on the performance of thermally conductive epoxy adhesives [J]. Polymer Engineering and Science,2010,50: 1809-1819.

[36] CHO HB,NAKAYAMA T,SUZUKI T,et al. Linear assembles of BN nanosheets,fabricated in polymer/BN nanosheet composite film [J]. Journal of Nanomaterials,2011,1-7.

[37] WATTANAKUL K,MANUSPIYA H,YANUMET N. Thermal conductivity and mechanical properties of BN-filled epoxy composite: effects of filler content,mixing conditions,and BN agglomerate size [J]. Journal of Composite Materials,2011,45: 1967-1980.

[38] SHANKER A,et al. High thermal conductivity in electrostatically engineered amorphous polymers [J]. Science Advances,2017,3: e1700342.

[39] 巫松桢,谢大荣,陈寿田,等.电气绝缘材料科学与工程 [M].西安:西安交通大学出版社,1996.

[40] 雷清泉.纳米电介质的关键科学问题:思考与对策 [C].北京香山科学论坛,2009.

[41] LEWIS T J. Nanometric dielectrics [J]. IEEE Transactions on Dielectrics and Electrical Insulation,1994,1: 812-824.

[42] TANAKA T,MONTANARI G C,MULHAUPT R. Polymer nanocomposites as dielectrics and electrical insulation-perspectives for processing technologies, material characterization and future applications [J]. IEEE Transactions on Dielectrics and Electrical Insulation,2004,11: 763-784.

[43] DANG ZM,MA L J,ZHA J W,et al. Origin of ultralow permittivity in polyimide/mesoporous silicate nanohybrid films with high resistivity and high breakdown strength [J]. Journal of Applied Physics,2009,105: 044104.

[44] 梁曦东,周远翔,曾嵘.高电压工程 [M].北京:清华大学出版社,2015.

[45] 严璋,朱德恒.高电压绝缘技术 [M].北京:电力工业出版社,2015.

[46] 张仁豫,陈昌渔,王昌长. 高电压实验技术 [M]. 北京：清华大学出版社,2009.

[47] LEE H J,HAN S W,KWON Y D,et al. Functionalization of multi-walled carbon nanotubes with various 4-substituted benzoic acids in mild polyphosphoric acid/phosphorous pentoxide [J]. Carbon,2008,46：1850-1859.

[48] SUPLICZ A,HARGITA H,KOVACS J G. Methodology development for through-plane thermal conductivity prediction of composites [J]. International Journal of Thermal Science,2016,100：54-59.

[49] BROIDO D A,MALORNY M,BIRNER G,et al. Intrinsic lattice thermal conductivity of semiconductors from first principles [J]. Applied Physical Letters,2007,91：231922.

[50] RAVICHANDRAN N K,BROIDO D A. Phonon-phonon interactions in strongly bonded solids：selection rules and higher-order processes [J]. Physical Reviews X,2020,10：021063.

[51] LINDSAY L,BROIDO D A,MINGO N. Lattice thermal conductivity of single-walled carbon nanotubes：beyond the relaxation time approximation and phonon-phonon scattering selection rules [J]. Physical Reviews B, 2009,80：125407.

[52] Ziman J M. Electrons and Phonons：The Theory of Transport Phenomena in Solids [M]. Oxford University Press,2001.

[53] YANG F,DAMES C. Mean free path spectra as a tool to understand thermal conductivity in bulk and nanostructures [J]. Physical Reviews B, 2013,87：035437.

[54] MCGAUGHEY A J H,JAIN A,KIM H Y. Phonon properties and thermal conductivity from first principles, lattice dynamics, and the Boltzmann transport equation [J]. Journal of Applied Physics,2019,125：011101.

[55] WEI X, ZHANG T, LUO T. Chain conformation-dependent thermal conductivity of amorphous polymer blends：the impact of inter- and intra-chain interactions [J]. Physical Chemistry Chemical Physics,2016,18(47)：32146-32154 .

[56] LEE SANCHEZ W A,HUANG C Y,CHEN J X,et al. Enhanced thermal conductivity of epoxy composites filled with Al_2O_3/boron nitride hybrids for underfill encapsulation materials [J]. Polymers,2021,13：147.

[57] ZHANG C,HUANG R,WANG Y, et al. Self-assembled boron nitride nanotube reinforced graphene oxide aerogels for dielectric nanocomposites with high thermal management capability [J]. ACS Applied Materials & Interfaces,2020,12：1436-1443.

第2章

绝缘封装本征型有机
介质材料

2.1 绝缘封装材料性能要求

电力电子器件又称为功率半导体器件,是电功率变换和控制电路通断的关键部件。我国的一些重大工程和应用领域如三峡、特高压输电、高铁、西气东输、电动汽车、照明、家电等均离不开电力电子器件[1]。

随着科技的持续进步和电力转换需求的不断增加,电力电子器件经历了从第一代可控硅整流器(silicon controlled rectifier,SCR)、第二代双极结型晶体管(bipolar junction transistor,BJT)、可关断晶体管(gate turn-off thyristor,GTO)、半导体场效应晶体管(metal-oxide semiconductor field effect transistor,MOSFET)、第三代绝缘栅双极型晶体管(insulate-gate bipolar transistor,IGBT)到第四代智能化集成电路(smart power integrated circuit,SPIC)和智能功率模块(intelligent power module,IPM)的发展[2]。电力电子器件向高温、高电压、高频率、大电流方向快速发展,对更高集成密度和稳定性的需求不断增加,对电气绝缘系统的要求越来越严格,迫使绝缘材料不断进步和优化[3]。器件封装的拓扑结构设计也逐渐朝着微型化及高功率密度方向演变,其中电气保护是电力电子器件领域除芯片本身之外的另一核心部分,通常采用真空或有机绝缘封装将导电部分与环境隔离。有机绝缘封装分为软封装(灌封)和硬封装(塑封)两种封装方式。软封装材料质地柔软使其具有一定的防振功能,而硬封装因其出色的力学性能,可以对电气连接起到一定的机械固定作用。然而,由于材料与金属导体等材料存在热膨胀系数的差异,容易导致材料热疲劳开裂[1]。这对其中需要具备绝缘功能的封装材料的性能提出了较高要求,具体体现在工艺性、介电性能、导热性能、力学性能、老化性能及成本等方面。本节介绍对绝缘封装材料性能的要求,讨论几种常用聚合物材料特征及它们适用的绝缘封装场景。

2.1.1　工艺及成本

材料的制备工艺决定材料的性能,使用性能优良的材料封装大功率半导体模块,有助于提升模块的质量和可靠性[4]。

绝缘封装材料的工艺性主要涉及材料的生产、加工和应用等方面,应尽可能简单、易于操作和便于进行大规模生产。在生产过程中,需要考虑材料的可加工性、可塑性、可涂覆性等因素。常见的绝缘材料生产工艺包括挤出法、压延法、注塑法、涂覆法和热压法等。

1. 挤出法

挤出法主要通过特定的生产设备(如挤出机)将绝缘材料挤压成一定形状,如方形、圆形等。这种方法主要适用于连续生产,具有较高的生产效率,但在生产过程中可能会受到材料性能、加工过程中温度、压力等因素的影响,导致产品性能波动。

2. 压延法

压延法将高分子材料加热至熔融状态,通过压延机将熔融的材料压延成型。压延法可以生产各种形状的绝缘材料,如板状、带状等,具有较高的灵活性。然而,由于涉及高温操作,因此对设备的要求较高,材料的利用率也较低。

3. 注塑法

注塑法将高分子材料加热至熔融状态,通过注塑机将熔融的材料注入模具中成型。这种方法同样可以生产各种形状的材料,在生产过程中可以实现自动化控制,提高生产效率。然而,模具的制造和维护成本较高,对于小批量生产来说并不经济。

4. 涂覆法

涂覆法将高分子材料加热至熔融状态,通过涂覆机将熔融的材料涂覆在基材表面成型。这种方法通常需要先对基材进行预处理,以确保涂层的附着力和均匀性。一般来说,制备工艺包括以下几个步骤:

①预处理：对待封装材料进行清洗、干燥和表面处理，以确保封装材料与基板的牢固结合和良好的绝缘性能。②涂覆：将绝缘封装材料涂覆在基板上，可以选择合适的涂覆方式，如浸涂、喷涂或印制等，以获得均匀的涂层。③固化：通过加热、紫外线照射或其他方式使绝缘封装材料固化，以形成坚固的绝缘层。④后处理：对已固化的绝缘封装材料进行必要的处理，如切割、修整和测试等。

5. 热压法

热压法将高分子材料加热至熔融状态，通过热压机将熔融状态的材料热压成型。热压法可以在高温高压的条件下增强材料的性能，但需要使用专门的热压设备，并且对于不同材料和产品需要调整热压工艺参数，因此对小批量生产来说同样不太经济。

除上述方法外，还有一些绝缘材料的其他生产工艺，如层压法、真空浸漆法、热缩法、缠绕法、静电喷涂法等。这些生产工艺各有特点，适用于不同的应用场景和产品要求。为了满足电力电子器件封装可靠性及加工工艺等要求，封装材料必须具有高可靠性、耐热性、高纯度、高热导率及其与芯片、引线框架的强黏接力，还需要具有成型工艺性好，熔体流动性高，固化速率快，固化收缩率低，脱模性好等特点。先进芯片封装形式包括多芯片叠层封装(stack diepackage)、系统封装(system in package，SiP)等。随着技术的发展，器件尺寸越来越小，熔体注塑流道越来越窄，也就要求封装材料具有更高的熔体流动性[5-7]。

除了工艺性之外，成本也是选择和制备绝缘封装材料时需要考虑的因素。在满足性能要求的前提下，应选择成本较低的封装材料，以降低整个电子设备的制造成本。不同的生产工艺有着不同的设备投资、运行成本和生产效率。此外，不同的工艺方法还需要不同的原材料、辅助材料及废弃处理方法也会对成本产生影响。在选择绝缘材料的生产工艺时，需要根据产品的性能要求、生产批量、设备投资等因素综合考虑，以确定最佳的封装材料和制备工艺[7-8]。

总之，在选择和制备绝缘封装材料时，需要综合考虑材料的工艺性和成本要求，以确保电力电子器件的可靠性和经济性。

2.1.2　介电性能

绝缘材料的介电性能主要通过介电常数、介电损耗、电导率和击穿场强等性能来评价[9]。一般来说，绝缘材料非常需要低介电常数 ε_r 和损耗，因为高介电常数会通过提高电场畸变对电击穿产生不利影响[10]。此外,绝缘材料还需要低电导率、高击穿场强和高电阻率,使材料能够在更高的电压下保持良好的绝缘性能。

1. 介电常数

现实中存在一种电学现象:介质在外加电场时会产生感应电荷而削弱电场,这种被削弱的能量一部分被介质储存起来,另一部分转化成热能损耗掉,由此产生了"介电常数"和"介电损耗"。介电常数是介质中电场与真空中电场的比值。

介电常数可以分为实部 ε_r' 和虚部 ε_r'' 两部分。介电常数的主要计算公式为:

$$\varepsilon_r = \frac{\varepsilon}{\varepsilon_0} = \varepsilon_r' - i\varepsilon_r'' = \left(\frac{\varepsilon'}{\varepsilon_0}\right) - i\left(\frac{\varepsilon''}{\varepsilon_0}\right) \tag{2-1}$$

式中,ε_r 是相对介电常数,即绝对介电常数 ε 与真空介电常数 ε_0 的比值。ε_r'、ε_r'' 分别为介电常数的实部和虚部。实部 ε_r' 是材料的电容率,衡量了材料在电场作用下的极化程度。它是介电响应的主要指标,表示材料在电场中的存储电荷能力。实部介电常数的值可以是实数,对于绝大多数固体和液体来说,$\varepsilon_r' > 1$。虚部 ε_r'' 是材料的损耗因子,是由于电极化过程追不上外场变化引起的,表示材料对电场能量的吸收和损耗。虚部介电常数的值通常是复数,与材料的电导率和电磁波吸收等相关[11-13]。

在不同频率下,介电常数的主导性微观机制是不同的,如图 2-1 所示。在低频下,介电效应主要是由于自由电荷(如离子、电子)的运动。在微波频段,分子固有电矩的转向极化逐渐落后于外电场的变化,此时,介电常数的虚部 ε_r'' 代表介电损耗,实部 ε_r' 随频率增加而下降,

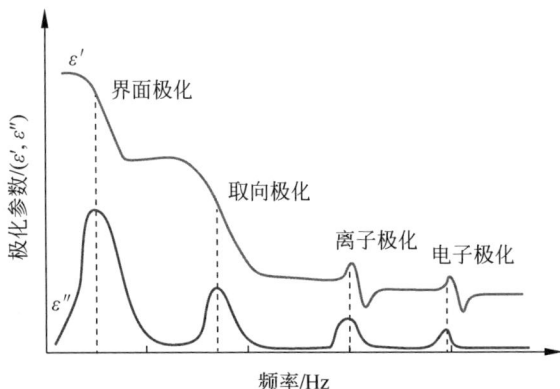

图 2-1　典型的介电谱示意图(见文前彩图)

同时虚部 ε_r'' 出现峰值,这种变化规律称为弛豫型变化。直到实部 ε_r' 降至恒定值,而虚部 ε_r'' 则变为零,这表示分子固有电矩的转向极化已经完全不再对频率做出响应。在红外频段,分子中正负离子电矩的振动频率与外场发生共振,实部 ε_r' 先突然增加,随即突然下降,同时虚部 ε_r'' 又出现峰值,此后,正负离子的位移极化也不再起作用。在可见光频段,只有电子云的畸变对极化有贡献,此时,实部 ε_r' 取更小值,即光频介电常数 $\varepsilon_{r\infty}$,虚部 ε_r'' 对应光吸收[11-14]。

实际上,材料的介电常数的增大伴随着介电损耗的增加,损耗的增加必然导致漏电流的增加,所以绝缘材料的介电常数很小(<2.0)。低介电常数材料或称 low-k 材料是当前半导体行业研究的热门话题。通过降低集成电路中使用的介电材料的介电常数,可以降低集成电路的漏导电流,降低导线之间的电容效应,降低集成电路发热等。绝缘材料的介电常数受材料的构成、温度、频率和应力等因素的影响。

2. 介电损耗

介电损耗是在电场作用下,在单位时间内因发热而消耗的能量。任何介质都不是理想的绝缘体,在交变电场作用下,除了极化产生的损耗外,还有漏导电流产生,电流做功以热的形式消散,这一部分介质损耗称为漏导损耗,也称电导损耗。介电损耗的主要计算公式可以表示为:

$$\tan\delta = \frac{\varepsilon_r''}{\varepsilon_r'} = \tan\delta_P + \tan\delta_G$$

$$= \frac{(\varepsilon_{rs} - \varepsilon_{r\infty})\bar{\omega}\tau}{\varepsilon_{rs} + \varepsilon_{r\infty}\bar{\omega}^2\tau^2} + \frac{\sigma}{\bar{\omega}\varepsilon_{r0}}\left(\frac{1}{\varepsilon_{r\infty} + \dfrac{\varepsilon_{rs} - \varepsilon_{r\infty}}{1 + \bar{\omega}^2\tau^2}}\right) \quad (2\text{-}2)$$

式中,$\tan\delta_G$ 表示由极化引起的损耗角正切,$\tan\delta_G$ 表示由电导引起的损耗角正切;ε_{rs}、$\varepsilon_{r\infty}$ 分别表示静态、光频介电常数;$\bar{\omega}$ 表示角频率;τ 表示弛豫时间[11-13]。Davide 等以环氧树脂为基体,其中研究了添加不同含量绝缘填料后的复合材料在不同频率、温度和电场下的介电常数实部和虚部,如图 2-2 所示[15]。

3. 电导率

电导是描述在电场作用下,绝缘材料内部通过电流的现象,是衡量物质导电能力大小的一个重要指标。由前文描述可知,介质中的绝缘材料中的传导电流包含漏导电流和位移电流两个分量,其中漏导电流是由材料内部少数自由电荷在电场作用下运动造成的,而位移电流是由电介质极化造成的吸收电流。图 2-3 所示为介质中电流随时间变化曲线,在外加电场作用瞬间,充电电流 i_c 可达到最高值,后迅速进入吸收电流阶段;吸收电流 i_a 是由介质内分子、离子等极化造成的,其大小随时间变化,也受电极形状、介质种类、温度等因素的影响;电流衰减至恒定电流值 i_g,称为漏导电流,它由介质的绝缘电阻决定,也受温度的影响。

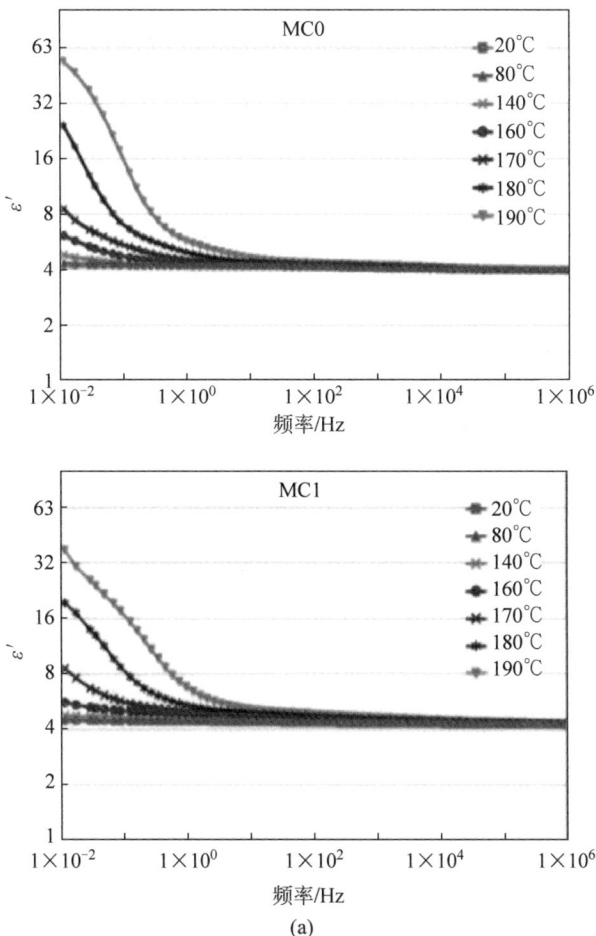

(a)

图 2-2 不同频率和温度时环氧树脂复合材料介电常数实部和虚部变化规律(见文前彩图)

(a) 20~190℃样品 MC0、MC1 随频率变化的介电常数实部;

(b) 20~190℃样品 MC0、MC1 随频率变化的介电常数虚部

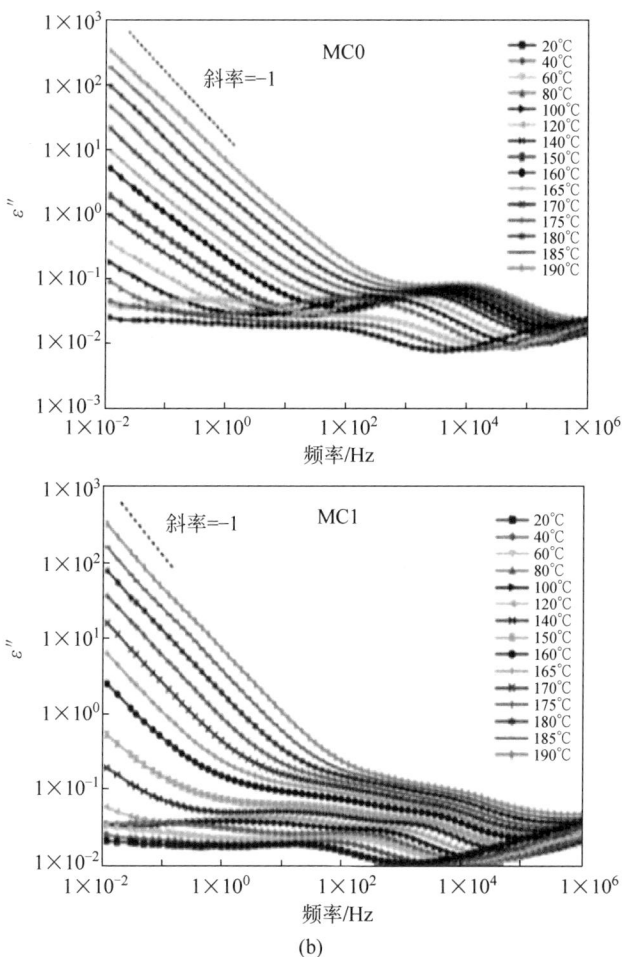

(b)

图 2-2（续）

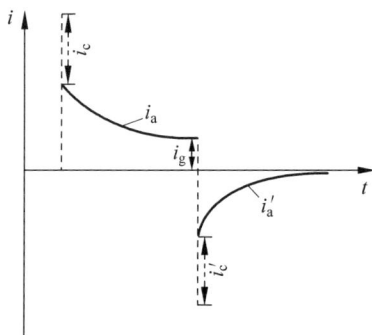

图 2-3　介质中电流与时间的关系

电导率是描述电介质或者绝缘材料的电导的参数,它表现的是绝缘材料内部自由电荷在外加电场作用下面的宏观介电行为。以固体介质为例,用三电极法测量介质的体积电阻率和表面电阻率,其公式分别为

$$
\begin{cases}
\rho_{v} = R_{v}\dfrac{S}{d} \\[2mm]
\rho_{s} = R_{s}\dfrac{b}{l}
\end{cases}
\tag{2-3}
$$

需要注意的是,体积电阻率的单位为 $\Omega\cdot cm$,而表面电阻率的单位为 Ω。其中,S 为测量电极的面积,d 为介质厚度,b 为电极长度,l 为两电极间距,R_{v}、R_{s} 由测量的漏导电流 i_{g} 及电压值 U 决定,即 $R=\dfrac{U}{i_{g}}$。由此可得,介质的体积电导率 $\gamma_{v}=\dfrac{1}{\rho_{v}}$,表面电导率 $\gamma_{s}=\dfrac{1}{\rho_{s}}$。而对于介质的表面电阻率和电导率,在实际测量时,因平行电极存在极间场强不均匀的问题需增加保护电极,或使用三电极法上的同心圆环进行测量。另外,通过体积电阻率,可以对介质进行分类,如表 2-1 所示[16]。

表 2-1　由体积电阻率划分的各种介质

导电状态	导　体	半导体	绝缘体
体积电阻率/$\Omega\cdot cm$	$10^{-6}\sim10^{-2}$	$10^{-2}\sim10^{9}$	$10^{9}\sim10^{22}$
介质	金属	无机、有机物	油、无机、有机物

一般来说,电导率与载流子的浓度、载流子的迁移率及载流子所带的电荷量有关。研究表明,聚合物绝缘材料的电导率受温度、电场等因素影响[17]。例如,在高压直流电缆运行过程中,导体发热使绝缘层中存在较大温度梯度,绝缘材料电导率分布会相差 $2\sim3$ 个数量级[17-18],直接导致电场畸变。图 2-4 所示为不同温度梯度下,$\pm320\ kV$ 高压直流电缆本体绝缘中的电场分布,表明了温度梯度过大会导致绝缘层中电场强度发生反转。减小电导率温度系数可以抑制场强反转,因此国家标准 GB/T 31489.1-2015 推荐温度 70℃ 与 30℃ 下绝缘材料的电导率 γ_{70}、γ_{30} 的比值 $\gamma_{70}/\gamma_{30}\leqslant100$[17,19]。

4. 击穿场强

在强电场作用下,电流密度会随着电场强度的增大突然激增。在临界电场强度下,电介质由绝缘状态变成导电状态的过程称为电介质

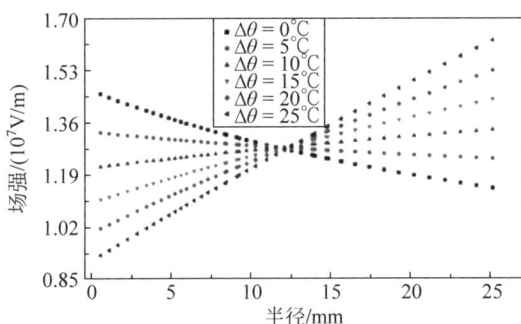

图 2-4 不同温度梯度下±320 kV 电缆绝缘层中的场强分布
（见文前彩图）

击穿。击穿过程主要涉及一个物理机制,即自由电荷如何在外加的强电场下产生数量倍增。下面以固体介质为例介绍部分击穿过程和机理。图 2-5 为固体介质的典型电流-电压特性曲线,可以分为三个阶段。在阶段 a,电压与电流的关系服从欧姆定律;在阶段 b,电流与电压几乎呈指数关系;在阶段 c,电流将随电压急剧增加直至击穿。

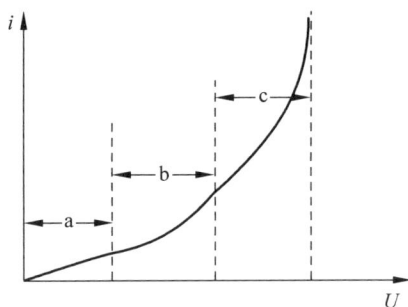

图 2-5 固体绝缘材料中的电流与外加电压的关系

固体电介质的击穿是在电的驱动下,由于热引发放电通道的形成,放电通道中会出现聚合物材料的碳化或蒸发[20-23]。因此,根据最终放电通道的形成特点,击穿模型可以分为电击穿、热击穿、电—机械击穿和局部放电击穿[20-21]。图 2-6 为几种击穿模型的不同时间层次。其他因素也会影响上述的击穿机理。此外,击穿和劣化之间仍有联系。一般击穿被认为是一个实验现象,而老化是与时间相关的材料服役特性。局部放电是一种局部击穿,但它可以导致材料劣化,并最终导致材料击穿[20-21]。

电击穿理论被广泛应用于半导体结中,如 Zener 击穿[24]和雪崩

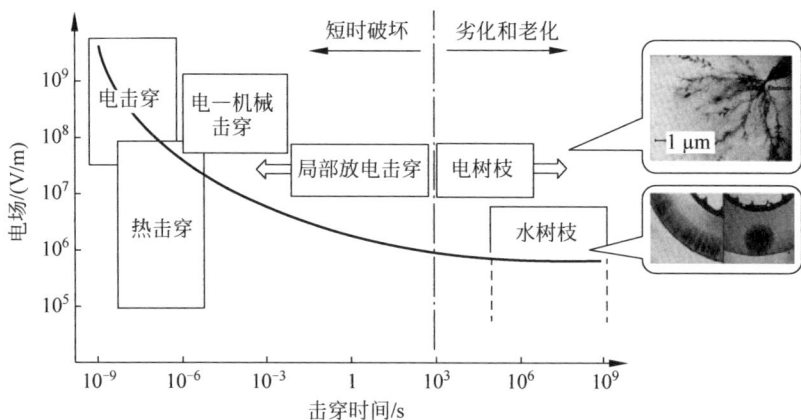

图 2-6　几种击穿机理中电场和时间的关系（击穿和劣化没有明显的界限）

击穿[22]。前者为介质的体击穿机理,它发生在电场非常高时,电子从价带隧穿到导带的半导体结中(隧穿结较窄)。对禁带宽度约为 7eV 的聚合物来讲,需要 10^{10} V/m 的电场才可以发生 Zener 击穿[20,24-25],然而聚合物的击穿场强都远低于这个场强。高场下介质材料内部的雪崩击穿或电子碰撞电离将产生局部微小电流,小电流随载流子数量的增加而不断增大,直到介质材料发生击穿。研究认为,击穿过程涉及电极—介质界面的电荷注入,如 Fowler-Nordheim 过程[26]。Kao[22,27]根据雪崩击穿理论和聚合物的特征提出了聚合物材料击穿和老化的模型,指出低密度区的形成是碰撞电离发生的重要条件。Artbauer[28]提出了自由体积击穿理论,自由体积击穿是一种本征的电击穿过程。

除了击穿的本征属性外,击穿的二次效应(如空间电荷)也是影响击穿的重要因素。当阴极和阳极附近积聚同极性空间电荷时,电极附近的电场减小,电极—介质界面的电荷注入降低,击穿场强提高。而当阴极和阳极附近积聚异极性空间电荷时,电极附近的电场增大,电极—介质界面的电荷注入提高,击穿场强降低[20]。

热击穿是指在电场作用下,介质材料内部发热大于散热,电介质内部热量积累,局部区域温度不断升高,引起介质分解、碳化等,导致介质击穿。一般在电场下,介质损耗将引起发热,一旦温度升高,热平衡被打破,介质的电导率将随温度呈指数上升,导致载流子浓度和迁移率增加。另外,温度升高会导致分子链运动能力增大,提高介质内部本征离子电导。如果电场一直保持或增加,电流密度将在梯度温度下增大,导致局部温度由于焦耳热进一步增大,电导不断增加,造成热扩散,最终在介质内部形成局部击穿通道[28]。有研究指出,热击穿可以解释聚酰亚胺和聚偏氟乙烯的击穿特性[29]。

电介质材料施加电场时,随着厚度的减小,材料内部电场增大,增加了静电引力(与电场强度平方 E^2 成正比)。局部发热和软化加剧了这种静电引力,导致介质材料应力—应变发生变化(杨氏模量),介质内部由于局部应力集中,造成微裂纹,微裂纹在静电力和机械应力作用下不断扩展,最终导致介质材料击穿[30]。然而在聚合物中,一般单纯的电—机械击穿不容易发生,需要同时考虑无定形区中局部热和机械的共同作用。另外,电—机械击穿在实际电力系统聚合物绝缘材料中也具有局限性。一方面,聚合物绝缘材料一般使用在其软化温度以下;另一方面,即使温度较高,可采用交联聚合物或更厚的绝缘来保证材料不发生击穿[20]。

考虑到实际电介质,尤其是聚合物电介质的击穿过程及其复杂的影响因素,目前的电介质击穿机理仍存在很多问题。电击穿是主要击穿形式,可以解释击穿的诱发和前期过程,但很难解释击穿通道的形成和破坏现象。另外,厚度增加时,击穿机理可能发生变化,需要考虑热或机械的影响。空间电荷可以解释交流、直流击穿的很多击穿特性和介质材料劣化特性,但是当厚度很小时,空间电荷的作用有限。电介质材料短时击穿和长时老化的关联与演变关系仍然不清楚,缺乏击穿微观过程的表征,导致很难区分电击穿、热击穿、局部放电、机械应力和空间电荷效应的作用区间。此外,特殊环境,如高低温、辐射、强电磁等诱发的电击穿过程仍不清晰[20]。

天然介电材料有许多内部缺陷,限制了其击穿强度。随着系统功率水平的提高,聚合物已成为最能满足相应需求的材料。然而,聚合物的击穿强度会受到许多因素的影响。首先,极性聚合物具有更高的极化强度,因为极性基团可以捕获电子。其次,增加分子量会降低结晶度和球晶的尺寸,使聚合物内部的放电通道更加困难,从而导致更高的击穿强度。最后,研究表明,聚合物交联后,其熔点升高,会提高其击穿强度(特别是在高温地区)。总体而言,极性聚合物的发展提高了绝缘材料的电强度[31]。

这些介电性能与材料的化学组成、微观结构和环境条件有关,因此需要通过选用合适的材料和改善材料的加工工艺来实现。在具体选用时,要根据实际应用场景结合材料的各项性能进行综合考虑。

2.1.3 导热性能

随着电子仪器及设备日益向轻、薄、短、小的方向发展,在高频工作频率下,半导体工作热环境向高温方向迅速升高。此时,电子元器件产生的热量迅速积累。在使用环境温度下要使电子元器件仍能高可靠性地正常工作,导热性能就成为影响使用寿命的关键限制因素[32]。

物质的热与物质的内能密度密切相关。根据热动力学说,热是一种联系到分子、原子、电子等粒子,以及它们的组成部分的移动、转动和振动的能量。因此,物质的导热本身或机理必然与组成物质的微观粒子的运动密切关联。不同物质、相同物质处于不同状态时有不同的导热机理,相应的导热能力也有很大差别。但有一点是共同的,所有物质的热传导,不管处于何种状态,都是物质内部微观粒子相互碰撞和传递的结果[33]。

物质内部传导热能的载体主要有分子、电子、声子和光子。对应导热过程可以分别用分子导热、电子导热、声子导热和光子导热机理来描述[34]。物质内部导热能力的大小一般用热导率表示,它表示当单位时间及单位导热距离单位温度变化时,单位面积通过的热量。由于导热机理都是微观粒子的相互作用或碰撞,因此它们热导率的表达式应具有相同的形式,只是表达式中物理量的含义不同而已[33]。

自由电子数、晶格特性、偶极极化、极性基团数、分子量、交联度、取向度等结构特征都会影响绝缘材料的热导率[31]。对于本征型导热绝缘高分子材料,根据 Debye 公式,绝缘高分子热导率主要取决于树脂的结晶性和取向方向,即声子散射程度。分子和晶格非谐性振动、树脂界面及缺陷等现象都将引起声子散射,如果树脂链结构是有序的,热量将沿分子链方向迅速传输,沿分子链方向的热导率数值远高于垂直方向。然而各向异性树脂沿分子链垂直方向热导率通常近似或低于相应的各向同性树脂[35]。

在陶瓷、有机绝缘树脂等介电固体材料中,热是通过声子振动传导的。特别是在有机绝缘树脂中,声子主要在无定形结构散射,这使得它们的热导率通常比陶瓷或金属材料低 1~3 个数量级。具有类晶结构的热固性树脂呈微观各向异性,但当保持树脂的宏观各向同性时可提高自身的热导率[33]。日本日立技术公司开发了一种通过控制环氧树脂的高有序结构来提高环氧树脂导热系数的新方法[36]。图 2-7(a)所示是所开发的环氧树脂的高有序结构示意图。它显示出三个主要特征：①树脂中存在微观各向异性的类晶结构，这是由二环氧单体的中间基团引起的；②类晶结构区域的无序排列使树脂表现为宏观各向同性；③类晶体结构通过共价键与内部无定形结构连接，使得它们的界面模糊。这种微观高度有序的结构有望抑制声子散射，从而提高树脂的热导率。此外，树脂的无定形区域不利于提高热导率，但有利于使树脂具有良好的成型、加工及应用，其高柔韧性对于树脂的生产应用显得尤为重要。这类环氧树脂的导热系数为 $0.25\sim0.96$ W/(m·K)，是传统环氧树脂的 $1.5\sim5.0$ 倍。图 2-7(b)展示了常规树脂和合成树脂的原子力显微镜和透射电子显微镜图像。透射电镜图像清楚地表明后者具有晶格结构，而在 AFM 图像中可以看到尺寸为几微米的大晶畴。

(a)

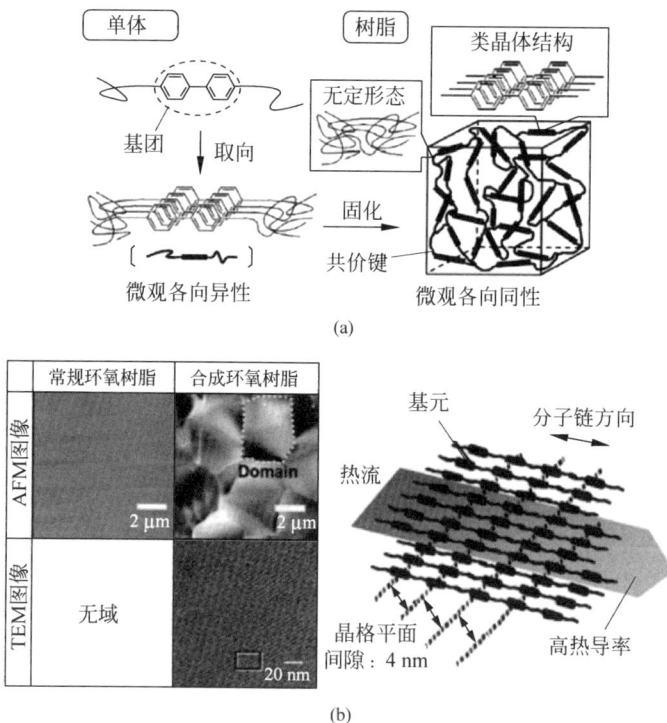

(b)

图 2-7　类晶结构环氧树脂多尺度结构

（a）合成高导热宏观各向同性树脂的方法示意图；
（b）通过 AFM 和 TEM 观察到的合成环氧树脂的结构

本征导热聚合物通过高度有序的分子链排列，在不牺牲自身电绝缘性能和机械性能的情况下提高了导热能力。这种导热聚合物可以用作散热器,并可以替代传统的金属传热材料,用于太阳能热水集热器、热交换器、电子封装和绝缘设备等。然而,本征导热聚合物的应用很少,特别是在电气设备中。制造工艺复杂困难,成本非常高,这些因素限制了这些聚合物的应用。

2.1.4 老化性能

电力设备用绝缘材料在使用过程中经受电、热、机械等各种应力的作用,内部结构持续发生变化,其电气性能逐渐下降,绝缘老化达到临界点时,会发生绝缘失效[37-38]。绝缘失效时会导致危险,甚至引发重大事故,造成生命财产的重大损失。因此,对绝缘材料绝缘寿命的评估就变得尤为重要。而对绝缘材料老化机理和寿命模型的研究使得对于绝缘寿命的评估变得更加准确有效,因而具有重大意义[37]。

传统的寿命建模的方法主要分为宏观和微观两类。宏观(现象学)方法是关于材料老化的整体描述,得出的大多为简单寿命模型,作为现象学工具,通过使所得的结果与加速电、热、机械老化寿命测试所得的数据相符推导得出电、热、机械应力分别单独作用及联合作用下的绝缘寿命公式,包括热老化的化学反应速率(阿伦尼乌斯)模型(Dakin 将其应用于电老化)、艾林的电热老化热动力(化学反应速率)模型等。微观(物理)方法是关于电—机械老化的主要起因是由微观缺陷引发的局部加速劣化的假说。微观方法认为设计应力作用下均匀介质的老化需要很长时间,实际绝缘失效时间与宏微观缺陷有关。因此微观模型描述了绝缘劣化从缺陷发展为局部放电或电树枝等,并最终导致绝缘失效,因而从物理机制上对材料老化进行了解释。微观模型也可以看作现象学模型,基于寿命测试所得参数越多,所施加的应力越复杂。

结合电、热应力分别单独作用于绝缘材料的寿命模型,Simoni[39]和 Endicott[40]等推导出交流电场下的电热应力寿命模型,对直流下多重应力作用下的寿命模型推导同样适用。

1. 单电应力 EM 模型

绝缘材料只施加电压时,当电压超过绝缘承受能力时绝缘发生击穿。施加恒定电压时用指数模型 EM(electron migration)来表示所施加的电场和击穿时间的关系:

$$\alpha_t(E) = \alpha_0 \left(\frac{E}{E_0} \right)^{-n} \qquad (2\text{-}4)$$

式中，$\alpha_t(E)$ 为失效概率为 63.2% 时对应的失效时间；E 为电场强度；E_0 为设计场强；α_0 为与 E_0 相符的尺度参数；n 为耐压系数。

2. 单热应力阿伦尼乌斯模型

起初人们对材料热应力的研究主要集中在材料对热应力的耐受程度上。其中较有名的是 1948 年提出 Dakin 理论[41]：根据温度升高加速热激活劣化反应（氧化和交联），从而加速老化（化学变化）。热老化寿命的对数与绝对温度 T 成反比，即：

$$\alpha_t(T) = \alpha_0 \exp\left(-B\left(\frac{1}{T_0} - \frac{1}{T}\right)\right) = \alpha_0 \exp(-BT') \quad (2\text{-}5)$$

式中，T' 为常规热应力；T_0 为室温；α_0 为室温下的热寿命的尺度参数；$B = \Delta W/k_B$ 为材料耐热系数，ΔW 为热降解反应活化能，$k_B = 1.38 \times 10^{-23}$ J/K 为玻尔兹曼常数。

式（2-5）即为基于化学反应速率理论的阿伦尼乌斯模型，通常用阿伦尼乌斯曲线表示，横坐标为 $-1/T$，纵坐标为 $\ln L$（L 为绝缘老化寿命），得到斜率为 $-B$ 的直线，从而用外推法由加速老化测试结果推导出工作温度，Dakin 也将其应用到电老化预测方法。

3. 电—热联合老化模型

把 EM 模型和阿伦尼乌斯模型结合起来，就得到了电热老化模型：

$$\alpha_t(E, T) = \alpha_0\left(\frac{E}{E_0}\right)^{-(n_0 - b_{ET}T')} \exp(-BT') \quad (2\text{-}6)$$

式中，$\alpha_t(E, T)$ 为电热老化寿命的尺度参数；$\alpha_0 = \alpha_t(E_0, T_0)$；$n_0$ 为参考温度 T_0 下的耐压系数；B 为参考场强 E_0 下的耐热系数；参数 b_{ET} 为电热应力的协同作用程度。

传统的绝缘材料老化寿命模型（宏观方法）虽便于电气绝缘结构的简单设计，但已无法准确表征材料老化过程和寿命演变规律。空间电荷效应在材料老化过程中发挥着重要的作用，并与绝缘老化互为因果关系（空间电荷效应加速绝缘老化，老化过程中会产生额外的空间电荷）。在电场作用下，金属电极或电缆半导电层会向材料内部注入电荷，气隙的局部放电也会引发电荷迁移或入陷。另外，绝缘材料内部的微孔、杂质、半导电层凸起及材料晶体尺寸的不均匀性作为材料内部的微观缺陷，也是形成空间电荷的重要原因。目前，针对空间电荷效应下绝缘材料老化寿命模型的研究均基于化学反应速率理论展开[37]。

通常,所有老化模型都涉及电场导致的少量局部物理化学变化,该变化在材料内部不断累积,逐渐打破绝缘内部的热平衡反应,使总体反应不可逆,并最终导致绝缘失效。但由于不同绝缘材料的结构不同,且不同老化模型遵循不同的物理机制,很多模型得出的结果显然不能与实验结果完全一致。然而,老化过程中确实有其独立于物理机制的普遍特征的。

Dissado 基于 DMM 模型中实验方法,通过多次直流电—热联合实验计算得出寿命方程内的特征参数值,并通过计算机仿真软件模拟实际情况进行了验证,最终基于通用寿命模型估计了材料老化寿命[37,42-43]。其寿命公式为:

$$L(E,T) = \left(\frac{h}{2kT}\right) \exp\left(\frac{G^{\#} - CE^{4b}/2}{kT}\right) \cdot \ln\left(\frac{A_q - A_0}{A_q - A^*}\right) \cdot$$
$$\left(\cosh\left(\frac{\Delta - CE^{4b}}{2kT}\right)\right)^{-1} \tag{2-7}$$

式中,k 和 h 分别为玻尔兹曼常数和普朗克常数;$G^{\#}$ 为材料本身活化能;A_q 为可逆反应达到平衡态时发生变化的部分占总体的分数;A_0 为老化前断裂的键占总体的百分数。Dissado 得出的寿命公式涵盖了大部分模型提到的因素,其结果与大量实验结果相符,并且该模型与很多材料的寿命分布特性相符,其参数与温度、场强等因素无关。该模型是现有模型中最普遍的形式,具有普遍的物理意义。

2.2 环氧树脂介质材料

封装材料可分为金属封装材料、陶瓷封装材料和塑料封装材料,其中,塑料封装材料(简称塑封材料)约占 95% 以上。塑封材料又以环氧树脂为主,目前,环氧塑封材料作为电子元器件和集成电路封装材料,广泛应用于电力电子、航空航天及汽车行业。环氧塑封材料是一种高分子复合材料,通常选用环氧树脂作为基体,将固化剂、固化促进剂、偶联剂、脱模剂、填充剂、阻燃剂及其他助剂按照一定的比例、通过适当的工艺混炼制备成环氧模塑料。环氧树脂作为塑封材料具有很多优异的性能,例如:黏接性好,与多种物质都具有很强的黏附性;固化收缩性好,交联固化时不产生小分子副产物;交联后形成致密的三维立体结构,力学性能优良,交联固化后的环氧树脂不含活泼基团和游离的离子;吸水能力弱,具有良好的介电性能和电绝缘性;交联后的环氧树脂化学性质稳定等。环氧塑封材料因其刚性特性及热膨胀系数与芯片等连接材料差别显著,加之其耐温性能有限,故常用于中低压 MOSFET 电力电子模块中,近年来在基于 SiC 的 MOSFET 及双面 IGBT 模块的前沿应用亦已有报道[1]。

由于环氧树脂优良的电绝缘特性,作为电力电子器件封装材料,其本征导热系数较低,远远不能满足大功率电气设备或电子元件的高导热、高耗散要求。本征型导热环氧树脂主要通过以下几个方法获取:第一,在环氧树脂合成过程中通过化学结构设计和合成工艺控制等方法制备出具有特殊化学结构和物理结构的环氧树脂,从而提高环氧树脂的导热性。第二,对已有的环氧树脂进行二次化学改性,将特殊化学结构引入环氧树脂主链或者侧链中,制备具有共聚结构的环氧树脂可能会导致微相分离,从而提供环氧树脂的声子导热通路。第三,采用简单共混方法,将高导热填料与环氧树脂混合来提高环氧树脂的导热性能。第四,通过高分子成型工艺的调整来改变分子或者分子链的排列,获取特殊微观物理结构的环氧树脂,减少微观结构中的声子散射,从而提高环氧树脂的导热性能[44]。

固体绝缘材料的热传导由声子传输,控制固体绝缘材料的声子散射是提高固体绝缘材料导热性能的主要途径。因此,提高本征型导热环氧树脂的导热性能最可控的方法是通过化学合成刚性结构或者在分子主链或者侧链上引入液晶结构来提高环氧树脂固化物的有序性和结晶度,抑制声子散射而提高其导热性能。液晶环氧树脂(liquid crystal epoxy,LCEs)的微观结构是一种高度分子有序、深度分子交联的聚合物网络,与普通环氧树脂相比,具有低收缩性、优异的耐热机械性能和介电性能[44]。

2.2.1 本征型导热液晶环氧树脂分类

液晶环氧树脂是热固性液晶聚合物的重要分支。它是指由液晶环氧树脂单体固化而成的一类热固性树脂,含有刚性棒状基元、特殊柔性链段和环氧端基[45-47]。特别是,固化过程中基元的有序性被分子间交联网络固定和保留,分子间交联网络是介于结晶态(完全有序周期性结构)和液相(完全无序随机结构)之间的有序相,即成序相。因此,液晶环氧树脂含有分子高度有序和深度交联的聚合物网络。它结合了液晶的高有序和网络的高交联特性,可有效提高环氧树脂本征热导率[45]。

液晶环氧树脂可按以下几个方面进行分类:①中间体可以通过环氧单体、固化剂单体或两者同时引入。根据引入的基元制备本征型导热液晶环氧树脂的方式,液晶环氧树脂可分为液晶环氧单体型、液晶固化剂型和复合型。但需要注意的是,目前虽然文献上有关于通过固化剂将基元引入环氧树脂的报道,但并未关注这种液晶环氧树脂的固有导热系数。②在环氧单体的设计和制备方面,液晶环氧树脂根据基元所在的聚合物链的位置可分为主链型和侧链型。目前的研究主要集中在主链型。③目前,液晶环氧树脂都属于热致液晶,即液晶度是由温度引起的,并且仅在一定温度范围内呈现液晶状态。热致液晶可分为层列型(分层排列,棒状或条状分子按二维顺序排列)、向列型(由长径比较大的棒状分子组成,保持排列态平行于轴线)和胆甾型(具有层状结构,分子的长轴在层中彼此平行,在垂直平面上,每层分子都会旋转一个特定的角度)。在对本征型导热液晶环氧树脂的研究中,目前仅报道了层列型和向列型。④偶氮、芪、联苯、联萘、吖嗪、酯和甲亚胺等化学结构被广泛用于制备液晶环氧树脂,但大部分研究还是关注于联苯类液晶环氧树脂[44]。根据液晶环氧树脂中基元的种类不同,可分为联苯型、芳香酯型、α-甲基苯乙烯型、亚甲基型、偶氮型和萘型[45]。Zhang 等合成了一种含柔性链的联苯型 LCE,采用二氨基氨苯砜(DDM)固化 LCE 制得了 LCER,其热导率高达 0.31 W/(m·K)[48]。Yang 等采用 4,4′-二羟基苯、三甘醇、环氧氯丙烷和 DDM 合成了一种联苯类 LCER,其热导率为 0.51 W/(m·K)[49]。

2.2.2 本征型导热液晶环氧树脂导热机理

环氧树脂属于饱和体系,内部没有自由电子,分子运动困难,因此被称为晶格振动的模范能量量子,即声子是主要的热能载体[45,48]。传统环氧树脂属于无定形聚合物。热传导机制主要依靠不规则排列的分子或原子围绕其固定位置的热振动,振动过程中能量依次传递到相邻的分子或原子。热量的传播是随机且缓慢的,因此导热系数相对较低。但是,液晶环氧中形成的部分晶体或晶体状规则结构,其热传导机理主要依赖于整齐排列的晶格的热振动,图 2-8 所示为热能在聚合物中扩散过程,扩散越平滑,则损耗少且导热效率高,材料导热性好[45]。

2.2.3 本征型导热液晶环氧树脂缺点

尽管液晶环氧树脂具有优异的导热性能但其形成过程非常复杂。

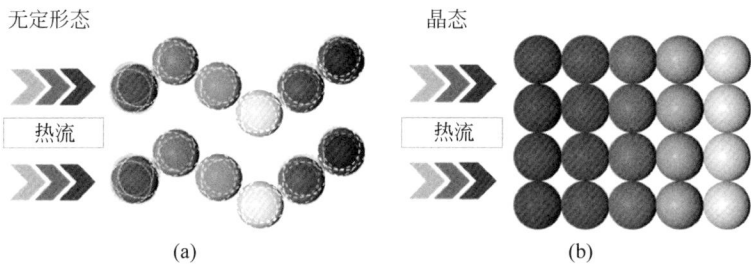

图 2-8　两类环氧树脂导热机理示意图（见文前彩图）

（a）传统环氧树脂的导热机理；（b）液晶环氧树脂结晶区的导热机理

而且甲基、叔丁基等化学位阻对液晶结构的形成和堆积密度有显著影响。如图 2-9 所示，液晶环氧树脂固化过程中的直链增长、侧链增长、交联等过程都对液晶结构的形成和取向有重要影响。特别是直链增长过程中的化学位阻导致有些液晶环氧树脂最终不能在其固化过程中形成完善的液晶结构，从而导致其固化物的导热系数非常低[44]。

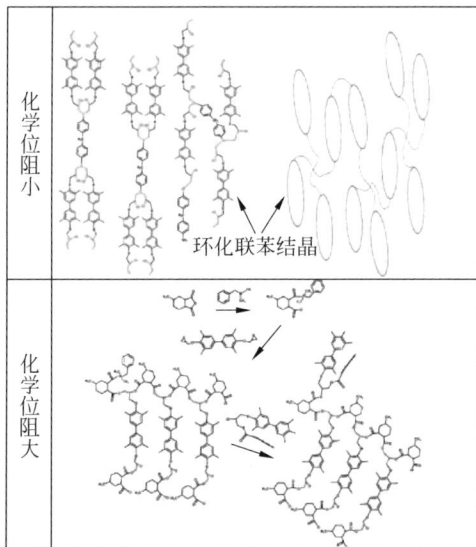

图 2-9　化学位阻对环氧树脂液晶形成的影响

2.3　聚酰亚胺介质材料

聚酰亚胺（PI）材料具有优异的绝缘性能、力学性能、耐热性能、耐辐射性能等，被广泛应用于电工、电子、微电子及航空、航天等众多领域。特别是作为重要的聚合物层间绝缘及柔性基板材料，聚酰亚胺薄膜在先进集成电路、新型光电显示、柔性功能电子等领域具有不可替代的作用，但传统的聚酰亚胺本征薄膜导热性较差，其热导率通常在 0.2 W/(m·K) 左右，无法满足当下及未来高功率电力电子设备的导热/散热需求[50-51]。

聚酰亚胺本征导热性能主要由聚酰亚胺分子结构和分子链有序程度决定[50]，通常呈各向异性。

2.3.1　非晶型聚酰亚胺

Kurabayashi 等[52] 对旋涂法制备的聚酰亚胺薄膜的导热行为进行了研究，发现薄膜在面内和面间方向上呈现显著的各向异性导热行为。首先通过导热系数理论计算得到聚酰亚胺薄膜的本征面内 $\lambda_{/\!/}$ 与面间 $\lambda_{\perp}$ 导热系数，再通过双折射测试得到聚酰亚胺薄膜面内方向分子链取向角的标准偏差 σ，σ 越小说明聚酰亚胺分子链取向程度越高。结合材料厚度，对于厚度远小于 1 μm 的聚酰亚胺薄膜，当 $\sigma < 1°$ 时，$\lambda_{/\!/}$ 明显大于 $\lambda_{\perp}$，$\lambda_{/\!/}$ 与 $\lambda_{\perp}$ 的比值基本保持恒定，约为 20；当 $\sigma > 1°$ 时，随着 σ 增大，$\lambda_{/\!/}$ 与 $\lambda_{\perp}$ 的比值逐渐减少，直至接近 1，即只有当聚酰亚胺分子链完全无规时，聚酰亚胺薄膜的本征导热性能才呈各向同性。

研究人员进一步对不同分子结构的聚酰亚胺薄膜进行了更为深入的研究。对于厚度为 0.5～2.5 μm 的 BTDA/ODA（美国杜邦公司，型号 PI-2556）薄膜，$\lambda_{/\!/}$ 与 $\lambda_{\perp}$ 比值在 4～8；而对于厚度为 1.5～6.0 μm 的 PMDA/ODA 薄膜，$\lambda_{/\!/}$ 与 $\lambda_{\perp}$ 比值在 2～3，并且随薄膜厚度的降低而增大。这表明在一定厚度范围内，薄膜的厚度会对其导热各向异性产生影响。值得一提的是，研究人员认为 PMDA/ODA 的 $\lambda_{/\!/}$ 与 $\lambda_{\perp}$ 比值较低，主要是由于分子链的锯齿形状使其更难形成有序的分子排列，导致薄膜的 σ 值偏大（20°～30°）。由此可知，聚酰亚胺薄膜的厚度和分子链在面内方向的取向排列会对薄膜的导热各向异性产生影响[51-52]。

Yorifuji 和 Ando 等[53] 系统研究了 21 种不同结构聚酰亚胺薄膜的面间热扩散系数与分子结构、链取向排列、分子堆积等关系，代表性体系的分子结构式如图 2-10 所示。研究人员采用分子密度泛函理论、双折射法计算出材料的极化率各向异性程度，定量表征了不同聚酰亚胺薄膜体系的分子结构特征和分子取向度。结果表明，增加面间方向的分子取向度或分子链堆积的致密程度，均可有效提高薄膜的面

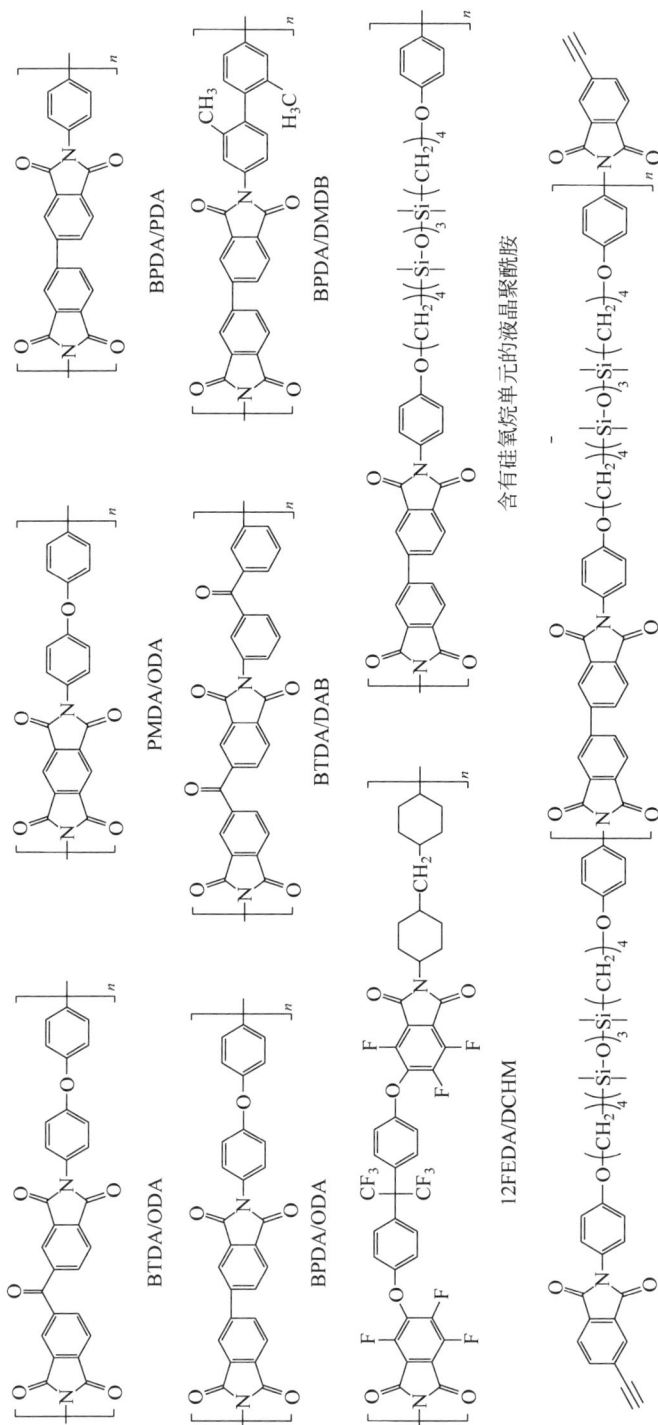

图 2-10 用于本征导热聚酰亚胺薄膜的代表性分子结构

BPDA/PDA

BPDA/DMDB

PMDA/ODA

BTDA/DAB

BTDA/ODA

BPDA/ODA

12FEDA/DCHM

含有硅氧烷单元的液晶聚酰胺

含有硅氧烷单元的交联液晶聚酰胺

外热扩散系数。对于分子结构呈线型刚性的聚酰亚胺体系,如果分子链在面内方向上的取向排列程度越低,则薄膜的面间热扩散系数越高;分子链在面间方向上的取向排列程度越高、分子堆积密度越大,则薄膜的面间热扩散系数也越大。这主要是因为在聚合物薄膜中,热传导主要在共价键和芳香族环内沿分子链方向传递,比通过弱范德华相互作用的链间传递更为有效。

为了将聚酰亚胺的分子结构、取向排列、分子链堆积与薄膜的面间热扩散系数建立更为直观的联系,研究人员基于修正后的 Vuks 方程提出了一个新的物理参数,即 Vuks 因子 $\Phi_\perp$,其计算公式如式(2-8)所示:

$$\Phi_\perp \equiv \frac{n_\perp^2 - 1}{n_{\mathrm{av}}^2 + 2} = \frac{4\pi}{3} K_{\mathrm{p}} \frac{\bar{\alpha}_\perp}{V_{\mathrm{vdw}}} \tag{2-8}$$

式中,$n_\perp$ 为面间折射率;n_{av} 为平均折射率;K_{p} 为分子链堆积系数;$\bar{\alpha}_\perp / V_{\mathrm{vdw}}$ 为单位体积下的面间极化率。通过折射率数据可计算得到 $\Phi_\perp$,该参数不仅可以反映出分子结构的线刚性、分子链取向对面外方向导热行为的影响,其物理意义中还包含了分子链堆积程度的因素[51]。

2.3.2　液晶型聚酰亚胺

基于液晶聚合物的设计思路,通过分子结构设计合成制备液晶型聚酰亚胺薄膜是改善本征导热性能的有效策略。

从理论上阐明液晶聚合物的各向异性导热行为,Sasaki 等[54]以液晶材料 4-庚基-4′-氰基联苯(7CB)为代表进行了全原子分子动力学模拟,从原子角度研究了向列相液晶的各向异性热传导机理。通过对导热系数进行分解分析,确定了对流作用、分子内与分子间相互作用等诸多因素对液晶聚合物导热性能的贡献大小,各影响因素对面内及面间导热系数的贡献如图 2-11 所示。理论计算结果显示,在平行于向列相液晶分子方向上,导热系数的贡献组成主要为取向化学键的拉伸和弯曲振动,而垂直方向上导热系数的贡献组成主要为分子间非键合相互作用。对比垂直方向上的导热贡献组成,对流作用、化学键拉伸和弯曲等相互作用对平行方向上的导热贡献明显更大,这是向列相液晶存在各向异性导热行为的本质原因。结果再次证实,导热的各向异性是由共价键的有序规整排列所引起的,在此平行方向上的声子迁移率更高。该研究的定量描述为设计制备高导热各向异性的液晶聚酰亚胺及其他液晶材料提供了有力的理论支持。

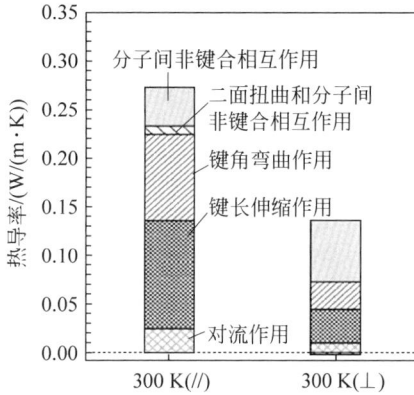

图 2-11 不同因素对液晶聚合物各向异性热导率的贡献（见文前彩图）

2.4 硅橡胶介质材料

硅橡胶在硫化前是具有较高摩尔质量的聚硅氧烷，硫化后为弹性网状结构。硅橡胶的优异性能在于线性硅氧烷的化学结构，即 Si-O-Si 具有耐温性、耐臭氧层氧化、耐高电压、耐候性、耐透气性、耐溶剂性等性能被广泛应用于电子电器、石油化工、航空航天、医疗卫生等国民经济的各个领域[55]。

2.4.1 硅橡胶分类

硅橡胶按硫化温度可以分为室温硫化硅橡胶（room temperature vulcanized silicone rubber，RTV）和高温硫化硅橡胶（high temperature vulcanized silicone rubber，HTV）。硅橡胶按其产品形态可分为混炼硅橡胶和液体硅橡胶。在绝缘封装领域，液体硅橡胶制备工艺更为简单，绝缘性能良好，更适用于电力电子封装。按硫化机理，液体硅橡胶可以分为过氧化物引发型、缩合型和加成型。其中，过氧化物引发型是以高分子量的线性聚二甲基硅氧烷为基础聚合物，加入硫化剂（过氧化物）及补强剂在高温、加压下形成的弹性胶体；缩合型是以二羟基聚二甲基硅氧烷作基础聚合物与交联剂、催化剂、填料及其他特性的添加剂在室温或湿气条件下形成的弹性胶体；加成型硅橡胶是由含乙烯基的聚有机硅氧烷作基础聚合物，含 Si-H 键的聚有机硅氧烷做交联剂，在铂催化剂的条件下在加热或室温条件下可交联的一类弹性有机体。与缩合型硅橡胶相比,加成型硅橡胶具有交联不产生副产物、可深层固化、线收缩率低、节电性能优良等特点[55]。结合前文所述,加成型液体硅橡胶是当前绝缘封装材料的重点研究对象。

2.4.2 加成型液体硅橡胶硫化机理

加成型液体硅橡胶以含乙烯基的聚二有机硅氧烷为基础聚合物,含多个 Si-H 键的聚有机硅氧烷做交联剂,在铂催化剂的作用下于室温或者加热下通过硅氢加成反应硫化交联,得到三维交联结构的硅橡胶[55]。

Chalk-Harrod 机理[56-57]主要有四个步骤:①铂催化剂与含氢硅氧烷发生氧化加成;②与烯烃配位;③烯烃插入到 Pt-H 键;④Si-C 还原消除。图 2-12 展示了 Chalk-Harrod 机理的催化循环路线。研究发现,硅氢加成反应有时会产生乙烯基硅烷、烷烃等产物,这是 Chalk-Harrod 机理不能解释的,因此形成了改进的 Chalk-Harrod 机理,也称硅基迁移机理[58]。改进的 Chalk-Harrod 机理与 Chalk-Harrod 机理的不同之处在于前者为烯烃插入 Si-Pt 键,而后者为烯烃插入 Pt-H 键。

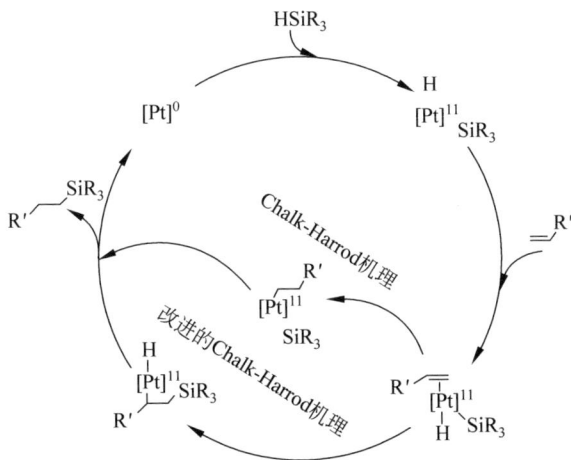

图 2-12 铂催化的硅氢加成反应机理

加成型液体硅橡胶具有优良的热稳定性和导热性能,其导热性能的核心作用是为电子器件与散热器之间传输热量,提高散热,延长电子器件使用寿命。加成型液体硅橡胶本征热导率只有 $0.2 \sim 0.3$ W/(m·K),远低于工业要求。目前主要采用向加成型液体硅橡胶中填充各种高热导率填料,然后通过密炼、开炼、共混等加工成型工艺提高加成型液体硅橡胶的热导率[59]。

参考文献

[1] 佟辉,臧丽坤,徐菊.导热绝缘材料在电力电子器件封装中的应用 [J].绝缘材料,2021,54(12):1-9.

[2] 戴超,陈向荣.碳化硅 IGBT 电力电子器件封装和绝缘研究综述 [J].浙江电力,2019,38(10):26-33.

[3] 刘佳佳,刘英坤,谭永亮.SiC 电力电子器件研究现状及新进展 [J].半导体器件,2017,42(10):744-753.

[4] 项佳宇,李学宝,崔翔,等.高压大功率 IGBT 器件封装用有机硅凝胶的制备工艺及耐电性 [J].电工技术学报,2021,36(2):352-361.

[5] XU J,LI X,CUI X,et al. Trap characteristics and their temperature-dependence of silicone gel for encapsulation in IGBT power modules [J]. CSEE journal of power and energy systems,2021,(3):7.

[6] 李文艺,王亚林,尹毅.高压功率模块封装绝缘的可靠性研究综述 [J].中国电机工程学报,2022,(14):42.

[7] 雷万钧,刘进军,吕高泰,等.大容量电力电子装备关键器件及系统可靠性综合分析与评估方法综述 [J].高电压技术,2020,46(10):9.

[8] 杨宇军,李遄,石钰林,等.微电子封装热界面材料研究综述 [J].微电子学与计算机,2023,40(1):64-74.

[9] YAN B,ZHANG Z,LI Y,et al. Research and application progress of resin-based composite materials in the electrical insulation field [J]. Materials,2023,16(19):6394.

[10] GONG Y,ZHOU W,KOU Y,et al. Heat conductive h-BN/CTPB/epoxy with enhanced dielectric properties for potential high-voltage applications [J]. High Voltage,2017,2(3):172-178.

[11] 张良莹,姚熹.电介质物理 [M].西安:西安交通大学出版社,1991.

[12] 党智敏.储能聚合物电介质导论 [M].北京:科学出版社,2021.

[13] 殷之文.电介质物理学(第二版) [M].北京:科学出版社,2003.

[14] 肖冬萍,田强.电介质的极化机制与介电常量的分析 [J].大学物理,2001,20(9):44-49.

[15] CORNIGLI D,REGGIANI S,GNUDI A,et al. Characterization of dielectric properties and conductivity in encapsulation materials with high insulating filler contents [J]. IEEE Transactions on Dielectrics and Electrical Insulation,2018,25(6):2421-2428.

[16] 张一尘,章建勋,屠志健.高电压技术 [M].北京:中国电力出版社,2005.

[17] 赵健康,赵鹏,陈铮铮.高压直流电缆绝缘材料研究进展评述 [J].高电压技术,2017,43(11):3490-3503.

[18] HAMPTON R N. Some of the considerations for materials operating under high-voltage,direct-current stresses. IEEE Electrical Insulation Magazine

[J]. 2008,24(1):5-13.

[19] 额定电压 500 kV 及以下直流输电用挤包绝缘电力电缆系统技术规范第 1 部分:试验方法和要求:GB/T 31489. 1-2015[S]. 北京:中国标准出版社,2015.

[20] 王威望,李盛涛. 工程固体电介质绝缘击穿研究现状及发展趋势 [J]. 科学通报,2020,65(31):3461-3474.

[21] DISSADO L A,FOTHERGILL J C. Electrical Degradation and Breakdown in Polymers [M]. London:Peter Peregrinus,1992.

[22] KAO K C. New theory of electrical discharge and breakdown in low-mobility condensed insulators [J]. Journal of Applied Physics,1984,55:752-755.

[23] 陈季丹,刘子玉. 电介质物理学 [M]. 北京:机械工业出版社,1982.

[24] ROSAM B,LOSER F,LYSSENKO V G,et al. Field-induced delocalization and Zener breakdown in semiconductor superlattices [J]. Physica B,1999,272(1-4):180-182.

[25] ZELLER H R,PFLUGER P,BERNASCONI J. High-mobility states and dielectric breakdown in polymeric dielectrics [J]. IEEE Transactions on Electrical Insulation,1984,EI-19(3):200-204.

[26] 高观志,黄维,雷清泉. 固体中的电输运 [M]. 北京:科学出版社,1991.

[27] KAO K C. Electrical conduction and breakdown in insulating polymers [C]//Proceedings of the 6th International Conference on Properties and Applications of Dielectric Materials(ICPADM). Xi'an:IEEE,2000:1-17.

[28] ARTBAUER J. Electric strength of polymers [J]. Journal of Physics D,1996,29:446-456.

[29] HIKITA M, NAGAO M, SAWA G, et al. Dielectric breakdown and electrical conduction of poly (vinylidene-fluoride) in high temperature region [J]. Journal of Physics D,1980,13:661-666.

[30] FOTHERGILL J C. Filamentary electromechanical breakdown [J]. IEEE Transactions on Electrical Insulation,1991,26:1124-1129.

[31] LI S,YU S,FENG Y. Progress in and prospects for electrical insulating materials [J]. High Voltage,2016,1(3):122-129.

[32] 周文英,齐暑华,涂春潮,等. 混杂填料填充导热硅橡胶性能研究 [J]. 材料工程,2006,8:15-19.

[33] 周文英,王芳,杨亚亭,等. 本征导热聚合物研究:机理、结构与性能及应用 [J]. 化学进展,2023,35(7):1106-1122.

[34] TOULOUKIAN Y S. Thermophysical Properties of Matter [M]. IFI/Plenum Press,New York-Washington,1970.

[35] EFIMOV V B, MAKOVA M K. Thermal conductivity of organic superconductors [C]. Proceedings of the 1997 International Conference on Materials and Mechanisms of Superconductivity High Temperature

Superconductors, Beijing, 1997.

[36] Xiao M, Du B X. Review of high thermal conductivity polymer dielectrics for electrical insulation. High Voltage. 2016, 1(1): 34-42.

[37] 王霞, 孙晓彤, 刘全宇, 等. 基于空间电荷效应的绝缘老化寿命模型的研究进展 [J]. 高电压技术, 2016, 42(3): 861-867.

[38] 王霞, 姚航, 吴锴, 等. 交联聚乙烯与硅橡胶界面涂抹不同硅脂对其电荷特性的影响 [J]. 高电压技术, 2014, 40(1): 74-79.

[39] SIMONI L. Fundamentals of endurance of electrical insulating materials [C]. CLUEB, Bologna, Italy, 1983.

[40] ENDICOTT H S, HATCH B D, SOHMER R G. Application of the eyring model to capacitor aging data [J]. IEEE Transactions on Component Parts, 1965, 12(1): 34-41.

[41] DAKIN T W. Electrical insulation deterioration treated as a chemical rate phenomenon [J]. Transactions of the American Institute of Electrical Engineers, 1948, 67(1): 113-122.

[42] DISSADO L A, THABET A. Simulation of electrical ageing in insulating polymers using a quantitative physical model [J]. Journal of Physics D, 2008, 41(8): 1-5.

[43] DISSADO L A, THABET A, DODD S J. Simulation of DC electrical ageing in insulating polymer films [J]. IEEE Transactions on Dielectrics and Electrical Insulation, 2010, 17(3): 890-897.

[44] 莫海林. 高导热环氧树脂及其复合材料的制备与性能研究 [D]. 上海交通大学, 2020.

[45] RUAN K, ZHONG X, SHI X, et al. Liquid crystal epoxy resins with high intrinsic thermal conductivities and their composites: A mini-review [J]. Materials Today Physics, 2021, 20: 100456.

[46] SHIOTA A, OBER C K. Synthesis and curing of novel LC twin epoxy monomers for liquid crystal thermosets [J]. Journal of Polymer Science A, 1996, 34(7): 1291-1303.

[47] BARCLAY G G, OBER C K, PAPATHOMAS K I, et al. Liquid crystalline epoxy thermosets based on dihydroxymethylstilbene: synthesis and characterization [J]. Journal of Polymer Science A, 1992, 30 (9): 1831-1843.

[48] RUAN K, YAN H, ZHANG S, et al. In-situ fabrication of hetero-structured fillers to significantly enhance thermal conductivities of silicone rubber composite films [J]. Composites Science and Technology, 2021, 210: 108799.

[49] 吴加雪, 张天栋, 张昌海, 等. 高导热环氧树脂的研究进展 [J]. 材料导报, 2021, 35(13): 13198-13204.

[50] 李沐坤, 郭永强, 阮坤鹏, 等. 聚酰亚胺导热材料的制备研究进展 [J]. 高分子通报, 2023, 36(8): 979-997.

［51］ 高梦岩,王畅鸥,贾妍,等.聚酰亚胺薄膜材料的各向异性导热行为研究与进展［J］.高分子学报,2021,52(10)：1283-1297.

［52］ KURABAYASHI K,ASHEGHI M,TOUZELBAEV M,et al. Measurement of the thermal conductivity anisotropy in polyimide films［J］. Journal of Microelectromechanical Systems,1999,8(2)：180-191.

［53］ YORIFUJI D,ANDO S. Molecular structure dependence of out-of-plane thermal diffusivities in polyimide films：a key parameter for estimating thermal conductivity of polymers［J］. Macromolecules,2010,43(18)：7583-7593.

［54］ SASAKI R,TAKAHASHI Y,HAYASHI Y,et al. Atomistic mechanism of anisotropic heat conduction in the liquid crystal 4-heptyl-4'-cyanobiphenyl：all-atom molecular dynamics［J］.Journal of Physical Chemistry B,2020,124(5)：881-889.

［55］ 陈纯洋.单组份加成型绝缘导热硅橡胶的研究［D］.哈尔滨工业大学,2012.

［56］ HARROD J F,CHALK A J. Dicobalt octacarbonyl as a catalyst for hydrosilation of olefins［J］. Journal of the American Chemical Society,1965,87(5)：1133.

［57］ HARROD J F,CHALK A J. Homogeneous catalysis. Ⅲ. Isomerization of deuterio olefins by group Ⅷ metal complexes［J］. Journal of the American Chemical Society,1966,88(15)：3491.

［58］ SCHROEDER M A,WRIGHTON M S. Pentacarbonyliron(0) photocatalyzed reactions of trialkylsilanes with alkenes［J］.Journal of Organometal Chemistry,1977,128(3)：345-358.

［59］ 王文旭,黄冰玉,谈利承,等.加成型液体硅橡胶的研究进展［J］.应用化学,2018,35(9)：1005-1012.

第3章

绝缘封装聚合物复合介质材料

3.1 高导热聚合物绝缘复合材料

随着电气及电子设备集成化、高功率化、轻型化的发展趋势,其单位体积内的发热和温升明显增加。聚合物电介质材料由于具有绝缘性能突出、耐腐蚀、化学稳定、易加工成型、成本低等优势,在电气及电子设备中有着非常广泛的应用[1-2]。然而聚合物电介质材料普遍导热性能差,用电设备中热量的积聚会促进聚合物介质的加速老化,严重影响设备的稳定性和使用寿命[3-5]。例如,在电子器件中,温度每增加2℃,其可靠性减少10%。当变压器绕组的温度提高6℃时,其预期使用寿命减半[6]。显然,散热问题已成为制约电气及电子设备向高功率和高集成度进一步发展的瓶颈问题。在电气及电子设备的构成材料如导体、磁性材料及聚合物电介质中,聚合物电介质的导热系数λ远远低于其他材料。因此,对于聚合物及其复合材料,增强其导热系数在科学和工程上都有着重要的意义[7-9]。由于聚合物及其复合材料的热传递机制理解尚存局限,在某种程度上制约了导热聚合物和复合材料的设计与制备[10]。本章介绍聚合物介质的导热机理,讨论聚合物本体改性及在聚合物基体中加入高导热填料两种获得高导热聚合物绝缘复合材料的思路。对于本征聚合物结构调节,本章从分子链结构、分子链取向、分子间相互作用、结晶度及微观尺度有序性等因素对聚合物导热性能的影响的角度进行了介绍;对于在聚合物基体中加入高导热填料,本章从导热填料的热导率、填充量、导热填料与聚合物基体界面、填料形状等对聚合物复合绝缘材料的导热性能进行了介绍。最后介绍了高导热绝缘复合电介质材料在器件封装中的应用。

3.1.1 聚合物绝缘材料导热机理

热传导有三种基本方式:导热、对流和辐射[11]。气体、液体、电导性和非电导性固体的导热机制都不相同。对于气体,导热是气体分子在不规则热运动过程中发生碰撞的结果。在电导性固体中,自由电子在导热中起主导作用[12]。非电导性固体通过晶格结构的振动实现导热,即原子和分子在其平衡位置附近的振动。晶格振动的能量量子称为声子,可理解为与光子相似[13],声子没有质量,遵循玻色-爱因斯坦统计。其能量($w = h\nu$)以固体和部分液体中的机械振动的形式存在,频率小于 50 THz,群速度小于 2×10^4 m/s,平均自由路径为 10～100 nm(除了超低温条件和纳米管)[14]。关于液体的导热机制,目前有两种主要观点。一种观点认为其与气体相似,但由于液体分子之间的距离相对较近,分子间的相互作用对碰撞过程有更大的影响,情况更为复杂。另一种观点则认为其机制像非电导性固体,主要依赖于声子的作用[15]。

对于聚合物绝缘材料,其导热系数通常非常低,仅为 0.2～0.5 W/(m·K),如表 3-1 所示[16-17]。主要原因是聚合物电介质是饱和体系,几乎没有自由电子。导热主要依赖固定位置周围分子或原子的热振动,热能依次传递给相邻的分子或原子,这可以被视为弹簧—质量系统,如图 3-1(a)所示[10]。当受热时,分子链或原子会振动,声子是主要的热能载体[18]。在聚合物的晶体区域,晶体中的原子彼此紧密连接,并在平衡位置附近稍微振动,热在分子链的方向上迅速传递[19]。然而,由于聚合物链的随机缠绕和较大的相对分子质量,其结晶度不是很高。且由于分子重量的分散性,难以形成完整的晶体,如图 3-1(b)所示。此外,分子链和晶体晶格的非谐振动、晶体的边界、缺陷等都可能导致声子的散射,并影响声子传输,从而导致导热系数较低,如图 3-1(c)所示[20]。

表 3-1 常见聚合物绝缘材料的导热系数

材料名称	导热系数/(W/(m·K))
聚酰亚胺(polyimide,Thermoplastic,PI)	0.11
聚丙烯(polypropylene,PP)	0.14
聚苯乙烯(polystyrene,PS)	0.14
聚对苯二甲酸乙二醇酯(poly ethylene terephthalate,PET)	0.15

材 料 名 称	导热系数/(W/(m·K))
环氧树脂(epoxy,EP)	0.17～0.21
硅橡胶(silicone rubber,SR)	0.17～0.26
聚偏氟乙烯(polyvinylidene difluoride,PVDF)	0.19
聚氯乙烯(polyvinyl chloride,PVC)	0.19
聚乙烯醇(polyvinyl alcohol,PVA)	0.20
聚碳酸酯(polycarbonate,PC)	0.20
聚甲基丙烯酸甲酯(polymethylmethacrylate,PMMA)	0.21
聚氨酯(polyurethane,PU)	0.25
聚四氟乙烯(polytetrafluoroethylene,PTFE)	0.27
聚对苯二甲酸丁二醇酯(poly butylene terephthalate,PBT)	0.29
低密度聚乙烯(low density polyethylene,LDPE)	0.30
乙烯-醋酸乙烯共聚物(poly ethylene vinyl acetate,EVA)	0.34
聚甲醛(polyformaldehyde,POM)	0.40
高密度聚乙烯(high density polyethylene,HDPE)	0.45～0.52

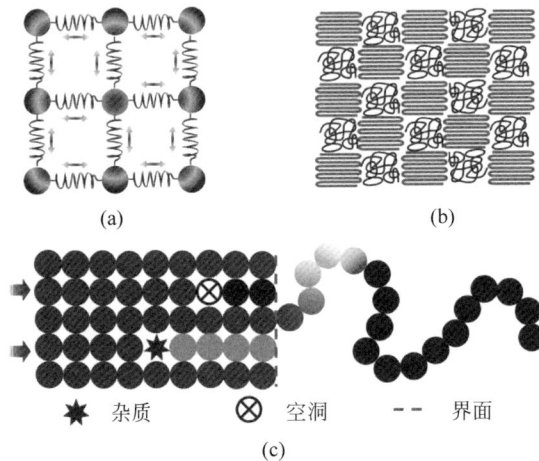

★ 杂质　　⊗ 空洞　　-- 界面

图 3-1　聚合物结构及导热过程示意图(见文前彩图)

(a)通过弹簧—质量系统描绘分子链或原子的振动；(b)聚合物中的晶体和非晶体区域；
(c)导致聚合物中声子散射的因素

　　目前关于提升聚合物绝缘材料导热系数方面的研究主要有以下两条思路：一种是通过聚合物本体改性来产生本征高导热性聚合物。这个过程涉及调整材料的分子和链节结构,以实现高度的结晶性或取向度。该方案可以显著降低声子散射,从而在聚合物基体内提高传热速度,使材料的导热系数得到增强。然而,这种本征导热性材料制备过程相对复杂,目前的发展仍主要限于实验室研究层面[21-22]。另一种策略是在聚合物基体中加入高导热填料。通过精确控制填料的种类、含量、形态及其在基体中的分布,可以制备高导热聚合物复合材料。鉴于这种方法具有较低的成本、简单的加工步骤及对于工业化生产的适应性,它已经被广泛采纳,并在电子封装和电机灌封等应用中取得了成功应用[23]。

3.1.2 本征聚合物结构调控

作为聚合物中主要的热能载体,声子传递主要受聚合物的分子链结构、分子链取向、分子间相互作用、结晶度及微观尺度有序性等因素影响[6]。本节将对这一部分进行详细的介绍。

1. 分子链结构

在聚合物电介质中,声子是主要的热能载体,其散射程度直接影响聚合物电介质的导热系数。声子散射包括静态和动态散射,其中静态散射由缺陷引起,而动态散射主要由分子链的非谐振动引起[10,24]。

聚合物分子链中极性基团数量及其偶极极化度均影响导热系数[25]。Xiao 等合成了一系列带有不同极性基团的 PI,发现含有—CF_3 基团的 PI 的导热系数(0.40 W/(m·K))高于不含—CF_3 基团的 PI(0.19 W/(m·K)),并指出—CF_3 基团的位置会影响导热系数[26]。刚性主链有利于提高聚合物的导热系数,特别是在 π-π 共轭聚合物(如聚乙炔、聚对苯酚联苯并噻唑)中表现得尤为明显[27-28]。主要原因是刚性主链抑制了链段的旋转,π-π 共轭作用也使得键强度增加,有助于增加声子群速度[27]。Moses 等发现从顺式聚乙炔(0.21 W/(m·K))到反式聚乙炔(0.38 W/(m·K))的导热系数明显增加,这种增加可归因于分子结构的差异[28]。分子链的链长同样会影响聚合物的导热系数,例如 Mehra 等发现短的有机分子链更有利于热传导[29]。聚合物绝缘材料的导热系数还与分子链的回旋半径(R_g)有关。较大的 R_g 使分子链更为延展,为热传递提供了更多的空间路径,从而提高了聚合物的导热系数[30]。Zhang 等研究了非晶聚合物($C_{100}H_{202}$)中的 R_g 与导热系数之间的关系。发现随着 R_g 的增加,$C_{100}H_{202}$ 的导热系数先增大后减小[31]。

2. 分子链取向

分子链的取向方向上声子的自由程相对较长,因此界面热阻小,使得声子得以高速传递。如图 3-2 所示，在取向方向的导热系数远高于其他方向的导热系数，导致明显的导热各向异性[32]。为了增强材料的导热性能，科研人员常采用如拉伸、静电、溶液和熔融纺丝等技术手段来对分子链进行取向[6]。Cola 等报道，非晶态的纯聚噻吩纤维的导热系数可以达到 4.4 W/(m·K)，其拉伸的半晶体聚合物中的链取向形态及非晶聚合物中的链取向形态分别如图 3-3(a)和图 3-3(b)所示[33]。Chen 等通过原子力显微镜技术对聚乙烯分子链进行拉伸，制备了导热性能优异的聚乙烯纤维和薄膜，这些材料的导热性能甚至超越了许多传统的金属和陶瓷材料[34-35]。Huang 等观察到，由金丝蜘蛛产出的牵引丝具有高达 416 W/(m·K)的导热系数，这主要归因于蛛丝内的纳米级蛋白质结构和连接这些蛋白质的特殊结构。对此蛛丝拉伸 20% 后，其导热性能也相应提升了 20%[36]。

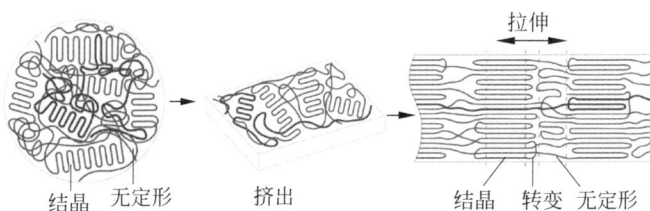

图 3-2 拉伸过程中分子链演变的示意图（见文前彩图）

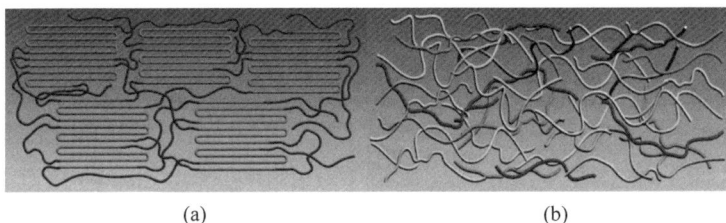

(a)   (b)

图 3-3 半晶体和非晶聚合物纳米纤维的微观结构（见文前彩图）
(a) 拉伸的半晶体聚合物中的链取向形态，折叠链是被非晶区域包围的晶体或晶体域；
(b) 非晶聚合物中的链取向形态，没有折叠的晶体域的链取向

除了拉伸，静电纺丝也是一种获得取向性聚合物分子链的方法。静电纺丝过程可以使分子链高度拉伸并增加结晶度，从而实现具有高导热系数的静电纺丝聚合物[37]。Ma 等研究了静电纺丝电压对 PE 纳米纤维导热系数的影响。随着静电纺丝电压的增加，导热系数明显增强，纺丝电压为 45 kV 时的 PE 纤维导热系数达到 9.3 W/(m·K)。在静电纺丝过程中，聚乙烯氧化物（polyethylene，PEO）和 PE 分子链受

到强的静电力作用,提供相对较高的分子取向和更好的结晶度[38]。Lu 等通过静电纺丝方法制备了 PEO 纳米纤维,PEO 纳米纤维的最大导热系数达到 28.84 W/(m·K),几乎是 PEO 聚合物(0.20 W/(m·K))的 150 倍[39]。

3. 分子间作用

聚合物的分子主链由共价键组成,为声子传输提供有效的通道。单个聚合物分子链由于共价键的高弹性常数而有利于声子传输,但声子散射大大降低了聚合物的导热系数[40]。此外,交联也是分子链之间形成共价键的重要方式。分子链交联能够以增加分子链间共价键的形式在非晶体区形成更多的分子导热桥,在一定程度上可加强材料导热性[6]。Kikugawa 等发现随着聚乙烯的交联密度提高,其导热性质也呈上升趋势。聚合物分子链之间的氢键和范德华力的非共价作用可以减少链的无规则运动,从而增强其有序性和热传导能力[41]。但是,当交联度过度增加时,链段的分支可能增多,导致导热性降低。Luo 等使用非平衡分子动力学(non equilibrium molecular dynamics,NEMD)方法研究了 PE 和含乙基的 PE(PE-乙基)的导热系数,发现随着分支密度的增加,PE-乙基的导热系数降低,分支密度大于每 200 个分子链段有 8 个乙基的 PE-乙基导热系数只有原始 PE 的约 40%[42]。

氢键和范德华力是聚合物分子链中两种主要的典型非共价键,它们可以通过促进结晶度、限制扭转运动和限制分子链的无序结构来提高导热系数[10]。氢键的强度和数量等都会显著地影响聚合物的导热系数。Mehra 等研究了氢键的类型、强度、数量等对聚乙烯醇导热系数的影响,发现随着热桥链长的减少,热导率增加,如图 3-4 所示。他们将具有相同官能团但分子量不同的小分子,如二乙二醇(diethylene glycol,DEG)、四乙二醇(tetraethylene glycol,TEG)和六乙二醇(hexaethylene glycol,HEG),或具有相同链长但功能团不同的分子,如乙二醇(ethylene glycol,EG)、乙二胺(ethylenediamine,ED)和乙醇胺(2-aminoethanol,EA)引入 PVA。结果表明,与 PVA 结合的 DEG 的短链(PVA-DEG,导热系数为 0.52 W/(m·K))比 PVA-TEG(导热系数为 0.49 W/(m·K))和 PVA-HEG(导热系数为 0.43 W/(m·K))分别增强了 6% 和 21%。此外,与 ED 和 EG 相比,EA 在增强 PVA 的导热系数方面更为有效。8 wt% EA 的 PVA-EA 的导热系数达到 0.51 W/(m·K),高于 PVA-ED(0.49 W/(m·K))和 PVA-EG(0.41 W/(m·K))。

这归因于 EA 比 ED 和 EG 更能与 PVA 形成氢键[43-44]。此外,引入离子键是直接提高聚合物导热系数的方法。相关研究表明,离子键聚合物的导热系数达到 0.5~0.7 W/(m·K)[45]。

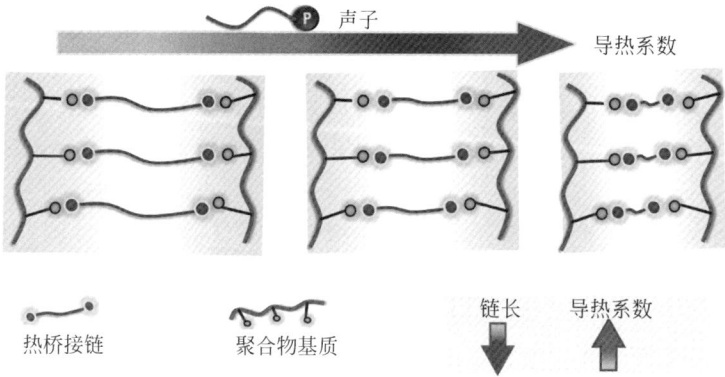

图 3-4 PVA 复合膜的热导率与热桥接链长的示意图(见文前彩图)

4. 结晶

通常结晶性聚合物的导热系数高于非结晶性聚合物,结晶性聚合物的导热系数随着结晶度的增加而增加(PP 例外,它具有高结晶度但导热系数低[10])。大多数结晶性聚合物中都存在结晶和非结晶区域。聚合物晶体的链排列比非结晶区域更为密集。在结晶区域,热传导路径遵循规则的链构象,这增加了声子的平均自由程并呈现出更高的热导率。纯低密度聚乙烯的导热系数(0.26 W/(m·K))低于高密度聚乙烯的导热系数(0.50 W/(m·K)),证明更高的结晶度会导致更高的热导率[46]。大多数聚合物不能完全结晶,并且晶体和非结晶区域之间有许多界面,因此晶体区域的分布对导热系数也有很大的影响。例如,Huang 等通过减少材料结晶和非结晶区域之间的界面数量,大大增加了导热系数[47]。对于聚合物复合材料,Deng 等研究了 CNT 填料对聚苯硫醚(polyphenylene sulfide,PPS)及其复合材料的结晶性质和热导率的影响。结果显示,添加 CNT 填料可以增加 PPS 基体的结晶度,8 wt% CNT 填料的 PPS 复合材料的热导率显著提高到 0.42 W/(m·K)[48]。

5. 微观尺度有序性

在热固性聚合物网络中引入具有液晶结构的预聚体,能够提高无规则网络的微尺度有序性[6]。液晶聚合物(liquid crystal polymers, LCPs)的微观有序结构可以抑制界面声子散射,提高声子自由路径,从而增强聚合物的导热系数。结合机械拉伸、注射成型等方法,可以轻松地保持 LCPs 样品中的取向结构[49]。含有晶体结构的热固性树脂表现出宏观的各向同性和微观的各向异性,微观晶体的局部有序性可以提高热固性树脂的导热系数[50]。目前,关于液晶环氧树脂,通过调节环氧分子的有序性,可以提高分子和晶格振动的协同作用,这也有助于减少声子散射,提高环氧树脂的导热系数。Akatsuka 等通过研究带有双酚基团或两个酚苯酯基团作为结晶的四种双环氧单体,并用芳香族二胺固化剂固化,显著提高了导热系数,达到 0.96 W/(m·K),比传统的环氧树脂高 5 倍[51]。Song 等通过调整起始固化温度,成功地制备了具有结晶基元的环氧树脂薄膜。研究发现,这些球状晶体内部富含高度结构有序的片状晶体,片状晶体的规整排布有助于创建良好的导热路径[52],如图 3-5 所示。此外,随着球状晶体尺寸的扩大,其导热系数也呈上升趋势,最大可以达到 1.16 W/(m·K)。

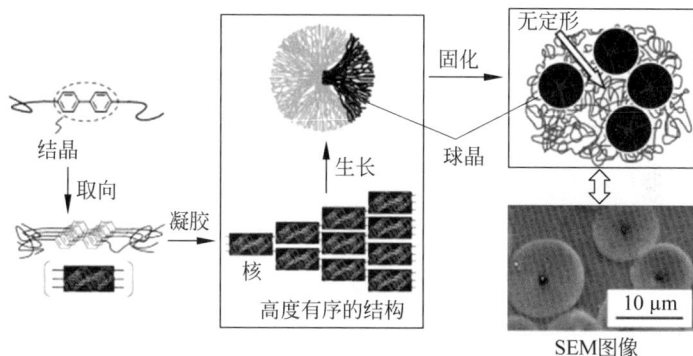

图 3-5 含结晶基元树脂系统中球晶的微观结构示意图

3.1.3 聚合物/填料复合材料体系

在聚合物中填充高导热填料是提升导热系数的有效手段。因此,导热填料是影响聚合物复合绝缘材料导热系数的重要因素之一。目前常见的导热填料主要有金属、陶瓷和碳材料[53],具体参数如表 3-2 所示[16]。填充金属和碳材料的导热聚合物复合材料主要用于制备不需要电绝缘的情况[54]。填充陶瓷的导热聚合物复合材料广泛用于需要电绝缘的环境[10]。导热填料的性能在制备导热聚合物复合材料时尤为重要。导热填料的热导率、填充量、导热填料与聚合物基体界面、填料形状等对聚合物复合材料的导热系数都有很大的影响[55]。因此,深入了解导热填料的物理和化学性能对于制备高品质导热聚合物复合材料至关重要[10]。

表 3-2 常见导热填料的导热系数

材 料 名 称	导热系数/ $(W/(m \cdot K))$	材 料 名 称	导热系数/ $(W/(m \cdot K))$
无定型 SiO_2	1.1	h-BN	180
结晶型 SiO_2	12.6	石墨	100~400
ZnO	30	AlN	320
α-Al_2O_3	33~36	Cu	401
MgO	40	Ag	429
Ni	90	c-BN	1300
碳纤维 CF	100	金刚石	2000
SiC	80~120	碳纳米管	3000
Si_3N_4	180	石墨烯	5300

1. 填料热导率

填料的导热系数决定了聚合物复合材料的导热系数。总体而言,聚合物复合材料的导热系数与导热填料的导热系数呈正相关[56]。然而,当导热填料的导热系数远高于聚合物基体的导热系数时,由于界面热阻的存在,聚合物复合材料的导热系数提高很有限[57]。

2. 填料填充量

聚合物复合绝缘材料的热传导机制的理论模型主要包括导热通路理论、热弹性系数理论及导热逾渗理论。在这些理论中,导热通路理论受到了普遍的关注和认可。聚合物复合绝缘材料的导热系数与导热填料的填充量一般呈正相关[10]。当导热填料的填充量低时,它们难以与彼此接触并形成良好的导热通路和导热网络,导致导热系数的提高效果不佳。因此,需要大量的导热填料形成导热网络时才能达到高导热系数。然而,过多地添加导热填料会不可避免地导致加工性能变差、降低机械性能及成本昂贵等问题。此外,导热填料的添加量是有限的,例如,对于等半径的球形刚性填料,其理论最大添加体积分数是 0.637[58]。

然而,也有少数研究表明,随着导热填料填充量的增加,聚合物复合材料的导热系数会先增加后减小。这主要是由于高热导填料的团聚会导致导热路径被破坏。例如,Zhang 等通过静电纺丝法制备了改性的 BN/聚偏氟乙烯(m-BN/PVDF)导热膜。含有 30 wt％的 BN 填料的 m-BN/PVDF 膜的导热系数达到了最大的 7.29 W/(m·K)。然而,当 BN 的填充量继续增加到 40 wt％时,BN/PVDF 膜的导热系数下降到 6.50 W/(m·K)[59]。Guiney 等也得到了类似的结果。他们通过 3D 打印技术制造了 BN/聚乳酸-共-甘醇酸复合材料,其导热系数起初随着 BN 填充量的增加而增加。然而,当超过一个阈值(40wt％)时,尽管 BN 的填充量还在增加,但导热系数开始减小[60]。

3. 导热填料与聚合物基体界面

将导热填料掺杂到聚合物基体中会形成许多接触界面,导热填料之间相互的接触也会产生界面,而界面上的声子的散射会大大降低热传导的效率。因此,减少界面或改善界面性能是导热聚合物复合材料需要解决的关键问题[61]。此外,聚合物基体和导热填料之间相容性较差,特别是纳米尺度的填料巨大的比表面积和表面能会使得它们在聚合物基体中的团聚现象非常严重[62]。此外,导热填料的表面难以被聚合物基体有效浸润,界面上会存在大量的空洞和缺陷,这进一步增加了界面热阻[63-64]。因此,需要对导热填料表面进行处理,使得导热填料在聚合物基体中具有更好的分散性,互相之间更容易连接以形成导热路径,减少聚合物复合绝缘材料中的缺陷,以提高聚合物复合材料的导热系数。主要的方法包括表面化学修饰[65-66]、机械化学方法[67-68]和表面包覆[69-72]等。此外,导热填料与聚合物基体界面的改善也可以在一定程度上改善聚合物复合材料的电气绝缘性能、机械性能和热性能等。

4. 填料形状

导热填料具有各种形状,如球形、线形、片状、多面体等,尺寸也从纳米到毫米不等。不同形状的导热填料对聚合物复合材料的导热系数会产生不同的影响[73]。

较大尺寸的导热填料可减少聚合物基体和导热填料之间的接触面积,从而减少界面热阻并增加导热系数。例如,Tang 等观察到粒径较大的氮化硼(BN)能更有效地增加环氧复合绝缘材料的导热系数[74]。Park 等在环氧树脂复合材料中加入不同长度的多壁碳纳米管(multi-walled carbon nanotube,MWCNT)观察到了类似的结果,长MWCNT/环氧复合材料(55 W/(m·K))的导热系数高于相同填充量下(60 wt％)的短 MWCNT/环氧复合材料(20 W/(m·K))[75]。

然而也有研究表明，较小尺寸导热填料对于提高导热系数更有益[76-77]，这是由于忽略了导热性填料填充量。对于相同质量分数掺杂的导热填料，较小尺寸填料的数量远大于较大的。此时小尺寸的导热填料更有利于形成导热通路和网络，有利于提高导热系数。当填充量提升至都形成导热通路时，较大尺寸的导热填料与聚合物基体之间形成的界面数量较少，更有利于提高导热系数[78]。例如，Ren 等将不同粒径的 BN 加入到聚二甲基硅氧烷（polydimethylsiloxane，PDMS）中，发现当 BN 的掺杂量小于 10 wt％时，掺杂 2 μm BN 填料的 BN/PDMS 复合材料的导热系数高于含 160 μm BN 的 BN/PDMS 复合材料。当 BN 的填充量高于 10 wt％时，160 μm BN 填料的 BN/PDMS 复合材料的导热系数增长速度快于 2 μm 的 BN 填料[79]。

导热填料的形状会影响填料之间的接触类型，不同接触类型的接触面积从小到大依次为点接触、线接触和面接触。接触面积会影响导热填料间的接触热阻，进而影响聚合物复合绝缘材料的导热系数[80]。球形填料形成点接触，线形填料形成线接触，而层状填料形成面接触。Fu 等的实验结果表明，层状填料在提高环氧复合材料的导热系数方面优于球形填料，且高于具有许多棱角边缘的多面体填料[81]。此外，对于线形填料和层状填料的导热系数往往具有各向异性，球形填料的导热系数通常是各向同性的。因此，聚合物复合材料的导热系数也与热导性填料的取向有关。

考虑到热导性填料的形状和尺寸的复杂性，使用长宽比（直径与厚度的比率或长度与直径的比率）来说明填料形状对聚合物复合材料导热系数的影响更为统一[82]。当导热填料在聚合物基体中自由分散时，线形或层状填料的长度在相同的填充量下远大于球形填料。声子沿线形或层状填料更容易传输，并促进聚合物复合材料的热传导。有限元分析也证实了上述结论[83]。如图 3-6 所示，高长宽比使热导性填料容易与彼此重叠，形成高长宽比聚集结构，这可以形成热传导路径，具有较低的热阻[10,57]。然而，导热填料过高的长宽比也可能导致聚合物复合材料加工困难，因为高长宽比意味着导热填料在某一维度上的尺寸过大。此外，过大的长宽比会增加导热聚合物复合绝缘材料中缺陷产生的概率。例如，Kim 和 Roy 等均证实，随着长宽比的增加，聚合物复合材料的导热系数增加，直到其值达到一个特定值后，即使热导性填料的长宽比继续增加，得到的聚合物复合材料的导热系数也几乎没有增加[84]。表 3-3 列出了一些代表性聚合物复合材料的导热系数[10,54,60,85-98]。

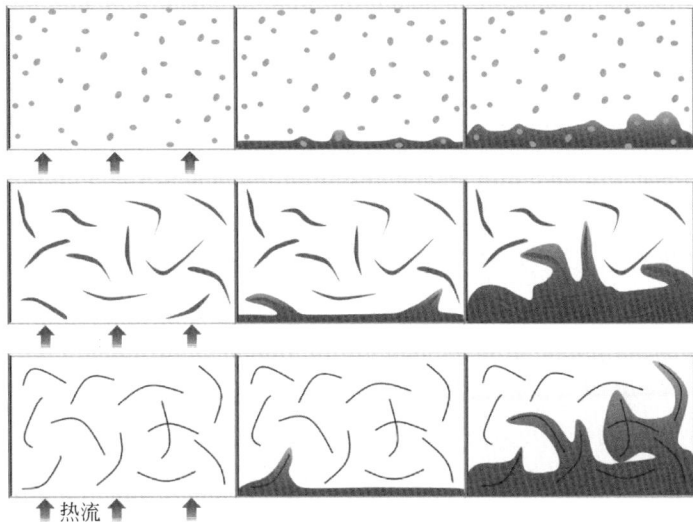

图 3-6 导热填料的长宽比对聚合物复合材料热传递的影响示意图

表 3-3 常见聚合物绝缘材料的导热系数

聚合物基体	导热填料	填充量	导热系数/ (W/(m·K))	提升 幅度	参考 文献
聚丁烯酸丁酯	AlN	5 wt%	0.32	67%	[85]
丁腈橡胶	BN-PDA-KH560	30 vol%	0.41	160%	[86]
聚偏氟乙烯	石墨烯	1 wt%	0.48	240%	[87]
聚二甲基硅氧烷	SiO$_2$@GNPs	2 wt%	0.50	155%	[88]
聚己内酰胺	石墨烯	0.25 wt%	0.69	188%	[89]
尼龙	石墨烯	1 wt%	0.79	93%	[90]
聚酰亚胺	CMG	5 wt%	1.05	275%	[91]
聚四氟乙烯	Si$_3$N$_4$	62 vol%	1.30	未报道	[92]
硅橡胶	ZnOs/ZnOw	20 vol%	1.31	550%	[93]
聚偏氟乙烯	s-MWCNT	10 wt%	1.46	711%	[54]
聚偏氟乙烯	s-MWCNT	10 wt%	1.55	762%	[94]
纳米纤维素	BNNS	4.4 vol%	1.56	734%	[95]
聚酰亚胺	f-MWCNT-g-rGO	10 wt%	1.60	493%	[96]
聚(乳酸-共-丙交酯)	h-BN	40 vol%	2.10	未报道	[60]
环氧树脂	f-Al$_2$O$_3$	23 vol%	2.58	1000%	[97]
环氧树脂	AlN/AgNPs	40 wt%	4.72	1715%	[98]

3.1.4 高导热绝缘复合介质材料在器件封装中的应用

高导热聚合物绝缘材料结合了高导热性和良好的绝缘性能,使得它们在电子与半导体产业、新能源汽车、光伏与太阳能系统、航空航天、LED照明、通信设备、电力系统等高技术领域中都有关键的应用。良好的导热能力对于维持设备的安全稳定运行、提升设备使用寿命至关重要。

高导热灌封胶在电子元器件、伺服电机、电力电子器件中的黏接、密封、涂覆和防护发挥着重要的作用。现有的灌封胶种类多样,主要包括环氧灌封胶、硅橡胶灌封胶和聚氨酯灌封胶[6]。环氧灌封胶以其卓越的绝缘和耐腐蚀特性而著称,其固化时的收缩和膨胀特性较为理想,对于金属等刚性材料具有良好的黏附性。但其固化后不具有柔性,因此难以维修。例如,在对电机的定子进行全封闭处理后,环氧灌封胶可以减少定子内的空隙并提升绝缘系统的导热能力。研究表明,采用导热系数为 1.0 W/(m·K)的环氧灌封胶对伺服电机定子进行灌封处理可将电机的温升降低 10～15℃[6]。硅橡胶灌封胶因良好的性价比、优于环氧灌封胶的高低温耐受性及绝缘特性而受到青睐,且其固化后具有柔性,方便维修。在电气和电子组件中,它可以提供防潮、防尘、防腐和抗振功能。但它与某些元器件基材的黏结力较差,且机械性能可能不如其他类型的灌封胶。聚氨酯灌封胶则以其出色的耐磨、抗腐蚀、低温耐受、黏接和减振性能而受到关注。但是,聚氨酯胶体可能含有较多的气泡,因此在灌封过程中需要使用真空灌注技术。在全球高导热灌封胶方面,一些著名公司占据了领先地位。例如,洛德(Lord)拥有硅胶灌封胶导热系数为 3.0 W/(m·K)的硅灌封胶,住友拥有导热系数达 3.5 W/(m·K)的环氧树脂胶灌封胶。

碳纤维硅胶导热片表现出以下特性:卓越的导热系数、良好的化学稳定性、耐高温、易加工、较好的化学稳定性。该材料特别适配于高热和高精度的设备组件,并被视为散热系统的重要部分。日本Polymatech公司利用磁场技术对碳纤维进行定向制备研发出高导热散热片,不仅拥有优越的柔性和黏结特点,且在 CPU、GPU 及 LED 等高温区域上能够实现有效的双面黏合,使组件内的空隙得到充分填补,降低界面热阻并达到迅速散热的效果。其中,PT 系列产品的导热系数为 15 W/(m·K),而 MANION 系列则最高可达 35 W/(m·K)。天津沃尔提莫公司推出的 WT 系列在垂直方向表现出高导热特性,其导热系数根据不同厚度可达 15 W/(m·K)、18 W/(m·K)和 25 W/(m·K),广泛应用于如 5G 手机、VR 眼镜等移动设备的散热系统。日本东丽公司通过短切碳纤维制作出刚性多孔碳纤维增强复合材料,在热传导层上可与金属对等,同时不牺牲其机械性能和轻量的特点。这项创新技术在电池、电路及可穿戴设备中得到了广泛应用。近年来,为高功率模块器件研发的超薄热介质材料展现出较低的热阻和卓越的黏附特性。在对此材料进行结构优化、分子量调控、交联及表面改性的过程中,还结合了界面黏附模拟技术来进一步改进其配方和结构。此热介质材料的厚度范围为 $100\sim250~\mu m$,导热系数超过 $5.0~W/(m \cdot K)$,击穿强度超过 $15~kV/mm$,适用于如高功率模块器件、电机、智能手机、网络设备等多种技术领域。目前正在进一步研发 $50\sim100~\mu m$ 厚度的高导热绝缘热介质材料,以满足用电设备持续微型化发展的趋势[6]。

3.2　低介电损耗复合介质材料

介电损耗是聚合物电介质的重要参数,尤其是当聚合物电介质用于薄膜电容器中时,介电损耗是薄膜电容器的关键因素。近年来,由于在学术研究和工业应用中的重要性逐渐凸显,介电损耗引起了越来越多的关注[99]。介电损耗会产生热量,对整个电气设备的热管理带来严峻的挑战[100]。此外,薄膜电容器内的温度升高会导致效率进一步下降,寿命大大缩短,甚至导致热失控[101]。目前,关于聚合物电介质损耗抑制方法的研究已经取得了一些进展[99,102]。然而,这些损耗抑制策略在方法和机制上可能存在很大差异,因为在不同的研究中使用了众多种类的聚合物电介质和功能填料。这为分析和理解聚合物电介质的损耗抑制带来了困难。本节首先介绍聚合物电介质损耗的来源和分类。然后,介绍抑制聚合物电介质损耗方面的研究进展。

3.2.1　损耗机理

介电损耗主要有两种类型:传导损耗和极化损耗,它们分别源于自由电荷(也称为载流子)和束缚电荷[99]。由于自由电荷在运动过程中的碰撞、入陷和复合而产生的传导损耗不可避免。在极化和去极化过程中,不同极性的束缚电荷发生相对位移所产生的能量损失被称为极化损耗[99]。接下来将介绍传导损耗和极化损耗的来源,并详细分析相应的损耗测量方法。

1. 电导损耗

用于绝缘的聚合物通常具有较大的带隙和较低的载流子浓度。

但是,在高电场和高温下,电荷会变得更容易被激发或从电极注入。因此,聚合物电介质的导电性在高电场下通常会显著增加,导致严重的能量损耗。聚合物电介质最常见的传导机制可分为两种类型:电极限制的传导机制(Richardson-Schottky 发射、Fowler-Nordheim 隧穿)和体积限制的传导机制(欧姆传导、Poole-Frenkel 发射、跃迁传导、空间电荷限制的传导)[99]。Richardson-Schottky 发射是假设电子可以从热激发中获得能量,克服电极—介质界面处的能量势垒并进入聚合物电介质。Richardson-Schottky 发射可以由式(3-1)表示[99,103]:

$$J = AT^2 \exp\left[-\left(\frac{\varphi - \sqrt{q^3/4\pi\varepsilon}\,\sqrt{E}}{kT}\right)\right] \quad (3\text{-}1)$$

式中,J 是电流密度;E 是电场强度;A 是 Richardson 常数;φ 是电极—介质界面的势垒高度;q 是载流子的电荷;T 是温度;ε 是聚合物电介质的介电常数;k 是玻尔兹曼常数。例如,聚对苯二甲酸乙二醇酯和聚乙烯醛的漏电流在 $2\sim20$ kV/mm 的电场和 $25\sim100℃$ 的温度范围内表现出 Richardson-Schottky 特性[104]。在较高的外加电场下,可观察到 Fowler-Nordheim 隧穿效应。Fowler-Nordheim 隧穿的表达式为[103,105]:

$$J = \frac{q^3 E^3}{8\pi h\varphi}\exp\left[-\left(\frac{-8\pi(2qm_T^*)^{1/2}}{3hE}\varphi_B^{3/2}\right)\right] \quad (3\text{-}2)$$

式中,h 是普朗克常数;m_T^* 是隧穿有效质量;φ_B 是陷阱能级;其他符号与之前定义的相同。Chen 等揭示了在高电场下几种低损耗聚合物电介质的充放电效率的急剧下降是由于 Fowler-Nordheim 隧穿增加导致的电导损耗[106]。

欧姆传导的电流密度为:

$$J = \frac{E}{\rho} \quad (3\text{-}3)$$

式中,ρ 是体积电阻率;其他符号的含义与前文相同。欧姆传导通常是低电场下的主导电流,而 ρ 受温度的影响。Poole-Frenkel 发射描述了被困的电子从热激发中获得能量,并在内部成为载流子的过程。Poole-Frenkel 发射的电流可以表示为[105]:

$$J = q\mu N_C E \exp\left[-\left(\frac{\varphi_B - \beta_{PF}\sqrt{E}}{kT}\right)\right] \quad (3\text{-}4)$$

式中,μ 是电子迁移率;N_C 是导电带中的态密度;β_{PF} 是 Poole-Frenkel 的常数;其他符号的含义与前文相同。跃迁电导表示电子获得能量并从一个局域态"跳"到另一个局域态[107]。电流密度 J 表示为[99]：

$$J = 2nq\nu\lambda \exp\left(-\frac{W_a}{kT}\right) \sinh\left(\frac{\lambda qE}{2kT}\right) \tag{3-5}$$

式中，n 是载流子浓度；ν 是逃逸频率；λ 是跃迁距离；W_a 是激活能；其他符号的含义与前文相同。Janet 等发现 BOPP 的电导遵循跃迁机制，热激活能约为 0.76 eV[108]。此外，聚酰亚胺、聚醚酰亚胺（polyetherimide，PEI）和交联二乙烯基四甲基二硅氧烷-双（苯并环丁烯）（benzocyclobutene，c-BCB）的漏电流拟合表明，在高电场（通常为 $50\sim300$ kV/mm）和高温下跃迁导占据电主导[99]。空间电荷限制电导由 Child 定律给出[99,109]：

$$J = \frac{9}{8}\varepsilon\mu\theta\frac{V^2}{d^3} \tag{3-6}$$

式中，ε 是介电常数；μ 是载流子迁移率；θ 是自由载流子密度与总载流子密度之比；V 是外加电压；d 是聚合物电介质膜的厚度。Montanari 等发现，对于几种聚乙烯和聚丙烯，空间电荷积累的阈值电场通常在 $5\sim20$ kV/mm，这表明空间电荷限制导电是这些聚合物最可能的机制[24]。

电导机制的参数指出了抑制导电损失的可行方法。例如，Richardson-Schottky 发射与电场、介电常数和电极—介质界面的势垒高度强烈相关。降低电场强度、增加介电常数和恢复电极—介质界面的势垒高度都对提高击穿强度和放电能量密度非常重要[99]。此外，PEI 在高温和高电场下的电导机制为跳跃电导[110]。实验证明，深陷阱的引入减小了跳跃距离，降低了高温下的电导损耗[111]。

然而，电流类型的确定并不一定意味着只有一种方法来抑制导电损失。例如，PEI 在高温和高电场下的电导机制为跳跃电导[112]，属于体限制电流类型。事实上，介质和电极之间的纳米中间层已被证实可以有效地减少电荷注入和提高放电效率[99]。

如图 3-7 所示，当电流类型被定义为一种有限电流（界面或体相）时，意味着其他地方的电荷传输不再是"限制"因子。因此，电流类型也为我们提供了另一个解决损耗问题的思路。在抑制漏电流时，在界面和体相处的电荷传输都值得注意。

2. 极化损耗

当有外加电场时，聚合物电介质存在如图 3-8 所示的六种极化类

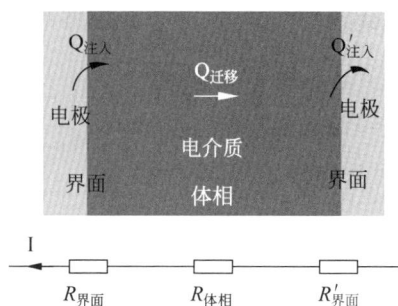

图 3-7 从电极的电荷注入及体相中的电荷迁移示意图

型,即电子极化、原子极化、偶极极化、离子极化、自发极化和空间电荷极化[113-114]。

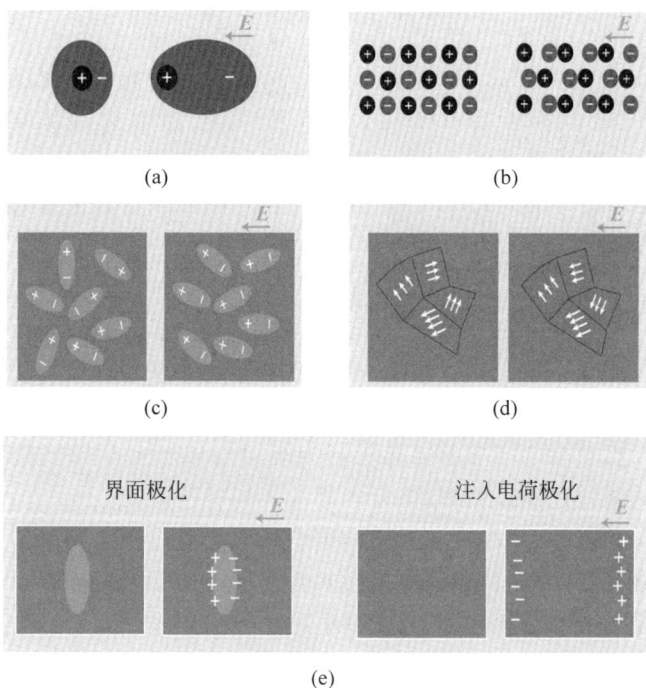

图 3-8 聚合物电介质极化示意图(见文前彩图)
(a) 电子极化;(b) 原子和离子极化;(c) 偶极极化;
(d) 自发极化;(e) 空间电荷极化

电子极化和原子极化能够响应极高频率($>10^{10}$ Hz),且损耗峰值可以在红外和光频率范围内找到。因此,大多数电容器的操作频率通常低于 1 GHz,这些极化产生的损耗在聚合物介质中通常可以被忽略。离子通常来源于聚合物电介质生产过程,这一过程会导致电介质中的离子极化。当离子种类局限在局部区域时,可以视为一种原子极化。然而,离子在高电场下在聚合物电介质中的迁移可能导致介电损耗和电导率大幅增加。有文献表明,局域的离子可以作为深陷阱并提高击穿[115]。但是,在这项工作中,由于离子的引入,聚合物介质的漏电流增加。偶极极化的松弛频率为 $10 \sim 10^{10}$ Hz[114],这可能位于电容器的工作频率内。因此,在设计基于聚合物的高能量存储介质时,应考虑偶极极化损耗。自发极化发生在具有非中心对称晶体结构的材料中,其中负电荷的重心与正电荷的重心不重合。自发极化引起的畴取向和未释放的能量可能会导致铁电聚合物介质中严重的能量损耗。例如,聚偏氟乙烯及其共聚物由于其高介电常数和高击穿强度而在未来薄膜电容器用介质材料研究中得到关注。但 PVDF 及其共聚物中的 δ、γ 和 β 形态的结晶是铁电的,这导致其聚合物介质中存在自发极化。空间电荷极化可以在包含可移动和被捕获电荷的聚合物电介质中找到。此外,载流子和从电极注入的电荷进一步促成了空间电荷极化及其对应的损耗[99]。因此,偶极极化、自发极化和空间电荷极化的损耗是聚合物电介质的最重要的介电损耗类型。下面将给出这些极化损耗的详细分析。

偶极极化损耗是线性聚合物电介质中极化损耗的主要因素,它来源于电场下偶极子取向时聚合物内部的"摩擦"。因此,抑制偶极极化损耗的有效方法是减少偶极子取向时聚合物内部的"摩擦"。Zhu 等制备了新型微孔性硫酰化聚合物(SO_2-PIM,$0.5 \sim 1.25$ nm),为侧链偶极群的无摩擦旋转提供了丰富的自由体积。该聚合物电介质表现出低至 0.005 的损耗因子,同时具有高介电常数($\varepsilon_r = 6$)[116]。此外,当温度升高并接近玻璃化温度(T_g)时,链段运动会变得更容易,导致介电损耗的增加。当环境温度高于 T_g 时,偶极子的混乱热运动阻碍了它们根据外部电场取向,并导致介电损耗的减少[117]。在玻璃化转变温度附近时,α 松弛占主导,直流电导率也显著增加[118]。

自发极化过程会导致严重的能量损耗,并在电场消失后仍然储存大量的未释放能量,尤其在有铁电畴结构的聚合物中[99]。因此,通过减少铁电结晶、减小铁电畴的大小和抑制不同畴之间的相互作用是有效地抑制能量损耗的方法[114]。目前的研究在增强铁电聚合物电介质的能量密度方面已经取得了进展。然而,铁电聚合物基介电材料的效率通常远低于 90%,这大大限制了它们在工程中的实际应用[99]。

在非均匀的介质中,由于其介电常数和导电率不匹配,导致在不同部分界面上积聚了空间电荷,这一现象被称为 Maxwell-Wagner 效应。这种在界面上电荷的重新分布强化了聚合物电介质的极化效应被称为界面极化。它可以被归类为一种空间电荷极化。

界面极化和界面间极化的概念时常会混淆。因为聚合物复合材料中不同相具有不同的介电常数,导致在界面间产生了显著的电场畸变。这些畸变的区域与复合材料的平均能量密度相比,具有更高的能量密度。尽管空间电荷的引入和电场的重新分布都可以增加界面的极化,但它们实际上是不同的。因为即使在一个理论上没有空间电荷的多相绝缘体中,由于介电常数的不同,界面间的极化仍然会增强。此外,当电场强度很高时,也可能产生另一种形式的空间电荷极化。电极注入的电荷与基体中移动的电荷不一致会导致电极和界面附近的电荷积累,这种积累也可能导致空间电荷极化并引发能量损失。

3.2.2　低损耗绝缘材料

1. 铁电聚合物

PVDF 及其共聚物受到由自发铁电损耗引起的严重能量损耗。晶体取向、晶粒大小和结晶度都会影响铁电聚合物的损耗[114,119-120]。加工技术和化学改性也主要用于减少自发极化损耗。平行的 PVDF 晶体取向在高温下损耗更低。Meng 等制备了超高 β 相的 PVDF(晶态相的 98%,晶粒大小减小到约 4 nm),如图 3-9 所示[121]。制备的聚合物电介质薄膜表现出类似弛豫体的行为,并具有超高的能量密度($35 \ \text{J/cm}^3$)和高效率。Yuan 等研究了一系列拉伸的 P(VDF-HFP),他们发现增加的晶体取向和减小的晶粒大小有助于偶极子取向,由于形成的可逆铁电纳米畴,可恢复的能量密度得到了提高[122]。Guo 等研究了拉伸比对单轴拉伸过程中拉伸的 PVDF 薄膜的影响,发现机械拉伸过程中的相变和晶体取向导致了高电场下的能量效率的提高[123]。

通过大分子的化学结构修饰有助于形成铁电纳米畴并减少结晶度,从而减少自发极化损耗[124-125]。如图 3-10 所示,Liu 等报道了一系列通过原子转移自由基聚合过程合成的类反铁电聚(偏氟乙烯-三氟乙烯-氯三氟乙烯)-接枝聚(苯乙烯-甲基丙烯酸酯)共聚物,实现了具有相对狭窄的滞后环和低残余极化的类反铁电行为[126]。此外,辐照

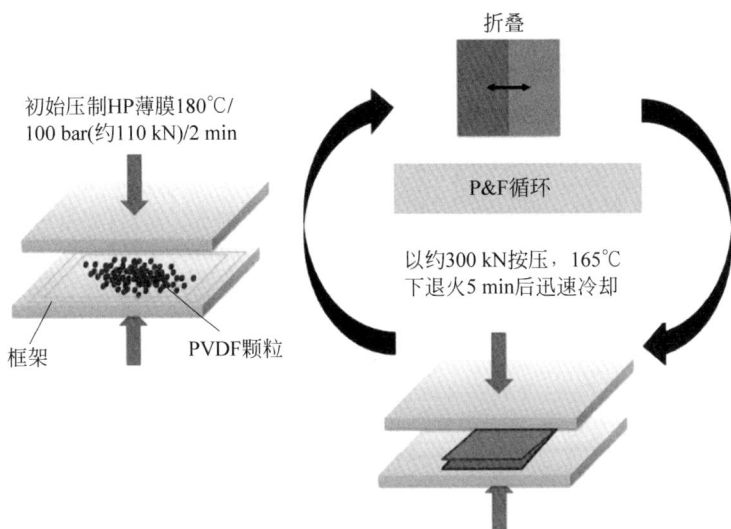

图 3-9 压制和折叠过程示意图

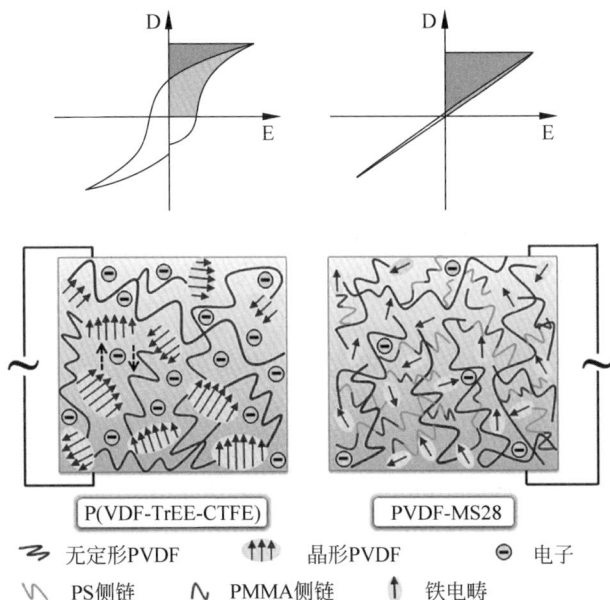

图 3-10 P(VDF-TrFE-CTFE)和 PVDF-MS28 的分子排列模型示意图
（见文前彩图）

对铁电介质膜的充放电过程也有影响。Zhang 等在电子辐照的聚（偏氟乙烯-三氟乙烯）（poly（vinylidene fluoride-co-trifluoroethylene，

P(VDF-TrFE)))共聚物中观察到了类似弛豫铁电的行为,这表明电子辐照打破了正常铁电 P(VDF-TrFE)共聚物中的相干极化区(全反式链)形成纳米极化区域,并导致了狭窄的极化滞后环[127]。总之,为了提高铁电聚合物的效率,需要探索结晶化和取向的优化,因为大多数铁电聚合物的效率仍然不令人满意(小于 90%)。Pan 等发现通过超顺电设计,可以在弛豫铁电陶瓷薄膜中实现能量存储性能的显著增强。纳米限域被缩小到几个单元晶胞的极化团簇,并且几乎消除了极化滞后,同时保持了相对较高的极化[128]。这为储能聚合物电介质的发展提供了参考。此外,此类材料构成的电容器运行伴随着明显的温度升高,因此铁电聚合物在高温下的能量损失也需要进一步研究。

引入线性聚合物电介质也被认为是抑制能量损耗的潜在方案。铁电相将承受低电场,具有较低导电性和较小介电常数的线性聚合物电介质来承受高电场。Feng 等制备了由 P(VDF-HFP)和 PI 组成的聚合物混合物。与纯 PI 相比,这些复合物在高温下表现出损耗的降低,这主要归因于抑制的空间电荷[129]。如图 3-11 所示,Zhang 等报道了在混合物中两种高温聚合物(PI 与 PEI)之间的强链间静电相互作用导致聚合物链的延伸构象,其会导致密集的链封端和效率的提升[130]。这两项研究结果表明,聚合物混合物的性能不仅仅是不同相属性的妥协,不同相之间的强相互作用对聚合物的构象和电荷动力学的影响可能会为这个领域带来新机遇。Zhang 等还发现 PMMA 和聚(偏氟乙烯-三氟乙烯-氯氟乙烯)(poly(vinylidene fluoride-trifluoroethylene-chlorotrifluoroethylene,P(VDF-TrFE-CFE)))聚合物链之间的相互作用会导致介电损耗的降低[131]。Zhu 等证明了 P(VDF-TrFE)和聚甲基丙烯酸酯的聚合物混合物会表现出双滞后环及显著降低的剩余

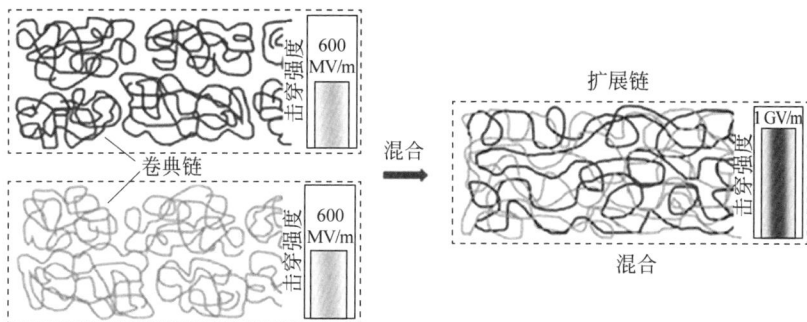

图 3-11　PI/PEI 混合增强静电相互作用扩展链结构排列示意图

(见文前彩图)

电位移,从而提高了效率[132]。Wu 等开发了一个由高能量密度的聚(偏氟乙烯-氯三氟乙烯)(poly(vinylidene-fluoride-chlorotrifluoroethylene,P(VDF-CTFE)))和低介电损耗的聚(乙烯-氯三氟乙烯)(poly(chlorotrifluoethylene-ethylene,ECTFE))组成的极性氟聚合物混合物以降低损耗[133]。

2. 非铁电材料

抑制非铁电材料损耗的方法主要有两大类:减少极化损耗和抑制传导损耗。对于非铁电材料,减少极化损耗主要聚焦于减少偶极子定向过程中的"摩擦"。Miranda 等采用聚萘二甲酸乙二醇酯(polyethylene naphthalate two formic acid glycol ester,PEN)研究了形态因子如何抑制链段松弛,他们发现通过应变诱导结晶和定向的无定型介相区域能够大大降低损耗[134]。Zhang 等制备了新型的内部微孔磺化聚合物(SO$_2$-PIM),其微孔范围为 0.5~1.25 nm,这为偶极子侧链的无摩擦旋转提供了大量的自由体积。这种聚合物的损耗因子低至 0.005,同时具有高介电常数($\varepsilon_r = 6$)[116]。Zhang 等也发现聚芳基醚脲(poly ester ether urethane,PEEU)基体中无机填料以较低的掺杂量(Al$_2$O$_3$ 小于 1 vol%)可在宽温度范围内大大提高聚合物复合介电材料的介电常数并抑制损耗角正切,这种性能的增强归因于在聚合物的玻璃态中对偶极子运动的约束性减弱[135]。

当前,抑制传导损耗也受到越来越多的关注,包括聚合物设计、交联和接枝在内的方案在高温下能够有效降低传导损耗。例如,Wu 等提出了一种由相对刚性的双环结构和通过自由旋转单键分隔的烯烃组成的聚烯烃(poly oxafluoronorbornene,POFNB)[136]。POFNB 具有宽的带隙(约 5.0 eV),其电导率比最好的商业高温聚合物低两个数量级。此外,交联氟聚合物(XL-VK-2)表现出充放电效率的提升[137]。这种效率的显著提高来源于由交联结构产生的一系列分子捕获中心高效的电荷捕获。同时,交联可以限制高温和高外加电场下聚合物分子链的运动,从而提高聚合物材料的耐温性并降低介电损耗[138]。与原始聚合物相比,接枝聚合物的结构中可以引入深陷阱。深陷阱会捕获载流子并抑制电荷传输,从而导致传导电流减小,并抑制空间电荷注入和积聚[139]。

3. 聚合物/填料复合材料

在聚合物电介质中掺杂填料是降低损耗的有效方法,主要思路有用填料构筑深陷阱、掺杂宽带隙填料及聚合物与填料界面三种,下面将分别进行介绍。

通过掺杂填料构筑深陷阱,可以有效地捕获载流子并减少聚合物电介质复合材料的电导损耗。Yuan 等报道了一系列填充有分子半导体的全有机聚合物基复合材料。分子半导体通过强电静力吸引固定了自由电子,并阻碍了聚合物介质中的电荷注入和传输,这导致复合介质(PCBM/PEI)在 200℃时仍具有高能量密度(3.0 J/cm³)和高放电效率(90%)[140]。Wang 等的研究表明,葡萄糖分子与聚合物基质之间形成了氢键网络。氢键可作为电荷载体的陷阱位点,氢键网络可进一步促进结晶度的增加,减小的晶粒大小并稳定聚合物介质中的 γ相,使电位移增强,滞后损耗减少[141]。Thakur 等发现含 1.0 wt%(<0.5 vol%)Al₂O₃ 纳米填料的半晶态聚四氟乙烯-六氟丙烯-乙烯基二氟乙烯(P(TFE-HFP-VDF))三聚物的导电性减少了两个数量级以上,并将其归因于载流子浓度的减少和陷阱深度的增加[142]。深陷阱已被证明在减少电导损耗中是有效的。尽管如此,陷阱的作用主要是根据实验结果推断出来的。在高场和高温下,关于深陷阱对基于聚合物的介质的影响的数值描述(用于计算、模拟等的模型)的报道很少。对深陷阱的结构—形成—效应关系的深入了解可以推动高温聚合物基电介质的合理设计。

宽带隙填料,尤其是二维(2 dension,2D)片状填料目前受到了广泛的关注。如图 3-12 所示,Jiang 等将聚偏氟乙烯与锆掺杂钛酸钡(barium zirconate titanate,BZT)纳米纤维和 BNNS 共填充,并通过改进的非平衡处理,制备了具有新颖交互渗透梯度结构的聚合物纳米复合材料。这些聚合物纳米复合材料表现出泄漏电流的降低和击穿强度的提升[143]。此外,Dai 等制备了由聚酰亚胺-聚酰胺酸共聚物作为基质、BNNSs 作为填料的纳米复合材料。添加 BNNSs 可以进一步提高纳米复合材料的充放电效率[144]。Li 等报道了氮化硼纳米片(BNNSs)交联的聚合物纳米复合材料,如图 3-13 所示[145]。这些纳米复合材料的电导率比现有的聚合物低了几个数量级。与原始聚合物相比,由层状铁电钙钛矿、层状硅酸铝纳米片等与有机聚合物构成的复合材料效率大大提高[146]。值得注意的是,某些宽带隙填料如 Al₂O₃ 也可作为深陷阱使用,但人们认为存在两种不同的机制,这可以通过以下两点来证明。首先,导电颗粒可以作为深陷阱并减少聚合物复合材料的导电性。Li 等制备了 LDPE/石墨烯纳米复合材料,这些

(a)

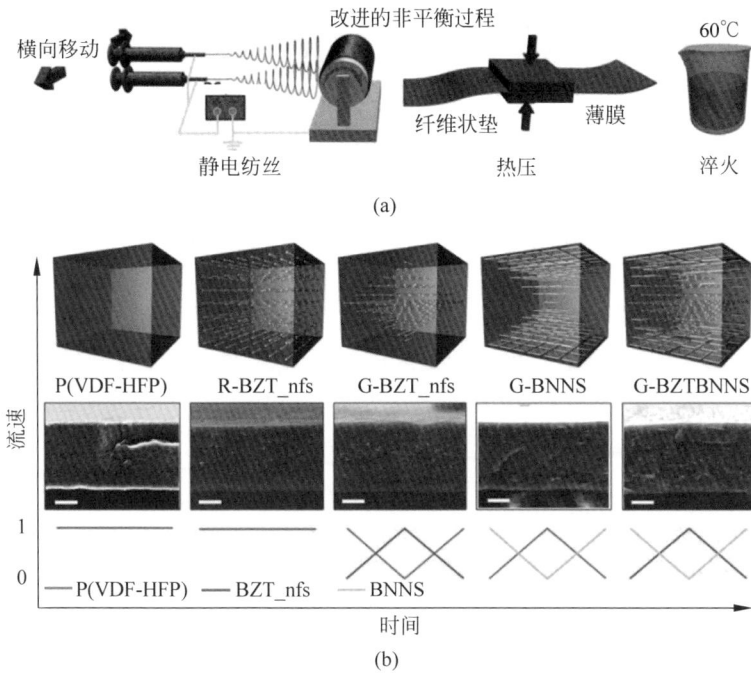

(b)

图 3-12 非平衡过程制备渐变结构聚合物纳米复合材料（见文前彩图）

（a）制备过程示意图；（b）不同结构材料的扫描电镜图像

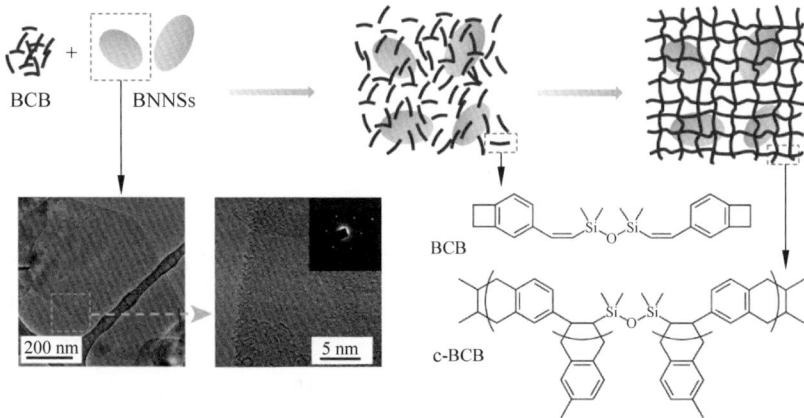

图 3-13 c-BCB/BNNSs 薄膜的制备过程示意图

复合材料显示出较低的直流导电性、较高的击穿强度和较少的空间电荷积聚[147]。其次，对于这两种机制，填料含量对于复合介质最高电阻率和击穿强度的影响是不同的。Li 等报道了一种可溶液处理的聚合物纳米复合材料，由系列形貌变化的 Al_2O_3 填料组成，包括球形纳米颗粒、纳米线和纳米片。电容性能的最佳填料含量分别是 1.5 vol％的球形纳米颗粒、3.0 vol％的纳米线和 7.5 vol％的纳米片。主要作为深陷阱的填料的含量通常低于 2.0 vol％，而宽带隙的最佳 2D 片状填料通常在 10.0 vol％左右[148]。然而，用于复合性能分析的填料的带隙和电阻率通常是根据大块材料的结果推断出来的，而在复合介质中使用的填料是纳米尺寸的颗粒。对纳米尺度材料属性的原位表征对于理解和开发宽带隙填料的聚合物复合介质至关重要。同时，填料在复合介质中的分布和取向对能量损耗有很大的影响。进一步调整分布和取向、为大规模生产进行制备优化对于复合介质的开发更为重要。

复合介质的多相结构不仅会引起界面极化损耗，还会由于界面相的局部电场畸变导致电导损耗的增加及过早失效。此外，不同相之间的物理性质差异导致较差的相容性，使界面处绝缘性能薄弱，会进一步增加损耗。因此，需要对填料表面进行改性设计，相容优异的聚合物—填料界面才能够研制出高性能聚合物复合电介质材料。填料/基体界面的耦合效应在有机/无机纳米复合材料的介电性能中起着重要的作用[149]。核—壳结构被认为是抑制聚合物纳米复合材料介电损耗的有效方法[150]。Zheng 等在 $BaTiO_3$ 纳米颗粒表面上包覆三元乙丙橡胶(ethylene propylene diene monomer, EPDM)作为壳层，并将这些纳米颗粒加入聚丙烯(PP)中制备成 EPDM@BT/PP 复合材料。与 PP 相比，EPDM@BT/PP 复合材料的介电损耗几乎没有改变，还实现了拉伸性能的提升，如图 3-14 所示[151]。Ren 等报道了用 ZrO_2 核和 Al_2O_3 壳组成的纳米颗粒填充的 PEI 复合材料，从核到基体介电常数的梯度变化减少了纳米颗粒周围电场的畸变[112]。此外，宽带隙的 Al_2O_3 壳在复合材料中为深陷阱。与高温下原始的 ZrO_2 相比，这些复合材料展现出低一个数量级的泄漏电流密度和显著提升的充放电效率。Zhang 等使用三种氟聚合物作为填料颗粒和聚合物基体之间的过渡层，发现过渡层可以有效减少填料和基体之间介电的不匹配。与传统的溶液混合复合材料相比，带有过渡层的复合材料展示出了 78％的放电效率[152]。目前，铁电聚合物纳米复合材料界面区域局部电极化的直接检测已经取得了一些进展[153]，但是仍然缺乏对界面性质的直接表征，例如导电、击穿强度和带隙。这些性质对于纳米复合材料损耗的分析是至关重要的。因此，在高电场下界面作用的分析仍然是经验性的。原位测量对于理解和发展聚合物—填料界面设计至关重要。

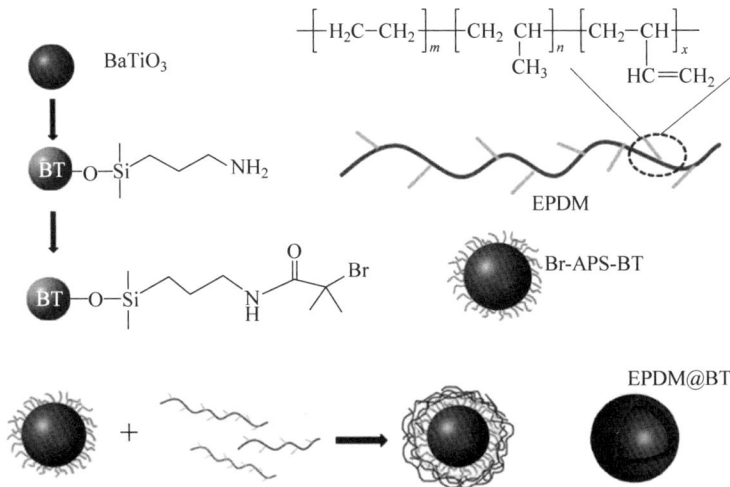

图 3-14　EPDM@BT 纳米粒子核壳结构的合成流程示意图

4. 多层结构

根据每一层的基体材料是否为有机材料,多层结构可以分为两种类型:有机多层和有机与无机多层。将低损耗的线性介质引入铁电聚合物可以调节电场分布并提高效率。Huang 等制备了夹心多层薄膜,外层为聚砜(polysulfone,PSF),内层为 PVDF。采用提高温度下的单极电场(DC+AC)极化方法将 PVDF 层的杂质离子极化到 PSF 层,当温度下降时,杂质离子大部分被"锁定"在 PSF 中,如图 3-15 所示[154],其在 1 Hz、100℃下的损耗因子低至 0.003。Baer 等制备了多层薄膜,其中包含多达 256 层的交替高介电常数(如 PVDF 或弛豫铁电三元聚合物)和高击穿/低损耗聚合物(如聚碳酸酯 PC),如图 3-16所示[155]。多层薄膜可减少由杂质离子跳跃极化引起的介电损耗。Niu 等发现夹心结构聚合物介质(PEIs/PI/PEIs)在高温下与 PI 和 PEIs 的单层相比效率有所提高。他们认为不同层之间的界面屏障阻止了空间电荷,抑制了电导损耗[156]。Chen 等选择 PMMA 作为内层,PVDF-HFP 作为外层来制备三层全聚合物薄膜,这些薄膜的介电损耗显著降低[157]。

无机层的引入也可以起到降低损耗的作用。Zhou 等提出了一种等离子体增强的化学气相沉积的方法,在介电膜的表面上涂覆 SiO_2。引入的 SiO_2 层可增加电极/介电界面的势垒,阻碍了从电极处电荷的

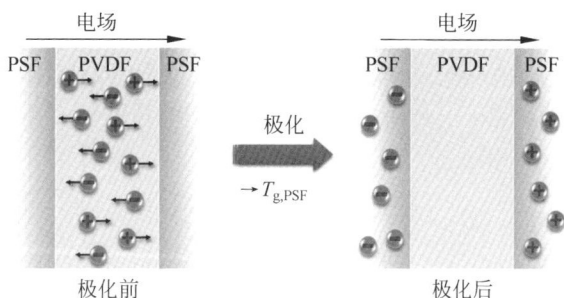

图 3-15 PSF 电极化驱动 PVDF 层中杂质离子进入相邻 PSF 层示意图

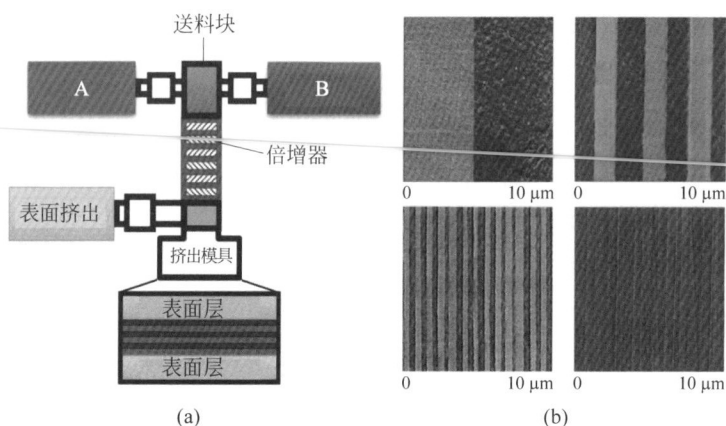

图 3-16 多层薄膜示意图及其表征(见文前彩图)

(a) 多层共挤出过程;(b) 多层薄膜的 AFM 相位图

注入并大大减少了空间电荷密度,从而大幅提升充放电效率,如图 3-17 所示[158]。Azizi 等报道与纯 PEI 薄膜相比,采用化学气相沉积(chemical vapor deposition,CVD)生长的 h-BN 薄膜夹层的 PEI 在高温下实现了放电能量密度和充放电效率的提升。h-BN 层有效地阻止了电极的电荷注入且大大减少了介电损耗[159]。Zhang 等证明,在提高温度下生长如 MgO 和 BN 这样的无机绝缘层可以显著抑制 PEI 薄膜的电导损失[160]。Dong 等提出了在 PI 膜上原位生长氧化物的方法来制备高温层压聚合物电介质[161]。通过氧化物层作为阻挡电荷层[162],在电极/介电界面处电荷的注入和介质内的载流子的传输都被显著抑制。Wang 等在蒙脱石(montmorillonite,MMT)涂覆的聚酰亚胺介质中实现了电导的降低和充放电效率的显著提升[163]。这些带有宽带隙的无机层被认为在抑制电荷注入和迁移方面是有效的。

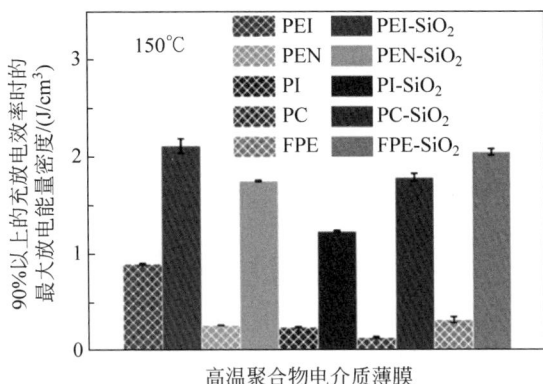

图 3-17 150℃薄膜在涂层前后达到 90%以上的充放电效率时的
最大放电能量密度（见文前彩图）

　　然而,在多层复合材料中,不同层的性质差异很大,这可能导致电
场的重新分布和严重的空间电荷积聚。此外,空间电荷的注入和迁移
需要很长时间才能在电场的重新分布中充分发挥其作用。因此,需要
进一步研究其长期性能。此外,加工方法也非常重要,因为它会影响
每一层的性能和聚合物复合电介质材料中不同相之间的相互作用。
需要更多地关注有机和无机相之间的黏附性。物理气相沉积、化学气
相沉积和原子层沉积可以应用于无机层的制备,需要仔细比较和研究
以进一步提高效率。

3.3　强韧性绝缘复合介质材料

　　随着航空航天、电力设备、电子器件等先进设备的快速发展,对其
中的聚合物电介质韧性的要求也越来越高。对于聚合物复合材料,韧
性低就有可能在使用过程中发生开裂等现象,造成严重后果[164]。例
如,广泛用作防腐涂层、黏合剂、半导体封装材料、电气绝缘物质的环
氧树脂,由于固化时会呈现出高度交联的结构,没有塑性形变,再加上
固化过程中体积的收缩产生了一定的内部应力,导致其对裂纹的起始
和发展的抵抗性差,这无疑阻碍了它们在高性能复合材料中的进一步
应用[165]。由于不同种类的聚合物绝缘材料的增韧方法和思路不一
样,本节将重点介绍运用极为广泛但对增韧又有迫切需求的环氧树脂
体系增韧的方法和思路。

3.3.1 增韧机理

环氧树脂的增韧的思路可分为异相增韧和均相增韧。异相增韧涉及增韧剂和环氧基体间的相分离,由环氧树脂固化过程中自由能的变化引起[165]。固化后的环氧树脂通常是一个具有相分离的多相结构,相结构的尺寸在亚微米或微米数量级[166],会带来高韧性。异相增韧包括在固化过程中构建相互渗透的聚合物网络或半渗透的聚合物网络(interpenetrating polymer network,IPNs 或 semi-interpenetrating polymer network,SIPNs),或者通过热塑性塑料(thermosoftening plastics,TPs)、橡胶(REs)、纳米材料(nanometer materials,NMs)、液晶聚合物(liquid crystal polymers,LCPs)等直接形成分离的相。基体和增韧剂之间的不互溶性导致了高黏度、不透明、低流动性,限制了其在电子封装、风电绝缘涂料等先进应用中的使用。均相增韧系统意味着将增韧剂均匀地分散到环氧基体中,形成与交联网络中的单分子或多分子聚集体交织的网络,没有第二相或在微观或纳米尺度上的相分离。通过将超支化聚合物(hyperbranched polymers,HBPs)、生物基材料(bio-based materials,BBMs)等引入 EPs 的交联网络,可以获得均相增韧系统,从而提高 EPs 的韧性和强度。

1. 异相增韧

不相容的混合物通常以多相结构的形式存在。根据相的连续性,它可以被划分为单一连续结构(海—岛结构)和共连续结构。在图 3-18(a)中,增韧剂独立地分散在连续的聚合物基体中,形成海—岛结构。而在图 3-18(b)中,增韧剂和聚合物基体相互穿透且相互锁定,形成一个共连续结构[165]。

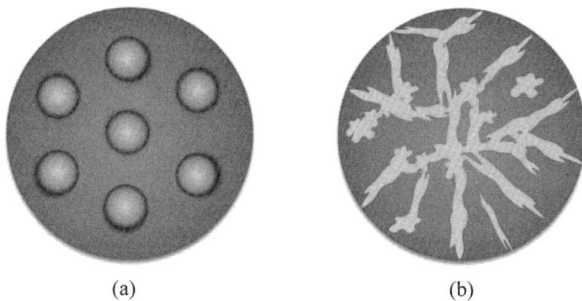

(a)　　　　　　　　　　(b)

图 3-18　不相容混合物的形态示意图

(a) 海—岛结构;(b) 共连续结构

反应诱导相分离（reaction-induced phase separation，RIPS）在环氧树脂固化过程中展现出海—岛结构。当使用半晶体聚合物作为环氧树脂的修饰剂时，会产生晶体诱导的相分离（cryogenic induced phase separation，CIPS）。共连续结构或逆微观结构可能改变裂纹扩展方向，从而导致裂纹偏转和消散冲击能量。在层间区域，增韧相的剪切形变可以吸收冲击能量并增加层间断裂韧度[167]。相分离增韧可以显著改变形成网络的物理和机械性质。氢键、裂纹尖端钝化、空泡化、去结合（空泡）、有限剪切屈服和裂纹桥接都是增韧的原理[168]。构建相分离结构的最常见增韧方法包括合成渗透聚合物网络，半渗透聚合物网络，添加增韧剂如热塑性塑料、橡胶、纳米材料及液晶聚合物等。如图 3-19 所示为 8 种异相增韧方法的增韧机制模型[165]。

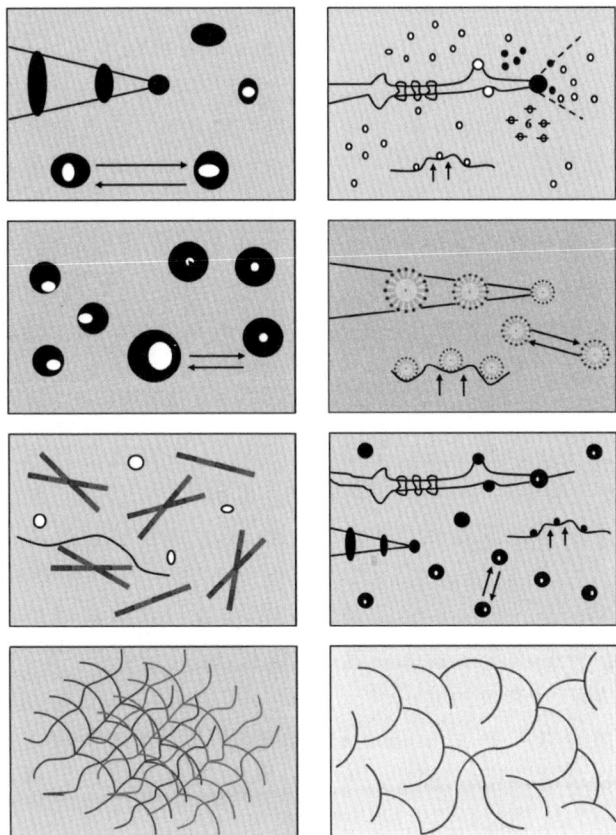

图 3-19 异相增韧机制模型示意图（见文前彩图）

在裂纹—剪切屈服机制中,颗粒充当应力集中点,涉及裂纹的产生和剪切带[169]。在某些条件下,如应变软化或基质的结构缺陷可能导致局部应力集中,从而可能引起称为"剪切带"的局部剪切变形。由于应力的影响,聚合物会出现一种被称为"裂纹"的变白现象。裂纹的顶部进一步诱导大量剪切带的产生,可以防止由此产生的材料发展裂纹并帮助消散断裂能量。在裂纹尖端损伤区发生了大量的塑性变形,伴随着空泡化过程。空泡的产生和增加诱使 EPs 更容易发生局部剪切变形,可以减弱裂纹尖端的应力,实现增韧[170]。为此,裂纹和剪切屈服被认为是两个竞争的机制。当由裂纹诱导的应力 σ_{er} 小于由剪切屈服诱导的应力 σ_{sh} 时,变形模式是导致裂纹和脆性断裂的主要因素。当 σ_{er} 大于 σ_{sh} 时,剪切屈服主导材料的变形。当 σ_{er} 等于 σ_{sh} 时,材料会经历脆性和韧性的转变[171]。

Lange 提出了裂纹固定机制的概念[172]。这一机制涉及裂纹尖端不能穿透刚性且黏合良好的粒子。因此,当遇到刚性包体时,扩展的裂纹倾向于在粒子之间固定并弯曲,导致许多次级裂纹。次级裂纹在通过粒子后,形成断裂步骤[173-174]。与裂纹相比,基质的剪切屈服是一种更有效的能量消散方式[165]。因此,获得理想增韧效果的关键是诱导基质的剪切屈服。在杂化材料的微形态研究中显示,基质的剪切屈服是超高韧性的主要原因。在具有适度的界面黏结的情况下,基质的剪切屈服很容易实现。弱界面黏附导致不稳定的断裂,而强界面黏附限制了界面结合,两者都不利于基质的剪切屈服[175]。将具有相同弹性模量和更好断裂伸长的粒子加入 EPs 可以桥接裂开的脆性环氧基质表面,它作为裂纹扩展的约束封闭,会产生所谓的约束效应。桥接约束效应不仅限制了裂纹尖端的生长,而且在桥接处作为裂纹的锚点,使裂纹尖端呈弓形,提高了环氧基质的韧性[165]。

强度和韧性通常是相互排斥的。然而,使用性能远超单一组分的纳米材料[176],可以通过内部和外部的增韧机制很好地解决这一矛盾。韧性相起到外部裂纹尖端屏蔽作用,在裂纹扩展期间提供裂纹桥接。填料尺寸必须等于裂纹尖端开口位移(crack opening displacement,CTOD)才能产生有效的偏转[177]。韧性相类似于润滑剂,其间有限的滑动可以缓解应力集中[178]。复合材料的韧性提高归因于裂纹尖端前大而广泛的微裂纹,消除内部应力和屏蔽裂纹,显著的裂纹偏转控制了聚合物复合材料中颗粒局部纹理周围的裂纹。

2. 均相增韧

在传统的 EPs 异相增韧中,增韧剂和 EPs 之间的界面作用较弱,可能导致复合材料的强度降低[179]。通过引入柔性链段、生物基材料和超支化聚合物来增韧 EPs 的大多数方法都涉及均相增韧机制。由于它们之间的出色兼容性，固化的共混物表现出非相分离的特性。例如，2-尿素-4[1H]-嘧啶酮（UPy）化合物被化学接枝到环氧树脂的侧链上。与未经改性的环氧树脂相比，UPy 改性环氧树脂的韧性和弹性都得到了改善。外部力量产生的能量可以通过 UPy 基团之间形成的四重氢键断裂有效地消散。如图 3-20（a）所示的 SEM 图像清晰地显示出纯 EPs 树脂的断裂表面是光滑的，属于脆性断裂。相反，如图 3-20（b）所示，UPy-E51 的断裂表面粗糙体现出明确的韧性断裂特点[180]。

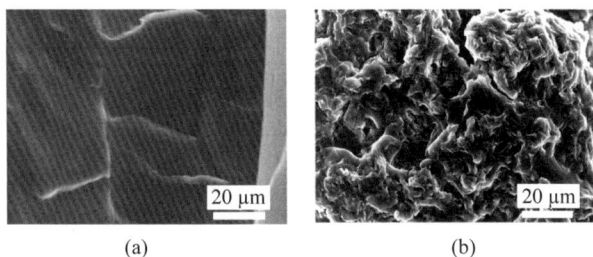

图 3-20　均相增韧 EP 系统 SEM 图像

（a）纯树脂；（b）固化后的 UPy-E51

超支化聚合物由于其球形结构、良好的溶解性和相对于线性聚合物结构的低黏度，分子间的纠缠较少[181]。球形拓扑结构具有小自由体积和高功能的特点，并可以通过冲击变形吸收能量，通过界面化学反应可以改善界面作用[182]。以此为基础制备的超支化环氧树脂可以同时提高 EPs 的强度和韧性。例如，Zhang 等制备了三种芳香型环氧官能化的超支化聚酯（HTDE、HTME 和 HTBE）。与 DGEBA 的脆性断裂相比，经超支化环氧树脂改性的 EPs 的冲击断裂表面有大量的柔性丝状体[183]。固化的 HTDE-2/DGEBA 复合材料的动态机械分析（dynamic mechanical analysis，DMA）曲线中只出现了一个玻璃化转变温度 T_g，这表明 HTDE-2 和环氧基体之间没有相分离，呈现出均匀结构。基于此，他们提出了一种原位加固和增韧机制，如图 3-21 所示。HTDE-2 是具有纳米尺度的小分子，有助于其在环氧基体中的均匀分散[184]。HTDE-2 和 DGEBA 的环氧基团与固化剂的胺基团发生反应。固化后，HTDE-2 的外部交联结构限制了其末端基团的移动。在冲击过程中，许多非交联的分子内腔体将吸收能量，发生畸变并形成丝状体,表明其具有高韧性。同时,由于 HTDE-2 具有亲水基团的球形结构,它可以分散并渗透到环氧基体分子链中,增加固化过程中分子链间的相互作用,最终提高拉伸和弯曲强度。

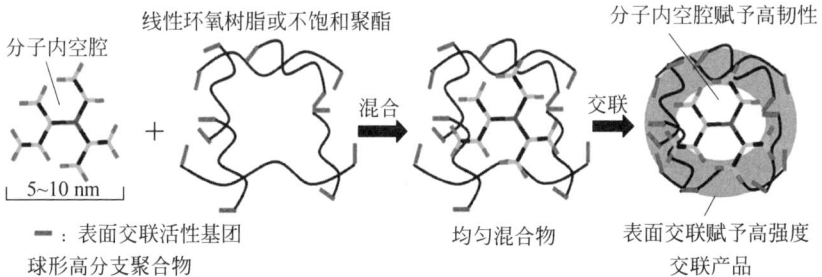

图 3-21　原位加强和增韧机制的示意图(见文前彩图)

其他研究也表明,某些增韧剂的增韧机制可以通过自由体积来解释[181]。添加这些增韧剂有助于增加交联密度和自由体积。自由体积的增加有助于裂纹钝化、能量耗散和内部腔体或自由体积的结合,从而有助于提高裂纹的不敏感性和抗剪切能力。通过增加交联密度、分子内腔体的自由体积分数、柔性烷基链的数量和刚性单位的数量,可以有效地增加系统的韧性。

3.3.2　增韧方法

1. 异相增韧

(1) 热塑性塑料

使用热塑性塑料 EPs 来提高环氧的韧性是异相增韧的一种选择。TPs 可以在保持其模量和热稳定性的同时提高韧性。当固化反应发生时,TPs 逐渐从 EPs 中分离出来,并最终形成球形或类似球形的共连续相或相转化微结构[185]。TPs 作为环氧增韧剂包括聚氨酯、聚醚砜(polyethersulfone,PES)、聚硅氧烷(polysiloxane,PSO)、聚丁二烯(polybutadiene,PB)、聚碳酸酯、聚醚醚酮(poly(ether-ether-ketone),PEEK)、聚酰胺和聚苯乙烯[165]。Polyurea-2(由异佛尔酮二异氰酸酯和 Jeff-D400 合成)被用来增韧环氧树脂。如图 3-22 所示,将不同含量的 Polyurea-2 引入环氧基体可以有效地提高其拉伸强度及杨氏模量。含有 5.0 wt% 的 Polyurea-2 的环氧复合材料拉伸强度和杨氏模量分别提高了 4% 和 12%。断裂能释放(GIC)从 0.26 kJ/m^2 增强到 0.64 kJ/m^2。图 3-22 中的 SEM 图像展示了曲折的裂纹结构和直径为 3～10 μm 的 salami 型结构的颗粒。在固化过程中,Polyurea-2 可以与环氧树脂发生反应,形成颗粒层强界面。颗粒变形后周围的基体发生空洞变形,从而实现了能量消耗和多向裂纹扩展。因此,环氧复合材料的断裂韧性得到了显著提升[186]。

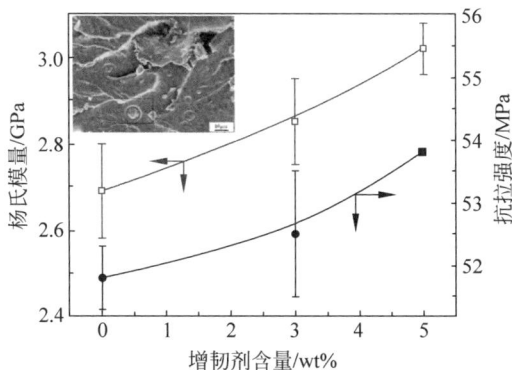

图 3-22　聚脲-2/环氧体系的拉伸性能(见文前彩图)

与橡胶等其他增韧剂相比,TPs 可以增强 EPs 的断裂韧性,而不显著影响其他机械性能。尽管这方面已经取得了显著的进展,但通过 TPs 增韧 EPs 仍然是一个较大的挑战。在 TPs 增韧环氧树脂中,可以通过获得共连续或相逆转形态来达到最佳的韧性。为了获得更好的增韧效果,具有出色热稳定性的 TPs 应该在未固化的环氧树脂中可溶。此外,增韧必须完全固化,以减少由未反应的官能团引入的结构缺陷或弱点。TPs 能比那些交联密度较低的材料更有效地增强材料的交联程度。此外,增加热塑性塑料的分子量可以增加韧性,尽管加工程序的复杂是其限制因素[187]。

(2)橡胶

用橡胶对环氧树脂进行增韧是异相增韧的另一种方式[188]。Bucknall 证明了添加液态橡胶可以抑制热塑性材料中裂纹的发展[189]。通常来说,用于环氧树脂增韧的橡胶可以分为反应性液态橡胶和橡胶颗粒[190-192]。反应性液态橡胶通常具有低分子量,并且可以溶解在环氧基体中。当环氧数值开始固化时,液态橡胶与环氧基体的热力学不相容,导致相分离和第二相的形成。目前,端羧基丁二烯丙烯腈共聚物(carboxyl-terminated butadiene acrylonitrile,CTBN)、端羟基丁二烯丙烯腈共聚物(hydroxy-terminated butadiene-acrylonitrile copolymer,HTBN)和端胺基丁二烯丙烯腈(amino-terminated butadiene-acrylonitrile copolymer,ATBN)被广泛用作反应性液态橡胶[193-195]。由于橡胶的结构对固化材料的韧性会产生重要影响,研究人员还开发了丙烯酸酯液态橡胶(acrylate liquid rubber,ALR)、端羧基聚丁二烯液态橡胶(carboxy-terminated liquid polybutadiene rubber,CTPB)、环氧末端丁二烯丙烯腈橡胶(epoxy-terminated butadiene acrylonitrile rubber,ETBN)等[196-197]。ALR 的环氧基和双酚 A 对环氧树脂的韧性有协同作用。随着 ALR 的环氧基含量的增加,其韧性得到了有效的提高[198]。微米尺寸的 CTPB 颗粒在 EPs 基体中均匀分散,形成二相形态以增加韧性。当添加 20 phr CTPB 时,环氧树脂的冲击强度达到了最大值[199]。然而,其拉伸强度、弯曲强度和弯曲模量都有所下降。纯树脂的拉伸强度、弯曲强度和弯曲模量分别为 84 MPa、130 MPa 和 2.4 GPa。添加 40 phr CTPB 后,掺杂后混合物的拉伸强度、弯曲强度和弯曲模量分别降低到 30 MPa、60 MPa 和 0.75 GPa。这是因为 CTPB 颗粒的变形释放了屈服应力,阻止了基体断裂过程中的裂纹的进一步扩展从而增加了冲击强度。然而,如果 CTPB 的含量过高,橡胶颗粒的聚集将形成缺陷增加剪切变形。更多的空化和颗粒的分离相结合,导致冲击强度相应地减小。随着 CTPB 含量的增加,拉伸强度、弯曲强度和模量逐渐降低,主要是由于 CTPB 颗粒与 EP 基体的强度和模量不匹配。ETBN 也被用来改善玻璃环氧复合材料的性能,它表明层间临界能量释放率(GIC 和 GIIC)在模式 I (添加 ETBN 为 29.77 g/m^2)提高了 122%,在模式 II (添加 ETBN 为 9.33 g/m^2)提高了 49%[200]。

此外,核壳橡胶(core-shell rubber,CSR)颗粒也可以用来增加环氧固化系统的韧性。当 CSR 含量为 30~38 vol%时,断裂能可以增加到高达 3750 J/m^2[201]。CSR 含量在增韧 EPs 中起到了重要作用。由两种类型的 CSR 颗粒增韧的复合材料,在 0~38 vol%的范围内展现了不同的增韧效果,结果表明 30 vol%是最佳的掺杂量,其断裂能达到 2671 J/m^2[202]。使用 CSR 的主要增韧机制是 CSR 颗粒会从基体中脱黏,随后发生塑性空洞的增长,伴随着剪切带的屈服。橡胶作为 EPs 最早的增韧材料之一,已经得到了广泛地开发。橡胶的结构设计和控制可以实现刚度和韧性的平衡。REs 可以显著增加 EPs 的冲击抗性和韧性,而拉伸强度的降低程度各不相同。为了达到显著的韧性效果和韧性与强度的平衡,应该关注橡胶的含量、尺寸、结构和与基体的界面。

（3）纳米填料

添加纳米材料 NMs 也是一种提升 EPs 的韧性有效的方式，填料包括石墨烯、黏土、纳米纤维、CNTs 和硅石等[203-206]。NMs 通常具有很大的比表面积。将 NMs 添加到环氧树脂中，NMs 表面的活性基团可以与环氧树脂相互作用，在 NMs 和环氧树脂之间形成良好界面。纳米材料可以吸收能量以加固环氧树脂基体，纳米颗粒可被视为分子链的物理交联结点以阻碍微裂纹的传播。NMs 不仅可以提高 EPs 的韧性，还可以提升其强度、刚度和耐热性，从而扩大这类聚合物复合材料的应用。纳米填料的长径比、掺杂量、大小、取向和加工都可能显著影响 EPs 的性能[207]。

尽管通过纳米颗粒增韧 EPs 展现出许多引人注目的特性，但纳米颗粒由于范德华力相互作用很容易发生团聚。因此，提高纳米复合材料性能的关键是实现纳米填料的良好分散，并增强纳米填料和环氧树脂基体之间的界面相互作用[208]。研究人员对纳米复合材料的加工进行了大量研究。例如，将接枝三嵌段共聚物的氧化石墨烯（GO-g-TBCP，直径为 6～11 nm）加入环氧树脂中，纯树脂的拉伸强度和断裂韧度（KIC）分别为 42.3 MPa 和 1.43 MPa·$m^{1/2}$。加入 0.5 wt% GO-g-TBCP 的复合材料对拉伸强度和 KIC 改善约为 32.7% 和 397.9%。此外，0.5 wt% GO-g-TBCP/环氧树脂的玻璃转变温度 T_g 从 168℃上升到 185℃。这种机械性能的改善归因于章鱼状聚集体的形成，其触须结构会将环氧树脂困在聚集体内，这些聚集体可以充当裂纹传播的障碍[209]。将直径为 20～30 nm 的羧基化碳纳米管（CNT-COOHs）加入环氧/聚砜混合物中，可以控制环氧树脂的断裂韧性和机械性能。图 3-23(a) 展示了 EP/PSF 复合材料的断裂韧性。对于未经修饰的 EP/PSF15（数字指摩尔含量）复合材料，其拉伸强度、杨氏模量和 KIC 分别为 49.0 MPa、3.05 GPa 和 1.33 MPa·$m^{1/2}$。仅有 0.5 wt% 时 EP/PSF15/CNT-COOH0.5 的拉伸强度、杨氏模量和 KIC 分别为 69.4 MPa、3.07 GPa 和 1.63 MPa·$m^{1/2}$。通过添加羧基化碳纳米管，EP/PSF 复合材料的韧性得到了显著提高，拉伸强度和杨氏模量没有受到影响[210]。

在聚合物基体中，纳米填料的取向也起着重要作用。由于 GO 的各向异性和磁性纳米粒子的出色磁性，磁性四氧化三铁纳米粒子涂覆的氧化石墨烯（Fe_3O_4-GO）可以在磁场下在聚合物中取向。在

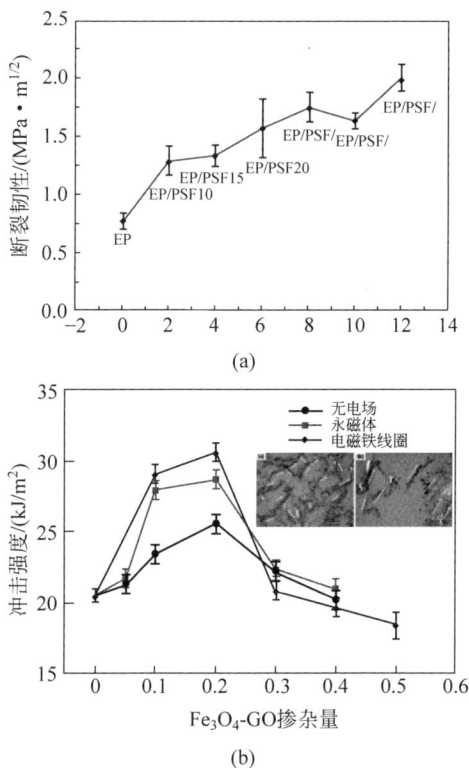

图 3-23   不同纳米填料对环氧体系的增韧效果（见文前彩图）

（a）EP/PSF 体系断裂韧性；（b）含 Fe_3O_4 复合材料的冲击强度和 TEM 图

Fe_3O_4-GO/环氧体系的固化过程中，应用外加磁场可以诱导 Fe_3O_4-GO 纳米粒子在环氧基体中的取向。在通过电磁线圈施加磁场后，0.2 wt% Fe_3O_4-GO 的 Fe_3O_4-GO/环氧体系的冲击强度会达到最大值 30.54 kJ/m^2，比纯环氧体系和在相同 Fe_3O_4-GO 载荷下未施加磁场的体系分别增加 48.8% 和 19.95%，如图 3-23（b）所示。在永磁体下的磁场中固化 Fe_3O_4-GO/环氧体系显示出类似的结果。Fe_3O_4-GO 沿磁场方向的取向有助于防止其团聚[211]。

（4）液晶聚合物

液晶聚合物也是常用于增韧 EPs 的材料[212-213]。热致型液晶聚合物（thermotropic liquid crys-talline polymer，TLCPs）包含许多刚性的结晶元素和一定数量的柔性链段，具有高强度、高模量、强自增的优异性质。TLCPs 不仅可提高 EPs 的韧性，还可保证其机械性能和耐热性[99]。TLCPs 主要通过以下两种方式增韧 EPs。一种是通过混合将液晶共聚物或液晶固化剂加入到 EPs 系统中。在固化过程中,聚合物的有序结构被嵌入到 EPs 网络中,从而得到增韧的复合材料。另一种是合成液晶环氧树脂[165]。

液晶弹性体(liquid crystal elastomers,LCEs)结合了弹性体的熵弹性和刚性界面的自组织,因此是理想的韧化剂。用 poly(4,4′-bis(6-hydroxyhexyloxy) biphenyl phenylsuccinate)(PBDPS)来构建具有显著增韧效率和增强性能的坚韧 EPs 热固性材料。含有 12.5 phr PBDPS 的热固性复合材料具有最高的冲击强度(是纯 EP 的 3 倍)和断裂韧度(增加了 85.0%),这是由于典型次微米尺度的相分离结构[214]。使用一种新型的氨基端封闭的芳香型液晶聚酯酰胺(liquid crystal polymer,LCP)可以改进用 4,4′-二氨基二苯基亚磺酰(diamino diphenyl sulfone,DDS)固化的 DGEBA 的热和机械性能。当 LCP 的添加量为 10 phr 时,改性 EPs 的冲击强度显著增加,比未改性 EPs 高出约 30%。KIC 的改善趋势与冲击强度相似。当混合物中的 LCP 为 2.5 phr 时,10%重量损失的温度 T_{10} 增加了 4℃。焦炭产率随 LCP 浓度的增加而线性增加。这些结果均表明氨基端封闭的 LCP 可以提高 EPs 的热稳定性[215]。

然而,由于液晶聚合物的相变温度范围狭窄或过高,其与环氧树脂不易混合[216]。因此,LCPs 相的宽过渡温度范围和保持热学性能的能力成为开发新 LCPs 增韧环氧树脂的关键。具有末端氨基团和宽过渡温度范围(85～220℃,$\Delta T = 135$℃)的新型液晶超支化聚硅氧烷(LCPSi)在近年被提出。与 Ece(环氧与氰酸酯的重量比为 1∶9,编码为 eCE)树脂相比,含少量 LCPSi 的 LCPSi/eCE 树脂可以显著提高冲击强度、弯曲模量、热稳定性和其他综合性能。1.5LCPSi/eCE(含 1.5 wt% LCPSi)的冲击强度比 eCE 树脂高 2.3 倍,T_d 比 eCE 树脂高 18.9℃[217]。

总之,热致型液晶聚合物在保持耐热性的同时,比相同剂量的热塑性塑料(thermosoftening plastics,TPs)具有更好的增韧效果。遗憾的是,TLCPs 在基体中难以均匀分散、成本高且成型过程复杂。即使如此,这种方法在增强其与 EPs 的相容性、简化工艺过程、降低成本等方面都具有深远的意义。

2. 同相增韧

(1)超支化聚合物

超支化聚合物(hyperbranched polymer,HBP)由于其高度支化的骨架结构和低黏度而成为新型环氧树脂增韧剂[165]。其高度支化的结构和球状特性使分子间没有链状纠缠,具有较低的黏度/分子量比。这些独特的属性为 EPs 提供了很高的韧性。如 Boltron[TM] 这样的商业化超支化聚酯对环氧基体表现出良好的增韧效果[218],目前已经成为研究的焦点。此外,研究人员还开发了许多具有不同结构单元和末端基团的功能性 HBP,如羟基、羧基、氨基、乙烯基、硫醇和环氧基团,通过自缩合乙烯聚合、多步聚合、多支化开环聚合和环加成反应增强 EPs 的韧性[165]。然而,韧性的提高总是以牺牲诸如玻璃化转变温度 T_g、强度和模量等关键性质为代价的。

超支化聚合物还可以通过引入异质和同质形态来增加树脂的韧性。为了进一步研究 HBP 结构对同质韧化效果的影响,Chen 等设计了一系列用作韧化剂的、具有不同微观结构的"高分支"环氧树脂[219]。如图 3-24 所示,他们为高分支环氧树脂开发了一系列合成策略,以调节其微观尺度上的物理结构[219]。合成方法涉及缩合反应(酯化和醚化)、点击反应(硫醇-烯烃、硫醇-环氧、硫醇-异氰酸酯、硫醇-马来酰亚胺)、加成反应、接枝反应等。他们成功地精确控制了高分支环氧树脂的内部化学结构、拓扑结构、官能团和聚集态结构,调节了 HBP 和 HBP/EP 的性能。研究人员合成了一系列控制分支度(DB)的氮-磷骨架环氧末端的高分支聚合物(NPEHP-n,n 代表 DB),以研究 DB 对 HBP 的拓扑结构和形态的影响,如图 3-25 所示[220]。随着 DB 从 0 增加到 1,分子大小(R_g、R_h)会减小,形状因子 ρ 会增加到 1。同时,拓扑形状会从椭球形变为球形,为 DGEBA 链 NPEHP-n/DGEBA 混合物提供了一个可行的方法,可以获得低黏度环氧树脂[220]。此外,将不同的结构单元,如六氢-s-三嗪、生物基单体、离子、N-P 杂环、氨基甲酸酯和其他化学结构引入高分支环氧树脂中,可以实现高强度、阻燃、耐热、自固化、可降解及复合材料的其他性能[165]。具有不同功能末端基团的 HBP,包括羟基、硫醇、氨基、环氧、羧基、双键等,也被构建来实现特定的功能和应用。通过使用这些高分支环氧树脂,实现了 EP 的韧性和强度的同时提高,建立了微观结构与宏观性能(强度、韧性、降解等)之间的定量关系。固化的 NPEHP-n/DGEBA 复合材料的机械性能显著地依赖于 NPEHP-n 的 DB 和含量[220]。

(2)生物基聚合物

除了上述材料,基于环境可持续的生物基材料对增韧环氧树脂也

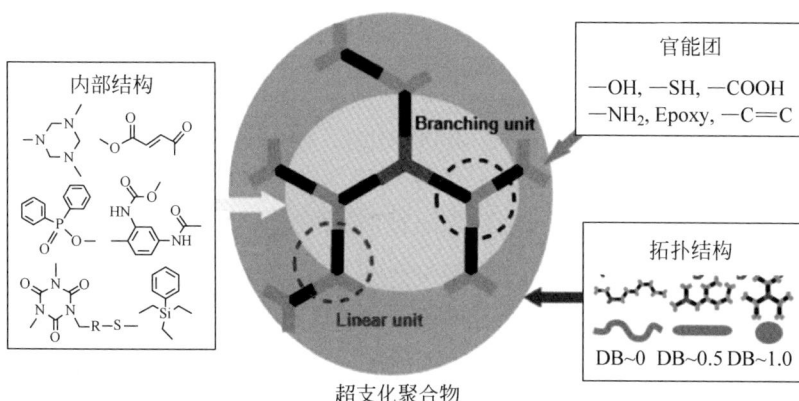

图 3-24 超支化环氧树脂的合成方法和结构调控示意图

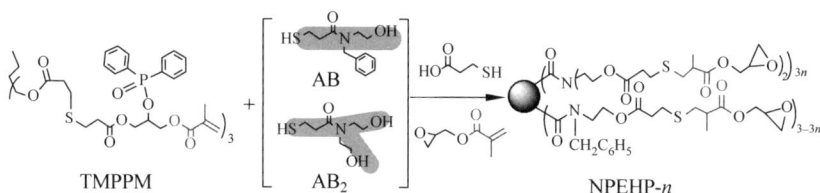

图 3-25 **NPEHP-n** 的合成方案示意图(见文前彩图)

非常重要,其中包括植物油及其衍生物、基于生物的共聚物、腰果酚、木质素、鞣酸及其他可再生原材料[165]。BBMs 也是环保且可降解的材料。例如,蚕丝可以增韧环氧树脂,7∶3 的蚕丝—环氧混合物展现出很高的 β-片结晶度(15.9%)和相互穿透的化学交联结构。其拉伸强度(48.0 MPa)和杨氏模量(1.7 GPa)在所有混合物中也都是最高的[221]。还可以将不同数量的聚(糠醇)、呋喃树脂(furan resin,PFA)与 DGEBA 混合,用二乙烯三胺固化。当加入 10% 的 PFA 时,KIC 和 GIC 分别增加了 60% 和 123%[222]。精油(oregano essential oil,OEO)作为一种新的天然改性剂,可以用于制备具有抗菌活性和改善韧性的基于环氧的杂化材料。当环氧中加入 15% 的 OEO 时,断裂性能增加了 83%[223]。生物树脂与环氧化蓖麻油和环氧甲基蓖麻酸酯(expoxidised methyl ricinoleate,EMR)以不同的比例共聚,当加入 10 wt% 的 EMR 时环氧/EMR 混合物的强度和韧性均高于纯树脂。10 wt% EMR/EPs 的拉伸强度和杨氏模量分别为 44.0 MPa 和 1.50 GPa[224]。

3.4　本章小结

电气及电子设备集成化、高功率化的发展趋势,对聚合物绝缘材料提出了越来越高的要求。其中导热性、损耗及韧性的不足严重地威胁了电气、电子设备的安全稳定运行,是制约其进一步发展的瓶颈问题。关于高导热聚合物绝缘材料,本章介绍了聚合物介质的导热机理,引出了本征聚合物改性及聚合物/填料复合材料体系两种思路。对于本征聚合物结构调节,分别从分子链结构、分子链取向、分子间作用、结晶及微观尺度有序性的角度进行了介绍。对于聚合物/填料复合材料体系,从填料的热导率、填料填充量、导热填料与聚合物基体界面、填料形状进行了介绍。最后介绍了高导热绝缘复合材料在器件封装中的应用。关于低介电损耗复合介质材料,本章介绍了电导损耗及极化损耗两种聚合物电介质的损耗机理,并详细介绍了低损耗绝缘材料的获取方法。在聚合物绝缘材料增韧方面,首先介绍了异相增韧和同相增韧两种机理,然后基于这两种增韧机理,分别介绍了相应的增韧效果。

参考文献

[1] 李寒梅,陈蓼璞,朱维维,等.高导热聚合物复合材料结构与性能研究进展 [J].化学研究,2018,29:429-440.

[2] FU C,YAN C,REN L,et al. Improving thermal conductivity through welding boron nitride nanosheets onto silver nanowires via silver nanoparticles [J]. Composites Science and Technology,2019,177:118-126.

[3] Moore A L, Shi L. Emerging challenges and materials for thermal management of electronics [J]. Materials Today,2014,17(4):163-174.

[4] ZHANG L,DENG H,FU Q. Recent progress on thermal conductive and electrical insulating polymer composites [J]. Composites Communications,2018,8:74-82.

[5] Li S,Zheng Q,Lv Y,et al. High thermal conductivity in cubic boron arsenide crystals [J]. Science 2018,361(6402):579-581.

[6] 曹金梅,田付强,雷清泉.高导热聚合物复合绝缘材料研究进展 [J].科学通报,2022,67:640-654.

[7] TIAN F, REN Z. High thermal conductivity in boron arsenide:From prediction to reality [J]. Angewandte Chemie International Edition,2019,58:2-10.

[8] XU X,CHEN J,ZHOU J,et al. Thermal conductivity of polymers and their nanocomposites [J]. Advanced Materials,2018,30(17):1705544.

[9] JIANG F,CUI S Q,SONG N,et al. Hydrogen bond-regulated boron nitride network structures for improved thermal conductive property of polyamide-imide composites [J]. ACS Applied Materials & Interfaces,2018,10(19):16812-16821.

[10] Feng Q K, Liu C, Zhang D L, et al. Particle packing theory guided multiscale alumina filled epoxy resin with excellent thermal and dielectric performances [J]. Journal of Materiomics,2022,8(5),1058-1066.

[11] BURGER N, LAACHACHI A, FERRIOL M, et al. Review of thermal conductivity in composites: mechanisms, parameters and theory [J]. Progress in Polymer Science,2016,61:1-28.

[12] HO C Y, POWELL R W, LILEY P E. Thermal conductivity of the elements: a comprehensive review [M]. American Institute of Physics, New York,1974.

[13] CHEN S S,WU Q Z,MISHRA C,et al. Thermal conductivity of isotopically modified graphene [J]. Nature Materials,2012,11(3):203-207.

[14] ZHANG Z. Nano/microscale heat transfer [M]. McGraw-Hill Professional, New York,2007.

[15] HOLMAN J P. Heat transfer [M]. McGraw-Hill Companies,New York,2010.

[16] QIAN X, ZHOU J, CHEN G. Phonon-engineered extreme thermal conductivity materials [J]. Nature Materials,2021,20(9):1188-1202.

[17] 江平开,陈金,黄兴溢. 高导热绝缘聚合物纳米复合材料的研究现状 [J]. 高电压技术,2017,43:2791-2799.

[18] HUANG C L,QIAN X,YANG R G. Thermal conductivity of polymers and polymer nanocomposites [J]. Materials Science and Engineering R,2018,132:1-22.

[19] CHOY C L,YOUNG K. Thermal-conductivity of semicrystalline polymers-model[J]. Polymer,1977,18:769-776.

[20] KIM S J,HONG C M,JANG K S. Theoretical analysis and development of thermally conductive polymer composites [J]. Polymer,2019:176:110-117.

[21] GUO Y,RUAN K,SHI X,et al. Factors affecting thermal conductivities of the polymers and polymer composites: A review [J]. Composites Science and Technology,2020,193:108134.

[22] HAN Z,FINA A. Thermal conductivity of carbon nanotubes and their polymer nanocomposites: A review [J]. Progress in Polymer Science, 2011,36:914-944.

[23] JI T, FENG Y, QIN M, et al. Thermal conductive and flexible silastic composite based on a hierarchical framework of aligned carbon fibers-

carbon nanotubes [J]. Carbon,2018,131: 149-159.

[24] LI M D,DING Z W,MENG Q P,et al. Nonperturbative quantum nature of the dislocation phonon interaction [J]. Nano Letters, 2017, 17 (3): 1587-1594.

[25] ASKADSKII A,PETUNOVA M,MARKOV V. Calculation scheme for the evaluation of polymer thermal conductivity [J]. Polymer Science A,2013, 55(12): 772-777.

[26] XIAO T,FAN X, FAN D, et al. High thermal conductivity and low absorptivity/emissivity properties of transparent fluorinated polyimide films [J]. Polymer Bullitin,2017,74(11): 4561-4575.

[27] CHEN H Y,GINZBURG V V,YANG J,et al. Thermal conductivity of polymer-based composites: fundamentals and applications [J]. Progress in Polymer Science,2016,59: 41-85.

[28] MOSES D,DENENSTEIN A. Experimental determination of the thermal conductivity of a conducting polymer: pure and heavily doped polyacetylene [J]. Physical Review B,1984,30(4): 2090-2097.

[29] MEHRA N, KASHFIPOUR M A, ZHU J. Filler free technology for enhanced thermally conductive optically transparent polymeric materials using low thermally conductive organic linkers [J]. Applied Materials Today,2018,13: 207-216.

[30] MA H, TIAN Z. Effects of polymer chain confinement on thermal conductivity of ultrathin amorphous polystyrene films [J]. Applied Physics Letters,2015,107(7): 073111.

[31] ZHANG T,LUO T. Role of chain morphology and stiffness in thermal conductivity of amorphous polymers [J]. The Journal of Physical Chemistry B,2016,120(4): 803-812.

[32] ZHANG D L,LIU S N,CAI H W,et al. Enhanced thermal conductivity and dielectric properties in electrostatic self-assembly 3D pBN@nCNTs fillers loaded in epoxy resin composites s [J]. Journal of Materiomics,2020,6(4): 751-759.

[33] SINGH V, BOUGHER T L, WEATHERS A, et al. High thermal conductivity of chain-oriented amorphous polythiophene [J]. Nature Nanotechnology,2014,9(5): 384-390.

[34] XU Y,KRAEMER D,SONG B,et al. Nanostructured polymer films with metal-like thermal conductivity [J]. Nature Communications, 2019, 10(1): 1771.

[35] SHEN S,HENRY A,TONG J,et al. Polyethylene nanofibres with very high thermal conductivities [J]. Nature Nanotechnology, 2010, 5 (4): 251-255.

[36] XU Y,WANG Y,ZHOU J,et al. Molecular engineered conjugated polymer

with high thermal conductivity [J]. Science Advances, 2018, 4 (3): eaar3031.

[37] KAKADE M V, GIVENS S, GARDNER K, et al. Electric field induced orientation of polymer chains in macroscopically aligned electrospun polymer nanofibers [J]. Journal of the American Chemical Society, 2007, 129(10): 2777-2782.

[38] MA J, ZHANG Q, MAYO A, et al. Thermal conductivity of electrospun polyethylene nanofibers [J]. Nanoscale 2015, 7(40): 16899-16908.

[39] LU C, CHIANG S W, DU H, et al. Thermal conductivity of electrospinning chain-aligned polyethylene oxide(PEO) [J]. Polymer, 2017, 115: 52-59.

[40] HENRY A, CHEN G. Anomalous heat conduction in polyethylene chains: theory and molecule dynamics simulations [J]. Physical Review B, 2009, 79: 144305.

[41] PILON L, JANOS F, KITAMURA R. Effective thermal conductivity of soda-lime silicate glassmelts with different iron contents between 1100℃ and 1500℃ [J]. Journal of the American Ceramic Society, 2014, 97(2): 442-450.

[42] LUO D, HUANG C, HUANG Z. Decreased thermal conductivity of polyethylene chain influenced by short chain branching [J]. Journal of Heat Transfer, 2018, 140(3): 031302.

[43] MEHRA N, LI Y, YANG X, et al. Engineering molecule interaction in polymeric hybrids: effect of thermal linker and polymer chain structure on thermal conduction [J]. Composites B, 2019, 166: 509-515.

[44] YAN X, GUO Y, HAN Y, et al. Significant improvement of thermal conductivities for BNNS/PVA composite films via electrospinning followed by hot-pressing technology [J]. Composites Part B Engineering, 2019, 175: 107070.

[45] XU X F, ZHOU J, CHEN J. Thermal transport in conductive polymer-based materials [J]. Advanced Functional Materials, 2019, 1904704.

[46] HAGGENMUELLER R, GUTHY C, LUKES J R, et al. Single wall carbon nanotube/polyethylene nanocomposites: thermal and electrical conductivity [J]. Macromolecules, 2007, 40(7): 2417-2421.

[47] HUANG Y F, WANG Z G, YU W C, et al. Achieving high thermal conductivity and mechanical reinforcement in ultrahigh molecule weight polyethylene bulk materials [J]. Polymer, 2019, 180: 121760.

[48] DENG S, LIN Z, XU B, et al. Effects of carbon fillers on crystallization properties and thermal conductivity of poly (phenylene sulfide) [J]. Polymer-Plastics Technology and Engineering, 2015, 54(10): 1017-1024.

[49] CHEN H Y, GINZBURG V V, YANG J, et al. Thermal conductivity of polymer-based composites: fundamentals and applications [J]. Progress in

Polymer Science,2016,59：41-85.

[50] HAN Y,SHI X,YANG X,et al. Enhanced thermal conductivities of epoxy nanocomposites via incorporating in-situ fabricated hetero-structured SiC-BNNS fillers [J]. Composites Science and Technology,2020,187：107944.

[51] AKATSUKA M,TAKEZAWA Y. Study of high thermal conductive epoxy resins containing controlled high-order structures [J]. Journal of Applied Polymer Science,2003,89(9)：2464-2467.

[52] SONG S H, KATAGI H, TAKEZAWA Y. Study on high thermal conductivity of mesogenic epoxy resin with spherulite structure [J]. Polymer 2012,53(20)：4489-4492.

[53] LI Z, WANG L, LI Y, et al. Carbon-based functional nanomaterials：preparation, properties and applications [J]. Composites Science and Technology,2019,179：10-40.

[54] GUO H,LIU J,WANG Q,et al. High thermal conductive poly(vinylidene fluoride)-based composites with well-dispersed carbon nanotubes/graphene three-dimensional network structure via reduced interfacial thermal resistance [J]. Composites Science and Technology,2019,181：107713.

[55] TESSEMA A,ZHAO D,MOLL J,et al. Effect of filler loading,geometry, dispersion and temperature on thermal conductivity of polymer nanocomposites [J]. Polymer Testing,2017,57：101-106.

[56] FU Y X, HE Z X, MO D C,et al. Thermal conductivity enhancement with different fillers for epoxy resin adhesives [J]. Applied Thermal Engineering,2014,66(1-2)：493-498.

[57] LEE G W, PARK M, KIM J, et al. Enhanced thermal conductivity of polymer composites filled with hybrid filler [J]. Composites A, 2006, 37(5)：727-734.

[58] NGO I L,VATTIKUTI S V P,BYON C. A modified Hashin-Shtrikman model for predicting the thermal conductivity of polymer composites reinforced with randomly distributed hybrid fillers [J]. International Journal of Heat and Mass Transfer,2017,114：727-734.

[59] ZHANG D L,ZHA J W,LI W K,et al. Enhanced thermal conductivity and mechanical property through boron nitride hot string in polyvinylidene fluoride fibers by electrospinning [J]. Composites Science and Technology,2018,156：1-7.

[60] GUINEY L M, MANSUKHANI N D, JAKUS A E, et al. Three-dimensional printing of cytocompatible, thermally conductive hexagonal boron nitride nanocomposites [J]. Nano Letters,2018,18(6)：3488-3493.

[61] GU J W,GUO Y Q,LV Z Y,et al. Highly thermally conductive POSS-g-SiCp/UHMWPE composites with excellent dielectric properties and thermal stabilities [J]. Composites A,2015,78：95-101.

[62] GU J W, LIANG C B, DANG J, et al. Ideal dielectric thermally conductive bismaleimide nanocomposites filled with polyhedral oligomeric silsesquioxane functionalized nanosized boron nitride [J]. RSC Advances, 2016, 6 (42): 35809-35814.

[63] GIRI A, HOPKINS P E. A review of experimental and computational advances in thermal boundary conductance and nanoscale thermal transport across solid interfaces [J]. Advanced Functional Materials, 2019, 1903857.

[64] ZHANG Z, CAO M, CHEN P, et al. Improvement of the thermal/electrical conductivity of PA6/PVDF blends via selective MWCNTs-NH_2 distribution at the interface [J]. Materials and Design, 2019, 177: 107835.

[65] HUANG X, IIZUKA T, JIANG P, et al. Role of interface on the thermal conductivity of highly filled dielectric epoxy/AlN composites [J]. The Journal of Physical Chemistry C, 2012, 116(25): 13629-13639.

[66] XIAO C, CHEN L, TANG Y L, et al. Enhanced thermal conductivity of silicon carbide nanowires (SiCw)/epoxy resin composite with segregated structure [J]. Composites A, 2019, 116: 98-105.

[67] YOU J, KIM J H, SEO K H, et al. Implication of controlled embedment of graphite nanoplatelets assisted by mechanochemical treatment for electro-conductive polyketone composite [J]. Journal of Industrial and Engineering Chemistry, 2018, 66: 356-361.

[68] BURK L, GLIEM M, LAIS F, et al. Mechanochemically carboxylated multilayer graphene for carbon/ABS composites with improved thermal conductivity [J]. Polymers, 2018, 10(10): 1088.

[69] YANG D, NI Y, LIANG Y, et al. Improved thermal conductivity and electromechanical properties of natural rubber by constructing Al_2O_3-PDAAg hybrid nanoparticles [J]. Composites Science and Technology, 2019, 180: 86-93.

[70] PHUONG N T, TRAN H N, PLAMONDON C O, et al. Recent progress in the preparation, properties and applications of superhydrophobic nano-based coatings and surfaces: a review [J]. Progress in Organic Coating, 2019, 132: 235-256.

[71] WANG Z G, CHEN M Z, LIU Y H, et al. Nacre-like composite films with high thermal conductivity, flexibility, and solvent stability for thermal management applications [J]. Journal of Materials Chemistry C, 2019, 7: 9018-9024.

[72] RAMEZANZADEH M, BAHLAKEH G, RAMEZANZADEH B. Development of a nanostructured Ce(Ⅲ)-Pr(Ⅲ) film for excellently corrosion resistance improvement of epoxy/polyamide coating on carbon steel [J]. Journal of Alloys and Compounds, 2019, 792: 375-388.

[73] SOHN Y, HAN T, HAN J H. Effects of shape and alignment of

reinforcing graphite phases on the thermal conductivity and the coefficient of thermal expansion of graphite/copper composites [J]. Carbon, 2019, 149: 152-164.

[74] TANG L, HE M, NA X, et al. Functionalized glass fibers cloth/spherical BN fillers/epoxy laminated composites with excellent thermal conductivities and electrical insulation properties [J]. Composites Communications, 2019, 16: 5-10.

[75] PARK J G, CHENG Q, LU J, et al. Thermal conductivity of MWCNT/epoxy composites: the effects of length, alignment and functionalization [J]. Carbon, 2012, 50(6): 2083-2090.

[76] ZHOU W, ZUO J, REN W. Thermal conductivity and dielectric properties of Al/PVDF composites [J]. Composites A, 2012, 43(4): 658-664.

[77] MORADI S, CALVENTUS Y, ROMAN F, et al. Achieving high thermal conductivity in epoxy composites: effect of boron nitride particle size and matrix-filler interface [J]. Polymers 2019, 11(7): 1156.

[78] NG H Y, LU X, LAU S K. Thermal conductivity of boron nitride-filled thermoplastics: effect of filler characteristics and composite processing conditions [J]. Polymer Composites, 2005, 26(6): 778-790.

[79] REN L, ZENG X, SUN R, et al. Spray-assisted assembled spherical boron nitride as fillers for polymers with enhanced thermally conductivity [J]. Chemical Engineering Journal, 2019, 370: 166-175.

[80] YU A, RAMESH P, SUN X, et al. Enhanced thermal conductivity in a hybrid graphite nanoplatelet - carbon nanotube filler for epoxy composites [J]. Advanced Materials, 2008, 20(24): 4740-4744.

[81] FU Y X, HE Z X, MO D C, et al. Thermal conductivity enhancement with different fillers for epoxy resin adhesives [J]. Applied Thermal Engineering, 2014, 66(1-2): 493-498.

[82] RAI A, MOORE A L. Enhanced thermal conduction and influence of interfacial resistance within flexible high aspect ratio copper nanowire/polymer composites [J]. Composites Science and Technology, 2017, 144: 70-78.

[83] MORTAZAVI B, BANIASSADI M, BARDON J, et al. Modeling of two-phase random composite materials by finite element, Mori-Tanaka and strong contrast methods [J]. Composites B, 2013, 45(1): 1117-1125.

[84] SHEN X, WANG Z, WU Y, et al. Multilayer graphene enables higher efficiency in improving thermal conductivities of graphene/epoxy composites [J]. Nano Letters, 2016, 16(6): 3585-3593.

[85] LULE Z, KIM J. Surface modification of aluminum nitride to fabricate thermally conductive poly (butylene succinate) nanocomposite [J]. Polymers, 2019, 11(1): 148.

[86] YANG D,KONG X,NI Y,et al. Novel nitrile-butadiene rubber composites with enhanced thermal conductivity and high dielectric constant [J]. Composites A,2019,124: 105447.

[87] TONG J,HUANG H X,WU M. Simultaneously facilitating dispersion and thermal reduction of graphene oxide to enhance thermal conductivity of poly(vinylidene fluoride)/graphene nanocomposites by water in continuous extrusion [J]. Chemical Engineering Journal,2018,348: 693-703.

[88] SHEN C,WANG H,ZHANG T, et al. Silica coating onto graphene for improving thermal conductivity and electrical insulation of graphene/polydimethylsiloxane nanocomposites [J]. Journal of Materials Science & Technology,2019,35: 36-43.

[89] WANG R,WU L,ZHUO D,et al. Fabrication of polyamide 6 nanocomposite with improved thermal conductivity and mechanical properties via incorporation of low graphene content [J]. Industrial & Engineering Chemistry Research,2018,57(32): 10967-10976.

[90] ZHUANG Y F,CAO X Y,ZHANG J N,et al. Monomer casting nylon/graphene nanocomposite with both improved thermal conductivity and mechanical performance [J]. Composites A,2019,120: 49-55.

[91] GUO Y Q,XU G J,YANG X T,et al. Significantly enhanced and precisely modeled thermal conductivity in polyimide nanocomposites with chemically modified graphene via in situ polymerization and electrospinning-hot press technology [J]. Journal of Materials Chemistry C,2018,6(12): 3004-3015.

[92] YUAN Y,LI Z,CAO L,et al. Modification of Si_3N_4 ceramic powders and fabrication of Si_3N_4/PTFE composite substrate with high thermal conductivity [J]. Ceramics International,2019,45: 16569-16576.

[93] LI C,LIU B,GAO Z, et al. Electrically insulating ZnOs/ZnOw/silicone rubber nanocomposites with enhanced thermal conductivity and mechanical properties [J]. Journal of Applied Polymer Science,2018,135(27): 46454.

[94] GUO H,WANG Q,LIU J,et al. Improved interfacial properties for largely enhanced thermal conductivity of poly (vinylidene fluoride)-based nanocomposites via functionalized multi-wall carbon nanotubes [J]. Applied Surface Science,2019,487: 379-388.

[95] WANG X W,WU P Y. 3D vertically aligned BNNS network with long-range continuous channels for achieving a highly thermally conductive composite [J]. ACS Applied Materials & Interfaces,2019,11: 28943-28952.

[96] GUO Y,RUAN K,YANG X,et al. Constructing fully carbon-based fillers with a hierarchical structure to fabricate highly thermally conductive polyimide nanocomposites [J]. Journal of Materials Chemistry C,2019,7: 7035-7044.

[97] XIAO C,CHEN L,TANG Y, et al. Three dimensional porous alumina

network for polymer composites with enhanced thermal conductivity [J]. Composites A,2019,124: 105511.

[98] LI C L,GUO H L,TIAN X,et al. Transient response for a half-space with variable thermal conductivity and diffusivity under thermal and chemical shock [J]. Journal of Thermal Stresses,2017,40(3): 389-401.

[99] PEI J Y,YIN L J,ZHONG S L et al. Suppressing the loss of polymer-based dielectrics for high power energy storage [J]. Advanced Materials,2023, 35(3),2203623.

[100] ZHOU Y,WANG Q. Advanced polymer dielectrics for high temperature capacitive energy storage [J]. Journal of Applied Physics, 2020, 127(24): 240902.

[101] LI Q,YAO F Z,LIU Y,et al. High-temperature dielectric materials for electrical energy storage [J]. Annual Review of Materials Research,2018, 48(1): 219-243.

[102] LI H,REN L L,ZHOU Y,et al. Recent progress in polymer dielectrics containing boron nitride nanosheets for high energy density capacitors [J]. High Voltage 2020,5(4): 365-376.

[103] BARTH S,WOLF U,BASSLER H,et al. Current injection from a metal to a disordered hopping system. III. Comparison between experiment and Monte Carlo simulation [J]. Physical Review B, 1999, 60 (12): 8791-8797.

[104] LENGYEL G. Schottky emission and conduction in some organic insulating materials [J]. Journal of Applied Physics,1966,37(2): 807-810.

[105] ZAIMA S,FURUTA T,KOIDE Y,et al. Preparation and properties of Ta_2O_5 pilms by LPCVD for ULSI application [J]. Journal of the Electrochemical Society,1990,137(4): 1297-1300.

[106] CHEN Q,WANG Y,ZHOU X,et al. High field tunneling as a limiting factor of maximum energy density in dielectric energy storage capacitors [J]. Applied Physics Letters,2008,92(14): 142909.

[107] AMBEGAOKAR V, HALPERIN B I, LANGER J S. Hopping conductivity in disordered systems [J]. Physical Review B 1971,4(8): 2612-2620.

[108] HO J N,JOW T R. High field conduction in biaxially oriented polypropylene at elevated temperature [J]. IEEE Transactions on Dielectrics and Electrical Insulation,2012,19(3): 990-995.

[109] CAMPBELL A J,BRADLEY D D C,LIDZEY D G. Space-charge limited conduction with traps in poly(phenylene vinylene) light emitting diodes [J]. Journal of Applied Physics,1997,82(12): 6326-6342.

[110] MONTANARI G C,MORSHUIS P H F. Space charge phenomenology in polymeric insulating materials [J]. IEEE Transactions on Dielectrics and

Electrical Insulation,2005,12(4): 754-767.

[111] AI D,LI H,ZHOU Y,et al. Tuning nanofillers in in situ prepared polyimide nanocomposites for high-temperature capacitive energy storage [J]. Advanced Energy Materials,2020,10: 1903881.

[112] REN L,LI H,XIE Z,et al. High-temperature high-energy-density dielectric polymer nanocomposites utilizing inorganic core-shell nanostructured nanofillers [J]. Advanced Energy Materials,2021,11: 2101297.

[113] LI H,ZHOU Y,LIU Y,et al. Dielectric polymers for high-temperature capacitive energy storage [J]. Chemical Society Reviews,2021,50(11): 6369-6400.

[114] ZHU L,WANG Q. Novel ferroelectric polymers for high energy density and low loss dielectrics [J]. Macromolecules,2012,45(7): 2937-2954.

[115] ZHANG M,LI B,WANG J J,et al. Polymer dielectrics with simultaneous ultrahigh energy density and low loss [J]. Advanced Materials,2021, 33(22): 2008198.

[116] ZHANG Z,ZHENG J,PREMASIRI K,et al. High-κ polymers of intrinsic microporosity: a new class of high temperature and low loss dielectrics for printed electronics [J]. Materials Horizons,2020,7(2): 592-597.

[117] ZHENG Y,CHONUNG K,WANG G,et al. Epoxy/nano-silica composites: Curing kinetics, glass transition temperatures, dielectric, and thermal-mechanical performances [J]. Journal of Applied Polymer Science,2009, 111(2): 917-927.

[118] BENDLER J T,BOYLES D A,EDMONDSON C A,et al. Dielectric properties of bisphenol A polycarbonate and its tethered nitrile analogue [J]. Macromolecules,2013,46(10): 4024-4033.

[119] GADINSKI M R,HAN K,LI Q,et al. High energy density and breakdown strength from β and γ phases in poly(vinylidene fluoride-co-bromotrifluoroethylene) copolymers [J]. ACS Applied Materials & Interfaces,2014,6(21): 18981-18988.

[120] REN X T,MENG N,ZHANG H,et al. Giant energy storage density in PVDF with internal stress engineered polar nanostructures [J]. Nano Energy,2020,72:104662.

[121] MENG N,REN X,SANTAGIULIANA G,et al. Ultrahigh β-phase content poly(vinylidene fluoride) with relaxor-like ferroelectricity for high energy density capacitors [J]. Nature Communications,2019,10: 4535.

[122] YUAN M,LI B,ZHANG S,et al. High-field dielectric properties of oriented poly(vinylidene fluoride-co-hexafluoropropylene): structure-dielectric property relationship and implications for energy storage applications [J]. ACS Applied Polymer Materials,2020,2: 1356-1368.

[123] GUO R,LUO H,ZHOU X F,et al. Ultrahigh energy density of poly

(vinylidene fluoride) from synergistically improved dielectric constant and withstand voltage by tuning the crystallization behavior [J]. Journal of Materials Chemistry A,2021,9(48): 27660-27671.

[124] SU R,TSENG J K,LU M S,et al. Ferroelectric behavior in the high temperature paraelectric phase in a poly (vinylidene fluoride-co-trifluoroethylene) random copolymer [J]. Polymer, 2012, 53 (3): 728-739.

[125] CHU B,ZHOU X,REN K,et al. A dielectric polymer with high electric energy density and fast discharge speed [J]. Science 2006,313(5785): 334-336.

[126] LIU J J,LIAO J N,LIAO Y,et al. High field antiferroelectric-like dielectric of poly(vinylidene fluoride-co-trifluoroethylene-co-chlorotrifluoroethylene)-graft-poly(styrene-methyl methacrylate) for high pulse capacitors with high energy density and low loss [J]. Polymer Chemistry,2019,10: 3547-3555.

[127] ZHANG Q M,BHARTI V V,ZHAO X. Giant electrostriction and relaxor ferroelectric behavior in electron-irradiated poly (vinylidene fluoride-trifluoroethylene) copolymer [J]. Science,1998,280(5372): 2101-2104.

[128] PAN H,LAN S,XU S,et al. Ultrahigh energy storage in superparaelectric relaxor ferroelectrics [J]. Science,2021,374(6563): 100-104.

[129] FENG Q K, LIU D F, ZHANG Y X, et al. Significantly improved high-temperature charge-discharge efficiency of all-organic polyimide composites by suppressing space charges [J]. Nano Energy,2022,99: 107410.

[130] ZHANG Q,CHEN X,ZHANG B,et al. High-temperature polymers with record-high breakdown strength enabled by rationally designed chain-packing behavior in blends [J]. Matter,2021,4(7): 2448-2459.

[131] ZHANG X,JIANG Y, GAO R,et al. Tuning ferroelectricity of polymer blends for flexible electrical energy storage applications [J]. Science China Materials,2021,64(7): 1642-1652.

[132] ZHU Y,JIANG P,HUANG X. Poly(vinylidene fluoride) terpolymer and poly(methyl methacrylate) composite films with superior energy storage performance for electrostatic capacitor application [J]. Composites Science and Technology,2019,179: 115-124.

[133] WU S,LIN M,LU S G,et al. Polar-fluoropolymer blends with tailored nanostructures for high energy density low loss capacitor applications [J]. Applied Physics Letters,2011,99(13): 132901.

[134] MIRANDA D F,ZHANG S H,RUNT J. Controlling crystal microstructure to minimize loss in polymer dielectrics [J]. Macromolecules,2017,50(20): 8083-8096.

[135] ZHANG T, CHEN X, THAKUR Y, et al. A highly scalable dielectric metamaterial with superior capacitor performance over a broad temperature

［J］. Science Advances,2020,6(4)：eaax6622.

［136］ WU C,DESHMUKH A A,LI Z,et al. Flexible temperature-invariant polymer dielectrics with large bandgap ［J］. Advanced Materials,2020, 32(21)：2000499.

［137］ LI H,GADINSKI M R,HUANG Y,et al. Crosslinked fluoropolymers exhibiting superior high-temperature energy density and charge-discharge efficiency ［J］. Energy and Environmental Science, 2020, 13 (4)： 1279-1286.

［138］ TANG Y,XU W,NIU S,ZHANG Z,et al. Crosslinked dielectric materials for high-temperature capacitive energy storage ［J］. Journal of Materials Chemistry A,2021,9(16)：10000-10011.

［139］ YUAN H,ZHOU Y,ZHU Y,et al. Origins and effects of deep traps in functional group grafted polymeric dielectric materials ［J］. Journal of Physics D,2020,53(47)：475301.

［140］ YUAN C,ZHOU Y,ZHU Y,et al. Polymer/molecular semiconductor all-organic composites for high-temperature dielectric energy storage ［J］. Nature Communications,2020,11(1)：3919.

［141］ WANG R,XU H,CHENG S,et al. Ultrahigh-energy-density dielectric materials from ferroelectric polymer/glucose all-organic composites with a cross-linking network of hydrogen bonds ［J］. Energy Storage Materials, 2022,49：339-347.

［142］ THAKUR Y,LEAN M H,ZHANG Q M. Reducing conduction losses in high energy density polymer using nanocomposites ［J］. Applied Physics Letters,2017,110(12)：122905.

［143］ JIANG J Y,SHEN Z H,CAI X K,et al. Polymer nanocomposites with interpenetrating gradient structure exhibiting ultrahigh discharge efficiency and energy density ［J］. Advanced Energy Materials, 2019, 9：1803411.

［144］ DAI Z,BAO Z,DING S,et al. Scalable polyimide-poly(amic acid) copolymer based nanocomposites for high-temperature capacitive energy storage ［J］. Adv. Mater. 2022,34(5)：2101976.

［145］ LI Q,CHEN L,GADINSKI M R,et al. Flexible high-temperature dielectric materials from polymer nanocomposites ［J］. Nature, 2015, 523(7562)：576-579.

［146］ LUO B C,SHEN Z H,CAI Z M,et al. Superhierarchical inorganic/organic nanocomposites exhibiting simultaneous ultrahigh dielectric energy density and high efficiency ［J］. Advanced Functional Materials, 2021, 31(8)：2007994.

［147］ LI Z,DU B,HAN C,et al. Trap modulated charge carrier transport in polyethylene/graphene nanocomposites ［J］. Scientific Reports, 2017,

7(1): 4015.

[148] LI H, AI D, REN L, et al. Scalable polymer nanocomposites with record high-temperature capacitive performance enabled by rationally designed nanostructured inorganic fillers [J]. Advanced Materials, 2019, 31(23): 1900875.

[149] PAN Z, YAO L, ZHAI J, et al. Interfacial coupling effect in organic/inorganic nanocomposites with high energy density [J]. Advanced Materials, 2018, 30(17): 1705662.

[150] HUANG X, JIANG P. Core-shell structured high-k polymer nanocomposites for energy storage and dielectric applications [J]. Advanced Materials, 2015, 27(3): 546-554.

[151] ZHENG M S, ZHENG Y T, ZHA J W, et al. Improved dielectric, tensile and energy storage properties of surface rubberized $BaTiO_3$/polypropylene nanocomposites [J]. Nano Energy, 2018, 48: 144-151.

[152] ZHANG T, GUO M, JIANG J, et al. Modulating interfacial charge distribution and compatibility boosts high energy density and discharge efficiency of polymer nanocomposites [J]. RSC Advances, 2019, 9(62): 35990-35997.

[153] PENG S, YANG X, YANG Y, et al. Direct detection of local electric polarization in the interfacial region in ferroelectric polymer nanocomposites [J]. Advanced Materials, 2019, 31(21): 1807722.

[154] HUANG H D, CHEN X Y, YIN K Z, et al. Reduction of ionic conduction loss in multilayer dielectric films by immobilizing impurity ions in high glass transition temperature polymer layers [J]. ACS Applied Energy Materials, 2018, 1(2): 775-782.

[155] BAER E, ZHU L. Dielectric phenomena in polymers and multilayered dielectric films [J]. Macromolecules, 2017, 50(6): 2239-2256.

[156] NIU Y, DONG J, HE Y, et al. Significantly enhancing the discharge efficiency of sandwich-structured polymer dielectrics at elevated temperature by building carrier blocking interface [J]. Nano Energy, 2022, 97: 107215.

[157] CHEN J, WANG Y, YUAN Q, et al. Multilayered ferroelectric polymer films incorporating low-dielectric-constant components for concurrent enhancement of energy density and charge-discharge efficiency [J]. Nano Energy, 2018, 54: 288-296.

[158] ZHOU Y, LI Q, DANG B, et al. A scalable, high-throughput, and environmentally benign approach to polymer dielectrics exhibiting significantly improved capacitive performance at high temperatures [J]. Advanced Materials, 2018, 30(49): 1805672.

[159] AZIZI A, GADINSKI M R, LI Q, et al. High-performance polymers

sandwiched with chemical vapor deposited hexagonal boron nitrides as scalable high-temperature dielectric materials [J]. Advanced Materials, 2017,29(35): 1701864.

[160] ZHANG T, YANG L, ZHANG C, et al. Polymer dielectric films exhibiting superior high-temperature capacitive performance by utilizing an inorganic insulation interlayer [J]. Materials Horizons,2022,9(4): 1273-1282.

[161] DONG J, HU R, XU X, et al. A facile in situ surface-functionalization approach to scalable laminated high-temperature polymer dielectrics with ultrahigh capacitive performance [J]. Advanced Functional Materials, 2021,31(32): 2102644.

[162] ZHU Y, ZHU Y, HUANG X, et al. High energy density polymer dielectrics interlayered by assembled boron nitride nanosheets [J]. Advanced Energy Materials,2019,9(36): 1901826.

[163] WANG Y, LI Z, WU C, et al. Polyamideimide dielectric with montmorillonite nanosheets coating for high-temperature energy storage [J]. Chemical Engineering Journal,2022,437: 135430.

[164] 张然,解惠贞,李瑞珍. 树脂基复合材料增韧研究进展[J]. 化工新型材料, 2021,49: 39-42.

[165] MI X, LIANG N, XU H, et al. Toughness and its mechanisms in epoxy resins [J]. Progress in Materials Science,2022,130: 100977.

[166] KISHI H, KUNIMITSU Y, IMADE J, et al. Nano-phase structures and mechanical properties of epoxy/acryl triblock copolymer alloys [J]. Polymer,2011,52: 760-768.

[167] SUN S J, GUO M C, YI X S, et al. Phase separation morphology and mode II interlaminar fracture toughness of bismaleimide laminates toughened by thermoplastics with triphenylphosphine oxide group [J]. Science China Technological Sciences,2017,60(3): 444-451.

[168] LIU Y. Polymerization-induced phase separation and resulting thermo-mechanical properties of thermosetting/reactive nonlinear polymer blends: a review [J]. Journal of Applied Polymer Science,2013,127(5): 3279-3292.

[169] YEE A F, PEARSON R A. Toughening mechanisms in elastomer-modified epoxies [J]. Journal of Materials Science,1986 21: 2462-2474.

[170] SUE H J, GAM · K T, BESTAOUI N, et al. Fracture behavior of α-zirconium phosphate-based epoxy nanocomposites [J]. Acta Materialia, 2004,52(8): 2239-2250.

[171] JANG B Z, UHLMANN D R, SANDE J B V. Ductile-brittle transition in polymers [J]. Journal of Applied Polymer Science, 1984, 29 (11): 3409-3420.

[172] LANGE F F. The interaction of a crack front with a second-phase

dispersion [J]. Philosophical Magazine,1970,22(179)：0983-0992.

[173] LI S,YAO Y. Synergistic improvement of epoxy composites with multi-walled carbon nanotubes and hyperbranched polymers [J]. Composites B,2019,165：293-300.

[174] SAHU M, RAICHUR A M. Toughening of high performance tetrafunctional epoxy with poly(allyl amine) grafted graphene oxide [J]. Composites B,2019,168：15-24.

[175] CAMINADE A M,YAN D,SMITH D K. Dendrimers and hyperbranched polymers [J]. Chemical Society Reviews,2015,44(12)：3870-3873.

[176] DOMUN N,HADAVINIA H,ZHANG T,et al. Improving the fracture toughness and the strength of epoxy using nanomaterials - a review of the current status [J]. Nanoscale,2015,7(23)：10294-10329.

[177] QUARESIMIN M,SCHULTE K,ZAPPALORTO M,et al. Toughening mechanisms in polymer nanocomposites：From experiments to modelling [J]. Composites Science and Technology,2016,123：187-204.

[178] XU Z,HUANG J,ZHANG C,et al. Bioinspired nacre-like ceramic with nickel inclusions fabricated by electroless plating and spark plasma sintering [J]. Advanced Engineering Materials,2018,20(5)：1700782.

[179] WAN Y J,TANG L C,GONG L X,et al. Grafting of epoxy chains onto graphene oxide for epoxy composites with improved mechanical and thermal properties [J]. Carbon,2014,69：467-480.

[180] ZHANG P,KAN L,ZHANG X,et al. Supramolecularly toughened and elastic epoxy resins by grafting 2-ureido-4[1H]-pyrimidone moieties on the side chain [J]. European Polymer Journal,2019,116：126-133.

[181] WANG X,ZONG L,HAN J,et al. Toughening and reinforcing of benzoxazine resins using a new hyperbranched polyether epoxy as a non-phase separation modifier [J]. Polymer,2017,121：217-227.

[182] ZHANG J,CHEN S,QIN B,et al. Preparation of hyperbranched polymeric ionic liquids for epoxy resin with simultaneous improvement of strength and toughness [J]. Polymer,2019,164：154-162.

[183] ZHANG D,CHEN Y,JIA D. Toughness and reinforcement of diglycidyl ether of bisphenol-A by hyperbranched poly (trimellitic anhydride-butanediol glycol) ester epoxy resin [J]. Polymer Composites, 2009,30(7)：918-925.

[184] ZHANG D,JIA D. Toughness and strength improvement of diglycidyl ether of bisphenol-A by low viscosity liquid hyperbranched epoxy resin [J]. Journal of Applied Polymer Science,2006,101(4)：2504-2511.

[185] KINLOCH M,JENKINS S D. Thermoplastic-toughened epoxy polymers [J]. Journal of Materials Science,1994,29(14)：3781-3790.

[186] DAI J B,KUAN H C,DU X S,et al. Development of a novel toughener for

epoxy resins [J]. Polymer International,2009,58(7)：838-845.

[187] VARLEY R J, HODGKIN J H, SIMON G P. Toughening of a trifunctional epoxy system：Part Ⅵ. Structure property relationships of the thermoplastic toughened system [J]. Polymer, 2001, 42 (8)：3847-3858.

[188] VAN V P,BALLOUT W, HORION J, et al. Morphology and fracture properties of toughened highly crosslinked epoxy composites：a comparative study between high and low Tg tougheners [J]. Composites B,2016,101：14-20.

[189] BUCKNALL B C B. Toughened plastics [M]. Applied Science Publish,1977.

[190] MIZUTANI K. Transparency and toughness characterization of epoxy resins modified with liquid chloroprene rubber [J]. Journal of Materials Science,1993,28(8)：2178-2182.

[191] SALEH A B B,ISHAK Z A M, HASHIM A S, et al. Synthesis and characterization of liquid natural rubber as impact modifier for epoxy resin [J]. Physics Procedia,2014,55：129-137.

[192] THOMAS R,YUMEI D, YUELONG H, et al. Miscibility,morphology, thermal, and mechanical properties of a DGEBA based epoxy resin toughened with a liquid rubber [J]. Polymer,2008,49(1)：278-294.

[193] CHEN T K,JAN Y H. Fracture mechanism of toughened epoxy resin with bimodal rubber-particle size distribution [J]. Journal of Materials Sciences,1992,27(1)：111-121.

[194] WANG C,LI H, ZHANG H, et al. Influence of addition of hydroxyl-terminated liquid nitrile rubber on dielectric properties and relaxation behavior of epoxy resin [J]. IEEE Transactions on Dielectrics and Electrical Insulation,2016,23(4)：2258-2269.

[195] CHIKHI N,FELLAHI S,BAKAR M. Modification of epoxy resin using reactive liquid(ATBN) rubber [J]. European Polymer Journal, 2002, 38(2)：251-264.

[196] KONG J,NING R,TANG Y. Study on modification of epoxy resins with acrylate liquid rubber containing pendant epoxy groups [J]. Journal of Materials Science,2006,41(5)：1639-1641.

[197] SCHMITT JA,KESKKULA H. Short-time stress relaxation and toughness of rubber-modified polystyrene [J]. Journal of Applied Polymer Science,1960, 3(8)：132-142.

[198] KONG J,TANG Y, ZHANG X, et al. Synergic effect of acrylate liquid rubber and bisphenol A on toughness of epoxy resins [J]. Polymer Bulletin,2008,60(2-3)：229-236.

[199] DONG L,ZHOU W,SUI X,et al. A Carboxyl-terminated polybutadiene liquid rubber modified epoxy resin with enhanced toughness and excellent

electrical properties [J]. Journal of Electronic Materials, 2016, 45 (7): 3776-3785.

[200] CHATTERJEE V. Drawdown prepreg coating method using epoxy terminated butadiene nitrile rubber to improve fracture toughness of glass epoxy composites [J]. Journal of Composite Materials, 2015, 50 (7): 873-884.

[201] QUAN D, MURPHY N, IVANKOVIC A. Fracture behaviour of epoxy adhesive joints modified with core-shell rubber nanoparticles [J]. Engineering Fracture Mechanics, 2017, 182: 566-576.

[202] QUAN D, IVANKOVIC A. Effect of core-shell rubber (CSR) nano-particles on mechanical properties and fracture toughness of an epoxy polymer [J]. Polymer, 2015, 66: 16-28.

[203] SUN T, FAN H, LIU X, et al. Sandwich-structured graphene oxide@poly (aminophenol-formaldehyde) sheets for improved mechanical and thermal properties of epoxy resin [J]. Composites Science and Technology, 2021, 207: 108671.

[204] GUEVARA-MORALES A, TAYLOR AC. Mechanical and dielectric properties of epoxy-clay nanocomposites [J]. Journal of Materials Science, 2014, 49(4): 1574-1584.

[205] MACCAFERRI E, MAZZOCCHETTI L, BENELLI T, et al. Rubbery-modified CFRPs with improved Mode I fracture toughness: effect of nanofibrous mat grammage and positioning on Tanδ behaviour [J]. Polymers, 2021, 13(12): 1918.

[206] CHEN Z K, YANG J P, NI Q Q, et al. Reinforcement of epoxy resins with multi-walled carbon nanotubes for enhancing cryogenic mechanical properties [J]. Polymer, 2009, 50(19): 4753-4759.

[207] DONG M, ZHANG H, TZOUNIS L, et al. Multifunctional epoxy nanocomposites reinforced by two-dimensional materials: a review [J]. Carbon, 2021, 185: 57-81.

[208] LI J, ZHU W, ZHANG S, et al. Amine-terminated hyperbranched polyamide covalent functionalized graphene oxide-reinforced epoxy nanocomposites with enhanced toughness and mechanical properties [J]. Polymer Testing, 2019, 76: 232-244.

[209] JAYAN JS, SARITHA A, DEERAJ B D S, et al. Triblock copolymer grafted graphene oxide as nanofiller for toughening of epoxy resin [J]. Materials Chemistry and Physics, 2020, 248: 122930.

[210] ZHENG N, SUN W, LIU HY, et al. Effects of carboxylated carbon nanotubes on the phase separation behaviour and fracture-mechanical properties of an epoxy/polysulfone blend [J]. Composites Science and Technology, 2018, 159: 180-188.

[211] ZHANG D, YANG F, WANG R. Magnetic field-induced orientation of Fe_3O_4-GO and toughening effect on epoxy resin [J]. Applied Physics A, 2022, 128(3): 182.

[212] JU M Y, CHEN M Y, CHANG F C. Morphologies and mechanical properties of polyarylate/liquid crystalline polymer blends compatibilized by a multifunctional epoxy resin [J]. Macromolecular Chemistry and Physics, 2000, 201(17): 229-2308.

[213] CHOI J K, LEE B W, CHOI Y S, et al. Reinforcing properties of poly (trimethyleneterephthalate) by a thermotropic liquid crystal polymer [J]. Journal of Applied Polymer Science, 2015, 132(5): 41408.

[214] LIU X F, LUO X, LIU B W, et al. Toughening epoxy resin using a liquid crystalline elastomer for versatile application [J]. ACS Applied Polymer Materials, 2019, 1: 2291-2301.

[215] SINH L H, SON B T, TRUNG N N, et al. Improvements in thermal, mechanical, and dielectric properties of epoxy resin by chemical modification with a novel amino-terminated liquid-crystalline copoly (ester amide) [J]. Reactive & Functional Polymers, 2012, 72(8): 542-548.

[216] ZHANG X, GU A, LIANG G, et al. Liquid crystalline epoxy resin modified cyanate ester for high performance electronic packaging [J]. Journal of Polymer Research, 2011, 18(6): 1441-1450.

[217] LIU Z, YUAN L, LIANG G, et al. Tough epoxy/cyanate ester resins with improved thermal stability, lower dielectric constant and loss based on unique hyperbranched polysiloxane liquid crystalline [J]. Polymers Advanced Technology, 2015, 26(12): 1608-1618.

[218] RATNA D, VARLEY R, SIMON GP. Toughening of trifunctional epoxy using an epoxy-functionalized hyperbranched polymer [J]. Journal of Applied Polymer Science, 2003 89(9): 2339-2345.

[219] CHEN S, XU Z, ZHANG D. Synthesis and application of epoxy-ended hyperbranched polymers [J]. Chemical Engineering Journal, 2018 343: 283-302.

[220] WANG Y, CHEN S, GUO W, et al. The precise effect of degree of branching of epoxy-ended hyperbranched polymers on intrinsic property and performance [J]. Progress in Organic Coating, 2019, 127: 157-167.

[221] YANG K, YAZAWA K, TSUCHIYA K, et al. Molecular interactions and toughening mechanisms in silk fibroin-epoxy resin blend films [J]. Biomacromolecules, 2019, 20: 2295-2304.

[222] MOHAJERI S, ZOHURIAAN-MEHR MJ, PAZOKIFARD S. Epoxy matrix toughness improvement via reactive bio-resin alloying [J]. High Performance Polymers, 2016, 29(7): 772-784.

[223] ZAVAREH S, DARVISHI F, SAMANDARI G. Preparation and charac-

terization of epoxy/oregano oil as an epoxy-based coating material with both antimicrobial effect and increased toughness. [J]. Journal of Coatings Technology and Research,2015,12(2): 407-414.

[224] SAHOO S K, KHANDELWAL V, MANIK G. Renewable approach to synthesize highly toughened bioepoxy from castor oil derivative-epoxy methyl ricinoleate and cured with biorenewable phenalkamine [J]. Industrial & Engineering Chemistry Research,2018,57(33): 11323-11334.

第4章

高功率器件绝缘封装与
聚合物介质材料

随着远距离大功率输电技术的发展,直流输电、新能源发电等多个行业对高压功率器件的需求日益增加,其可靠性成为一个越发重要的问题。本节对当前广泛使用的高压硅基 IGBT 和 SiC MOSFET 模块的封装结构进行了全面的分析,讨论了高压功率模块所采用的各种绝缘材料及其特点,分析了绝缘封装在长期使用过程中可能出现的老化和失效机理[1]。

4.1 高功率器件封装绝缘结构设计

高压功率器件封装结构可分为键合线型和非键合线型两大类。键合线型功率器件常伴随较高的寄生电感[2]。该电感在器件快速开关的过程中会产生电压过冲,使损耗增加、瞬态电压上升,产生强烈的电磁干扰,对高压功率器件的绝缘封装及其安全可靠运行构成威胁。杂散参数与开关换流回路的拓扑结构和封装方式相关,其中金属键合方式、元件引脚和多芯片的布局方式是影响寄生电感的关键因素[3]。为了减缓封装中寄生电感的不良影响,研究者采用了如倒装芯片和低温烧结陶瓷技术以降低通态电阻[4],如通过印制电路板与直接覆铜陶瓷基板(direct bonded copper,DBC)的结合、DBC 与 DBC、柔性 PCB 与 DBC 的复合方式实现混合封装[5-8];使用端子直接焊接技术以便与电源板形成直接连接[9-10];借助 SiPLIT 结构来实现平面互连[11];将电源开关、控制器和芯片集成进器件内[12];采用双面冷却以降低热阻和寄生参数[13-14],以及通过 3D 设计来达到极低的寄生电感(小于 1 nH)等[15-17]。尽管如此,目前这些低寄生电感的封装策略还是主要应用在额定电压 1.2kV 或更低额定电压的 Si 和 SiC 模块上,对于高压功率模块的封装优化研究还相对有限[1]。

4.1.1 键合线型高功率器件

键合线型高功率器件技术成熟且成本较低,在工业中有着广泛的应用。以图 4-1 所示的键合线型 IGBT 封装结构为例,键合线型功率器件的封装体系一般涵盖功率芯片、键合线、基板(或衬底)、底板和灌封材料[18]。高压功率器件中的封装绝缘材料主要包括灌封绝缘材料和基板绝缘材料两类。具有不同电位的基板金属电极被基板陶瓷隔开,并被灌封绝缘材料所覆盖。因此,基板金属电极、基板陶瓷和灌封绝缘材料共同组成了在不均匀电场中的"三固体"绝缘体系。值得注意的是,在基板金属电极、基板陶瓷和灌封绝缘材料的三结合点处电场畸变最为显著,这使得该区域成为局部放电和老化现象最容易出现的位置,有可能引起绝缘失效[1]。

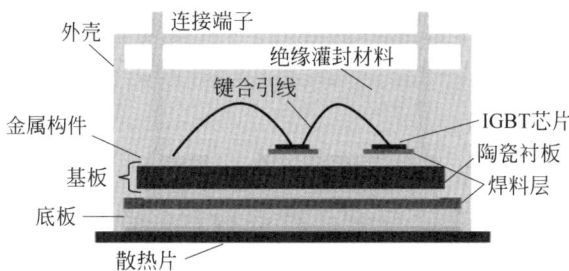

图 4-1 键合线型 IGBT 封装结构示意图

1. 键合线型 IGBT

自 1975 年被提出以来,键合线型 IGBT 的封装结构不断被优化和改进[18]。为了抵御外界环境因素(如温度和湿度变化、灰尘影响等)对 IGBT 内部功率模块的不良影响,有机硅材料被用于整个功率模块的灌封[19]。ABB 公司利用高压软穿通(soft punch through,SPT)技术进行了 3.3 kV 和 6.5 kV IGBT 模块的 HiPakTM 封装结构研究[20]。该 SPT 设计确保了出色的开关控制性和软开断波形,不需要 dv/dt 或峰值电压限制设备(如缓冲电路或钳位器),实现了更高的开关速度和更低的开关损耗。此外,ABB 也推出了一种 3.3 kV 的 LinPak 半桥模块以减少杂散电感。该设计可容纳更多的功率芯片,不仅显著降低了杂散电感,还使电流密度提升了 14%[1]。然而,该

LinPak 配置尚未在更高电压级别的功率模块中得到应用[21]。

2. 键合线型碳化硅 MOSFET

Wolfspeed 公司于 2010 年推出了首个商用 10 kV、120 A 的 SiC MOSFET 器件。该器件集成了 24 个 SiC MOSFET 和 12 个肖特基二极管,这些元件都被焊接到 AlN 基板上,采用直接镀镍的 DBC 焊盘进行管芯附着和引线键合[22]。不过,这个设计因为并联芯片在功率环路电感上的不均匀分布而导致动态电流失衡。其键合线型的封装结构也因回路电感和杂散电容较高,制约了器件的性能[22]。随后,Wolfspeed 推出了其第三代具有模块化、低电感和低热阻特性的 SiC MOSFET 器件[23]。通过在封装上对称地布局端子,成功减小了并联芯片的功率环路电感不均匀性,并通过缩短功率环路长度进一步降低了模块的寄生电感。同时,该设计也采用了高热导率封装材料以降低器件的热阻。相较于第一代,第三代在电流密度、壳体热阻和分布式电源端子结构方面的性能均有明显提升,电流密度翻倍,壳体热阻减少近一半,功率环路电感降低了 57%。尽管如此,产品仍有待优化:其寄生电感仍高达 16 nH,而且模块面积仅比第一代减小了 5%,基板的寄生电容依然较高,这在开关过程中导致了高 dv/dt 特性,从而引发了电磁干扰和电压冲击,影响了模块的绝缘可靠性[1]。

4.1.2 非键合线型高功率器件

相较于键合线型高功率器件,非键合线型高功率器件显示出更高的电流承受能力、优越的热管理特性及寄生参数小的优势[24]。非键合线型高功率器件主要采用焊接式与压接式两种封装方案。在焊接式设计中,芯片的双面通过金属块与基板金属导体直接焊接,运用互感抵消的技术来降低寄生参数。而压接式结构通过弹性力来维持模块内部的压力均衡,保证模块内部芯片间的对称性并保持电流均衡[1,25]。

1. 焊接式高功率模块

弗吉尼亚理工大学研发了一款高密度、无引线键合的焊接式 10 kV SiC MOSFET 半桥模块。该模块在每组 MOSFET 对上方配置了一组去耦电容,以形成低电感的高频环路。模块采用了钼柱与直接键合铝基板来实现芯片之间的三维互连,而非传统的引线键合方式。这一设计使模块中的共模电流降低了 10 倍,封装绝缘的局部放电起始电压增加了 53%。模块的功率回路和驱动回路电感值测量为 4.4 nH 和 3.8 nH[26-27]。此外,这一结构还有助于通过屏蔽减少电容耦合引发的共模干扰[1]。

2. 压接式高压功率模块

在压接式封装中,芯片各电极的连接通过金属块实现,不依赖钎焊或金属线键合,所有电气连接仅通过封装压力来完成。如图 4-2 所示为压接型 IGBT 的封装结构。该封装结构采用直接压接的方式来连接 IGBT 各层,通过单一的小型探针为栅极提供出口。这种设计特点赋予器件双向散热通道[28],使其具有优越的散热性能,适合在高功率密度环境中使用。然而,这种全刚性连接方式增加了内部结构,并且加剧了材料出现疲劳损害的风险[29]。

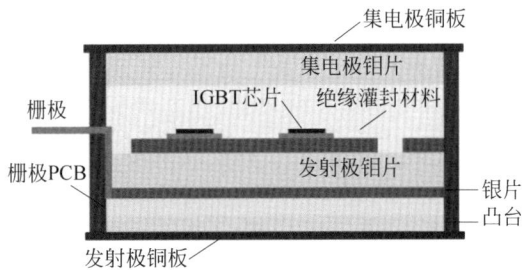

图 4-2　压接型 IGBT 绝缘封装结构

4.2　高功率器件封装绝缘材料

除封装结构外,高功率器件的可靠性和绝缘性能也受到封装材料在不同使用环境下的机械性质、热性质和电性质的显著影响。这类器件采用的主要绝缘材料为基板材料与灌封材料。

4.2.1　基板材料

作为高功率器件的关键组成部分,基板不仅负责电路内各导电路径的隔离和绝缘,还能提供机械支撑。除此之外,其导热性能也至关重要,可用于有效地消散元件在运行时产生的热量[28]。一般而言,这些基板由金属与绝缘层(通常是陶瓷层)构成。表 4-1 列举了四种典型的基板材料,并与 SiC 性能进行了对比[1]。Al_2O_3 陶瓷经济实惠且制作技术成熟,介电常数也较高。然而,与其他陶瓷材料相比,其热导率较低,因此在高功率器件中散热性能并不佳。BeO 陶瓷热导率很高,但加工过程中产生的粉尘有毒。相对而言,AlN 陶瓷是更为安全且具有潜力的材料,其热导率低于 BeO 但远高于 Al_2O_3,并且热膨胀系数与 SiC 相近,具有与 Al_2O_3 相似的抗弯强度和热循环寿命。Si_3N_4 作为一种较新的材料,其 CTE 与 SiC 的匹配性最佳,且机械断裂韧性极高。其出色的抗弯强度使其能够在热循环中与厚铜板配合,从而在传导大电流时保持其完整性。

表 4-1　基板用绝缘封装材料主要参数

性质	材　　料	Al_2O_3	AlN	BeO	Si_3N_4	SiC
机械特性	抗拉强度/MPa	127.4	310	230	96	—
	抗弯强度/MPa	317	360	250	932	—
	弹性模数/MPa	310.3	310.0	345.0	314.0	500.0
	密度/(kg/m^3)	3970	3260	3000	2400	
	断裂韧性/$(MPa \cdot m^{1/2})$	3~5	2~3	1~2.5	4~7	
热特性	热导率/$(W/(m \cdot ℃))$	24	150~180	270	70	250
	CTE/(ppm/℃)	6.0	4.6	7.0	3.0	3.0
电特性	电阻率/$(\Omega \cdot cm)$	$>10^{14}$	$>10^{14}$	$>10^{14}$	$>10^{10}$	0.02
	介电强度/(kV/mm)	12	15	12	10	—
其他特性	损耗因数	$3 \times 10^{-4} \sim 1 \times 10^{-3}$	3×10^{-4}	3×10^{-4}	2×10^{-4}	—

4.2.2　灌封材料

灌封材料在功率器件中发挥着重要的作用,包括维护芯片和金属连接部件免受湿度、化学侵蚀等环境因素的侵害,在导体间的提供额外的绝缘保护,并充当散热介质[30]。表 4-2 列举了一些常见灌封材料及其主要性能参数。硅凝胶在该领域的应用最为广泛,但其长期使用的温度限制为 250℃ 以下。为提高硅凝胶的温度耐受性,科研人员经常采用无机填料或者经改良的有机硅弹性体作为灌封绝缘材料,使其能够应对高于 250℃ 的温度环境。其他聚合物,如聚酰亚胺和聚对二甲苯(parylene),亦可用作钝化剂以增强芯片表面在高电压条件下的绝缘稳定性。热固性材料如环氧树脂因其突出的机械强度也被用作硬灌封材料。然而,硬灌封和软灌封各有弊端:前者在热循环中可能出现裂纹,后者在高温条件下可能不稳定。因此,灌封材料的选用常需在热稳定性与柔韧性之间做出综合考虑。随着高功率器件的快速发展,对适用于高电压应用的绝缘封装材料及相关封装技术的研究变得愈加重要[1]。

表 4-2 灌封材料的主要性能参数

材　　料	介电常数	介电强度/(kV/mm)	温度范围/℃
硅凝胶	2.79(100 kHz)	16~20	−80~200
聚酰亚胺	4.2(1 MHz)	100~280	≤280
聚对二甲苯	2.65(1MHz)	275	≤260
环氧树脂	3.3~4.0(1MHz)	35~40	−55~125

4.3　高功率模块封装绝缘材料老化

　　环氧树脂和硅凝胶是目前在高功率模块器件中运用非常广泛的两种绝缘封装材料。环氧树脂具有较高的杨氏模量,但在冷热变化的温度循环过程中容易出现机械失效,如开裂[1]。研究人员发现,该材料内微小气泡区域有局部放电的倾向,该放电行为会导致界面氧含量明显提升[31]。另外,学界也探讨了脉冲上升时间对环氧树脂电树的产生及生长特性的影响。研究结果指出,相对于传统的正弦电压,脉宽调制电压能够显著加速电树的产生和生长。特定温度条件下,随着上升时间缩短,电树的产生概率和生长速度均增大,且电树形态从树枝状向丛林状转变。因此,在采用环氧树脂作为电力电子组件封装材料时,应细致考虑脉宽调制电压上升时间、载波频率和热影响对其绝缘特性的潜在影响[32]。为降低局部放电风险,必须确保基板金属层与硅凝胶界面无缺陷,并且要确保环氧树脂自身无微孔存在。除此之外,为进一步提升高压功率模块封装绝缘的可靠性,仍需在封装结构、材料选择和加工工艺方面进行更为深入的研究[1]。

　　硅凝胶绝缘封装材料具有良好的弹性。但研究发现,在陶瓷与金属交界面孔洞中出现的局部放电有较低的放电幅值。与此同时,金属边缘处发生的局部放电可以达到几纳库仑,导致硅凝胶解体为气态成分,从而削弱其绝缘性[33]。有学者采用电性能测试与快速成像方法对硅凝胶封装绝缘中因金属突起引起的局部放电和树枝化效应进行了研究。在脉冲电压作用下,硅凝胶表现出有限的自愈功能,仅对孤立且非周期性的局部放电有效,连续的局部放电会导致其绝缘性能无法恢复[34]。局部放电触发电压因绝缘封装材料的性质而有显著变化。除了通过提升封装质量,如消除气泡和平滑化金属边缘来减少放电概率外[34]，也可通过改进硅凝胶介质体系或寻求与基板更为兼容的胶体材料，以减少硅凝胶介质中的局部放电现象[35]。

4.4　高功率器件封装绝缘可靠性

目前主要采用调控绝缘封装材料的结构性能和改变绝缘封装结构两种方案来降低高功率器件封装绝缘材料的老化，从而提升其可靠性。下面将进行详细介绍。

4.4.1　高导热绝缘封装材料

在高频运行条件下，高功率器件会生成并积聚更多的热量。这不仅会显著地影响其使用寿命，还对其可靠性构成威胁[1]。因此，对于这类高功率器件的绝缘封装材料，其热导性能面临更严格的要求[36]。值得注意的是，聚合物作为封装材料的热传导效果并不理想，因为它们缺乏有效的热传导路径以排除积累的热量[36]。关于聚合物绝缘材料的导热机理及提升导热性能的方案，在本书其他章节已经有了详细的介绍，读者可以参考相关部分内容。

4.4.2　高介电常数绝缘封装材料

由于灌封绝缘材料与陶瓷基板的介电常数相差较大，导致它们之间的结合点处的电场强度很高[37]。然而，研究证实，通过调整三结合点位置并采用适当的介电涂层，能够有效降低该点的电场强度[38-39]。在 50 Hz 正弦电压的条件下，研究测试了含有高介电常数的纳米钛酸钡的硅凝胶。结果表明，该硅凝胶的介电常数随着施加电场的增长而上升，显著提高了局部放电起始电压和击穿电压。通过增强的极化机制，钛酸钡粒子成功减缓了电场集中达到 29%[40]。此外，研究人员也使用环氧树脂作为基材，与高导热微米级和纳米级的氮化硼相结合，制得高介电聚合物复合材料，成功减缓约 10% 的电场集中。但需要指出的是，当氮化硼的掺杂质量分数达到 15% 时，击穿强度分别相对于纯环氧下降了 25.3% 和 34.2%[41-42]。

4.4.3　电导非线性绝缘封装材料

研究结果表明，通过在基板的金属边缘涂覆非线性导电涂层，能够通过其中的电流传导来重新配置电场分布，进而减少放电概率。然而，该策略需要精确地调整非线性电导率与电场变化之间的关系。如果电导率对电场的依赖性不足，则均匀电场的效果不显著。相反，如果依赖性过强，非线性层会呈现金属化特性，反而会缩短绝缘距离，并增加漏电流和放电概率[1]。

西门子公司通过使用等离子体增强化学气相沉积技术，在镶嵌于硅胶中的 AlN 陶瓷边缘上施加了一层厚度为 300 nm 的高阻抗掺杂的非晶硅(a-Si：H)，通过将该层的电导率调整至 10^{-5} S/m 实现了陶瓷边缘电场强度的均化。在有效电压 10.5 kV 的条件下，样品的局部放电幅度不超过 10pC。但该线性电阻性能受到施加电压频率的影响，性能优势会随着频率增加而降低。非线性电导材料还不受频率限制。例如，ABB 公司发现在基板金属边缘应用填充有 ZnO 的聚酰亚胺非线性电阻层能显著降低三结合点处的电场。国内研究者在硅氧烷弹性体中加入微纳米尺度的 BN 和 SiC，观察到其聚合物复合材料的电导率随着施加电场的增加而提高。进一步发现，当这两种材料的掺杂量更高时，其非线性电导特性更为显著，从而更有效地降低了局部放电的发生概率。

4.5　本章小结

IGBT、MOSFET 等高功率器件发挥着越来越重要的作用，绝缘封装则是制约其安全稳定运行和性能进一步提升的瓶颈问题。本章从高功率器件封装绝缘的结构设计、绝缘材料种类、老化及可靠性方面对高功率器件的绝缘封装的原理及研究进展进行了讨论。

参考文献

[1] 李文艺,王亚林,尹毅.高压功率模块封装绝缘的可靠性研究综述[J].中国电机工程学报,2022,42：5312-5325.

[2] CHEN C,LUO F,KANG Y. A review of SiC power module packaging： layout,material system and integration [J]. CPSS Transactions on Power Electronics and Applications,2017,2(3)：170-186.

[3] 盛况,任娜,徐弘毅.碳化硅功率器件技术综述与展望[J].中国电机工程学报,2020,40：1741-1752.

[4] DUTTA A,ANG S S. A module-level spring interconnected stack power module [J]. IEEE Transactions on Components, Packaging and Manufacturing Technology,2019,9(1)：88-95.

[5]　KASKO I,BRBERICH S E,SPANG M,et al. SiC MOS Power module in direct pressed die technology and some challenges for implementation [C]// Proceedings of the 32nd International Symposium on Power Semiconductor Devices and ICs,Vienna：IEEE,2020：364-367.

[6]　黄志召,李宇雄,陈材,等.基于新型混合封装的高速低感 SiC 半桥模块[J]. 电力电子技术,2017,51：20-22.

[7]　CHEN C,HUANG Z,CHEN L,et al. Flexible PCB-based 3-D integrated SiC half-bridge power module with three-sided cooling using ultralow inductive hybrid packaging structure [J]. IEEE Transactions on Power Electronics, 2019,34(6)：5579-5593.

[8]　CHEN C,CHEN Y,LI Y,et al. An SiC-based half-bridge module with an improved hybrid packaging method for high power density applications [J]. IEEE Transactions on Industrial Electronics,2017,64(11)：8980-8991.

[9]　UCHIDAY Y,IZUO S,ARAI K,et al. Wiring technology for upcoming generation power module [C]//Proceedings of the 2020 International Exhibition and Conference for Power Electronics,Intelligent Motion, Renewable Energy and Energy Management,Germany：IEEE,2020：1-5.

[10]　BECKEDAHL P,BUETOW S,MAULA,et al. 400 A,1200V SiC power module with 1nH commutation inductance [C]//Proceedings of the 9th International Conference on Integrated Power Electronics Systems, Nuremberg：IEEE,2016：1-6.

[11]　LIEBIG S,ENGSTLER J,KRIEGEL K,et al. Evaluation of enhanced power modules with planar interconnection technology for aerospace application [C]//Proceedings of 2014 International Exhibition and Conference for Power Electronics,Intelligent Motion,Renewable Energy and Energy Management,Nuremberg：IEEE,2014：1-5.

[12]　BOETTCHER L,KARASZKIEWICZ S,MANESSIS D,et al. Development of embedded power electronics modules [C]//Proceedings of the 4th Electronic System-Integration Technology Conference,Amsterdam：IEEE, 2012：1-6.

[13]　GRASSMANNA A,EITNER O,HABLE W,et al. Double sided cooled module concept for high power density in HEV applications [C]//Proceedings of International Exhibition and Conference for Power Electronics,Intelligent Motion,Renewable Energy and Energy Management,Nuremberg：IEEE,2015： 1-7.

[14]　LIANG Z,NING P,WANG F,et al. A phase-leg power module packaged with optimized planar interconnections and integrated double-sided cooling [J]. IEEE Journal of Emerging and Selected Topics in Power Electronics, 2014,2(3)：443-450.

[15]　ROUGER N,BENAISSAL L,WIDIEZ J,et al. True 3D packaging solution

for stacked vertical power devices [C]//Proceedings of the 2013 25th International Symposium on Power Semiconductor Devices & IC's, Kanazawa: IEEE, 2013: 97-100.

[16] VAGNONE E, CREBIER J C, AVENAS Y, et al. Study and realization of a low force 3D press-pack power module [C]//Proceedings of 2008 IEEE Power Electronics Specialists Conference, Rhode: IEEE, 2008: 1048-1054.

[17] HERBSOMMER A, NOQUIL J, LOPEZO O, et al. Innovative 3D integration of power MOSFETs for synchronous buck converters [C]// Proceedings of the 2011 26th Annual IEEE Applied Power Electronics Conference and Exposition, Fort Worth: IEEE, 2011: 1273-1274.

[18] 王争东, 罗盟, 成永红. 高压大功率 IGBT 失效机理和耐高温改性有机硅灌封材料研究综述[J]. 高电压技术, 2023, 49: 1632-1644.

[19] 杨光灯. 650 V-150 A IGBT 半桥功率模块封装及可靠性研究[D]. 泉州: 华侨大学, 2020.

[20] KOPTA A, RAHIMO M, SCHLABACH U, et al. A 6.5 kV IGBT module with very high safe operating area [C]//Proceedings of the 40th IAS Annual Meeting. Conference Record of the 2005 Industry Applications Conference, Hong Kong, China: IEEE, 2005: 794-798.

[21] SCHNELL R, HARTMANN S, TRUESSEL D, et al. LinPak, a new low inductive phase-leg IGBT module with easy paralleling for high power density converter designs [C]//Proceedings of 2015 International Exhibition and Conference for Power Electronics, Intelligent Motion, Renewable Energy and Energy Management, Nuremberg: IEEE, 2015: 1-8.

[22] DAS M K, CAPELLC C, GRIDER D E, et al. 10 kV, 120A SiC half H-bridge power MOSFET modules suitable for high frequency, medium voltage applications [C]//Proceedings of 2011 IEEE Energy Conversion Congress and Exposition, Phoenix: IEEE, 2011: 2689-2692.

[23] PASSMORE B, COLE Z, MCGEE B, et al. The next generation of high voltage(10 kV) silicon carbide power modules [C]//Proceedings of the 2016 IEEE 4th Workshop on Wide Bandgap Power Devices and Applications, Fayetteville: IEEE, 2016: 1-4.

[24] 朱楠, 陈敏, 徐德鸿. 压接式 SiC MOSFET 模块[J]. 电源学报, 2020, 18: 179-191.

[25] 江泽申. 压接式 IGBT 器件功率循环实验及寿命预测[D]. 重庆: 重庆大学, 2018.

[26] DIMARINAO C, MOUAWAD B, JOHNSON C M, et al. Design and experimental validation of a wire-bond-less 10 kV SiC MOSFET power module [J]. IEEE Journal of Emerging and Selected Topics in Power Electronics, 2020, 8(1): 381-394.

[27] DIMARINO C M, MOUAWAR B, JOHNSON C M, et al. 10 kV SiC

MOSFET power module with reduced common-mode noise and electric field ［J］. IEEE Transactions on Power Electronics，2020，35（6）：6050-6060.

［28］ 唐新灵,张朋,陈中圆,等. 高压大功率压接型 IGBT 器件封装技术研究综述[J].中国电机工程学报,2019,39：3622-3637.

［29］ 雷万钧,刘进军,吕高泰,等.大容量电力电子装备关键器件及系统可靠性综合分析与评估方法综述[J].高电压技术,2020,46：3353-3361.

［30］ COPPOLA L，HUFF D，WANG F，et al. Survey on high-temperature packaging materials for SiC-based power electronics modules ［C］// Proceedings of 2007 IEEE Power Electronics Specialists Conference, Orlando：IEEE,2007：2234-2240.

［31］ 洪彬,胡菊,王红美,等.电载荷下环氧树脂气隙局部放电行为研究[J].热固性树脂,2017,32：30-34.

［32］ 秦玉文,王鹏,任俊文,等.脉宽调制电压对环氧树脂电树引发及生长特性影响研究[J].高电压技术,2021,47：3273-3282.

［33］ BERTH M. Partial discharge behaviour of power electronic packaging insulation ［C］//Proceedings of 1998 International Symposium on Electrical Insulating Materials,Toyohashi：IEEE,1998：565-568.

［34］ DO T M，LESAINT O，AUGE J L. Streamers and partial discharge mechanisms in silicone gel under impulse and AC voltages ［J］. IEEE Transactions on Dielectrics and Electrical Insulation，2008，15（6）：1526-1534.

［35］ 王昭,刘曜宁.高压 IGBT 模块局部放电研究现状[J].电子元件与材料,2017,36：12-18.

［36］ 谢宇宁,雷华,石倩.电子封装用导热环氧树脂基复合材料的研究进展[J].工程塑料应用,2018,46：143-147.

［37］ GHASSEMI M. PD measurements，failure analysis，and control in high-power IGBT modules ［J］. High Voltage,2018,3(3)：170-178.

［38］ GHESSEMI M. Geometrical techniques for electric field control in（ultra）wide bandgap power electronics modules ［C］//Proceedings of 2018 IEEE Electrical Insulation Conference,San Antonio：IEEE,2018：589-592.

［39］ WALTRICH U，BAYER C F，REGER M，et al. Enhancement of the partial discharge inception voltage of ceramic substrates for power modules by trench coating ［C］//Proceedings of 2016 International Conference on Electronics Packaging,Hokkaido：IEEE,2016：536-541.

［40］ WANG N，COTTON I，ROBERTSON J，et al. Partial discharge control in a power electronic module using high permittivity non-linear dielectrics ［J］. IEEE Transactions on Dielectrics and Electrical Insulation,2010,7(4)：1319-1326.

［41］ DONZEL L，SCHUDERER J. Nonlinear resistive electric field control for power electronic modules [J]. IEEE Transactions on Dielectrics and Electrical Insulation,2012,19(3): 955-959.

[42] WANG Y,WU J,YIN Y,et al. Effect of micro and nano-size boron nitride and silicon carbide on thermal properties and partial discharge resistance of silicone elastomer composite [J]. IEEE Transactions on Dielectrics and Electrical Insulation,2020,27(2): 377-385.

第5章

高压干式电力装备绝缘
结构与介质材料

5.1 干式电力变压器绝缘结构与介质材料

电力变压器是电力系统的重要组成部分,包括油浸式电力变压器和干式电力变压器两种。油浸式电力变压器使用矿物油作为绝缘介质,因其性能优良、价格实惠而在大多数大中型电力变压器中被广泛应用。然而,社会的快速发展对防火要求较高的场合提出了新的挑战,油浸式电力变压器易燃、易爆、易污染环境的缺点使它不适宜在这些场合(如高层建筑、地铁、火车站、机场等)使用。相比之下,干式电力变压器具有难燃、无毒、体积小、噪声低、免维护等优点,被广泛应用于各种防火要求高的场所。近年来,干式电力变压器的应用范围不断扩大,一些发达国家已经明文规定禁止在户内安装的电力变压器中使用油浸式电力变压器,只允许使用防火型干式电力变压器[1-3]。不难预想,随着国民经济的快速发展和对绿色环保的要求,干式电力变压器的性能优化和广泛应用将被进一步推动。众所周知,变压器的绝缘性能对其极限容量、运行可靠性具有决定性的影响。其中,合理的绝缘结构是保障电力变压器安全使用的前提,而其选用的介质材料则决定了其工作范围。

5.1.1 干式电力变压器绝缘结构

干式电力变压器的绝缘结构由两部分组成,分别是外部绝缘和内部绝缘。当变压器带有包封时,这两部分都由空气绝缘构成。当变压器没有包封时,只有内部绝缘存在,且内部绝缘又分为主绝缘和纵绝缘。主绝缘指的是绕组(变压器中的导电部分)与地之间的绝缘。纵绝缘则指同一个相位的线圈内部的绝缘,它可以进一步细分为匝间绝缘、层间绝缘和段间绝缘。这些绝缘措施确保了线圈的线匝、线段和线层之间在电气上不会相互连通,从而保证了变压器线圈的电气安全。

按照不同的绝缘材料和制造工艺,结合 JB/T 3837-2016《变压器类产品型号编制方法》[4],不同结构的干式电力变压器在绝缘材料、工艺方案上存在差异,以满足不同的性能和运行要求。干式电力变压器常见的结构剖面图如图 5-1 所示[5]。各种不同类型的干式电力变压器实物如图 5-2 所示。

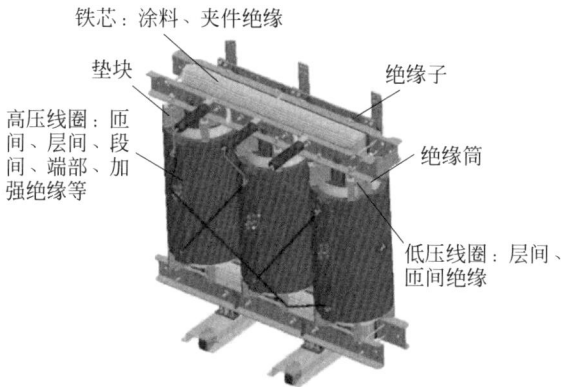

铁芯:涂料、夹件绝缘
垫块
绝缘子
高压线圈:匝间、层间、段间、端部、加强绝缘等
绝缘筒
低压线圈:层间、匝间绝缘

图 5-1　干式电力变压器的基本结构与绝缘件分布

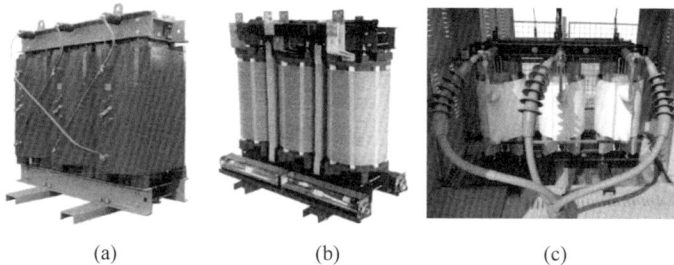

(a)　　　　　　　　(b)　　　　　　　　(c)

图 5-2　不同类型的干式电力变压器实物

(a) 环氧树脂浇注干式电力变压器;(b) 绕包干式电力变压器(H 级);
(c) 高性能硅橡胶浇注干式电力变压器

由于全球经济的蓬勃发展,城市对电力负荷的需求日益增大,110 kV 电压等级的变电站逐渐被引入到负荷中心。然而,传统的油浸式电力变压器已无法满足城市防火防灾的标准。此外,气体变压器也因其温室效应而受到质疑。为了解决这一问题,大容量、高电压干式电力变压器已成为当前新兴的研究和发展方向。瑞士公司 ABB 率

先于 2010 年推出了 HiDry72.5 系列环氧树脂干式电力变压器,其最高电压可达 72.5 kV,并在 2014 年巴西世界杯得到应用。2019 年,我国华鹏变压器成功研制出了 40000 kV·A/110 kV 的干式电力变压器,表明我国在大容量高电压干式电力变压器领域已达世界前列[6]。然而,不同于 35 kV 及以下的干式电力变压器,在电压等级提升至 110 kV 后,其局部放电量较难控制,这是目前设计制造还需研究攻关的难点。因此,对绝缘材料进行改进选型,对绝缘结构方案进行优化调整至关重要。同时要保障其在价格上的竞争力,否则价格也将成为高电压等级干式电力变压器推广应用的难点。

5.1.2　干式电力变压器介质材料

介质材料作为干式电力变压器绝缘结构的重要组成部分,其性能直接影响着干式电力变压器的运行可靠性。由 5.1.1 节所述,干式电力变压器绝缘主要包括主绝缘、匝间绝缘和层间绝缘。主绝缘是指包括绕组及引线对磁芯与地之间、不同电压等级绕组之间的绝缘,最为常用的绝缘材料为环氧树脂。匝间绝缘(导线绝缘)常用的绝缘材料为漆包线漆和绝缘纸,层间绝缘使用绝缘漆浸渍处理或者聚酯薄膜[1]。我国干式电力变压器的绝缘材料已形成完整的供应链,且均已实现国产化。但在此基础上仍有发展需要,具体如下。

1. 兼顾高绝缘强度与高耐热性能的低成本介质材料

由绕组匝间绝缘失效引起的变压器故障占大多数,故导线的绝缘是保障干式电力变压器可靠运行的关键因素,是极为重要的介质材料,需要具备较好的致密性、柔韧性、绝缘强度。同时,导线是干式电力变压器最直接的热源,因此介质材料还需要具备优秀的耐热性和与产品相同的绝缘等级(F 级或 H 级)。当前,干式电力变压器的导线通常采用漆包线和涤纶玻璃丝包线(涤玻线)两种材料。然而,漆包线在生产过程中可能产生许多环保问题,并且对于大截面导线来说,还存在绝缘漆的附着问题。此外,漆包线在生产过程中易受环境因素影响,容易出现漆瘤等潜在隐患。而涤玻线需要在绕制过程中进行树脂涂覆并加热固化,其绝缘性能和附着力尚有待提高。为了提高干式电力变压器的使用寿命和市场竞争力,需要寻找一种低成本、高绝缘强度、高耐热性能的绝缘材料用于加强导线绝缘。

其中,芳纶纸(以 Nomex 纸为代表)和聚酰亚胺薄膜是目前兼具高绝缘强度和高耐热性能的介质材料,可用于加强导线绝缘。Nomex

纸是美国杜邦公司在 1967 年开发的一种芳香族聚酰胺聚合物,因其出色的电气性能、化学性能和力学性能而受到广泛关注。其介电常数(1.5~2.5)接近空气,电气强度高,介质损耗因数小,耐热性好,耐温可达 220℃,韧性优良,防潮防辐射,阻燃性能好,是一种理想的介质材料。根据线圈中应用部位和功能的需求,它可以被制作成各种形式,如绝缘纸、纤维纸和纸板等。然而,由于其生产技术基本为美国杜邦公司所垄断,因此价格相对较高。近年来,国内市场涌现出民士达、超美斯、昊天龙邦等国产芳纶纸生产商,其产品成为进口 Nomex 纸的可靠替代品,并且在价格上具备了一定优势[7]。然而,与常规绝缘用介质材料相比,这些国产芳纶纸的价格仍然相对较高,并且在防潮特性和温度指数等方面还存在一定的差距。如果能够降低生产成本和价格,这些国产芳纶纸将具有非常广阔的推广应用前景[8]。

聚酰亚胺薄膜是另一种耐高温绝缘性能优异的导线绝缘介质材料,介电常数为 4.0 左右,介质损耗因数仅为 0.004~0.007。1965年,美国杜邦公司开始生产均苯型热固性聚酰亚胺薄膜,牌号为 Kapton;日本宇部兴产化学公司在 20 世纪 80 年代后期研制出可用于微电子制造和封装领域的联苯型聚酰亚胺薄膜,牌号为 Upilex;我国在 20 世纪 70 年代中期由桂林电器科学研究院和上海合成树脂研究所研发成功了电工绝缘用聚酰亚胺薄膜[9]。将聚酰亚胺薄膜包绕在裸铜线上,其耐热性能好,绝缘层厚度薄且均匀,密封性好,采用烧结工艺将其固定或者配合玻璃丝绕包在导线上,具有很好的电气绝缘性能。但是,聚酰亚胺薄膜同样价格高昂,若大量采用必将带来变压器成本的大幅增长。

因此,降低芳纶纸和聚酰亚胺薄膜的成本或开发性能相当的低成本的绝缘介质材料对于促进干式电力变压器的技术发展有良好的推动作用。

2. 兼顾环境适应性好和环保可回收的介质材料

GB/T 1094.11-2007 标准[10]将气候实验、环境实验和燃烧实验作为干式电力变压器的特殊实验。其中,气候等级最高为 C2,需要满足在 −25℃下运行、运输和贮存;环境等级最高为 E2,需要满足在经常有凝露或严重的污秽,或两者同时存在的情况下运行;燃烧等级最高为 F1,对干式电力变压器提出了低压无卤不助燃、自熄灭的要求。然而,新版的 IEC 60076-11:2018 标准对气候等级和环境等级的范围进行了进一步扩展。气候等级最高达到了 C5,要求在 −60℃环境下储存,在 −50℃环境下运行。户外环境等级除了考虑凝露和湿渗透因素外,还增加了对污秽和紫外线的耐受要求[11]。这是因为,随着地下变电站、海上风电和极寒地区等应用场景的需求不断扩增,干式电力变压器对环境的适应能力和绿色环保的要求也越来越高。为了满足不同环境条件下的正常运行和可靠性,干式电力变压器需要采用更先进的介质材料,这些材料应具有良好的环境适应性、耐候性、抗腐蚀性等特性,以确保变压器的稳定运行和长寿命。同时,也需要注意绝缘材料的环保可回收性能,尽可能减少对环境的负面影响。

其中,在环境适应性方面,尽管环氧树脂具有较好的防潮特性,但其防低温能力、防热冲击开裂能力、在污秽及潮湿环境下防止闪络的能力仍需进一步提升和验证。对于敞开式干式电力变压器,如何确保其在潮湿和污秽环境下的长期可靠性也是一个需要解决的问题。An等[12]发现,通过氟化处理环氧树脂表面可以改善干式电力变压器的环境适应性和憎水性,提高其耐候性和防污闪能力,使其更好地适应各种环境条件。而在环保可回收方面,首先,介质材料生产过程中不可避免地存在污染排放;其次,干式电力变压器中的介质材料多采用有机物,材料的低烟、无卤、阻燃特性要符合环保要求。同时,当干式电力变压器退役时,相关介质材料的可回收或者可降解处理方案也有待解决。目前,汪东等[13]研究了环氧树脂的可回收策略,通过酯交换反应的热可逆性,制备的树脂通过物理热压方法可实现良好回收,力学强度保持率可达80%。Xie等[14]研究了通过在环氧树脂中引入动态键,可以实现电树自修复的功能,但其绝缘性能有所下降。此外,广东电网联合大航有能公司开发的新型液态硅橡胶以代替传统的环氧树脂,采用真空浇注或真空浸渍绕组的方法,已经制造了多台高性能硅橡胶绝缘干式配变,并挂网运行验证,其中一台如图 5-2(c)所示,容量为 315 kV·A,额定电压为 10 kV/0.4 kV,实现了环境适应性与环保可回收的双赢[15]。

3. 提升导热性能

Nomex 纸的导热系数通常为 $0.1 \sim 0.2$ W/(m·K),环氧树脂的导热系数通常为 0.2 W/(m·K)左右。添加硅微粉后,环氧树脂的导热系数可以提高至 0.7 W/(m·K)左右[16],与铜导体的导热系数 383 W/(m·K)存在较大差距。干式电力变压器主要通过固体热传导和表面空气对流换热来进行散热,导热性能差的绝缘材料必将对产品温升造成影响,加速绝缘的老化,在产品设计时必须通过增加散热面积的方式来解决,势必增加成本。高导热系数绝缘材料的应用将有效解决这个问题,提高产品的可靠性和降低成本。

然而,导热性能的提升往往会影响介质材料的加工性能和绝缘性能。导热填料的添加将导致介质黏度显著升高,这将导致在加工过程中气泡的显著增加,引入大量缺陷导致绝缘性能下降,设备寿命显著缩短。因此,围绕着优化填料种类与结构实现综合性能最佳也是当前重要的研究方向。

5.2 盆式绝缘子绝缘结构与介质材料

随着我国经济的快速发展,全民生活水平不断提高,对电力能源的需求越来越高[17]。然而我国的能源结构分布极不均衡,电力负荷中心与能源中心不重合,这推动了特高压、远距离、大容量和低损耗的电力传输通道的快速发展与建设。同时,传统能源(煤炭、石油、天然气)逐渐消耗殆尽,调整能源结构势在必行。此外,我国西部有着丰富的太阳能和风力资源,当地却无法充分利用。通过建设高压直流输电系统,可以解决远距离电能运输与绿色新能源消纳的问题[18]。而直流气体绝缘金属封闭开关设备(gas insulated switchgear,GIS)作为该系统的关键设备,有着结构紧凑、占地面积小、体积小、检修周期短的优点,得到了广泛运用。其中,盆式绝缘子起到了支撑金属导杆、隔离电位、气室密封隔气等作用[19]。如果盆式绝缘子的结构设计不合理,导致局部电场集中,或者在制备和安装过程中出现瑕疵,使得表面出现孔隙缺陷和金属微粒,那么 SF₆ 气体在均匀和稍不均匀电场中的优异绝缘性能会因局部电场的畸变而迅速恶化,引发放电击穿,导致盆式绝缘子乃至 GIS 设备绝缘失效。因此,为抑制盆式绝缘子的放电破坏,提高 GIS 设备的可靠性,推动其小型化发展,国内外的研究者已经围绕盆式绝缘子及其配套电极的结构和介质材料的优化设计开展了大量工作[20]。

5.2.1 盆式绝缘子结构

气体绝缘组合电器主要包括断路器、隔离开关、接地开关、电流互感器、电压互感器、母线、避雷器、套管等设备[21]。这些电气设备被封闭在一个金属外壳中,并采用 SF₆ 气体作为绝缘介质。这种方式已经代替了传统的户外布置方式。其内部的导体母线由盆式绝缘子支撑,如图 5.3(a)所示。其中金属壳体接地,电压为零,中心处的母线导体接有高压。盆式绝缘子是 GIS 中的主要绝缘件,起到将高电压、大电流的金属导电部位与地电位外壳之间的绝缘隔离、支撑及区分不同气室的隔离作用。在实际情况中,盆式绝缘子需要承受 GIS 设备的重量、运动部位的机械应力、设备短路时产生的电动力,以及相邻气室的气压差形成的机械力等负荷[22]。因此,盆式绝缘子不仅要满足绝缘性能的要求,还要具备一定的机械强度。

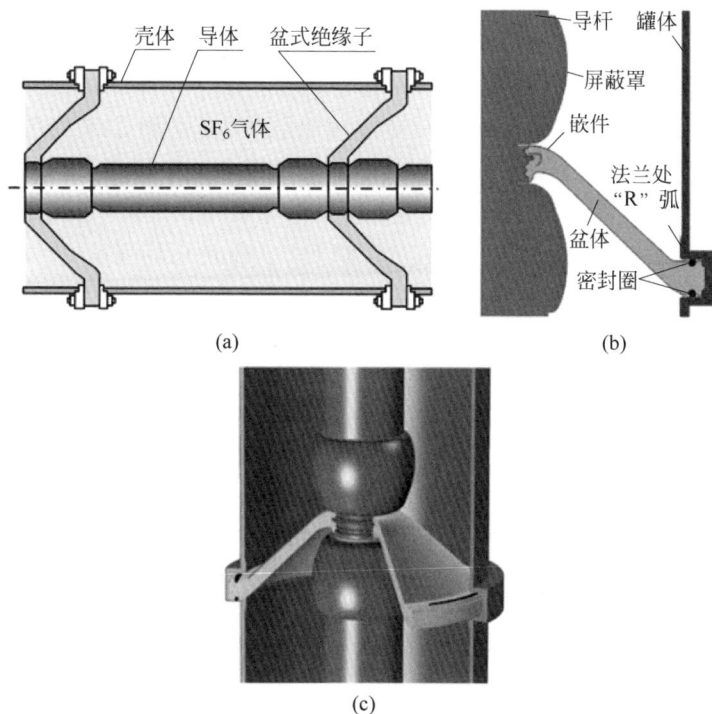

图 5-3　550 kV 盆式绝缘子结构示意图
(a) GIS 母线结构;(b) 二维剖面结构;(c) 三维旋转结构

盆式绝缘子长期运行在母线与金属外壳之间形成的强电场中。与交流气体绝缘设备相比,直流气体绝缘子设备在设计、制造、运行等过程中,需要面临一个对安全运行有重要影响的绝缘子表面电荷积聚问题:由于直流输电系统的电压极性不会随时间发生变化,必然会导致大量电荷在绝缘子表面积累[23]。此外,盆式绝缘子的表面难免存在缺陷或者微小颗粒/异物,这些都会加剧局部电场的畸变,使得局部电场变高,极易出现局部放电,使绝缘进一步老化,最终导致其击穿。除此之外,直流 GIS 绝缘子不仅要工作在高压直流电场下,而且会经常受到过电压的冲击。直流系统中的过电压主要包括雷电过电压和内部过电压(暂时过电压、操作过电压)[24]。这些脉冲过电压波均可能对盆式绝缘子表面的电荷分布造成影响。下面将举例说明盆式绝缘子的绝缘结构及其当前存在的问题与发展方向。

550 kV 盆式绝缘子的结构具体如图 5-3(b)、图 5-3(c)所示[25]，其主要组成部分包括中心高压导杆、绝缘子凸面和凹面侧的屏蔽罩、中心嵌件、绝缘子盆体、接地金属罐体、安装法兰及密封圈等。其三维结构更为直观地描绘了 GIS 绝缘系统的组成：盆式绝缘子隔离不同电位的导杆和罐体，并隔绝上、下两个气室；盆体凸面及凹面两侧的屏蔽罩可有效降低绝缘子中心导体侧的电场；法兰处的密封圈通常由掺有导电材料的三元乙丙橡胶制得，起到了密封和降低接地法兰处电场的作用；为了屏蔽盆体接地法兰侧的电场，法兰转角处的罐体有"R"弧形凸起，构成的电磁屏蔽坑以降低其内部的电场强度[26]。

550 kV 绝缘系统的电场[27]及机械应力[28]通常应满足：

（1）在雷电冲击下，屏蔽罩表面电场强度许用值不得超过间隙许用电场强度 24 kV/mm。

（2）在雷电冲击下，盆式绝缘子沿面电场强度不得超过间隙许用电场强度的一半，即 12 kV/mm。

（3）在工作电压下，盆式绝缘子内部场强应不超过空气间隙的击穿场强 3 kV/mm。

（4）在水压实验下，绝缘子内部应力不超过其破坏应力值 $\sigma_1 = 70$ MPa，绝缘子和嵌件黏结处应力不得超过材料本身的黏结抗拉强度 $\sigma_2 = 25$ MPa。

GIS 设备小型化可以减少 SF_6 的使用，降低生产成本且更为环保。出于安全性的考虑，盆式绝缘子现有的绝缘结构需进行优化。有学者以绝缘子、屏蔽罩等结构的尺寸参数为设计变量，降低沿面/界面的电场分布为目标，对现有的绝缘结构尺寸进行参数寻优[29-30]。

在绝缘距离缩小 10% 的条件下，通过控制多项式函数中的参量可在近似矩形区域内寻找支撑绝缘子的最优结构，优化前后的盆式绝缘子的电场、沿面电场及机械应力分布如图 5-4 所示[25]。优化前，盆式绝缘子在凹面高压侧和凸面法兰侧的电场强度大，局部区域甚至超过 12 kV/mm 这一设计许用值，尤其当绝缘距离需进一步缩小时，局部电场集中问题会越发突出。嵌件与树脂之间的局部机械应力超过 70 MPa，变形量较大，这无疑对盆式绝缘子缩小后所用材料的力学性能也提出了更高的要求。整体上，优化后的结构呈现出"两边厚，中间薄"的分布形式。当结构优化后，绝缘子内部电场强度最低(16.44 kV/mm)，凹面侧金属嵌件表面电场及接地法兰"R"弧处的电场强度分别为 23.42 kV/mm 和 18.13 kV/mm,低于 24 kV/mm 的设计许用值。同时,沿面电场呈现出较为理想的对称"倒 U 形"分布,除了凸面接地侧的局部电场畸高外,整体电场水平均低于 12 kV/mm,电场优化效果显著。即便在绝缘距离缩小后,盆体的整体和局部应力也显著降低。

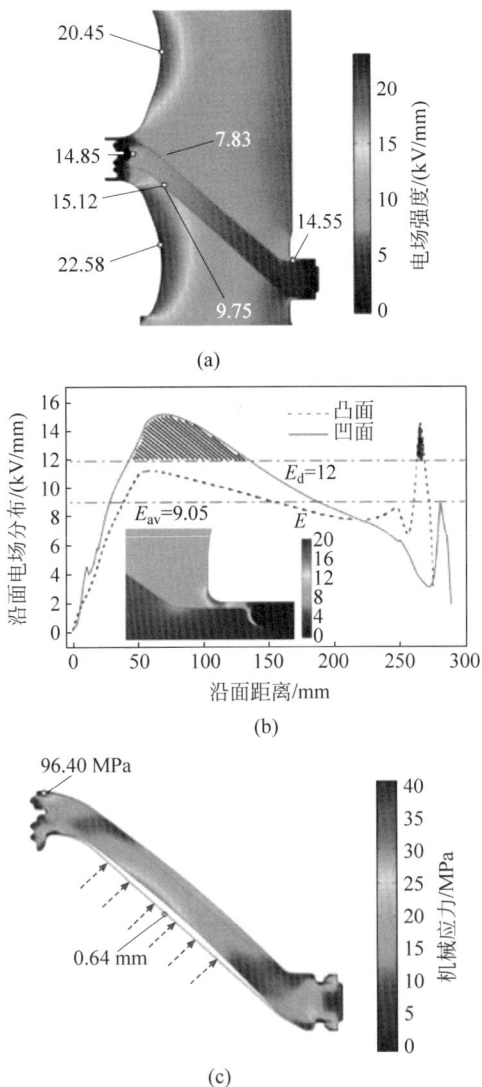

(a)

(b)

(c)

图 5-4 550 kV 盆式绝缘子结构优化前后性能对比图(见文前彩图)

（a）优化前电场分布;（b）优化前沿面电场分布;（c）优化前应力分布;

（d）优化后电场分布;（e）优化后沿面电场分布;（f）优化后应力分布

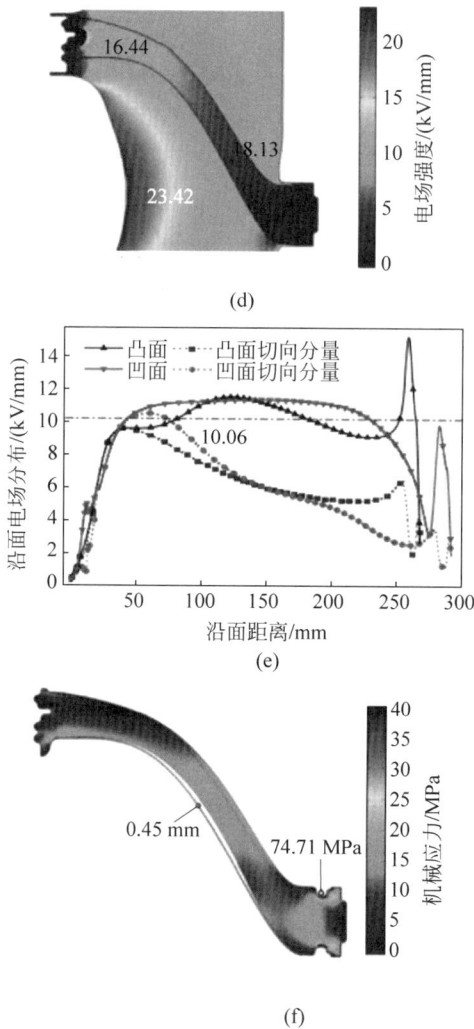

(d)

(e)

(f)

图 5-4（续）

然而，现有 GIS 设备中还存在着其他的问题，如实际工程中为抑制盆式绝缘子外法兰附近的电场畸变，常在接地法兰处设置"R"形屏蔽罩（简称"R"弧结构），或在此处盆体内部嵌入金属屏蔽环[26,31]，如图 5-5 所示。对于"R"弧结构，为保证加工精度，往往需在焊接后进行人工切削/打磨，不仅费时费力，且容易在加工过程中形成金属尖端，引发局部放电乃至击穿破坏。对于金属屏蔽环，虽然在一定程度上可以均化法兰处的电场，但容易引发绝缘子开裂，导致盆体的力学性能发生劣化。这表明仅仅依靠几何形状的优化其改善效果有限，且易造成结构的复杂度提升,故需要从材料角度入手进一步提升其绝缘性能,保证设备的运行可靠性。

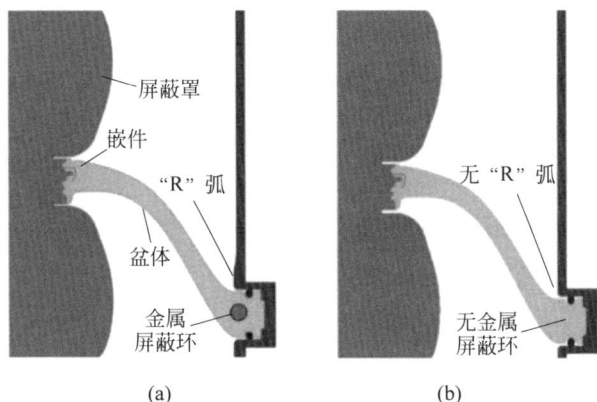

图 5-5 550 kV 盆式绝缘子结构[26,31]

(a) 有屏蔽环及"R"弧;(b) 无屏蔽环及"R"弧

5.2.2 盆式绝缘子介质材料

1. 环氧树脂

环氧树脂是 GIS 盆式绝缘子的主要绝缘材料,是电力行业封装的首选[32]。环氧树脂指的是包含环氧基团的高分子聚合物的统称,其优点具体如下[33]:

(1) 加工处理容易。环氧树脂的分子量小,室温下具有很好的流动性,易于与各种添加剂、固化剂混合。这些性质使得对环氧树脂的各方面性能进行改进较为容易。

(2) 黏性较好。在环氧树脂的化学结构中有很多羟基、醚基和活跃的环氧基,这使得环氧树脂很容易与其他物质粘连在一起,体现出它的黏性。

(3) 机械强度性能优异。环氧树脂内部分子结构十分紧密,这使得它具有很好的机械性能。拉伸强度为 $80\sim90$ MPa,膨胀系数为 6×10^{-5}/℃左右,收缩率为 $1\%\sim2\%$,以环氧树脂为基体制作生产的绝缘器件十分坚固。

(4) 电气性能优异。环氧树脂是一种高分子聚合物材料,体电阻率约为 10^{14} Ω·m;在交流 50 Hz 的情况下介电常数约为 3.5,介质损耗角正切值在 0.004 以下。

(5) 耐热和耐腐蚀性能较好。环氧树脂拥有很好的耐化学腐蚀、耐酸和耐碱性能,耐热工作温度为 $100\sim150℃$。

在实际应用中,环氧树脂可以通过浇注的方法,用模具固化成任意形状,其制品的整体性和密闭性很好,提高了电力设备的绝缘性能,且其具有优异的机械性能和耐腐蚀耐热性,有较长的使用寿命,保证了在设备运行中的可靠性。然而,电荷在盆式绝缘子表面的积聚是导致绝缘击穿破坏的重要因素,它会加剧绝缘子表面局部区域的电场畸变,电离出更多自由电荷,为闪络的发生提供条件,导致 GIS 设备发生故障甚至严重烧毁。为减少 GIS 设备发生故障,学界致力于研究盆式绝缘子环氧树脂材料表面电荷相关特性和作用机理。Tenbohlen 等[34]研究了 SF_6 中表面电荷对盆式绝缘子在雷电冲击电压下击穿特性的影响。实验表明,表面电荷的存在使盆式绝缘子的绝缘强度大幅下降,而且绝缘强度的减弱程度与表面电荷积累量的增加密切相关。Nakanishi 等[35]发现,当外加 $+100$ kV 电压后,电荷会积累在试样表面,持续加压 5 小时之后电荷量不再变化并达到饱和。在正极性直流电压下试样表面会存在两种电荷,但在负极性直流电压下,试样表面只存在负电荷,且负电荷量大于正电荷,这说明负电荷更容易积累。当撤去外加电压之后,残余表面电荷短时间内无法完全消散。Sato 等[36]使用 600 kV 和 800 kV 两种高压直流电对环氧树脂表面进行电晕放电,在外加电压消失后连续记录各个时刻表面电荷量的大小。统计数据结果表明,表面电荷每小时只能消散大约 1% 的电荷量,说明表面电荷会在很长时间内影响盆式绝缘子表面的电场分布特性,大幅增加了绝缘子表面发生闪络的可能性。国内也有许多专家对盆式绝缘子表面电荷问题展开了研究。丁曼等[37]研究了真空纳秒脉冲作用下环氧树脂及复合材料的表面电荷特性,结果表明,脉冲作用下表面电荷积累受到电荷注入、二次电子发射及碰撞电离等多种因素影响。在闪络通道形成前,二次电子发射和碰撞电离起主要作用;在闪络通道形成后,电荷的中和与注入作用占据主导地位。王蓓等[38]对 GIS 盆式绝缘子表面电荷消散的规律进行了研究,发现表面电荷主要通过 GIS 绝缘子内部消散,且消散速率与绝缘子的体电阻率和表面电阻率有关。

以上文献验证了绝缘子表面电荷积聚现象与绝缘子沿面闪络电压的变化密切相关,而绝缘材料的沿面闪络问题目前是制约直流 GIS 发展和安全稳定运行的关键问题。因此,研究一种方法来抑制绝缘子表面电荷的积聚具有重要的工程价值。目前,关于抑制绝缘子表面电荷积聚的策略,国内外专家学者们进行了广泛研究,其中通过材料改性来抑制表面电荷积聚是目前最为普遍且有效的研究思路,下面将展开介绍。

2. 表面氟化处理

氟化技术在化工领域已经有了几十年的应用。氟气具有很强的化学活性,能和多种聚合物发生反应并形成稳定的碳氟键(C-F)。氟化技术目前在汽车油箱、电池等多个领域都有广泛的应用。近年来,一些学者对绝缘材料表面进行氟化处理,发现能很好地促进表面电荷的消散,并提升环氧绝缘子直流闪络性能和耐电弧能力。2012 年,同济大学安振连教授等发现对纯环氧表面氟化仅 10 min,就能在表面形成一层微米级别的氟化层。通过氟化后的环氧树脂表面陷阱能级变浅,且表面电荷的积聚受到抑制[39]。随后他们对绝缘子表面氟化进行了一系列更加深入的研究,改变对纯环氧氟化的温度和时间,发现氟化温度越高,表面电荷消散速度越快。基于系列更加深入的研究发现,氟化时间的延长似乎对电荷消散影响不大,过长的氟化时间促进电荷消散的效果反而会下降[40]。张博雅等对工业用 Al_2O_3/环氧复合绝缘子表面进行了氟化处理,对表面电位进行了测量,并用反演算法得到了直观的表面电荷密度分布如图 5-6(a)所示(其中 F-15、F-30、F-60 分别表示氟化 15 min、30 min 和 60 min)[41]。从图中可以看到,氟化后绝缘子表面积聚的电荷斑显著减少,且电荷密度远小于未处理区域。主要原因是通过氟化后表面原先较深的陷阱被较浅陷阱取代了(见图 5-6(b)),氟化后基体表层形成了碳-氟表层,这种表层相较于以前基体的表层陷阱能级下降,促进了表面电荷沿表面消散。

除了环氧树脂,氟化技术还能用来对其他绝缘材料进行表面处理。学者们发现通过氟化聚酰亚胺薄膜、聚乙烯、聚苯乙烯、液态硅橡胶等绝缘材料,也可以促进表面电荷的消散[42-45]。虽然绝缘材料表面氟化技术具有很大的潜力,但由于材料的表面陷阱能级会变浅,表面电导会增加,进而导致表面泄漏电流增加,因此在实际运用中需要对氟化的温度和时间等参数多次测试,进行最优化选择。

3. 表面等离子体处理

应用低温等离子体对材料进行处理是材料表面改性的重要手段。这种方法具有设备简单、安全环保、容易操作且处理速度快等优点。近年来,一些学者发现通过等离子体对绝缘材料进行表面处理,可以增加绝缘子表面粗糙度,促进表面电荷消散,提高闪络电压。通过掺杂填料以构筑深陷阱,可以有效地捕获载流子并减少聚合物电介质复合材料的电导损耗。

(a)

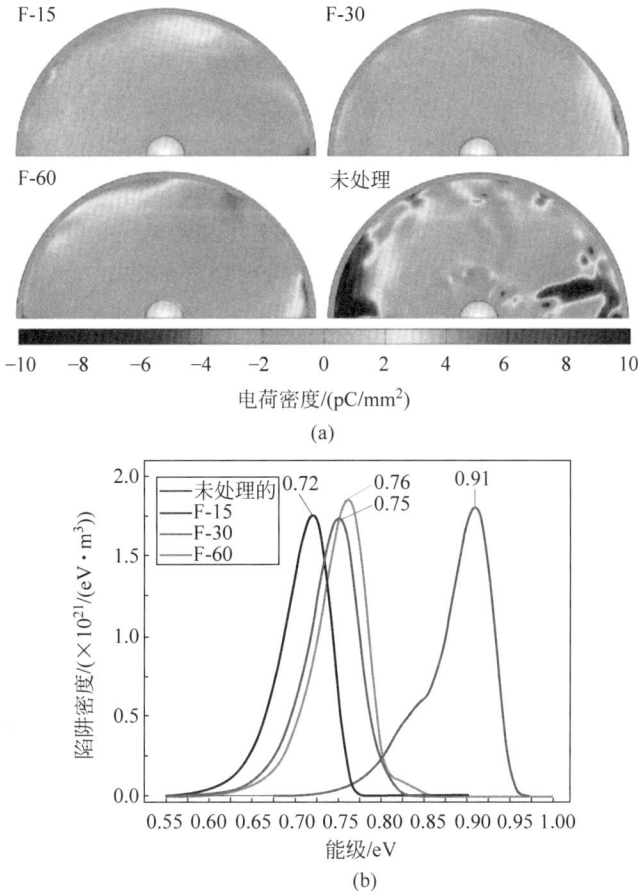

(b)

图 5-6　盆式绝缘子表面氟化处理（见文前彩图）

（a）绝缘子氟化前后表面电荷分布情况；（b）氟化前后的电子陷阱能级分布

　　研究者发现可以运用介质阻挡放电（dielectric barrier discharge，DBD）等离子体对绝缘材料表面进行改性。2014 年，邵涛等通过 DBD 等离子体对聚甲基丙烯酸甲酯进行表面处理，发现处理后的 PMMA 表面引入了 C-F_n 基团，并且表面粗糙度有所增加。这降低了绝缘子表面二次电子发射系数，提升了沿面闪络电压[46]。但随着等离子体处理时间的增加，材料表面粗糙度先增加后降低。这也是沿面闪络电压随等离子体处理时间的增长先升高后降低的原因。该团队还研究了该方法对环氧树脂进行表面处理的影响，发现表面电导升高并有效地促进了表面电荷消散。这是因为在绝缘子表面引入了大量的浅陷阱,他们认为浅陷阱的来源与 DBD 等离子体处理后表面引入了亲水性的羰基有关[47]。除了用等离子体对绝缘子表面进行直接处理,还可以用等离子体增强化学气相沉积(plasma enhanced chemical vapor deposited,PECVD)的方法。西安交通大学张冠军教授等通过大气氟碳 DBD,将在等离子体中形成的粉尘状氟碳化合物沉积在环氧树脂上,发现可以促进电荷消散。结果表明,最大表面电荷密度从 77.84 pC/mm^2 降至 1.42 pC/mm$^{2[48]}$。DBD 等离子体能较好地实现绝缘材料表面改性,引入一些化学基团并促进表面电荷消散。虽然通过等离子体对绝缘材料进行表面处理,促进表面电荷的消散已经取得了很多研究成果,但还有一些问题亟待解决。例如,采用等离子体处理后的绝缘材料在放置一段时间后,促进表面电荷消散的效果会有明显下降,如何保持等离子体处理材料后的稳定性仍需要深入的理论和实验的研究。同时,等离子体特殊的放电结构限制了其在实际工业中大规模处理不同形状绝缘子的运用。

4. 表面涂层

在绝缘子表面涂覆功能性涂层,适当调整表面电导率来加速表面电荷的消散,也是一种有效的方法。张博雅等研制了一种能自组装的二维纳米片层涂层,如图 5-7 所示[49]。图 5-7(a)所示为制备过程,将蒙脱土在去离子水中用超声处理形成 MMT 单片层结构,添加聚乙烯醇(PVA)形成 PVA/MMT 的分散系。之后添加交联剂戊二醛(glutaraldehyde,GA),使 MMT 片层与聚乙烯醇进行交联。交联反应过程如图 5-7(b)所示。然后将绝缘子垂直浸渍,就能在绝缘子表面形成具有高度取向性的片层状纳米涂层。这种紧密排列的二维结构有助于载流子沿着切向迁移,从而促进表面电荷的消散。同时,在法向方向,由于有数百层致密的结构,阻碍载流子法向迁移,所以法向电导不会增加。如图 5-7(c)所示,可以看到涂覆后的绝缘子能有效促进表面电荷消散,并提升沿面闪络电压。此外,研究还发现该涂层还具有恢复柔性聚合物电介质的肖特基势垒的效果。清华大学张贵新等用羟基化氮化硼纳米片,通过自组装的方式研制了一种取向性氮化硼纳米片薄膜。该薄膜能有效地促进表面电荷消散,还可以提升设备的热管理能力[50]。在绝缘子表面涂覆非线性电导涂层也是加速表面电荷消散的有效方法。非线性电导涂层是指将非线性电导材料(如 SiC、ZnO 等)掺杂到聚合物中制备的涂层,涂层的电导率会随着外加电场的变化而表现出自适应性[51]。

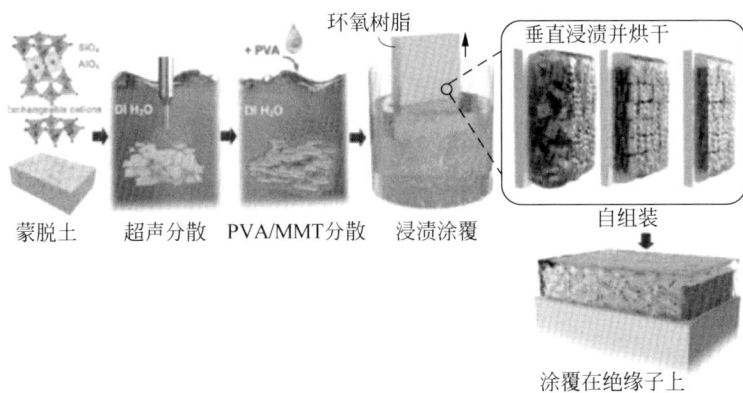

(a)

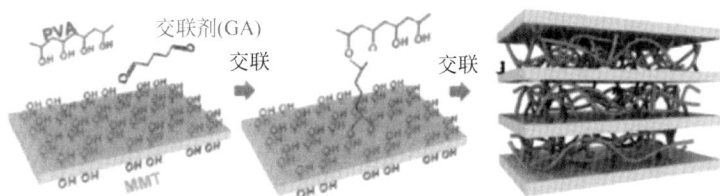

(b)

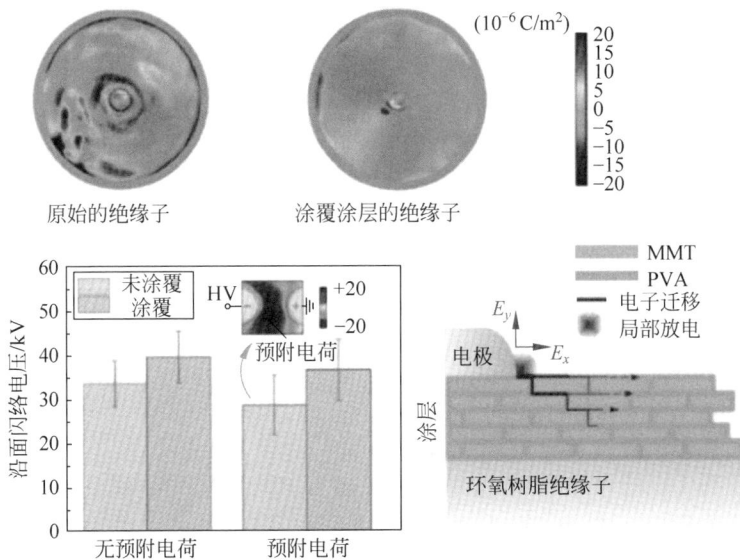

(c)

图 5-7 自组装二维纳米层涂层（见文前彩图）

（a）制备过程；（b）交联过程；（c）涂覆前后表面电荷分布和沿面闪络电压的变化

表面涂层的涂覆方式有很多，比如刷涂、喷涂、浸渍和磁控溅射等。磁控溅射由于易于控制涂覆厚度等参数，也受到了越来越多的关注。天津大学杜伯学教授等用磁控溅射法将 $BaTiO_3$ 层溅射到绝缘子表面，通过控制绝缘子表面不同位置溅射层厚度的变化来实现均匀电场分布的效果[52]。但磁控溅射的方法只能处理小部分区域，在工程中如何大规模地对绝缘子进行处理仍需要继续研究。总体来说，绝缘子表面涂覆涂层虽然是一种有效促进表面电荷消散的方法，但表面涂层在长期的温度应力和机械应力下的附着性问题，以及引入的绝缘材料与涂层间的界面对绝缘子绝缘性能的影响，仍需要深入的研究。

5. 掺杂改性

目前通过掺杂改性的方式有两种：一种是通过掺杂降低绝缘材料的体积电导率，抑制表面电荷的积聚；另一种是在绝缘材料内掺杂高介电常数或非线性电导材料，起到均匀电场的效果。均匀电场后会减少场强较大地方气体的电离，从而减少气体侧离子附着在绝缘子表面造成的电荷积聚。张贵新等通过在环氧树脂中掺杂不同浓度、粒径和不同种类的金属纳米颗粒，对不同材料的表面电位分布、表面电荷分布及沿面闪络电压进行了研究，结果如图 5-8 所示[53]。在一定条件下掺杂金属纳米颗粒可以抑制表面电荷的积聚，当在环氧树脂中掺杂粒径为 10 nm 的铜纳米颗粒后，表面电荷积聚受到抑制，这种抑制效果随着掺杂量的增加而增加，但当掺杂量超过 120 ppm(parts per million)后，随着掺杂量的继续升高，这种抑制效果又开始下降(1 ppm/(1 mg/L))。张贵新等还在环氧树脂中掺杂了质量分数为 1% 的 SiO_2 纳米颗粒，发现掺杂后对表面电荷积聚状况影响不大。然而，当分别用八甲基环四硅氧烷和六甲基二硅氮烷 2 种硅烷偶联剂对 SiO_2 纳米颗粒处理后发现，SiO_2 纳米颗粒表面的羟基被硅烷偶联剂所替代。处理后的纳米颗粒掺杂到环氧树脂中，有效抑制了表面电荷的积聚[54]。当掺杂浓度增加时，纳米颗粒会发生团聚，复合材料的绝缘性能会迅速下降，这给工业应用带来了一定的困难。通过掺杂改性引入深陷阱，可以抑制表面电荷通过体电导的积聚。然而，这种方法也降低了电荷消散速率，并且不能调控通过气体侧积聚的电荷。因此，要达到最佳效果，需将掺杂改性和表面改性结合使用。

非线性电导材料目前在改善电缆终端电场强度分布方面已经开始有所应用。通过在绝缘子内掺杂 ZnO、SiC 等非线性电导材料，在 GIS

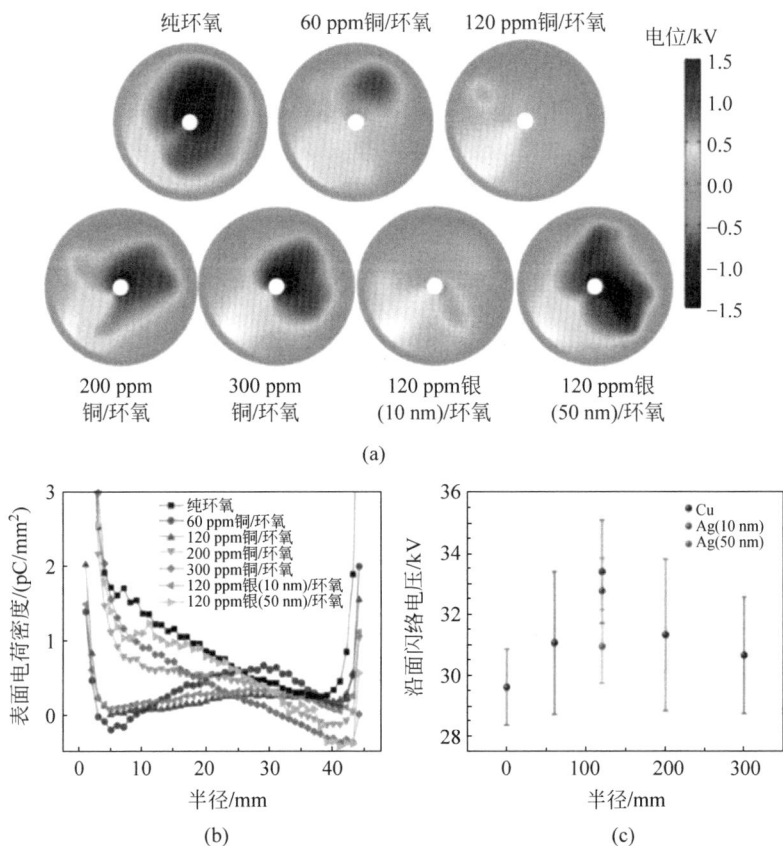

图 5-8　不同类型绝缘子表面电位、电荷分布和闪络电压（见文前彩图）

（a）表面电位分布；（b）沿径向的表面电荷平均值；（c）闪络电压

三结合点等电场较强的地方，绝缘子的电导率和介电常数会上升，起到均匀电场的作用，可以抑制由于局部场强过大引发的局部放电，造成局部电荷积聚。非线性电导材料虽然能均匀电场分布，减弱 GIS 中如三结合点处场强较强地方的电离现象，但是其可能造成的泄漏电流增大等问题，应对方法仍需研究。同时，由于绝缘子表面电荷积聚的主要途径是固体侧体电导，气体侧电离产生的电荷附着在绝缘子表面并不是表面电荷的主要来源，所以这种方法的实用性也有待商榷。

5.3　大容量发电机绝缘结构与介质材料

改革开放以来，我国对电力需求的不断提高，大容量发电机市场需求很大。单机容量越大，额定电压等级也越高。从 20 世纪 90 年代初二滩发电机组的单机容量 550 MW/18 kV,到 21 世纪初三峡的 700 MW/20 kV,单机容量的数值代表着我国电力设备的最高发展水平。电力工业发展到今天,是依靠大型发电设备不断改进技术、提高容量支持的[55]。通过与国际间的合作和技术引进,我国的绝缘技术水平不断提高,与国际先进水平的差距不断缩小,发电机的技术参数水平不断提高,额定电压从 20~22 kV 提高到 24~27 kV,电负荷由 700 MW级的 2000 A/cm 增加到 1000 MW 级的 2400~2600 A/cm[56]。对于 1000 MW/(24~27 kV)的发电机组,至今国内企业的制造技术还不成熟,主要体现在定子绕组绝缘系统的组成、槽部电场及防晕等问题没有彻底解决[57]。为保证安全稳定高效的生产电能,大型发电机在高额定电压下的运行可靠性至关重要。其中,定子线棒主绝缘是大型发电机的关键绝缘结构之一,其电气强度、机械强度、热传导性和耐热性等都是决定其能否长期安全稳定运行的重要因素。因此,定子绕组的绝缘结构与材料优化直接影响了发电机额定电压的提高及其输出功率提升,是学界与工程界共同关注的技术难题。

5.3.1　发电机绝缘结构

纵观电机发展的历史,发电机单机容量的增大和技术的提高,都是以发电机绝缘技术水平的提高为前提的。作为电机的重要组成部分,定子绕组是影响加工成本、运行可靠性和电机寿命的关键部件。定子绕组是电能的直接载体,是电机的核心部分,要放在空间狭小的电机槽中,同时要承受热和机械力的作用(包括振动、电动力、冲击负载、拉力、摩擦力等),发电机将机械能转化成电能过程中产生的巨大能量主要依靠几个毫米厚的定子绕组主绝缘来承担,而且这种作用比其他电力设备来得更强。因此,定子绕组的绝缘结构与一般电力设备的绝缘不同,设计难度很大,其结构设计一直是工程技术人员首位考虑的重点。

近百年来,电机在其他方面设计改进不大,但新的绝缘材料和绕组结构设计技术的发展,使电机的输出功率从早期的几千伏安发展到现在的 1000 MV·A 以上[58]。然而,定子绝缘的工作条件限制了电机额定电压的大幅提高。因此,从绝缘结构及材料两方面入手,解决好定子绝缘系统的设计问题是提高额定电压的前提条件[59]。其中,绝缘结构的设计是通过结构设计改善由定子线棒导体几何形状造成的电场分布不均,降低电场不均匀系数,提高击穿电压[60];同时通过结构设计改善工艺制造过程中主绝缘内部存在气隙、尖角和不可避免的杂质等因素造成的电场集中和局部放电,延长电机使用寿命[61]。

在绝缘结构设计中,应用和研究较为广泛的是导体线棒的等位层结构。该结构在罗贝尔导体线棒窄面采用导电材料,可以使导体线棒换位处复杂的电场分布变得相对简单和均匀[62]。中型和大型电机的定子绕组是由罗贝尔换位条式线棒组成的,图 5-9(a)所示的是条式定子线棒截面图,除了主绝缘和防晕层外(图 5-9(a)中的 5 和 6),其内部结构称为罗贝尔线棒,简称导线,是为了减小线棒中的附加铜耗,对铜股线进行 360°或 540°不等的换位编织,以减小铜股线温升的结构[63]。

(a)

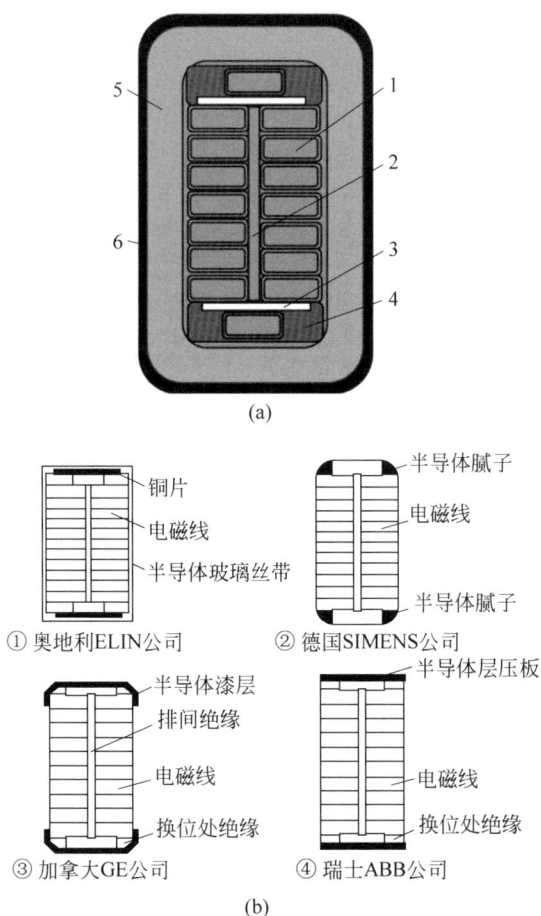

① 奥地利ELIN公司   ② 德国SIMENS公司

③ 加拿大GE公司   ④ 瑞士ABB公司

(b)

图 5-9　定子线棒及不同公司线棒的等位层结构

1—电磁线；2—排间绝缘；3—换位绝缘；4—换位填充绝缘；5—主绝缘；6—防晕层

(a) 定子线棒截面图；(b) 不同公司线棒的等位层结构

高压电机定子线圈的角部通常存在着电场集中的现象。大型电机定子线棒角部电场集中效应(简称角部效应)是指导线圆角位置的场强比平均场强高若干倍的现象。这种现象的存在使得线棒角部绝缘承受的场强比宽面上绝缘承受的场强大若干倍。角部电场集中的现象主要是由导体几何形状的突变造成的。据统计,实际击穿的线圈有95%以上发生在圆角处[64]。可以肯定地说,角部电场集中效应是导致绝缘击穿的主要原因,因此需要采取措施改善定子线棒角部电场的分布。如果线棒是像电缆一样的圆形截面而不是矩形截面,在介质材料均匀的情况下就不存在线棒角部电场集中的问题[65]。矩形线棒不可能成为圆形,但可以向圆形结构靠拢,即把矩形的直角打磨成有一定半径尺寸的圆角,适当加大导体的圆角半径,这有助于提高绝缘的利用率,改善角部电场分布,延长线棒的使用寿命。对于实际线棒,导线圆角就是铜股线圆角半径,为 0.5~0.8 mm。要增大圆角半径,通常采用等位层结构。等位层结构一方面可以通过增大导线的圆角半径来减小角部电场强度的不均匀系数;另一方面也在导线表面或绝缘内部加了一层半导体材料,使其形成电场相对均匀的均压层,以屏蔽由于导线换位引起的电场分布不均和换位处或主绝缘内部由于存在气隙引起的介质损耗增量加大的现象[66]。

目前,国外发达电机制造商对发电机定子导线的等位层结构进行了大量的研究工作。各公司采用的方法不同[63],现分别介绍几种典型的改善角部场强分布处理技术。奥地利 ELIN 公司采用如图 5-9(b)中①所示的结构技术,在定子导体线棒成型后,将两片约 0.05 mm 厚的铜片分两点焊在导体线棒窄面上,然后半叠绕一层半导体带,再包云母带固化成型。德国 SIMENS 公司采用图 5-9(b)中②所示的技术,用半导体腻子填充换位处增大圆角半径,然后包云母带主绝缘。加拿大 GE 公司在导线成型后将直线部分的四个角部磨成圆角,半径约为 2 mm,再刷一层厚度均为 0.1~0.2 mm 的半导体层,将其电阻值控制在 $10^3 \sim 10^5$ Ω,最后包云母带主绝缘,如图 5-9(b)中③所示。瑞士 ABB 公司如图 5-9(b)中④所示,在导线固化成型时,在上下窄面分别垫一层 0.5 mm 厚的半导体玻璃布层压板,成型后将层压板间隔约 800 mm 钻 φ5 mm 的孔,用半导体腻子将半导体层压板与导体线棒连接形成等位体。该技术已在三峡 700 MW 机组上应用。综上,可以认为等位层结构是改善定子线棒角部电场强度的有效结构设计,合理选择圆角半径和等位层材料是等位层结构技术的关键所在。

局部放电是造成绝缘介质电气性能恶化的主要原因[63]。在发电机运行过程中,定子线棒绝缘内部存在着不同性质的局部放电。其中,气隙放电、尖端放电和树枝状放电是损坏绝缘介质电气性能的典型放电形式。这些放电是长期的积累和反复的过程。在高压场强作用下,局部放电的路径或尺寸不断发展扩大,直到贯穿整个电极,发生绝缘介质的击穿。局部放电除了电的作用,还有热的作用,其产生的高温可能引起介质的热熔化或化学分解。电机绝缘中的云母介质在如此高温的长期作用下,通常会逐渐变坏而成为棕黄色的粉末。同时,局部放电产生的臭氧与空气和潮气作用产生的硝酸和亚硝酸等硝基化合物,不仅对介质有强烈的腐蚀破坏作用,而且会在铜导体表面形成铜绿及硝酸铜粉末,造成不良后果。为抑制和防止局部放电的发生和发展,通常会采用屏蔽层结构阻挡和控制局部放电产生的空间电荷聚集。在屏蔽层结构设计中,屏蔽层的空间位置是结构设计的关键。屏蔽层的材料多为半导体,半导体玻璃丝带具有导电性能,可以作为导电的极间屏障分散聚集的电荷,同时与带状材料、包扎的主绝缘云母带材料的工艺相符。

5.3.2　发电机绝缘介质材料

介质材料在发电机中主要起着电气隔离的作用,其绝缘效果直接影响发电机效率。绝缘结构又是发电机中应力最集中而强度最弱的部件,且价值较为昂贵,大型发电机中使用的绝缘材料种类多样,其成本占整个发电机成本的 30% 以上。发电机中的核心部件(包括定子绕组、铁芯、励磁绕组等)均大量使用绝缘材料,绝缘材料的性能直接影响着机组的安全稳定运行。下面分别就定子绕组、铁芯和励磁绕组等部位所使用的绝缘材料进行阐述。

1. 定子绕组绝缘

定子绕组是发电机的核心部件,被称为发电机的心脏,而定子对地绝缘是构成心脏最关键的部分。定子对地绝缘又称为发电机的主绝缘,对定子线棒的导体和定子铁芯起电气隔离的作用。对地绝缘的寿命几乎代表了整个机组的寿命,因此对地绝缘必须具有良好的耐电、热、机械和环境等各种应力的能力。目前大多数同步发电机采用的介质材料等级仍为 F 级。通常,介质材料按耐热等级可分为 A 级、E 级、B 级、F 级和 H 级,所对应的耐热极限温度为 105℃、120℃、

130℃、155℃、180℃。由此可见,该领域目前仍存在较大的发展空间。

1910 年,瑞士哈弗来公司采用虫胶黏合白云母片贴成云母箔制成线圈绝缘,成为世界上发电机主绝缘的较早应用案例[67]。之后,各国公司先后发展形成了各自独特的绝缘体系,如美国西屋公司的 Ternalastic 系统、通用电气公司的 Micapal 和 MicaMat 系统、法国阿尔斯通公司的 Micadur 系统、日本日立公司的 Hipact 系统、三菱公司的 Dialastic 系统等。在国内,电机绝缘技术的发展与整个社会的经济和政治环境是紧密相连的[68]。在 20 世纪 50—60 年代,我国电机技术主要来自苏联,当时的主绝缘为沥青云母绝缘,俗称"黑绝缘"。20 世纪 60 年代以后,我国自主研制出 B 级桐油酸酐粉云母绝缘,并首先在锅盐峡水电机组上得到了应用。改革开放以后,我国从美国引进了火电 300 MW 和 600 MW 机组技术,并在 1988 年自主研制了 F 级桐马环氧粉云母绝缘,经过多次改性完善,至今国内很多企业仍广泛使用该多胶环氧粉云母绝缘体系[63]。下面简要介绍构成绝缘体系的几种主要的绝缘材料。

(1) 云母带

云母带主要由云母、补强材料及黏合剂构成,其中云母是天然矿物质,是一种含铝、钾、镁、铁和钠等元素的硅酸盐。目前电机绝缘上使用的云母主要来自天然矿产,人造云母由于造价过于昂贵而没有被广泛应用。补强材料通常为玻璃纤维(硼酸硅盐)。黏合剂起到黏合云母和补强材料的作用,分为双马桐油酸酐环氧、间苯二酚甲醛聚合物、羧酸盐和硼胺环氧等不同种类,是决定云母带的电、热和力学性能的关键材料。B 级桐油酸酐云母带(简称 B 级 TOA 带)和 F 级桐马环氧粉云母带(简称 F 级桐马带)的性能对比见表 5-1[68]。

表 5-1　云母带性能对比

性　　能	B 级 TOA 带 (热态为 130℃)	F 级桐马带 (热态为 150℃)
弯曲强度(常态/热态)/MPa	217.4/42	261.5/64
冲击强度/(kJ/m^2)	106.9	82
电气强度(板材)/(MV/m)	80	87
温度指数	148.2	163
电气强度(线棒)/(MV/m)	28	31
快速老化/h(35 kV/3.5 mm)	600	＞743
导热系数/(W/(m·K))	0.27~0.29	0.3~0.31

云母带在电机上的用量也较大,一台 18 kV/200 MW 火电机组少

胶云母带的用量在 2 t 以上。然而,随着电机容量的不断提高,线圈工作温度不断攀升,主绝缘的导热绝缘性能成为影响电机寿命的主要因素,提高电机主绝缘材料云母带的导热绝缘性能成为重要研究方向。

Gu 等采用硅烷偶联剂改性的氮化硼微颗粒,g-氨基丙基三乙氧基硅烷(KH550),制备氮化硼/环氧树脂导热复合材料。改性 BN 为 60 wt%时,其导热系数为 1.052 W/(m·K),是环氧树脂(0.202 W/(m·K))的 5 倍。BN 为 10 wt%时力学性能最佳。随着氮化硼的加入,介电常数和介电损耗均增大。研究表明,在加入一定量的氮化硼下,表面改性的 BN 可以提高复合材料的导热性能和力学性能[69]。Feng 等以不同粒径的纳米级和微米级氮化硼为导热涂料,通过静电喷涂的方法,制备了氮化硼涂覆的云母带。如图 5-10 所示,2 μm 粒径的 BN 涂覆云母带后,在质量分数为 2.25 wt%时云母带导热系数提升最大,为 0.257 W/(m·K),在质量分数为 3 wt%时获得最大的直流击穿。这是因为 BN 具有较高的禁带宽度,能够抑制载流子注入,有效抑制击穿通路的形成并阻挡电流[70]。

(2) VPI 树脂

在 VPI 绝缘体系中,与云母带配合使用的还有浸渍树脂。对浸渍树脂的性能要求是:黏度低,能有效地浸渍;饱和蒸汽压力小,能够低真空运行;在适宜的温度下胶化时间短,烘焙时减小流胶;环保,毒性小,闪点高;固化不受金属等物质的影响,即使受到催化剂作用,仍有较长的储存期;成本低。

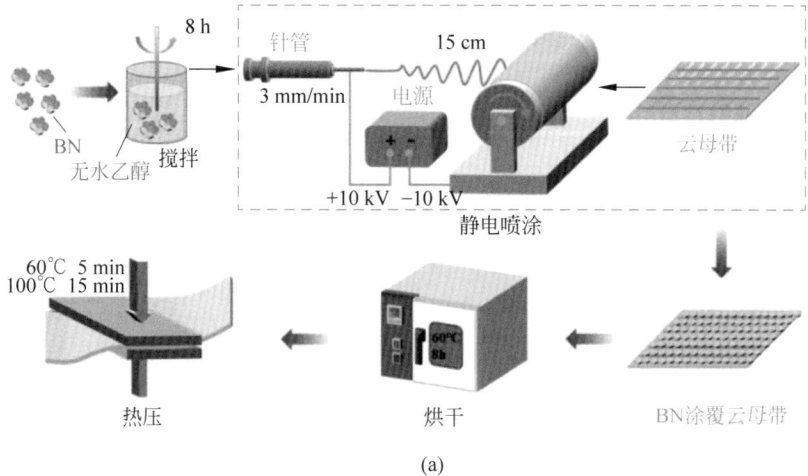

(a)

图 5-10　BN 静电喷涂云母带流程及性能(见文前彩图)

(a)工艺流程;(b)导热性能;(c)击穿场强

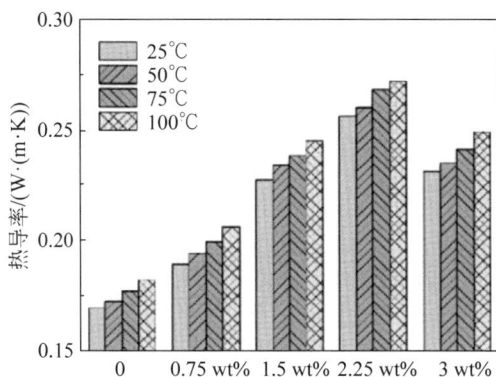

(b)

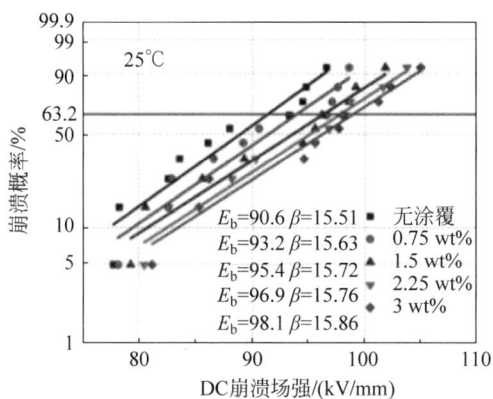

(c)

图 5-10（续）

目前世界上广泛采用的浸渍树脂有三类：第一类为西屋公司（Themalastic 绝缘）和 ABB 公司（Micadur 绝缘）的环氧酸酐/苯乙烯体系；第二类为西门子公司（Micalastic 绝缘）和三菱电机公司的单纯环氧酸酐类体系；第三类为瑞士 Isola 公司（Samicabond 绝缘）的改性不饱和聚酯亚胺树脂。几种典型 VPI 树脂的性能数据见表 5-2[71]。

表 5-2　几种典型 VPI 树脂的性能数据

项　　目	瑞士 ABB Micadur	美国西屋 Thermalastic	德国西门子 Micalastic	瑞士 Isola Samicabond
浸渍树脂体系	环氧酸酐/不饱和聚酯苯乙烯	环氧酸酐/苯乙烯	环氧酸酐/无稀释剂	不饱和聚酯亚胺树脂/苯乙烯

项　　目	瑞士 ABB Micadur	美国西屋 Thermalastic	德国西门子 Micalastic	瑞士 Isola Samicabond
云母带黏合剂	环氧树脂	环氧树脂	环氧树脂	环氧树脂
主绝缘厚度	4.5 mm/ 20 kV	5.4 mm/ 20 kV	1.3 mm/ 5.5 kV	2.5 mm/ 10.5 kV
$\tan\delta$ 室温/热态	0.013/ 6.8(130℃)	<0.02/ 6.0(155℃)	0.04/ 3.5(155℃)	<0.01/ <5.0(155℃)
E_b/(MV/m)	>25	>25	37	>25

从 20 世纪 60 年代至今,VPI 树脂发展很快,国外各公司自成体系。国内公司相对起步较晚,从 20 世纪 80 年代开始仿制,并结合自身特点研制了适合浸渍中胶和少胶云母带的 VPI 树脂。目前,市场上使用的 VPI 浸渍树脂产品多为以西屋公司和 ABB 公司为代表的环氧酸酐/苯乙烯体系和以西门子和公司为代表的单纯环氧酸酐类体系。

(3)防晕材料

绕组表面的防晕层起到改善电场分布的作用,常见的有漆、带等形式。防晕材料主要由半导体材料、补强材料和树脂构成,其中半导体材料主要是石墨和碳化硅,分别应用在线棒的槽部和端部[63]。20世纪 50 年代到 60 年代初,国内使用的发电机防晕材料主要为沥青半导体添加含铁石棉带或玻璃丝带;1965 年以后出现了醇酸半导体漆;1971 年成功开发一次成型工艺,对于多胶模压绝缘体系,这种工艺一直沿用至今[68]。

(4)电磁线

绕组电磁线的种类非常多,构成电磁线绝缘层的常见材料有玻璃纤维、聚酯、漆、膜、复合材料等。对电磁线的性能要求是:适合编织成型,机械强度好,电气性能好,铜扁线与股线绝缘具有良好的黏结性能。考核指标有绕包线伸长率、回弹角、弯曲附着性能、绝缘黏合性能、柔韧性等。1955 年,美国杜邦公司将玻璃纤维和聚酯纤维首先应用于电磁线外绝缘,后发展成 Daglas 线。目前大型发电机电磁线绝缘大多采用漆玻烧结线,绝缘厚度可以减薄到 0.2 mm。

2. 定子铁芯绝缘

定子铁芯材料为电工硅钢片,包括无取向和有取向两种,其中无取向硅钢片使用较多。这类硅钢片一般附带有原始漆膜。原始漆膜为硅酸盐或者磷酸盐,按照国际分类标准,分为 C0~C6 等级。对于中小型电机而言,原始漆膜可以满足一般的性能要求,硅钢片不需要进行额外的涂漆处理。但对于大型发电机而言,为了加强片间绝缘,抑制涡流损耗,要求漆膜附着力好、耐高温、耐磨、耐腐蚀性能强,因此需要进行二次涂漆处理。

硅钢片漆的种类也很多,包括纯有机漆、半无机漆和无机漆等几类。国内在 20 世纪 50 年代研制出纯有机漆并得到了广泛应用,如二甲苯改性醇酸树脂漆 9163 等。20 世纪 80 年代开发了半无机漆,20 世纪 90 年代开始开发水溶性半无机漆,并在 21 世纪初在电机上应用。目前国内的水溶性漆与国外相比仍略有差距,但这种差距已经大大缩小。在硅钢片的涂漆加热过程中,溶剂挥发和漆基分解会产生醛类或含苯等有刺激性或有毒有害物质,因此水溶性半无机漆比溶剂型半无机漆更加环保,故得到了大量的应用,也越来越受到关注。

3. 转子励磁绕组绝缘

相对于定子绕组绝缘而言,转子励磁绕组绝缘更加强调材料的力学性能,这是由其高速旋转形成离心力的结构特点决定的。通常水轮发电机转子转速一般为每分钟几十转或几百转,汽轮发电机的转速高达 3000 r/min。早期的励磁绕组对地绝缘材料为虫胶云母或复合材料,后来发展为环氧玻璃坯布、云母带、环氧玻璃布/NHN/环氧玻璃布复合材料和芳纶纸等[68]。而匝间绝缘常见的材料有间苯二酚环氧玻璃坯布、三聚氰胺玻璃布板和芳纶纸等。除了定子绕组、铁芯和转子绕组部件的本体材料外,发电机上绕组的固定部分还有多种绝缘材料,如槽内固定线棒的槽楔、波纹板、适形材料等。

5.4　电缆绝缘结构与介质材料

近年来,我国经济快速发展,人民生活水平不断提高,能源需求飞速增长,对我国电力系统建设提出了新的挑战。同时,我国疆域辽阔,能源中心与负荷中心分布极不均衡,需要建设特高压、远距离、大容量、低损耗的电能输送通道[72]。未来的电力能源不能仅依赖传统的化石能源,为实现"双碳"目标,还将大规模开发利用可再生能源。目前,我国西部的风能和太阳能受限于传统电力系统的消纳能力,尚未得到充分利用[73]。高压直流电缆输电技术将有效解决大规模远距离输电和新能源消纳两个重要问题。此外,与交流输电系统相比,高压直流输电系统具有线路成本低、无须无功补偿等优点,很好地解决了可再生能源发电与交流网互联的问题。直流电力电缆输电线路也不占用地上输电走廊，能更好地解决跨江、跨景区及特大城市等输电走廊不足的问题。采用高压直流电缆输电技术还能满足对海岛供电和海上风电的需求[74]。因此，电缆作为构建直流电网的关键设备，是直流电网研究与建设的重要基础。但直接采用将交流电缆的设计方案和绝缘材料的制造工艺照搬到直流电缆及其附件的设计和制造中是不可行的。日本曾发现对交联聚乙烯交流电缆预加电场应力后施加极性反转电压时出现了击穿，认为导致传统电缆绝缘击穿最根本的原因是绝缘材料的空间电荷问题。为保证直流电缆安全可靠地运行，围绕直流电缆绝缘的空间电荷及其抑制方法的研究层出不穷，大量学者重点关注直流电缆的绝缘结构与材料的设计优化。

5.4.1　电缆绝缘结构

对于电缆绝缘层中的电场分布，交流电缆与直流电缆有很大的不同。交流电缆中电场分布与介电常数呈反比分布。直流电缆中电场分布与体积电阻率呈正比分布，电阻率与温度和电场强相关。在交流电缆中几乎没有空间电荷累积效应，而直流电缆中有明显的空间电荷累积的影响。交、直流电缆的电场分布示意图如图 5-11（a）所示[75]。

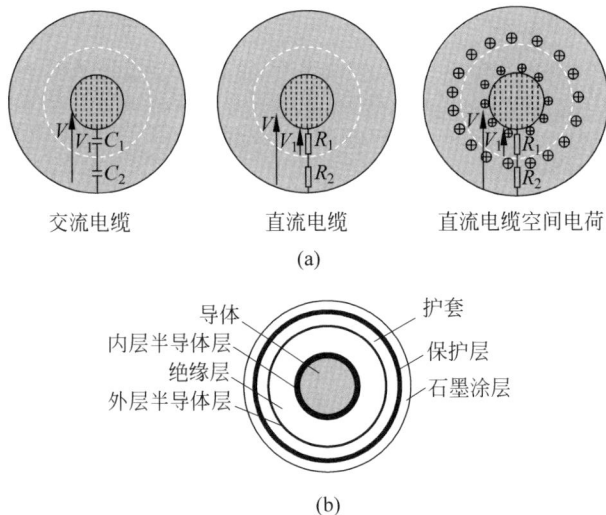

交流电缆　　　　直流电缆　　　直流电缆空间电荷

(a)

导体　　　　　　护套
内层半导体层　　　　　保护层
绝缘层　　　　　　石墨涂层
外层半导体层

(b)

图 5-11　电缆的电场分布

（a）交、直流电缆中的电场分布；（b）单芯电缆的结构示意图；（c）柔直电缆结构

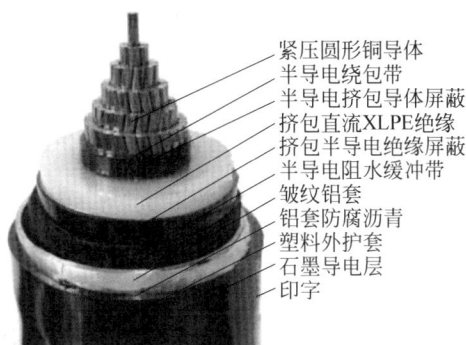

紧压圆形铜导体
半导电绕包带
半导电挤包导体屏蔽
挤包直流XLPE绝缘
挤包半导电绝缘屏蔽
半导电阻水缓冲带
皱纹铝套
铝套防腐沥青
塑料外护套
石墨导电层
印字

(c)

图 5-11（续）

随着电缆的发展，充油电缆、油纸绝缘电缆、浸渍纸绝缘电缆、塑料绝缘挤出电缆相继出现。相对于充油电缆、油纸绝缘电缆、浸渍纸绝缘电缆而言，塑料直流绝缘挤出电缆起步较晚，但是其具有耐高温、传输功率密度大、强度高、质量轻、环保、安装简便等优点，故在面世后得到了迅速推广。同时，由于三层共挤技术的发展，塑料绝缘电缆逐渐成为电缆市场的主流。其中，交联聚乙烯作为电力电缆的绝缘材料，因其优良的性能应用越来越广泛。其制造工艺从最初的"湿法交联"发展到现在的"干法交联"，XLPE 电缆的性能得到了进一步提高。常见的直流电缆结构包含导体、绝缘层、内外层半导体层等，如图 5-11（b）所示[76]。中间的导体一般多为铜材（国产）和铝材（国外）。绝缘层是包裹在导体周围的绝缘材料，用于阻止电流泄漏和防护导体，还起到机械保护的作用。屏蔽层是为了减小电缆的电场分布，防止干扰和外部电磁场的影响。常见屏蔽层的材料主要包括铝箔、铜网和半导电材料等。屏蔽层的选择取决于电缆的使用环境和要求。导体屏蔽层、绝缘层、绝缘屏蔽层三层同时均匀包裹在导体外面，形成绝缘结构，铜丝绕包在绝缘屏蔽外形成金属屏蔽，最外面由铝箔和聚乙烯形成外护套保护电缆。常见的国产±200 kV 直流电缆实物如 5-11（c）所示[77]。

国产的高压直流电缆常见绝缘料的工作温度为 70℃，比现在主流的 XLPE 料工作温度 90℃低了许多，这就导致电缆的载流能力偏小，性价比低。同时，导体主要采用铜，其造价高、质量重，而铝套又易电化学腐蚀，故在其外面还需涂沥青防腐层，在外护套外面要涂石墨导电层，以便外护套实现耐压功能，但沥青和石墨在电缆制造与运行中均易造成环境污染[74,77]。针对上述直流电缆弊端，ABB 公司于 1997 年实验投运

±10 kV 柔直电缆系统,采用铝导体和 XLPE 作为内绝缘,外护层采用铝塑综合防水层。这一技术淘汰了传统的油纸电缆绝缘结构,并于 2013 年在德国北部投运了 ±320 kV 轻型直流系统,成功将 800 MW 海上风电接入欧洲电网。这套成本较低、更为环保的陆地和海底电缆结构如图 5-12 所示[77]。近年来中国的直流电缆技术也快速发展,2013 年南澳 ±160 kV/200 MW、2014 年舟山 ±200 kV/400 MW 和 2015 年厦门 ±320 kV/1000 MW 等柔性直流输电工程实现了塑料绝缘挤出电缆的工程应用[78],所用直流电缆均为国内制造。然而我国直流电缆用到的关键绝缘料与屏蔽料至今依靠国外进口,还需大力发展。

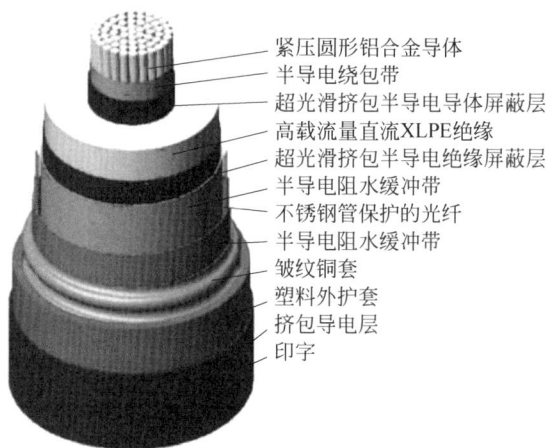

紧压圆形铝合金导体
半导电绕包带
超光滑挤包半导电导体屏蔽层
高载流量直流XLPE绝缘
超光滑挤包半导电绝缘屏蔽层
半导电阻水缓冲带
不锈钢管保护的光纤
半导电阻水缓冲带
皱纹铜套
塑料外护套
挤包导电层
印字

(a)

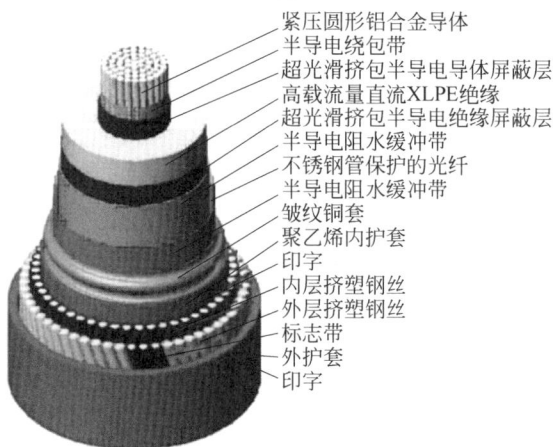

紧压圆形铝合金导体
半导电绕包带
超光滑挤包半导电导体屏蔽层
高载流量直流XLPE绝缘
超光滑挤包半导电绝缘屏蔽层
半导电阻水缓冲带
不锈钢管保护的光纤
半导电阻水缓冲带
皱纹铜套
聚乙烯内护套
印字
内层挤塑钢丝
外层挤塑钢丝
标志带
外护套
印字

(b)

图 5-12　新型直流电缆

（a）陆地电缆；（b）海底电缆

随着塑料绝缘挤出电缆的发展,直流电缆附件作为实现高压直流电缆技术的另一组成部分,其在生产实践中的作用至关重要。直流电缆附件可分为电缆中间接头和电缆终端。其中,中间接头用于连接两条电缆,保证电缆的绝缘和机械强度,电缆终端用于电缆与架空线、母线或开关设备的连接。常见的接头类型为工厂接头和预制式接头。高压陆地电缆由于受运输限制,每段电缆长度≤1~1.5 km,因此使用的接头数量较多。海底电缆可先在工厂中完成接头安装,再用轮船将大长度电缆运输至安装现场。通常制作完成的工厂接头在外观上与电缆本体没有明显区别,预制式接头的外径通常大于电缆本体[79]。

电缆附件往往是电缆系统中的薄弱环节,我国主要城市交流电力电缆附件故障约占电力电缆线路故障的80%左右[80]。由于高压直流电缆附件所用绝缘材料与电缆绝缘不同,且附件制造一般在电缆制造完成后进行,因此附件与电缆之间存在界面。该界面属于典型的多层介质复合绝缘,不仅有不同绝缘的直流电导率分布匹配问题,还有不同绝缘界面处的空间电荷积聚效应,使界面处电场分布发生畸变,甚至在极性反转条件下,界面处局部场强比平均场强高数倍,严重影响绝缘材料性能[81]。因此,对于电缆与附件的界面绝缘特性,在直流电缆附件设计和制造时应予以特别关注。

5.4.2　电缆绝缘材料

高压直流电缆绝缘材料在具备高压交流电缆绝缘材料卓越的电、热、力和化学性能的基础上,还需要满足直流环境下的特殊要求。特殊要求主要指的是绝缘材料的介电性能在不同温度和电场条件下的稳定性和空间电荷积聚的特性。理想的挤出型电缆材料应具备以下特点:低直流电导率,对温度、电场、极性反转和加压时间不敏感;不易积聚空间电荷;高击穿场强,对温度升高和极性反转不敏感;高热导率等[82]。在这些特点中,直流电导率和空间电荷积聚特性是尤为关键的因素。

1. 传统高压直流电缆绝缘材料

作为应用最广的电缆主绝缘材料,交联聚乙烯的绝缘性能是决定电力能源能否实现高效、稳定传输的关键。一方面,电缆材料的直流电导率要足够低,以保证焦耳热损耗小,避免绝缘热失效。通常情况下,525 kV电缆材料比320 kV电缆材料的直流电导率低了近1个数量级,在进行 1.85 倍额定电压实验时,525 kV 直流电缆热击穿风险低于 320 kV 直流电缆[83]。另一方面,空间电荷积聚会造成局部电场畸变,直接影响绝缘材料的电气强度,使材料发生老化和劣化,严重影响塑料电缆的使用寿命。通常认为空间电荷形成与积聚指的是电极注入的可迁移电荷、入陷的载流子、有机或无机杂质的电离并在材料内部发生迁移,最终在某一处叠加形成的电荷包[84]。而随着纳米材料科学的研究快速发展,聚合物基纳米复合材料的特性研究和应用越来越受到国内外学者的高度重视。Takada 和 Hayase 等提出了纳米氧化镁(MgO)复合交联聚乙烯的技术,成功研制出 500 kV 高压直流塑料电缆[85-86]。在电缆材料中添加 SiO_2 可以有效减少空间电荷的积累[87]。有研究表明,纳米颗粒/聚烯烃复合材料的电气绝缘性能与纳米颗粒界面密切相关[88],尤其是界面与击穿场强的关系。实验表明,纳米颗粒的表面处理效果直接影响其电气强度。其中,最为常见的界面改性策略是在纳米颗粒表面接枝硅烷偶联剂,接枝方法有两大类:①硅烷偶联剂先水解,然后与纳米颗粒表面的羟基反应;②选择一种合适的无水反应溶剂,直接与羟基反应[89]。

除了添加纳米颗粒外,还可以通过化学改性减少 XLPE 材料在高压直流下的空间电荷积聚,抑制极性反转中出现绝缘电击穿事故。具体方案是通过化学方法在聚乙烯主链上引入特殊官能团的支链,形成陷阱,捕获空间电荷,提高电缆材料的电性能。如 ABB 公司研发了一种极性共聚单体改性聚乙烯,可以有效降低空间电荷积聚,延长电缆寿命[74]。有专利采用不饱和脂肪酸并接枝到聚乙烯主链上,由于其与聚乙烯具有良好的相容性,且分散性好,可以有效抑制空间电荷的积聚,显著改善电缆在极性反转时的电性能[90]。韩宝忠等发现芳香族衍生物可以提高 PE 和 XLPE 的介电强度,抑制电树枝生长,减少空间电荷。他们认为芳香环的电离势比脂肪族碳氢分子的电离势低很多,通过往复的电离—还原—电离变化消耗高能电子的能量,故绝缘性能更优[91]。此外,低密度聚乙烯是制备直流电缆 XLPE 纳米改性绝缘材料的基础材料,其决定了最终绝缘材料的结构、加工与绝缘性能。原材料的洁净程度很大程度上影响最终 XLPE 料及纳米改性料的超净等级,是制约国产化高压直流电缆发展的重要因素[79]。

2. 环保型高压直流电缆绝缘材料

目前最常用的挤出型塑料电缆的材料为 XLPE,该材料不仅保持了 PE 良好的电气绝缘性能,还通过交联过程使乙烯分子由链状结构转变为网状结构增强了 PE 的耐热性和高温下的机械特性。然而,交联过程使得 PE 从热塑性材料转变成了热固性材料,在电缆寿命到期后无法直接回收再利用,从而产生环保问题[92]。因此,迫切需要研究一种绿色环保、可回收且避免复杂交联过程的高性能直流电缆绝缘材料,以解决大容量直流塑料电缆在环保方面的挑战,推动电力电缆的可持续发展。

对于环保型直流电缆绝缘材料的研究与传统电缆类似,主要集中在以下几种材料上:以聚乙烯、聚丙烯和乙丙橡胶等为代表的热塑性聚烯烃;以聚乙烯基、聚丙烯基共混物等为代表的热塑性聚烯烃共混物;掺杂纳米填料的热塑性聚烯烃纳米复合材料,以及通过化学方法改性的聚烯烃材料[93]。

聚乙烯树脂有着良好的绝缘性能,但是由于熔点低,高温下机械性能有限,使用温度不高。根据分子链结构、分子量和密度的不同,聚乙烯可分为线性低密度聚乙烯(linear low density polyethylene, LLDPE)、低密度聚乙烯和高密度聚乙烯。LDPE 和 HDPE 曾用于早期的塑料电缆中,但随着 XLPE 的出现逐渐被取代。目前,聚乙烯作为环保型直流电缆绝缘材料,其研究主要集中在不采用化学交联的方式下如何提高其工作温度及高温下的各项性能。Lee 等研发了一种不需要化学交联反应,只需要通过物理交联的 PE,该材料可回收再利用,并且展现出比 XLPE 更好的机械和击穿性能[93]。

聚丙烯是另外一种潜在的环保型高压直流电缆绝缘材料,根据其分子链结构,可分为等规聚丙烯(isotactic polypropylene, iPP)、间规聚丙烯(syndiotatic polypropylene, sPP)和无规聚丙烯(atactic Polypropylene, aPP)。聚丙烯具有优良的绝缘性能和抗腐蚀性能,iPP 的熔点高达 160℃以上,长期使用温度为 100~120℃。聚丙烯最大的缺点在于耐寒性能差,低温下易脆断。Yoshino 等比较了 iPP 和 sPP 的分子结构、微观形貌和电气性能,发现 sPP 的结晶温度更低,在高温下形成的球晶粒径约为 iPP 的 $\frac{1}{30} \sim \frac{1}{20}$,因而具有更好的热稳定性和电气绝缘性能,但其价格较高,这也是制约 sPP 发展的因素[94]。为了综合 PE 和 PP 的优点,研究提出了通过乙烯和丙烯单体聚合制备乙烯丙烯共聚物(ethylene-propylene copolymer, EPC)。该共聚物在一定程度上可增加 PP 的柔韧性和抗冲击性能,同时保持较高的工作温度。Hosier 研究了 4 种不同乙烯含量的 EPC、sPP 和 iPP 的热学、机械和电气性能,发现虽然每种样品都有一个或多个较好的性质,但是总体来说没有达到电缆绝缘材料的全部要求[95]。

单纯的 PE、PP 或 EPC 作为环保型高压直流电缆绝缘材料均存在一定的问题,因此研究转向了通过热塑性聚烯烃共混来改善单种聚烯烃性能的方向。Vaughan 等研究发现,将线性聚乙烯和支化聚乙烯共混并通过适当的形貌控制可使其表现出优于 XLPE 的性能[96]。Lee 等发现 EVA 和 HDPE 共混不仅可以改善 HDPE 在常温下的脆性,而且拥有良好的高温耐热和机械性能[97]。也有研究比较了 PP、PP/PEC 共混物和聚丙烯/乙烯-辛烯共聚物(PP/EOC)共混物的空间电荷注入情况,发现 PP/EOC 样品中由于 EOC 是有效的成核剂,减小了 PP 中的球晶尺寸,增加了球晶之间的界面,使 PP/EOC 中球晶界面处的浅陷阱增加,因此其空间电荷要明显少于 PP 或 PP/PEC[98]。

由前文可知,在聚合物电介质中引入纳米颗粒提高材料的电气性能是一种流行的改性方法。添加 ZnO、MgO、Al_2O_3 等不同种类的纳米颗粒均可提高 LDPE 或 PP 的电气性能,如抑制同极性电荷注入和电树生长、增加击穿场强和局部放电电压等[99-102]。以 sPP 为基体,引入 SiO_2 纳米颗粒可以使材料的直流电阻显著提高,空间电荷注入情况也有所改善,如图 5-13 所示[103]。在聚丙烯/弹性体(PP/POE)共混物中,添加纳米 MgO 颗粒能够抑制空间电荷的积聚,提高复合材料的击穿强度和体积电阻率,具有很好的应用前景[104]。

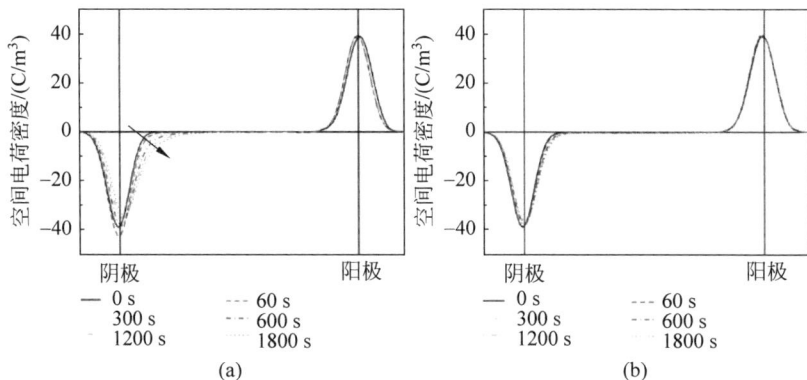

图 5-13 sPP 及复合材料在 60 kV/mm 直流电场作用下 1800 s 时的空间电荷分布(见文前彩图)

(a)SiO_2 纳米颗粒在复合材料中的含量为 0 phr;(b)SiO_2 纳米颗粒在复合材料中的含量为 1 phr;(c)SiO_2 纳米颗粒在复合材料中的含量为 3 phr

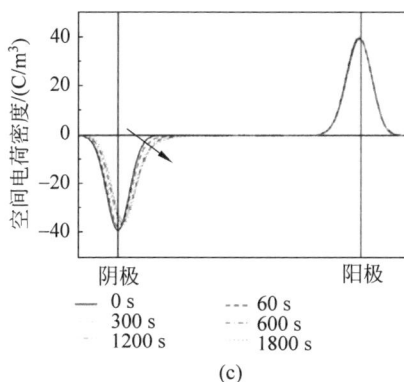

(c)

图 5-13(续)

在聚烯烃分子链上引入特殊官能团接枝,利用接枝基团的反应性和极性,也可以使聚烯烃的加工性及各方面性能得到提高。相关研究表明,在聚乙烯中引入羰基、硝基、氰基、芳香环、马来酸酐、不饱和脂肪酸等极性基团,均可抑制聚乙烯中的空间电荷,并提高体积电阻率[105-107]。

当前,环保型直流电缆绝缘材料,特别是 PP 基绝缘材料展现出了巨大的应用前景,大多正处于实验室大量研究阶段。相对于 XLPE,PP 的优势在于其能够将工作温度提高至 90℃ 以上,因此研究 PP 及改性材料在高温下的各项性能显得尤为重要,仍需大力研究。围绕聚丙烯基环保型直流电缆绝缘材料的开发将对当前电缆制造领域带来巨大突破,是未来电缆制造领域的发展方向。

3. 电缆附件绝缘材料

电缆附件的绝缘材料主要采用三元乙丙橡胶和硅橡胶(silicone rubber,SIR)。SIR 具有良好的电绝缘性、表面憎水性、抗污闪特性、抗漏电起痕性,在交流电缆附件中应用广泛。EPDM 具有优良的电绝缘性能、机械性能、耐热耐寒、耐酸碱性能和抗紫外线性能,目前在国内外高压直流预制式电缆附件中使用更为广泛。Paupardin 等对 EPDM 的空间电荷特性进行了研究,结果表明,在 10 kV/mm 和 20 kV/mm 时,EPDM 试样无明显空间电荷积聚;在 30 kV/mm 和 40 kV/mm 时,EPDM 试样中有少量同极性空间电荷积聚;在极性反转后试样内部存在同极性电荷积聚,电场畸变率约为 30%[108]。

5.5　本章小结

　　近年来,我国经济高速发展,为满足人民的用电需求,电力系统建设不断扩张。其中,高压干式电力装备在电力系统中扮演着关键角色,其绝缘性能严重影响了电力系统发电、输电环节的安全稳定运行。本章介绍了干式电力变压器、盆式绝缘子、发电机绝缘及电缆绝缘这四种典型的高压用干式电力装备,重点围绕着不同设备应用及绝缘结构和材料展开介绍。干式电力变压器以防火、防爆等特点在电力系统(≤110 kV)中广泛应用,其绝缘结构主要分为主绝缘、匝间绝缘和层间绝缘,绝缘材料主要采用了环氧树脂、聚酰亚胺、Nomex 纸等。盆式绝缘子作为直流输电系统中的重要组成部分,主要用于支持和固定高压设备,通常采用环氧树脂及其复合材料,为提升其沿面闪络性能,可采用表面氟化、等离子体处理、涂层、掺杂改性等策略。而大容量发电机的定子线棒绝缘是最关键绝缘结构,主要采用云母带或 VPI 树脂。此外,电缆在输电过程中起到关键作用,特别是在高压直流输电系统中,目前常用的绝缘材料(如 XLPE)具有出色的电气绝缘性能和耐热性。目前,大量研究致力于环保的高性能直流电缆绝缘材料,以解决交联聚乙烯电缆的环保难题。总体而言,高压干式电力装备的发展趋势是追求更高的效率、更可靠的绝缘性能、更环保的材料和工艺。通过不断的研究和创新,可以更好地应对电力系统中的各种挑战,推动电力行业朝着可持续和智能化方向发展。

参考文献

[1]　谢毓城.电力变压器手册[M].北京:机械工业出版社,2003.

[2]　余涛.干式电力变压器技术与应用[M].北京:中国电力出版社,2008.

[3]　郭振岩,刘景江.干式电力变压器发展新动向[J].变压器,2002,39(5):6-9.

[4]　全国变压器标准化技术委员会.变压器类产品型号编制方法:JB/T 3837-2016[S].北京:机械工业出版社,2016.

[5]　马伟伟.环氧树脂浇注干式电力变压器局放特性研究[D].山东大学,2018.

[6]　蔡定国,唐金权.干式电力变压器用绝缘材料、绝缘结构与系统综述[J].绝缘材料,2019,52(11):1-8.

[7]　程小炼,王宜,郑炽嵩,等.Nomex 纸和纸板的电气性能及应用研究[J].造纸科学与技术,2005,(5):34-37.

[8]　陈磊,宋欢,李正胜,等.芳纶纤维材料在电气绝缘和电子领域中的应用进展

[J].绝缘材料,2018,51(10)：7-10,15.

[9]　汪家铭.聚酰亚胺薄膜生产应用与市场前景[J].中国石油和化工经济分析,2012(8)：58-60.

[10]　全国变压器标准化技术委员会.电力变压器第11部分：干式电力变压器：GB/T 1094.11-2007[S].北京：中国标准出版社,2008.

[11]　International Electrotechnical Commission. Power transformer Part 11：Dry type transformer：IEC 60076-11：2018 [S]. Geneva,Switzerland：IEC,2018.

[12]　AN Z L,YIN Q Q,LIU Y Q,et al. Modulation of surface electrical properties of epoxy resin insulator by changing fluorination temperature and time [J]. IEEE Transactions on Dielectrics and Electrical Insulation,2015,22(1)：526-534.

[13]　汪东,李丽英,柯红军.高性能可回收环氧树脂及其复合材料的制备与性能研究[J].高分子学报,2020,51(3)：303-310.

[14]　Xie J,Yang M,Liang J,et al. Self-healing of internal damage in mechanically robust polymers utilizing a reversibly convertible molecular network [J]. Journal of Materials Chemistry A,2021,9(29)：15975-15984.

[15]　陈鹏,肖祥,黄杨珏,等.干式电力变压器用高性能硅橡胶绝缘材料研究[J].绝缘材料,2019,52(11)：35-38.

[16]　徐旭,饶保林,李冰,等.硅微粉用量对干式电力变压器用环氧浇注料性能的影响[J].绝缘材料,2010,43(1)：56-57.

[17]　何永秀,赵四化,李莹,等.中国电力工业与国民经济增长的关系研究[J].产业经济研究,2006,(1)：47-53.

[18]　梁旭明,张平,常勇.高压直流输电技术现状及发展前景[J].电网技术,2012,36(4)：1-9.

[19]　崔博源,王宁华,王承玉,等.特高压气体绝缘金属封闭开关设备用盆式绝缘子的质量控制[J].高电压技术,2014,40(12)：3888-3894.

[20]　洪国耀,赵羲英,陈冰.小型化 SF_6 气体绝缘金属封闭开关设备的研究开发[J].高压电器,2012,48(10)：78-82.

[21]　MESSERER F,BOECK W. Gas insulated substation（GIS）for HVDC [C]//Proceedings of Electrical Insulation and Dielectric Phenomena,2000 Report Conference on. Piscataway：IEEE,2000：698-702.

[22]　邱毓昌.GIS装置及其绝缘技术[M].北京：水利电力出版社,1994.

[23]　FANG Z,FOURACRE R A,FARISH O. Investigations of surface charging of DC insulator spacers [C]//Proceedings of Electrical Insulation and Dielectric Phenomena. Piscataway：IEEE,1996：149-152.

[24]　王东举.特高压直流输电系统换流站操作过电压机理与绝缘配合研究[D].浙江大学,2015.

[25]　王超,李文栋,陈泰然,等.550kV GIS盆式绝缘子小型化设计（一）-几何形状优化[J].电工技术学报,2022,37(7)：1847-1855.

[26]　黎斌.GIS盆式绝缘子金属外圈及屏蔽内环设计的必要性[J].高压电器,2012,48(8)：109-113.

[27] 黎斌. SF$_6$ 高压电器设计[M]. 北京：机械工业出版社，2010.

[28] 曹云东，刘晓明，刘冬，等. 动态神经网络法及在多变量电器优化设计中的研究[J]. 中国电机工程学报，2006，26(8)：112-116.

[29] 张施令，彭宗仁，王浩然，等. 盆式绝缘子多物理场耦合数值计算及结构优化[J]. 高电压技术，2020，46(11)：3994-4005.

[30] 贾云飞，高璐，汲胜昌，等. 基于有限元仿真和遗传算法的 1100kV 盆式绝缘子电气、机械性能综合优化[J]. 高电压技术，2019，45(12)：3844-3853.

[31] 李文栋，王超，陈泰然，等. 550kV GIS 盆式绝缘子小型化设计(二)-介电分布优化[J]. 电工技术学报，2022，37(11)：2743-2752.

[32] WHARNE R. 环氧树脂在重型电气设备中的应用[J]. 绝缘材料，1974(5)：73-78.

[33] 俞翔霄，俞赞琪，陆惠英. 环氧树脂电绝缘材料[M]. 北京：化学工业出版社，2007.

[34] TENBOHLEN S, SCHRODER G. The influence of surface charge on lightning impulse breakdown of spacers in SF$_6$[J]. IEEE Transactions on Dielectrics and Electrical Insulation，2000，7(2)：241-246.

[35] NAKANISHI K, YOSHIOKA A, ARAHATA Y, et al. Surface charging on epoxy spacer at DC stress in compressed SF$_6$ gas [J]. IEEE Power Engineering Review，1983，3(12)：46-46.

[36] SATO S, ZAENGL W S, KNECHT A. A numerical analysis of accumulated surface charge on DC epoxy resin spaces [J]. IEEE Transaction on Electrical Insulation，1987，22(3)：333-340.

[37] 丁曼，成永红，阴玮，等. 真空 ns 脉冲下环氧复合材料表面电荷特性[J]. 高电压技术，2009，35(1)：157-162.

[38] 王蓓，张贵新，王强，等. SF$_6$ 及空气中绝缘子表面电荷的消散过程分析[J]. 高电压技术，2011，37(1)：99-103.

[39] LIU Y, AN Z, CANG J, et al. Significant suppression of surface charge accumulation on epoxy resin by direct fluorination [J]. IEEE Transactions on Dielectrics and Electrical Insulation，2012，19(4)：1143-1150.

[40] AN Z, YIN Q, LIU Yag, et al. Modulation of surface electrical properties of epoxy resininsulator by Changing fluorination temperature and time [J]. IEEE Transactions on Dielectrics and Electrical Insulation，2015，22(1)：526-534.

[41] ZHANG B, ZHANG G, WANG Q, et al. Suppression of surface charge accumulation on Al$_2$O$_3$-filled epoxy resin insulator under dc voltage by direct fluorination [J]. AIP Advances，2015，5(12)：127207.

[42] DU B X, LI J. Surface charge coupling behavior of fluorinated polyimide film under DC and pulse voltage [J]. IEEE Transactions on Dielectrics and Electrical Insulation，2017，24(1)：567-573.

[43] ZHOU R, SUN G, SONG B, et al. Mechanism of F$_2$/N$_2$ fluorination

mitigating vacuum flashover of polymers [J]. Journal of Physics D, 2019, 52(37): 375304.

[44] KONG F, CHANG C, MA Y, et al. Surface modifications of polystyrene and their stability: A comparison of DBD plasma deposition and direct fluorination [J]. Applied Surface Science, 2018, 459: 300-308.

[45] AN Z, SHEN Z, GAO W, et al. Enhancement of DC flashover of liquid silicone rubber by direct fluorination [J]. IEEE Transactions on Dielectrics and Electrical Insulation, 2020, 27(6): 2023-2030.

[46] SHAO T, YANG W, ZHANG C, et al. Enhanced surface flashover strength in vacuum of polymethylmethacrylate by surface modification using atmospheric-pressure dielectric barrier discharge [J]. Applied Physics Letters, 2014, 105(7): 071607.

[47] SHAO T, LIU F, HAI B, et al. Surface modification of epoxy using an atmospheric pressure dielectric barrier discharge to accelerate surface charge dissipation [J]. IEEE Transactions on Dielectrics and Electrical Insulation, 2017, 24(3): 1557-1565.

[48] CHEN X, CHEN S, ZHANG B, et al. Promotion of epoxy resin surface electrical insulation performance and its stability by atmospheric fluorocarbon dielectric barrier discharge [J]. IEEE Transactions on Dielectrics and Electrical Insulation, 2020, 27(6): 1973-1981.

[49] ZHANG B, WANG Q, ZHANG Yu, et al. A self-assembled, nacre-mimetic, nano-laminar structure as a superior charge dissipation coating on insulators for HVDC gas-insulated systems [J]. Nanoscale, 2019, 11(39): 18046-18051.

[50] WANG T, ZHANG G, ZHANG B, et al. Oriented boron nitride nanosheet films for thermal management and electrical insulation in electrical and electronic equipment [J]. ACS Applied Nano Materials, 2021, 4 (4): 4153-4161.

[51] TU Y, ZHOU F, JIANG H, et al. Effect of nano-TiO_2/EP composite coating on dynamic characteristics of surface charge in epoxy resin [J]. IEEE Transactions on Dielectrics and Electrical Insulation, 2018, 25(4): 1308-1317.

[52] DU B X, WANG Z, LI J, et al. Epoxy insulator with surface graded-permittivity by magnetron sputtering for gas-insulated line [J]. IEEE Transactions on Dielectrics and Electrical Insulation, 2020, 27(1): 197-205.

[53] WANG T, ZHANG B, LI D, et al. Metal nanoparticle-doped epoxy resin to suppress surface charge accumulation on insulators under DC voltage [J]. Nanotechnology, 2020, 31(32): 324001.

[54] 王天宇, 李大雨, 侯易岑, 等. SiO_2纳米颗粒表面接枝对环氧树脂纳米复合电介质表面电荷积聚的抑制 [J]. 高电压技术, 2020, 46(12): 4129-4137.

[55] 漆临生, 梁智明. 发电机定子线棒导线绝缘结构实验研究[J]. 绝缘材料,

2005,(3):19-26.

[56] 何智江.三峡左岸电站发电机定子线棒主绝缘技术特点述评[J].水电站机电技术,2004,(1):39-42.

[57] 朱德恒,严璋.高电压电机绝缘[M].北京:清华大学出版社,1992,45-50.

[58] 姚国萍.国外百万千瓦级汽轮发电机定子绝缘结构与材料研讨[J].绝缘材料,2005,(5):42-45.

[59] 刘松,薛强.24kV级汽轮发电机绝缘技术研究[J].东方电气评论,2003,17(9):161-164.

[60] 蔡明茹.我国高电压大电机绝缘系统的新发展[J].电器工业,2003,(8):44-48.

[61] 韩绍坤.桐马绝缘在大型发电机中的应用[J].大电机技术,1989,(4):15-19.

[62] KAKO Y. Voltage endurance and degradation processed of insulation system for high voltage rotating machine [J]. Electrical Insulation,1980,(16):15-24.

[63] 赵慧春.高压电机定子线棒绝缘结构设计及其性能研究[D].哈尔滨理工大学,2009.

[64] WICHMANN A. Accelerated voltage endurance testing of micaceous insulation system for large turbogenerators under combined stresses[J]. Power Apparatus and System,1996,(1):255-260.

[65] 王绍禹,金维芳.大型发电机定子绝缘槽电场分布与改进结构的探讨[J].中国电机工程学报,1985,(5):34-40.

[66] ROBERTS A. The calculation of the increase in integrated energy and loss tangent values arising from the use of non-linear stress grading materials on the coils of high voltage rotating AC machine [J]. Dielectric Materials Measurements and Application,1984,(12):263-266.

[67] Greg C S(格雷格 C.斯通).旋转电机的绝缘设计评估老化实验修理[M].北京:中国电力出版社,2011:55-56.

[68] 满宇光.大型高压发电机的绝缘材料发展概述[J].绝缘材料,2014,47(1):12-16.

[69] GU J W,ZHANG Q Y,DANG J,et al. Thermal conductivity epoxy resin composites filled with boron nitride [J]. Polymers for Advanced Technologies,2012,23(6):1025-1028.

[70] FENG Y,HE Z,YANG Z,et al. Enhanced thermal conductivity and insulation properties of mica tape with BN coating via electrostatic spraying technology [J]. Journal of Applied Polymer Science,2022,139(42):e53034.

[71] 吴丹,虞鑫海,徐永芬.国内外真空压力浸渍树脂的发展现状[J].绝缘材料,2008,41(5):23-26.

[72] 梁旭明,张平,常勇.高压直流输电技术现状及发展前景[J].电网技术,2012,36(4):1-9.

[73] 汤广福,罗湘,魏晓光.多端直流输电与直流电网技术[J].中国电机工程学

报,2013,33(10):8-17.

[74] 李忠磊,杜伯学.高压直流交联聚乙烯电缆运行与研究现状[J].绝缘材料, 2016,49(11):9-14.

[75] 张翀,查俊伟,王思蛟,等.高压直流电缆绝缘材料的发展与展望[J].绝缘 材料,2016,49(2):1-9.

[76] 胡钰林.电线电缆绝缘检测技术的研究[D].东南大学,2004.

[77] 杨黎明,朱智恩,杨荣凯,等.柔性直流电缆绝缘料及电缆结构设计[J].电 力系统自动化,2013,37(15):117-124.

[78] XIE S,FU M,YIN Y,et al. Triple jumps of XLPE insulated HVDC cable development in China:from 160 kV,200 kV to 320 kV [C]//Proceedings of the 9th International Conference on Insulated Power Cables,Versailles, France:Jicable,2015:A9.6.

[79] 钟力生,任海洋,曹亮,等.挤包绝缘高压直流电缆的发展[J].高电压技术, 2017,43(11):3473-3489.

[80] ZHENG Z,BOGGS S. Defect tolerance of solid dielectric transmission class cable [J]. IEEE Electrical Insulation Magazine,2005,21(1):35-41.

[81] ZHANG Y,LEWINER J,ALQUIE C,et al. Evidence of strong correlation between space-charge buildup and breakdown in cable insulation [J]. IEEE Transactions on Dielectrics and Electrical Insulation,1996,3(6):778-783.

[82] MAZZANTI G,MARZINOTTO M. Extruded cables for high voltage direct current transmission: advances in research and development [M]. Hoboken,USA:John Wiley & Sons,Inc.,2013:23-27.

[83] GUSTAFSSON A,JEROENSE M,GHORBANI H,et al. Qualification of an extruded HVDC cable system at 525 kV [C]//Proceedings of the 9th International Conference on Insulated Power Cables,Versailles,France: Jicable,2015:A7.1

[84] LE ROY S,SEGUR P,TEYSSEDRE G,et al. Description of bipolar charge transport in polyethylene using a fluid model with a constant mobility: model prediction[J]. Journal of Physics D,2004,37(2):298-305.

[85] TAKADA T,HAYASE Y,TANAKA Y. Space charge trapping in electrical potential well caused by permanent and induced dipoles for LDPE/MgO nanocomposites [J]. IEEE Transactions on Dielectrics and Electrical Insulation,2008,15(1):152-160.

[86] HAYASE Y,AOYAMA H,TANAKA Y,et al. Space charge formation in LDPE/MgO nano-composites thin film under ultra-high DC electric stress [C]//Proceedings of the 8th International Conference on Properties and Applications of Dielectric Materials,Bali,2006:159-162.

[87] 王霞,王陈诚,朱有玉,等.高压直流塑料电缆绝缘用纳米改性交联聚乙烯 中的空间电荷特性[J].高电压技术,2015,41(4):1096-1113.

[88] ROY M,NELSON J K,MACCRONE R K,et al. Polymer nanocomposite

dielectrics-the role of the interface [J]. IEEE Transactions on Dielectrics and Electrical Insulation,2005,12(4): 629-643.

[89] HUANG X Y,LIU F,JIANG P K. Effect of nanoparticle surface treatment on morphology,electrical and water treeing behavior of LLDPE composites [J]. IEEE Transactions on Dielectrics and Electrical Insulation,2010, 17(6): 1697-1704.

[90] GABRIELE P,MILANO A,ENRICO L. Electrical Cable for High Voltage Direct Current Transmission, and Insulating Composition: US, 20130000945A1[P]. 2013-01-03.

[91] 张辉,李玥,韩宝忠,等. 芳香酮异构化反应影响聚乙烯电击穿强度的理论研究[J]. 东北师大学报,2013,45(3): 101-105.

[92] 何金良,彭琳,周垚. 环保型高压直流电缆绝缘材料研究进展[J]. 高电压技术,2017,43(2): 337-343.

[93] LEE J S,CHO K C,KU K H,et al. Recyclable insulation material based on polyethylene for power cable [C]//Proceedings of 2012 International Conference on Condition Monitoring and Diagnosis,Bali,Indonesia: IEEE, 2012: 88-90.

[94] KIM D W, YOSHINO K. Morphological characteristics and electrical conduction in syndiotactic polypropylene [J]. Journal of Physics D,2000, 33(4): 464-471.

[95] HOSIER I L, REAUD S, VAUGHAN A S,et al. Morphology,thermal, mechanical and electrical properties of propylene-based materials for cable applications [C]//Proceedings of 2008 IEEE International Symosium on Electrical Insulation,Vancouver,Canada: IEEE,2008: 502-505.

[96] GREEN C D, VAUGHAN A S,STEVENS G C,et al. Recyclable power cable comprising a blend of slow-crystallized polyethylenes [J]. IEEE Transactions on Dielectrics and Electrical Insulation,2013,20(1): 1-9.

[97] KWON J H,PARK M H, LIM K J,et al. Investigation on electrical characteristics of HDPE mixed with EVA applied for recycleable power cable insulation [C]//Proceedings of 2012 International Conference on Condition Monitoring and Diagnosis, Bali, Indonesia: IEEE, 2012: 1039-1042.

[98] DANG B,HE J L,HU J,et al. Large improvement in trap level and space charge distribution of polypropylene by enhancing the crystal-line-amorphous interface effect in blends [J]. Polymer International,2016, 65(4): 371-379.

[99] PENG S M,HE J L, HU J,et al. Influence of functionalized MgO nanoparticles on electrical properties of polyethylene nanocomposites [J]. IEEE Transactions on Dielectrics and Electrical Insulation,2015,22(3): 1512-1519.

[100]　吴建东,尹毅,兰莉,等. 纳米填充浓度对 LDPE/Silica 纳米复合介质中空间电荷行为的影响[J]. 中国电机工程学报,2012,32(28)：177-183.

[101]　WANG S J,ZHA J W,WU Y H,et al. Preparation,microstructure and properties of polyethylene/alumina nanocomposites for HVDC insulation [J]. IEEE Transactions on Dielectrics and Electrical Insulation,2015,22(6)：3350-3356.

[102]　DANG B,ZHOU Y,HE J L,et al. Relationship between space charge behaviors and trap level distribution in polypropylene/propylene ethylene rubber/ZnO nanocomposites [C]//Proceedings of the IEEE Conference on Electrical Insulation and Dielectric Phenomena,Toronto,Canada：IEEE,2016：595-598.

[103]　DANG B,HE J L,HU J,et al. Tailored sPP/Silica nanocomposite for ecofriendly insulation of extruded HVDC cable [J]. Journal of Nanomaterials,2015：686248.

[104]　ZHOU Y,HE J L,HU J,et al. Surface-modified MgO nanoparticle enhances the mechanical and direct-current electrical characteristics of polypropylene/polyolefin elastomer nanodielectrics [J]. Journal of Applied Polymer Science,2016,133(1)：42863.

[105]　ZHOU Y,HU J,CHEN X,et al. Thermoplastic polypropylene/aluminum nitride nanocomposites with enhanced thermal conductivity and low dielectric loss [J]. IEEE Transactions on Dielectrics and Electrical Insulation,2016,23(5)：2768-2776.

[106]　MASAAKI I,YOSHIMI S. Electrical insulating resin material,electrical insulating material,and electric wire and cable using the same：US6479590 [P]. 2002-11-12.

[107]　PEREGO G,ALBIZZATI E. Electrical cable for high voltage direct current transmission,and insulating composition：US8257782[P]. 2012-09-04.

[108]　PAUPARDIN M L,MAMMERI M,LECOURTIER N,et al. 345 kV DC XLPE extruded cable systems development [C]//Proceedings of the 9th International Conference on Insulated Power Cables,Versailles,France：Jicable,2015：A6. 4.

第6章

聚合物绝缘封装的热管理

6.1　绝缘封装热管理意义与基本要求

随着全球化石能源枯竭、环境污染加剧,为保证我国经济、社会的长期发展形势,电力行业按照 2030 年"碳达峰"、2060 年"碳中和"的发展规划,以绿色、低碳为主要发展目标,大力推动可再生能源并网,实现能源结构的转型。目前,以光伏发电、风力发电为代表的可再生能源通过大量电力电子设备接入电网,如电力电子器件、电力电子变压器、有源滤波器等。

由于新型电力系统对电能变换效率的高要求,近年来以碳化硅(SiC)和氮化镓(GaN)为代表的高耐压电力电子器件研发和应用取得大规模发展,而运载工具如高铁、电动汽车、舰船等对电气设备的轻量化、小型化追求也使得电能变换设备向着高频化发展。总之,电力电子型电力设备正朝着高压、高频、高功率密度化方向的发展,这也导致设备单位体积内的产热量急剧增加,热量积累及温升加速了绝缘封装材料的老化失效,极大地降低了设备的可靠性和寿命[1-2]。

因此,在电力电子型电力设备大量应用的将来,急需引入电子设备设计中常见的热管理技术,以确保设备在正常工作温度范围内运行。对于电子设备而言,热管理的主要目标是优化设备的热平衡,确保其在各种工作负载和环境条件下都能维持适当的温度,以延长设备寿命和确保稳定运行。为了解决这个问题,热管理系统通常包括导热材料、散热片、冷却机构、温度传感器等组件[3-6]。对于电力电子型电力设备热管理系统的设计而言,其外接的散热组件可模仿电子设备,但其内部存在高电压,因此还需重点考虑封装材料的绝缘性能与导热性能的平衡。

相比于空气、六氟化硫(SF_6)气体、绝缘油等电介质,以环氧树脂和硅橡胶为代表的固体绝缘封装材料,由于具有绝缘性能较为优异、制备工艺简单等优点,常用于电力设备的封装以减小整体设备体积。然而环氧树脂和硅橡胶的导热系数(0.1~0.2 W/(m·K))较低,比设备内的导体材料、半导体材料、磁性材料低 1~3 个数量级,远不能满足实际的热管理需求,严重制约了电力设备功率密度的提升[7-8]。因此,聚合物绝缘封装的热管理技术应围绕如何同时实现材料的高导热与高绝缘展开。

可以预见的是,高导热聚合物绝缘封装材料将会被应用在电力电子型电力设备或集成电力装备中,以实现电气隔离、降低设备运行的内外温差、防止高压下绝缘热失效等主要功能。该类材料还可以为绕组、焊点等提供机械保护,减少设备内材料间热膨胀系数差异引起的气隙缺陷和局部机械应力不均现象。此外,聚合物绝缘封装材料也可以作为屏障,保护设备的核心部分(如绕组、磁芯、开关等),使其免受湿气、辐射、振动等环境影响。然而,为了能进行大规模工业化推广与应用,高导热聚合物绝缘封装材料在实际设计过程还需具有良好的加工性能,以便其能够轻松流动并完全填充在绕组间或开关和基板间等间隙[9]。此外,如若聚合物封装材料与设备内其他材料的 CTE 差异越小,自身的玻璃化转变温度 T_g 越高,高压、高温绝缘性能越优异,这都可以显著提升电力设备在高温下的运行可靠性。因此,开发具有优异的热—电—加工—机械等综合性能,特别是高导热、高绝缘、低黏度的聚合物基封装材料,是电力行业迫切的需求和挑战。

6.2 材料导热与绝缘特性关系

3.1 节已介绍了聚合物的导热机理与提升热导率的方法,但对于高压电力设备用绝缘封装材料还需要其他性能的权衡。绝缘封装材料的导热性能与绝缘性能未必成正比[10-11]。由于大多数聚合物的分子链无序排列和分子链间的相互作用较弱,分子链的非晶态结构和随机振动将降低声子的自由程,引起大量的声子散射,导致其导热系数低。本征导热材料目前对热导率的提升有限,或制备工艺极为复杂,本节不对其进行赘述。当前,导热绝缘封装材料制备的主要思路是通过在聚合物基体中添加高导热的无机颗粒来提升热导率,即填充型导热材料。填料填充量越高,往往导热系数越高。对于高压用的封装材料,需要考虑导热填料的类型、含量、直径,以及导热填料与聚合物基体电性能的不同(如介电特性、电导率等)对绝缘性能的影响。填充高含量的导热填料不仅会增加加工的难度,还可能在聚合物内部引入缺陷。因此,评估聚合物复合材料在高压应用中的绝缘特性需要进行击穿测试(击穿场强、击穿时间)、高压电导测试等。近年来,许多学者围绕着导热聚合物复合材料的绝缘特性展开研究。本节将按照不同的应用场景进行分类和介绍。

6.2.1 直流/工频(50 Hz)电压

Tanaka 等使用不同的氮化硼,将其掺杂于环氧树脂中,并分析了填料取向、填料填充量、不同导热填料的比例及填料表面改性等因素对击穿强度、局部放电、耐压时间等因素的影响[12-13]。清华大学党智敏等制备了氮化硼纳米片(BNNSs)/苯乙烯—乙烯—丁烯—苯乙烯嵌段共聚物(SEBS)/聚丙烯复合材料,结果表明,在 3 phr 的 BNNSs 含量下,复合材料的热导率从 PP 基体的 0.42 W/(m·K)提升至 1.38 W/(m·K),其直流击穿场强及空间电荷抑制效果都有明显提升,如图 6-1 所示[14]。

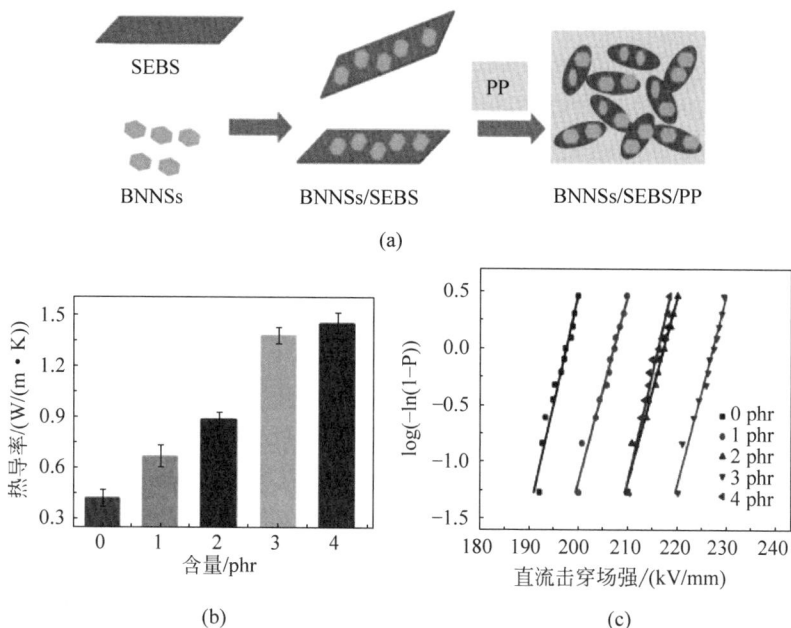

(a)

(b)   (c)

图 6-1 BNNSs/SEBS/PP 复合材料的导热与绝缘性能(见文前彩图)
(a) 导热绝缘材料设计思路;(b) BNNSs 含量与复合材料热导率的关系;
(c) BNNSs 含量与直流击穿场强的关系;(d) 0 phr BNNSs 含量下的空间电荷密度;
(e) 3 phr BNNSs 含量下的空间电荷密度

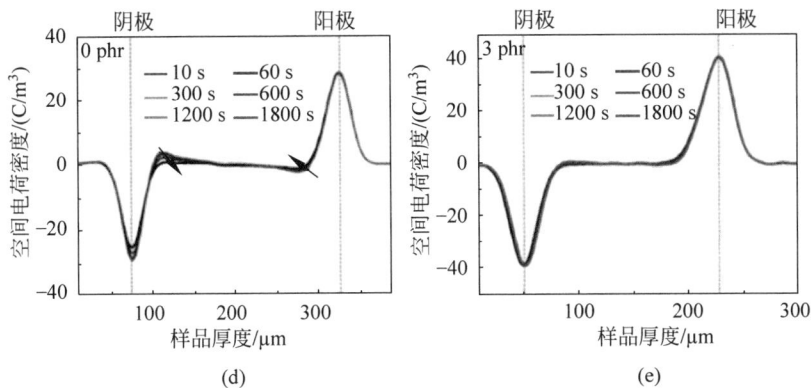

图 **6-1**（续）

　　成永红等研究将氧化铝（AO）、核壳型多巴胺修饰氧化铝（AO*），以及 AO*@Ag 作为导热填料添加到环氧树脂基体中，测试基体的导热与绝缘性能。当 AO*@Ag/epoxy 含量为 22.9 vol% 时击穿场强为 65.5 kV/mm（50 Hz），与同体积分数下 AO/epoxy 相比提升了 24%（52.8 kV/mm）。制备的 AO*@Ag/epoxy 的热导率（75℃）也由 AO* 体系的 0.55 W/(m·K) 提升至 0.60 W/(m·K)，如图 6-2 所示[10]。张晓星等通过掺杂纳米银颗粒（AgNPs）修饰的氮化硼纳米片（BNNSs）来制备环氧树脂复合材料，当填充量为 25 vol% 时，环氧复合材料的热导率达到了 2.14 W/(m·K)，工频击穿场强为 29.85 kV/mm，比纯环氧高了 4.04 kV/mm[15]。

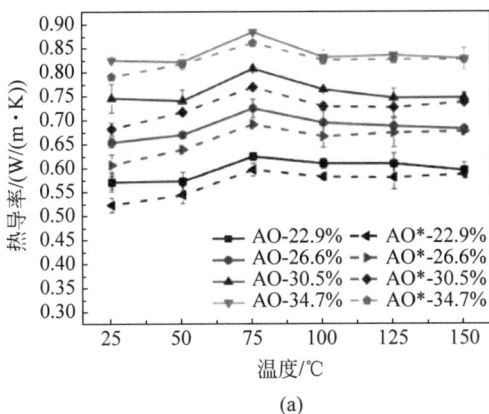

图 **6-2 AO、AO*、AO*@Ag 环氧复合材料的导热与绝缘性能**（见文前彩图）
　　（a）AO、AO* 环氧复合材料的热导率；（b）AO*@Ag 环氧复合材料的热导率；
　　（c）AO、AO* 环氧复合材料的工频击穿场强；（d）AO*@Ag 环氧复合材料的
工频击穿场强

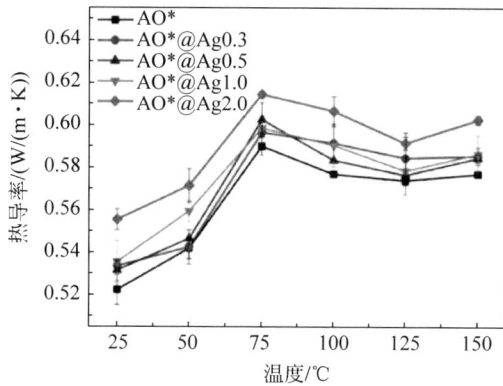

(b)

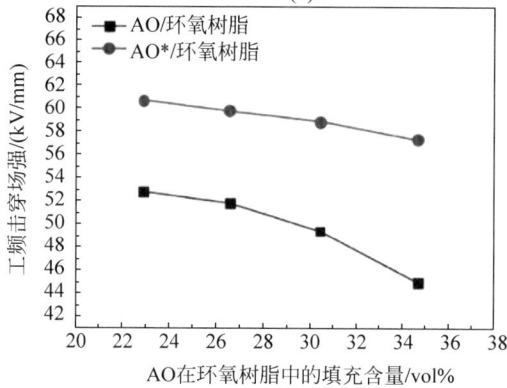

(c)

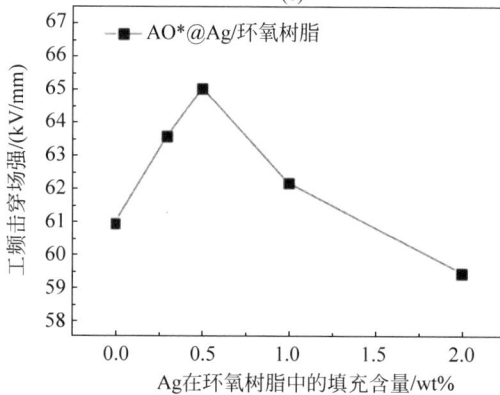

(d)

图 6-2（续）

此外，也有研究工作围绕导热聚合物复合材料在直流下的耐电树、耐电痕特性开展。杜伯学等发现，将微米氮化硼（BN）添加在环氧树脂中，随着填料含量的增加，环氧树脂耐电痕时间增加，可能是 BN

增加了热导率抑制了局部的热积累,延长了绝缘破坏的时间[16]。尹毅等制备并研究了微米和纳米氧化铝(Al$_2$O$_3$)环氧树脂复合材料的击穿和耐电树特性,结果发现,纳米、微米颗粒对直流击穿场强的影响分别是提升和降低,但两种不同直径的氧化铝颗粒都增强了环氧树脂基体抑制电树枝生长的能力[17-18]。

6.2.2　高频电压(几百赫兹~几十千赫兹)

陈向荣等将聚多巴胺修饰 BN 微米片和核壳结构 TiO$_2$@SiO$_2$ 纳米颗粒填充进环氧树脂中,添加的微米氮化硼有利于提高环氧复合材料的热导率(最大可以提高至 0.67 W/(m·K)),而添加的核壳结构有利于改善环氧复合材料高频下的绝缘性能,如图 6-3(a)所示。该复合材料有望应用于电力电子设备封装[11]。

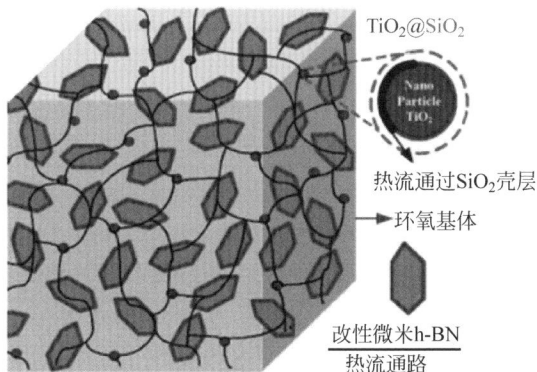

(a)

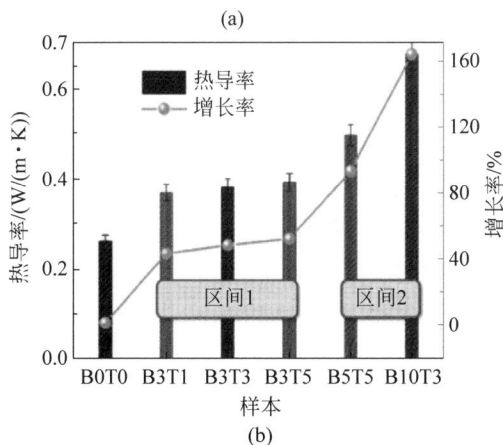

(b)

图 6-3　BN/TiO$_2$@SiO$_2$ 环氧复合材料的导热与高频绝缘性能(见文前彩图)

(a) BN/TiO$_2$@SiO$_2$ 环氧复合材料导热网络示意图;(b) BN/TiO$_2$@SiO$_2$ 环氧复合材料的热导率;(c) BN/TiO$_2$@SiO$_2$ 环氧复合材料在 10 kHz 下的击穿场强

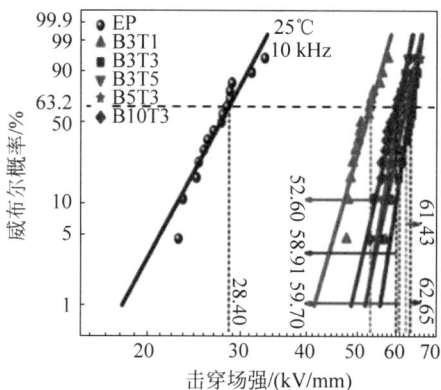

(c)

图 6-3（续）

杨颖等采用冰模板法制备了氮化硼—纤维素三维导热网络,在氮化硼质量分数为 31.1 wt% 时,热导率达到了 1.19 W/(m·K);在 44 kHz、13 kV 下,其耐压时长从纯环氧的 18.85 s 提升到 79.97 s[19]。在随后的工作中,该研究团队优化了导热网络构建策略,引入了 NH_4HCO_3 球状材料作为牺牲模板,使得 BN 的定向排列更加有序,在相同质量分数下复合材料的热导率达到 1.62 W/(m·K),在 44 kHz 下的击穿时间提升至 109.04 s,如图 6-4 所示[20]。虽然采用冰模板法实现了导热填料的定向排布,使其在低填充量时即可具有高热导率,有效地提升了高频高压下的绝缘性能,但该方案过于精巧细致,难以实现工业化生产。

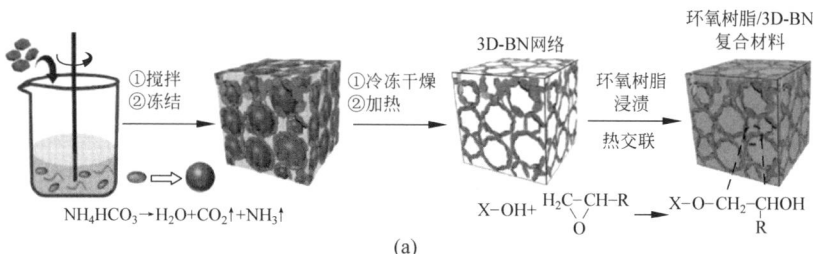

(a)

图 6-4 采用冰模板法制备的 BN/环氧复合材料的导热与高频绝缘性能(见文前彩图)

(a) BN/环氧复合材料导热网络设计思路;(b) BN/环氧复合材料的热导率;
(c) BN/环氧复合材料在 44 kHz、13 kV 下的击穿时间

(b)

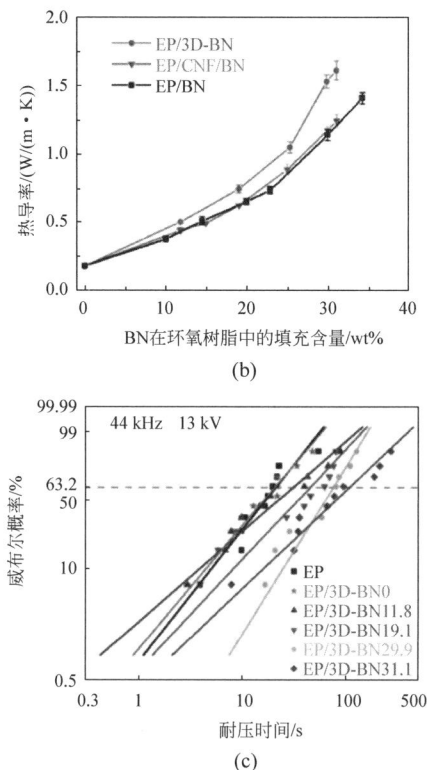

(c)

图 6-4(续)

总体来说,相较于传统的直流/工频高压领域,高频高压下的聚合物绝缘性能显著下降。目前,针对聚合物材料在高频高压下绝缘特性的研究较少,封装材料设计思路主要还是通过提升材料的热导率来提升绝缘性能。为保证聚合物材料具有优异的导热与绝缘性能,通常可以采用绝缘性能良好的氧化物(Al_2O_3、ZnO、MgO、SiO_2 等)和氮化物(BN、AlN 等)作为填料。但随着导热填料填充量的增加,填料与基体界面结合性、填料直径与类型的差异都将使加工性能下降,进而间接或直接影响聚合物内的绝缘缺陷含量。因此,关于电介质在高频高压下的绝缘失效问题的主导因素还需进一步探究,进而指导封装材料的设计。

6.3 材料导热与加工性能关系

为了有效提高聚合物绝缘封装材料的导热性能,往往需要高填充量的导热无机颗粒,这会显著增加聚合物复合材料悬浮液的加工黏度,严重影响封装难度,还可能引入绝缘缺陷。因此,材料的导热与加工性能(如黏度参数)之间需要适当的平衡,使材料能在较低的黏度下实现较高的导热特性。

6.3.1 填料形状与尺寸分布对黏度影响

颗粒与周围流体之间的相对运动是流体的动力来源。液态灌封胶(环氧树脂,硅橡胶等)中的固体填料会引起流场中的流体动力扰动,从而增加能量耗散并产生更高的黏度[21]。随着填料含量的增加,悬浮液的黏度也会增加,这是因为颗粒使聚合物悬浮液的流动受阻,增加了能量耗散[22]。此外,在给定的填料体积分数下,含有非球形颗粒的悬浮液比含有球形颗粒的悬浮液具有更高的黏度,因为非球形颗粒周围的悬浮液的流动阻力较大,并且颗粒与颗粒碰撞的可能性更高,如图 6-5(a)所示[23]。

颗粒的尺寸分布也会影响聚合物悬浮液的黏度。在多峰球形颗粒填充体系中,小颗粒可以占据大颗粒间的间隙空间,从而填充更高的体积分数。因此,与单峰球形颗粒系统相比,多峰球形颗粒系统在给定填料负载量下能够减少填料之间的摩擦,进而降低黏度。

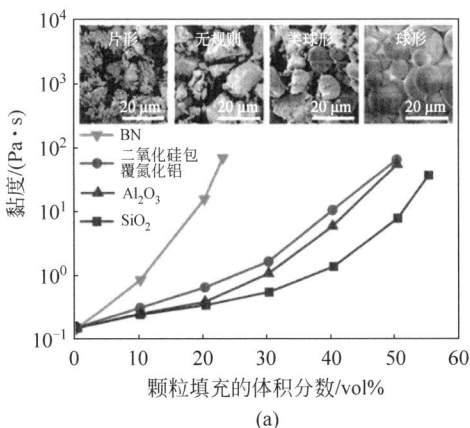

(a)

图 6-5 黏度随不同形状填料含量的变化图

(a) BN/SCAN/氧化铝/二氧化硅填充的环氧悬浮液在温度 298 K,剪切速率为 5/s 时的黏度;(b) 二氧化硅纳米球(直径 50 ± 10 nm)、亚微米球(直径 470 ± 10 nm)和双峰球(58 vol% 500 ± 50 nm 和 42 vol% 60 ± 10 nm)的环氧悬浮液在剪切速率为 $10/s$ 时的黏度

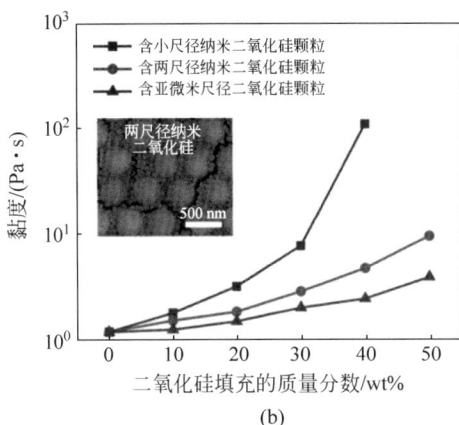

图 6-5（续）

Guo 等对比了不同直径的二氧化硅球（SiO_2）填充的环氧悬浮液在不同填料含量下的黏度发现，由 58 vol％亚微米尺寸（500±50 nm）和 42 vol％纳米尺寸（60±10 nm）组成的双峰 SiO_2 球体系相较于单一纳米尺寸体系的黏度显著下降。考虑到与亚微米的 SiO_2 相比，纳米 SiO_2 球具有更大比表面积和更高表面能，纳米颗粒填充的悬浮液内将存在更强的基体与填料间相互作用，并在环氧悬浮液中形成不规则团聚体，使其黏度随含量的增加显著提升，如图 6-5（b）所示[24]。而在相同填料含量下，含亚微米和纳米组合的 SiO_2 球体系的环氧悬浮液表现出比亚微米 SiO_2 球体系的环氧悬浮液更高的黏度，但黏度差异较小。Feng 和 Mao 等发现，通过 Dinger-Funk 堆积模型对球形氧化铝（Al_2O_3）和球形铝（Al）各自的复配体系进行直径分布优化，在相同体积分数下有利于聚合物的黏度降低和导热性能的提升，既实现了导热网络的构建，又平衡了加工黏度，如图 6-6 所示[25-26]。因此，粒径匹配可能是制备高导热聚合物绝缘封装材料的重要思路。

通常长径比大的填料，如扁长形或扁圆形颗粒，比球形颗粒能更有效提高复合材料的导热系数，但往往会使聚合物悬浮液的加工黏度升高[27]。不同长径比的混合填料或许可以在较低的黏度下赋予复合材料更高的导热性。Hu 等通过在不同球形 Al_2O_3 含量、40 vol％的环氧复合材料中添加 0.5 vol％的银纳米线（AgNWs），显著地提高了导热性能，且材料黏度增长幅度小，仍具备良好的加工性能[28]。因此，采用创新的混合填料策略对于高导热聚合物绝缘封装材料的热导率和黏度之间的平衡十分有用。

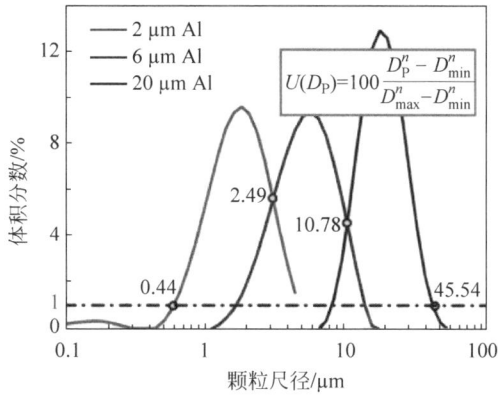

(a)

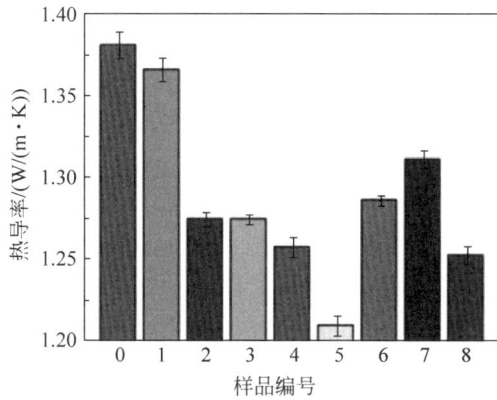

(b)

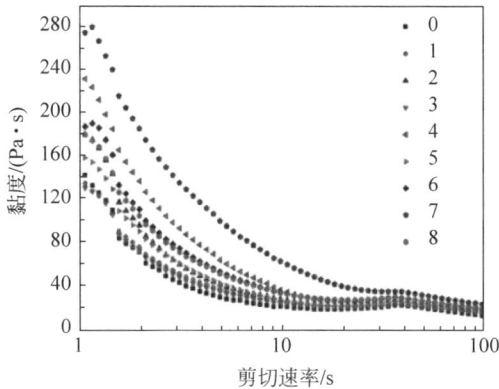

(c)

图 6-6　采用 Dinger-funk 堆积方程设计高导热低黏度硅橡胶
复合材料（见文前彩图）

（a）3 种 Al 球的直径分布图；（b）硅橡胶复合材料的热导率（0 号为按照堆积而制）；
（c）硅橡胶复合材料的黏度（0 号为按照堆积而制）

6.3.2 填料表面改性

随着颗粒尺寸从微米减小到纳米,填料和聚合物基体之间的界面接触面积变得更大。因此,填料—基体界面相互作用和填料分散性成为决定悬浮液流动性的关键因素[29]。填料的表面改性可以影响这些对于调节悬浮液黏度至关重要的因素[30-31]。

Li 等采用了不同极性的硅烷偶联剂对 SiO_2 纳米粒子(200 nm)进行改性,并研究在填料含量 50 wt% 下环氧树脂悬浮液黏度的影响,如图 6-7 所示。结果表明,填料改性后黏度均有所下降,而 3-缩水氧基丙基三甲氧基硅烷和 3-甲基丙烯氧基丙基三甲氧基硅烷改性 SiO_2 纳米粒子都显著降低了悬浮液的黏度[32]。如图 6-8 所示,非极性或弱极性的硅烷偶联剂有利于提升颗粒自身在环氧树脂悬浮液中分散性。然而,虽然 3-缩水氧基丙基三甲氧基硅烷是极性基团,但其末端与环氧树脂都带有环氧基,颗粒与基体的相容性更好,因而降低了黏度[32]。尽管带有非极性基团的 SiO_2 纳米颗粒在环氧树脂填料分散性大大增强,但可能是分散性太好,反而产生了更高的黏度。因此,影响环氧树脂悬浮液黏度十分复杂,不仅与颗粒分散性有关,也与颗粒与基体的界面相互作用效果有关。

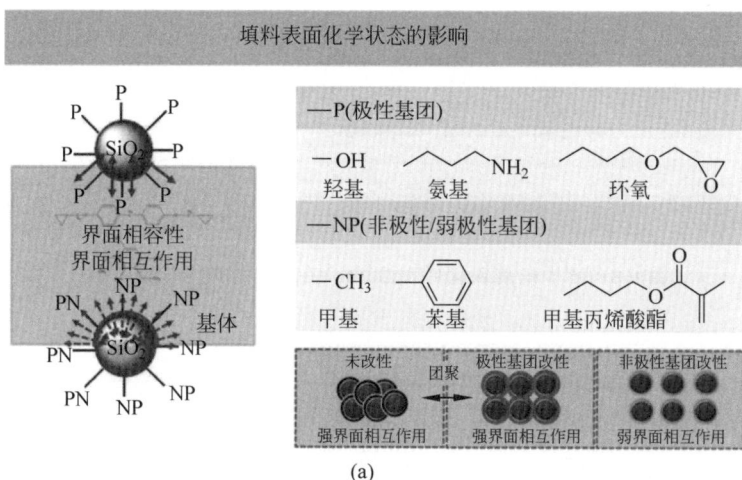

(a)

图 6-7 不同硅烷偶联剂改性 SiO_2 对环氧树脂悬浮液

黏度的影响(见文前彩图)

(a)不同极性硅烷偶联剂;(b)不同改性 SiO_2 纳米颗粒/环氧树脂悬浮液的黏度

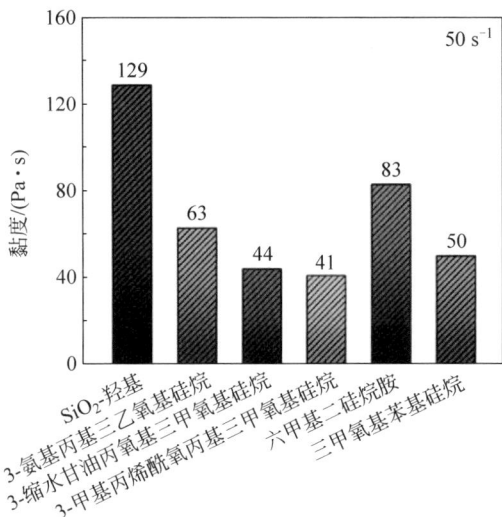

(b)

图 6-7（续）

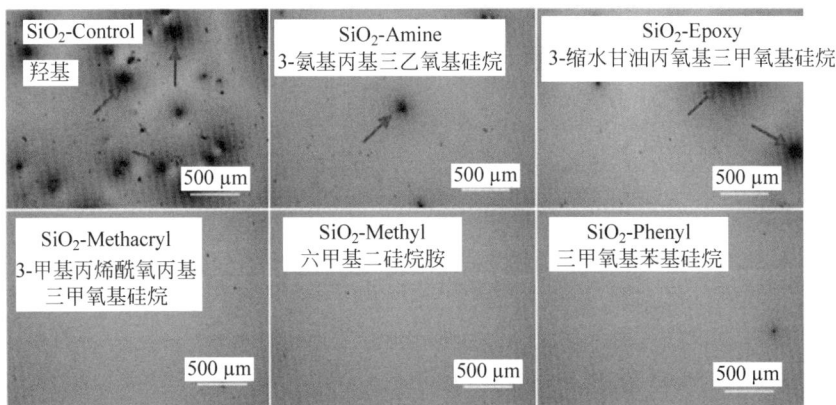

图 6-8　不同硅烷偶联剂改性 SiO$_2$ 在环氧树脂悬浮液内的
分散效果（见文前彩图）

　　表面改性对于含有扁圆形导热填料的悬浮液也很有效。Trinidad 等填充了十二烷基硫酸钠修饰的石墨烯来改善环氧复合材料流动性，其黏度增量比填充未经处理的石墨烯的环氧复合材料要低[33]。Jung 等提出了一种简单的大规模改性 BN 的方法，用苯甲醇通过 π-π 堆积相互作用制备了非共价改性 BN（B-BN），并作为填料用于提高环氧树脂的热导率。由于 BN 的表面润湿性和分散性的改善，与未经处理的

BN 和采用 NaOH 化学改性的 BN 相比,填充 B-BN 的环氧悬浮液的黏度最低,且热导率与未处理 BN 体系接近[34]。总而言之,采用适当的方法对填料表面改性有利于实现环氧悬浮液的加工性能和导热性能"双赢"。然而,考虑到复杂的制备改性过程的限制,目前该方法可能还不适合大规模工业化生产。

6.4 高性能绝缘封装材料其他必要特性

聚合物绝缘封装材料在电力设备中发挥着关键作用,除必须具备高导热、高绝缘和良好的加工性能之外,还需要具备与其他材料相匹配的热膨胀系数。同时,介电损耗是高频高压下聚合物发热的一大来源,因此材料的介电性能也至关重要。为了提高电力设备的安全性,具备阻燃性是一个不可忽视的特性。

6.4.1 材料热膨胀系数

热膨胀系数指的是材料随温度变化而发生体积变化的物理量,它表示单位温度变化引起的相对长度或体积的变化比例。适配的热膨胀系数对于材料科学工程具有重要的意义,尤其是在设计和制造各类设备期间。热膨胀系数的适配性指的是不同材料之间的热膨胀系数相近或匹配,这是为了避免由于温度变化引起的不同材料之间的不同程度的热膨胀而产生问题。

不同材料的热膨胀系数不一致可能导致在温度变化时产生热应力。这种热应力可能导致材料开裂、弯曲或失效。通过选择热膨胀系数相近的材料,可以减小或消除这种热应力,提高组件的稳定性和可靠性。同时,在复合材料、多层结构或组件中,不同部分热膨胀系数的匹配可以确保整体结构在温度变化下保持相对一致的形状和尺寸,从而维持结构的完整性。适配的热膨胀系数还可以减少材料在温度变化下的疲劳和损伤,从而延长材料的使用寿命。此外,在一些高精度的电子器件中,热膨胀系数的适配性对于保持设备的性能和准确性至关重要。

对于高压电力设备而言,在实际使用过程中,设备的内外温差引起聚合物热膨胀系数的不同也非常容易引起绝缘开裂,如图 6-9(a)所示[35]。不同材料的热膨胀系数随温度的变化如图 6-9(b)所示[36],在低温下环氧树脂与设备内其他材料差异较小但在高温下差异逐渐变大,容易引起应力不均,甚至开裂引入绝缘缺陷。由于无机颗粒的

CTE 随温度变化更小,通常工业界会常采用填充颗粒这一方式来降低环氧树脂的 CTE。1987 年,日立推出了一种用于填充的可固化树脂,可应用于电子器件中,使芯片和基板之间具有良好的黏合力,并且具有与焊材相匹配的合适的 CTE 值,从而能够有效地重新分布热应力[37]。Chen 等制备了含有 50 vol% 的二元球形 Al_2O_3 颗粒环氧复合材料,其中二元颗粒体系中 80% 为 30 μm Al_2O_3,20% 为 5 μm Al_2O_3,结果表明该复合材料具有高导热性(1.35 W/(m·K))、良好的 CTE(约为 28 ppm/K)和明显降低的黏度(21.8 Pa·s)[38]。Sanchez 等研究表明含有球形 Al_2O_3 和片状 BN 填料的聚合物复合材料的黏度、热导率和 CTE 之间存在平衡关系[39]。

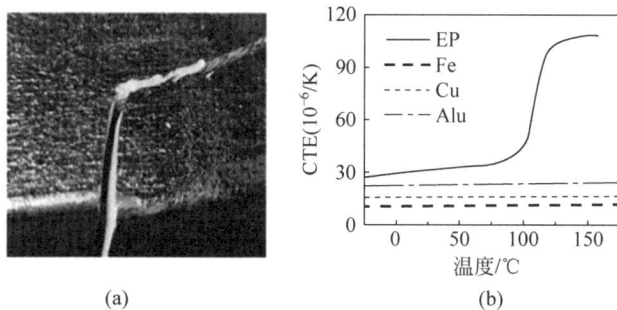

图 6-9　聚合物绝缘封装材料受 CTE 不匹配的影响
(a) 聚合物绝缘封装材料开裂;(b) 电力设备内常见不同材料的热膨胀系数

6.4.2　材料介电损耗

介电性能是电介质在电场作用下的电学性能,主要包括介电常数和介电损耗,通常采用复介电常数 $\varepsilon = \varepsilon' - j\varepsilon''$ 表示。介电性能往往具有频率依赖性与温度依赖性。其中,相对介电常数 ε' 反映的是电极化对不同频率电场的响应能力,介电损耗 ε'' 反映的是在电极化过程中的能量损耗。从微观角度理解,介电损耗是指材料在电场极化过程中其分子或晶体内部的摩擦而导致的能量耗散。

在高频电场下单位时间、单位体积内电介质的损耗可以表示为:

$$P = \frac{\omega C U^2}{V} = \frac{\omega \dfrac{\varepsilon_0 \varepsilon'' S}{d} E^2 d^2}{Sd} = \omega \varepsilon_0 \varepsilon'' E^2 \tag{6-1}$$

式中,P 为单位体积内的介质损耗;ω 为角频率;ε_0 为真空介电常数;ε'' 为试样的复介电常数虚部(介电损耗);E 为电场强度。

由式(6-1)可得,在高频下介电损耗产热问题不可忽视,且损耗会随着电场和频率的升高显著增加,这将导致绝缘材料加速热失效。在未来的高压、高频、高功率密度设备中,降低介电损耗可以减小由于聚合物材料升温而引起的问题[40]。

通常,对于电容器这类设备而言,在低频高场下介电损耗的大小将严重影响储能密度,降低充放电效率,而对于固态变压器或电力电子器件而言,在高频低场下(<100 kV/mm)介电损耗的大小将显著提升电力设备的温升,缩短绝缘封装材料的寿命。3.2节已对低介电损耗复合材料的制备策略进行了详细的介绍,在此不做赘述。现有研究大多针对与低频(<100 Hz)及以下,对于高频段的介电性能的调节研究较少。此外,介电损耗受温度影响很大,如何调节高温下介电损耗的性能仍需研究。

6.4.3　材料阻燃性

电力设备通常在高电压和高电流的环境中工作,因此存在发生火灾的潜在风险。如果电力设备中使用的绝缘封装材料具有良好的阻燃性,它可以在火灾发生时抑制火势的蔓延,从而降低火灾对设备的破坏程度,减小安全事故的发生概率。持续暴露在高温工作环境中将引起的聚合物分子链的微观降解和环氧树脂的宏观老化,急剧加剧了潜在的火灾风险。作为可燃材料,环氧树脂的易燃特性会加剧火灾。因此,高导热聚合物绝缘封装材料的阻燃性也是电力设备安全性的重要考察因素。

在导热聚合物基复合材料中加入有机或无机阻燃剂是降低其可燃性的最常见方法[41]。Gu 等报道了一种含有苯基磷酸盐阻燃剂和功能化石墨纳米片的高效环氧复合材料,该复合材料具有优异的导热性(1.5 W/(m·K))和阻燃性[42]。然而,传统的阻燃剂由于高填充量及与聚合物的不相容性,往往会使复合材料的其他性能恶化。

在环氧单体或固化剂中引入阻燃结构是提高导热环氧复合材料耐燃性能的有效途径。Teng 等合成了具有刚性骨架结构的超支化阻燃(HBFR)环氧单体作为双酚 A 型环氧树脂的添加剂。固化后的EP/HBFR(phr=90/10)阻燃性能明显提高。此外,由于缺乏分子间纠缠,EP/HBFR 混合物的黏度比纯 EP 低[43]。酚醛低聚物作为环氧树脂的典型固化剂,由于酚醛组分明显的炭化倾向,在一定程度上具有固有的阻燃性[44],已广泛用于电子封装[45]。大多数无机导热填料已被证明在燃烧过程中具有良好的阻隔作用[46]。Wang 等证实石墨烯的多功能二氧化硅涂层可有效改善环氧复合材料的阻燃性、导热性和电绝缘性[47]。

这些策略为设计具有增强阻燃性的高导热绝缘封装材料提供了一些基本思路。然而，环氧阻燃单体或固化剂的合成工艺复杂，成本高，制约了其实际应用。采用阻燃层对导热填料进行表面改性，往往会增加其环氧悬浮液的黏度。因此，制造具有增强阻燃性、降低黏度和低成本的导热底填料需要进一步的研究。

6.5 本章小结

电力电子型电力设备正朝着高压、高频、高功率密度化方向的发展，导致设备单位体积内的产热量急剧增加，对目前的绝缘封装提出挑战。高导热绝缘封装材料已经成为制约设备的安全稳定运行和性能进一步提升的瓶颈。这种新材料需要具备卓越的导热性能，能够迅速将产生的热量传递到散热系统，确保设备在高负荷运行下的温度稳定性。与此同时，新型绝缘封装材料必须保持良好的绝缘性能，以确保设备在高电压条件下的安全运行。这涉及材料的击穿测试、高压电阻等关键指标的优化。而材料的加工性能也是设计不可忽视一部分。材料需要具备良好的可加工性，以便制备出符合设备结构要求的封装件。因此，本章对绝缘封装材料的导热与绝缘性能、加工性能及其他必要性能的影响因素和研究现状重点进行了介绍，为聚合物绝缘封装材料设计提供了思路。

参考文献

[1] GUO Z, YU R, XU W, et al. Design and optimization of a 200-kW medium frequency transformer for medium-voltage SiC PV inverters [J]. IEEE Transactions on Power Electronics, 2021, 36(9): 10548-10560.

[2] Zhang D L, Liu S N, Cai H W, et al. Enhanced thermal conductivity and dielectric properties in electrostatic self-assembly 3D pBN@nCNTs fillers loaded in epoxy resin composites [J]. Journal of Materiomics, 2020, 6(4), 751-759

[3] ANTONINI M, COVA P, DELMONTE N, et al. GaN transistors efficient cooling by graphene foam [J]. Microelectronics Reliability, 2018, 88: 812-816.

[4] LI C, JIAO D, JIA J, et al. Thermoelectric cooling for power electronics

circuits: modeling and active temperature control [J]. IEEE Transactions on Industry Applications,2014,50(6): 3995-4005.

[5] GONZALEZ-NINO D,BOTELER LM,IBITAYO D,et al. Experimental evaluation of metallic phase change materials for thermal transient mitigation [J]. International Journal of Heat and Mass Transfer,2018,116: 512-519.

[6] SCHULZ-HARDER J. Review on highly integrated solutions for power electronic devices [C]. In 5th International Conference on Integrated Power Electronics Systems,2008: 1-7.

[7] TENG C,ZHOU Y,LI S,et al. Regulation of temperature resistivity characteristics of insulating epoxy composite by incorporating positive temperature coefficient material [J]. IEEE Transactions on Dielectrics and Electrical Insulation,2020,27(2): 512-520.

[8] LI T,LI P,SUN R,et al. Polymer- based nanocomposites in semiconductor packaging [J]. IET Nanodielectrics,2023,6(3): 147-158.

[9] SURYANARAYANA D,WU TY,VARCOE JA. Encapsulants used in flip-chip packages [J]. IEEE transactions on components,hybrids,and manufacturing technology,1993,16(8): 858-862.

[10] WANG Z,YANG M,CHENG Y,et al. Dielectric properties and thermal conductivity of epoxy composites using quantum-sized silver decorated core/shell structured alumina/polydopamine [J]. Composites A,2019,118: 302-311.

[11] AWAIS M,CHEN X,HONG Z,et al. Synergistic effects of micro-hBN and core-shell nano-TiO_2@SiO_2 on thermal and electrical properties of epoxy at high frequencies and temperatures [J]. Composites Science and Technology,2022,227: 109576.

[12] WANG Z,IIZUKA T,KOZAKO M,et al. Development of epoxy/BN composites with high thermal conductivity and sufficient dielectric breakdown strength part I-sample preparations and thermal conductivity [J]. IEEE Transactions on Dielectrics and Electrical Insulation,2011,18(6): 1963-1972.

[13] WANG Z,IIZUKA T,KOZAKO M,et al. Development of epoxy/BN composites with high thermal conductivity and sufficient dielectric breakdown strength part II-breakdown strength [J]. IEEE Transactions on Dielectrics and Electrical Insulation,2011,18(6): 1973-1983.

[14] ZHANG D L,ZHA J W,LI C Q,et al. High thermal conductivity and excellent electrical insulation performance in double-percolated three-phase polymer nanocomposites [J]. Composites Science and Technology,2017, 144: 36-42

[15] WU Y,ZHANG X,NEGI A,et al. Synergistic effects of boron nitride(BN)

nanosheets and silver（Ag）nanoparticles on thermal conductivity and electrical properties of epoxy nanocomposites ［J］. Polymers，2020，12(2)：426.

［16］ DU B X，XIAO M，ZHANG J W. Effect of thermal conductivity on tracking failure of Epoxy/BN composite under pulse strength ［J］. IEEE Transactions on Dielectrics and Electrical Insulation，2013，20(1)：296-302.

［17］ 王旗,李喆,尹毅. 微、纳米无机颗粒/环氧树脂复合材料击穿强度性能［J］.电工技术学报,2014,29：230-235.

［18］ 王旗,李喆,尹毅. 微/纳米氧化铝/环氧树脂复合材料热导率和击穿强度的研究［J］.绝缘材料,2013,46：49-52.

［19］ YAO T，CHEN K，NIU T，et al. Effects of frequency and thermal conductivity on dielectric breakdown characteristics of epoxy/cellulose/BN composites fabricated by ice-templated method ［J］. Composites Science and Technology，2021，213：108945.

［20］ YAO T，ZHANG C，CHEN K，et al. Hydroxyl-group decreased dielectric loss coupled with 3D-BN network enhanced high thermal conductivity epoxy composite for high voltage-high frequency conditions ［J］. Composites Science and Technology，2023，234：109934.

［21］ KRIEGER I M，DOUGHERTY T J. A mechanism for non-Newtonian flow in suspensions of rigid spheres ［J］. Transactions of the Society of Rheology，1959，3(1)：137-52.

［22］ RUEDA M M，AUSCHER M C，FULCHIRON R，et al. Rheology and applications of highly filled polymers：A review of current understanding ［J］. Progress in Polymer Science，2017，66：22-53.

［23］ WONG C P，RAJA S. BOLLAMPALLY. Comparative study of thermally conductive fillers for use in liquid encapsulants for electronic packaging ［J］. IEEE Transactions on Advanced Packaging，1999，22(1)：54-59.

［24］ GUO Q，ZHU P，LI G，et al. One-pot synthesis of bimodal silica nanospheres and their effects on the rheological and thermal – mechanical properties of silica-epoxy composites ［J］. RSC Advances，2015，5(62)：50073-50081.

［25］ FENG Q K，LIU C，ZHANG D L，et al. Particle packing theory guided multiscale alumina filled epoxy resin with excellent thermal and dielectric performances ［J］. Journal of Materiomics，2022，8(5)：1058-1066.

［26］ MAO L，HAN J，ZHAO D，et al. Particle packing theory guided thermal conductive polymer preparation and related properties ［J］. ACS applied materials & interfaces，2018，10(39)：33556-33563.

［27］ LEE SANCHEZ W A，HUANG C Y，CHEN J X，et al. Enhanced thermal conductivity of epoxy composites filled with Al_2O_3/boron nitride hybrids for underfill encapsulation materials ［J］. Polymers，2021，13(1)：147.

[28] HU Y,CHEN C,WEN Y,et al. Novel micro-nano epoxy composites for electronic packaging application: Balance of thermal conductivity and processability [J]. Composites Science and Technology,2021,209: 108760.

[29] ZHU J,WEI S,RYU J,et al. In situ stabilized carbon nanofiber(CNF) reinforced epoxy nanocomposites [J]. Journal of Materials Chemistry, 2010: 20(23): 4937-4948.

[30] KIM J A,SEONG D G,KANG T J,et al. Effects of surface modification on rheological and mechanical properties of CNT/epoxy composites [J]. Carbon,2006,44(10): 1898-1905.

[31] WANG M J. Effect of polymer-filler and filler-filler interactions on dynamic properties of filled vulcanizates [J]. Rubber chemistry and technology, 1998,71(3): 520-589.

[32] LI G,ZHAO T,ZHU P,et al. Structure-property relationships between microscopic filler surface chemistry and macroscopic rheological,thermo-mechanical, and adhesive performance of SiO_2 filled nanocomposite underfills [J]. Composites A,2019,118: 223-234.

[33] TRINIDAD J,AMOLI B M,ZHANG W,et al. Effect of SDS decoration of graphene on the rheological and electrical properties of graphene-filled epoxy/Ag composites [J]. Journal of Materials Science, 2016, 27: 12955-12963.

[34] JUNG D W,KIM J M,YOON H W,et al. Solution-processable thermally conductive polymer composite adhesives of benzyl-alcohol-modified boron nitride two-dimensional nanoplates [J]. Chemical Engineering Journal, 2019,361: 783-791.

[35] DAI Y,ZHAO Y,YANG W,et al. Thermal stress analysis of epoxy resin encapsulated solid state transformer's cracking caused by temperature shock [C]. International Conference on Electrical Materials and Power Equipment (ICEMPE),IEEE,2021: 1-4.

[36] 尚星宇,庞磊,卜钦浩,等.大功率高频变压器绝缘问题研究综述 [J]. 中国电机工程学报,2024,44(8): 3306-3326.

[37] WEN Y,CHEN C,YE Y,et al. Advances on thermally conductive epoxy-based composites as electronic packaging underfill materials-a review [J]. Advanced Materials,2022,34(52): 2201023.

[38] CHEN C,XUE Y,LI X,et al. High-performance epoxy/binary spherical alumina composite as underfill material for electronic packaging [J]. Composites A,2019,118: 67-74.

[39] LEE S,WILLIAM A,HUANG C Y,et al. Enhanced thermal conductivity of epoxy composites filled with Al_2O_3/boron nitride hybrids for underfill encapsulation materials [J]. Polymers,2021,13(1): 147.

[40] GUILLOD T,FAERBER R,ROTHMUND D,et al. Dielectric losses in dry

type insulation of medium-voltage power electronic converters [J]. IEEE Journal of Emerging and Selected Topics in Power Electronics,2020,8(3): 2716-2732.

[41] SHI X H,LI X L,LI Y M,et al. Flame-retardant strategy and mechanism of fiber reinforced polymeric composite: a review [J]. Composites B,2022, 233: 109663.

[42] GU J,LIANG C,ZHAO X,et al. Highly thermally conductive flame-retardant epoxy nanocomposites with reduced ignitability and excellent electrical conductivities [J]. Composites Science and Technology, 2017, 139: 83-89.

[43] TENG N,DAI J,WANG S,et al. Hyperbranched flame retardant for epoxy resin modification: Simultaneously improved flame retardancy,toughness and strength as well as glass transition temperature [J]. Chemical Engineering Journal,2022,428: 131226.

[44] LEVCHIK,SERGEI V,WEIL E D. Thermal decomposition,combustion and flame-retardancy of epoxy resins-a review of the recent literature [J]. Polymer International,2004,53(12): 1901-1929.

[45] RIMDUSIT S,ISHIDA H. Development of new class of electronic packaging materials based on ternary systems of benzoxazine,epoxy,and phenolic resins [J]. Polymer,2000,41(22): 7941-7949.

[46] YU B,XING W,GUO W,et al. Thermal exfoliation of hexagonal boron nitride for effective enhancements on thermal stability,flame retardancy and smoke suppression of epoxy resin nanocomposites via sol – gel process [J]. Journal of Materials Chemistry A,2016,4(19): 7330-7340.

[47] WANG R,ZHUO D,WENG Z,et al. A novel nanosilica/graphene oxide hybrid and its flame retarding epoxy resin with simultaneously improved mechanical,thermal conductivity,and dielectric properties [J]. Journal of Materials Chemistry A,2015,3(18): 9826-9836.

第7章

聚合物绝缘封装的
应力管理

对于聚合物绝缘封装,应力管理起着非常重要的作用。在系统的制造、测试和正常使用周期等过程中,机械失效会造成器件的严重问题。机械故障是工程师和设计师主要关注的问题之一,特别是高功率和高生产成本等因素对单个器件提出了更为严格的可靠性要求[1]。本章对于封装中的固体力学和材料力学进行简单阐述,对于应力、应变及材料性能等基本概念以一般形式呈现。

7.1 材料形变与应变

当受到外力作用时,所有材料都会经历某种形式的变形或扭曲。例如,当力作用于橡皮筋的两端时,橡皮筋就会拉伸,气球在充气时会改变形状等。在这些例子中,材料的形变相当大,很容易被观察者看到。与此相对应地,金属或陶瓷棒在两端受到力的作用时也会拉伸,但拉伸形变量通常很小,无法通过观察直接看到。

本章的目的是建立材料形变过程的合理数学表示。首先定义材料所在的参考系,如图 7-1 所示,将其初始状态视为未经形变的状态。

在该参考系中,点 P 的位置由向量 $r = (xi + yj + zk)$ 确定,其邻近的点 Q 由向量 dr 确定。两点间的差分线段长度为 ds,且 $ds^2 = dr \cdot dr$,其中"·"为两个向量的点乘积。由于材料的一些形变,该物体位移到一个新的位置。原来的两个点 P 和 Q 也随之位移到了新的位置,记为 $\overline{P}$ 和 $\overline{Q}$。点 $\overline{P}$ 的位置由向量 $\overline{r} = (\overline{x}i + \overline{y}j + \overline{z}k)$ 确定。从未经形变状态的点 P 到经过形变状态的点 $\overline{P}$ 的位移向量可表示为 $U = (ui + vj + wk) = \overline{r} - r$。在经过形变的物体中,$\overline{P}$ 和 $\overline{Q}$ 之间的线

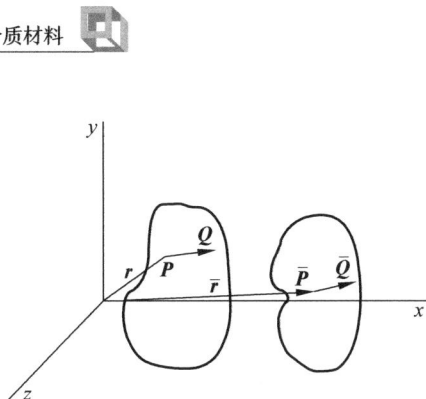

图 7-1 物体的形变及其参照系

段由 $\overline{\mathrm{d}\boldsymbol{r}}$ 表示,其长度满足 $\overline{\mathrm{d}s^2} = \overline{\mathrm{d}\boldsymbol{r}} \cdot \overline{\mathrm{d}\boldsymbol{r}}$。

应变度量由下式定义:

$$
\begin{aligned}
\overline{\mathrm{d}s^2} - \mathrm{d}s^2 &= \overline{\mathrm{d}\boldsymbol{r}} \cdot \overline{\mathrm{d}\boldsymbol{r}} - \mathrm{d}\boldsymbol{r} \cdot \mathrm{d}\boldsymbol{r} \\
&= (\mathrm{d}\boldsymbol{r} + \mathrm{d}\boldsymbol{U}) \cdot (\mathrm{d}\boldsymbol{r} + \mathrm{d}\boldsymbol{U}) - \mathrm{d}\boldsymbol{r} \cdot \mathrm{d}\boldsymbol{r} \\
&= 2\mathrm{d}\boldsymbol{r} \cdot \mathrm{d}\boldsymbol{U} + \mathrm{d}\boldsymbol{U} \cdot \mathrm{d}\boldsymbol{U}
\end{aligned}
\tag{7-1}
$$

式中,

$$
\mathrm{d}\boldsymbol{r} = \mathrm{d}x\boldsymbol{i} + \mathrm{d}y\boldsymbol{j} + \mathrm{d}z\boldsymbol{k}
$$

$$
\mathrm{d}\boldsymbol{U} = \mathrm{d}u\boldsymbol{i} + \mathrm{d}v\boldsymbol{j} + \mathrm{d}w\boldsymbol{k}
$$

假定位移的分量 u, v, w 是连续函数,根据微积分的链式法则,可以得到

$$
\mathrm{d}u = \frac{\partial u}{\partial x}\mathrm{d}x + \frac{\partial u}{\partial y}\mathrm{d}y + \frac{\partial u}{\partial z}\mathrm{d}z
\tag{7-2}
$$

v, w 的表达式类似。为了确定 $\overline{\mathrm{d}s^2} - \mathrm{d}s^2$ 的最终表达式,以矩阵形式表示 $\mathrm{d}\boldsymbol{U}$ 和 $\mathrm{d}\boldsymbol{r}$ 较为方便:

$$
\mathrm{d}\boldsymbol{U} = \begin{bmatrix} \mathrm{d}x & \mathrm{d}y & \mathrm{d}z \end{bmatrix} \boldsymbol{A} \begin{Bmatrix} \boldsymbol{i} \\ \boldsymbol{j} \\ \boldsymbol{k} \end{Bmatrix}
$$

式中,

$$
\boldsymbol{A} = \begin{bmatrix}
\dfrac{\partial u}{\partial x} & \dfrac{\partial v}{\partial x} & \dfrac{\partial w}{\partial x} \\[2mm]
\dfrac{\partial u}{\partial y} & \dfrac{\partial v}{\partial y} & \dfrac{\partial w}{\partial y} \\[2mm]
\dfrac{\partial u}{\partial z} & \dfrac{\partial v}{\partial z} & \dfrac{\partial w}{\partial z}
\end{bmatrix}
$$

$$
\mathrm{d}\boldsymbol{r} = \begin{bmatrix} \mathrm{d}x & \mathrm{d}y & \mathrm{d}z \end{bmatrix} \begin{Bmatrix} \boldsymbol{i} \\ \boldsymbol{j} \\ \boldsymbol{k} \end{Bmatrix}
$$

因此,

$$
\overline{\mathrm{d}s^2} - \mathrm{d}s^2 = \begin{bmatrix} \mathrm{d}x & \mathrm{d}y & \mathrm{d}z \end{bmatrix} \begin{bmatrix} 2\boldsymbol{A}^{\mathrm{T}} + \boldsymbol{A}\boldsymbol{A}^{\mathrm{T}} \end{bmatrix} \begin{Bmatrix} \mathrm{d}x \\ \mathrm{d}y \\ \mathrm{d}z \end{Bmatrix} \tag{7-3}
$$

式中,$\boldsymbol{A}^{\mathrm{T}}$ 是矩阵 $\boldsymbol{A}$ 的转置,式(7-3)中的 $2\boldsymbol{A}^{\mathrm{T}}$ 项提供了一般的线性应变度量,而 $\boldsymbol{A}\boldsymbol{A}^{\mathrm{T}}$ 项包含了与 u,v,w 的一阶偏导数的乘积和平方有关的各项。在本章论述中,假定 u,v,w 相对于物体本身的特征尺度而言比较小,并且 u,v,w 的各种偏导相对于单位长度而言比较小。根据最后一个假设,相对于偏导数,偏导数的平方可以忽略,也即 $\boldsymbol{A}\boldsymbol{A}^{\mathrm{T}}$ 相对于 $\boldsymbol{A}^{\mathrm{T}}$ 而言可以忽略。因此,式(7-3)可以简化为

$$
\overline{\mathrm{d}s^2} - \mathrm{d}s^2 = \begin{bmatrix} \mathrm{d}x & \mathrm{d}y & \mathrm{d}z \end{bmatrix} \begin{bmatrix} 2\boldsymbol{A}^{\mathrm{T}} \end{bmatrix} \begin{Bmatrix} \mathrm{d}x \\ \mathrm{d}y \\ \mathrm{d}z \end{Bmatrix}
$$

进行矩阵操作,可得

$$
\overline{\mathrm{d}s^2} - \mathrm{d}s^2 = 2\left\{ \frac{\partial u}{\partial x}\mathrm{d}x^2 + \left(\frac{\partial u}{\partial y} + \frac{\partial v}{\partial x}\right)\mathrm{d}x\,\mathrm{d}y + \left(\frac{\partial u}{\partial z} + \frac{\partial w}{\partial x}\right)\mathrm{d}x\,\mathrm{d}z + \right.
$$
$$
\left. \frac{\partial v}{\partial y}\mathrm{d}y^2 + \left(\frac{\partial v}{\partial z} + \frac{\partial w}{\partial y}\right)\mathrm{d}y\,\mathrm{d}z + \frac{\partial w}{\partial z}\mathrm{d}z^2 \right\} \tag{7-4}
$$

材料的形变状态由无量纲的乘子 $\mathrm{d}x^2$、$\mathrm{d}y^2$、$\mathrm{d}z^2$、$\mathrm{d}x\,\mathrm{d}y$、$\mathrm{d}x\,\mathrm{d}z$、$\mathrm{d}y\,\mathrm{d}z$ 等描述。这些乘子被称为线性应变度量或简单线性应变。习惯上将式(7-4)写成

$$
\overline{\mathrm{d}s^2} - \mathrm{d}s^2 = 2\{ \varepsilon_x \mathrm{d}x^2 + \varepsilon_{xy}\mathrm{d}x\,\mathrm{d}y + \varepsilon_{xz}\mathrm{d}x\,\mathrm{d}z + \varepsilon_y \mathrm{d}y^2 +
$$
$$
\varepsilon_{yz}\mathrm{d}y\,\mathrm{d}z + \varepsilon_z \mathrm{d}z^2 \} \tag{7-5}
$$

式中

$$
\varepsilon_x = \frac{\partial u}{\partial x}
$$

$$
\varepsilon_y = \frac{\partial v}{\partial y}
$$

$$
\varepsilon_z = \frac{\partial w}{\partial z}
$$

$$
\varepsilon_{xy} = \frac{\partial u}{\partial y} + \frac{\partial v}{\partial x}
$$

$$\varepsilon_{xz} = \frac{\partial u}{\partial z} + \frac{\partial w}{\partial x}$$

$$\varepsilon_{yz} = \frac{\partial v}{\partial z} + \frac{\partial w}{\partial y}$$

式中,ε_x、ε_y、ε_z、ε_{xy}、ε_{xz}、ε_{yz}为应变分量,定义这些分量的方程为应变—位移关系。

线性情况下应变分量的物理解释易于给出。例如,考虑在未经形变的物体中,由点 P 和点 Q 定义的一条平行于 x 轴的线段。假设一个力施加到物体上,导致该线段被拉长,在经过形变的物体中这条线段保持与 x 轴平行。在这种情况下,ε_x 即为该线段长度的变化($\overline{ds^2} - ds^2$)除以原始长度 dx^2;对于 ε_y 与 ε_z,情况类似。因此,这些分量被称为法向拉伸应变。这些应变很容易在一维载荷情况下使用简单的测量技术测量。例如,如果一根线在相隔已知距离的两个位置上做了标记,并对该线施加了一个力,然后再次测量两个标记之间的距离,在力的作用下,施加力之前和施加力之后的分离距离之差就是该线在选定距离上拉伸的量,这个量除以原始标记之间的距离等于该线中的应变。也就是说,法向应变由长度变化量除以原长度得出。

其他三个应变分量 ε_{xy}、ε_{xz}、ε_{yz} 与两条材料线之间的夹角变化有关。特别地,在图 7-2 所示的未经形变的物体中,考虑两条材料线 dy 和 dz。

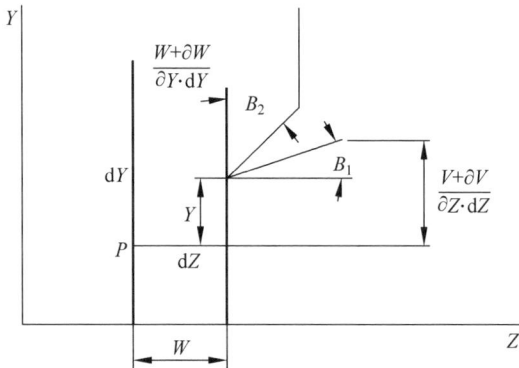

图 7-2　两条纤维材料的切应变

假设形变后点 P 位于位置 $\overline{P}$,且这些线经过由 B_1 和 B_2 所定义的角度的旋转。这些角度的正弦值由式(7-6)给出。

$$\begin{cases} \sin B_1 = \left(\dfrac{\partial v}{\partial z}\right)\bigg/ \mathrm{d}z = \dfrac{\partial v}{\partial z} \\[3mm] \sin B_2 = \left(\dfrac{\partial w}{\partial y}\right)\bigg/ \mathrm{d}y = \dfrac{\partial w}{\partial y} \end{cases} \tag{7-6}$$

基于之前的假设,形变 $\partial v/\partial z$ 和 $\partial w/\partial y$ 都很小,可以用角度代替角度的正弦值。因此,两条线之间的角方向变化量为 $B_1 + B_2 = (\partial v/\partial z) + (\partial w/\partial y) = \varepsilon_{yz}$。使材料线之间的角取向发生变化的变形称为剪切,其中 ε_{xy}、ε_{xz}、ε_{yz} 分量称为剪切应变。

到目前为止的讨论均与通常所说的机械应变有关。机械应变指的是由于作用在物体上的某种外力系统,物体发生了形变。除机械应变之外,另一种在封装设计中很重要的应变是热应变。当物体的温度发生变化时,就会发生热应变。一般来说,如果温度升高,材料会膨胀,而如果温度降低,材料会收缩。材料随着温度的升高而膨胀的原因是:在任何材料中,原子在它们的晶格位置上以很小的振幅振荡。当材料温度升高时,振幅增大,导致原子间距离增大。宏观上,这意味着材料会膨胀。此外,对于均匀温度变化,物体在形变的过程中整体尺寸会发生变化,但形状保持不变。也就是说,一个球体变成了一个更大的球体,一个立方体的边长会变大,一个圆柱体的长度和直径会随着温度的均匀升高而增加。就应变而言,这意味着在所有方向上都有相等的法向应变,但对于受到均匀温度变化而不受任何约束的材料来说,没有剪切应变。由于温度变化引起的无约束膨胀所产生的热应变为 $\varepsilon_x = \varepsilon_y = \varepsilon_z = \alpha(T)\Delta T$,其中 $\alpha(T)$ 为热膨胀系数,T 为温度,ΔT 为温度变化。对于许多材料,$\alpha(T)$ 不是温度的强函数,在相当大的温度变化范围内可视为常数。

7.2 材料应力

本节简要介绍各种作用力系统和物体中应力的概念。在封装的设计中,力的分布有三种最重要的分类:点作用力分布、表面作用力分布和体作用力分布。

点作用力的定义是作用在物体表面某一点上的力。这是数学上的抽象,因为不可能在一点上施加作用力。然而在许多应用中,作用在物体上的实际力可以被视为点作用力。表面作用力分布作用于物体表面,为单位面积的力。体作用力分布作用于整个物体的力场。两种常见的体作用力分布是重力和惯性力,一般以作用在单位质量或单位体积的物体上的作用力来表示。

物体通过形变和产生内部作用力来响应外力的作用。在本节中考虑静止物体的牛顿运动定律的特殊情况。也就是说,在任何三个相互垂直的方向上的力的总和与在任何三条相互垂直的直线上的力矩的总和必须为零才能存在平衡。在方程形式中,条件是

$$\begin{cases} \sum F_x = 0, & \sum M_x = 0 \\ \sum F_y = 0, & \sum M_y = 0 \\ \sum F_z = 0, & \sum M_z = 0 \end{cases} \quad (7\text{-}7)$$

式中,M_x 为沿 x 轴的力矩,F_x 为沿 x 轴方向的力。其他项也有类似的定义。

应力是物体中单位面积上内力的量度。考虑图 7-3 所示的处于平衡状态的物体,该物体具有由外力和支撑力作用的力系统。物体分为两部分,每一部分都有一个自由物体受力图。

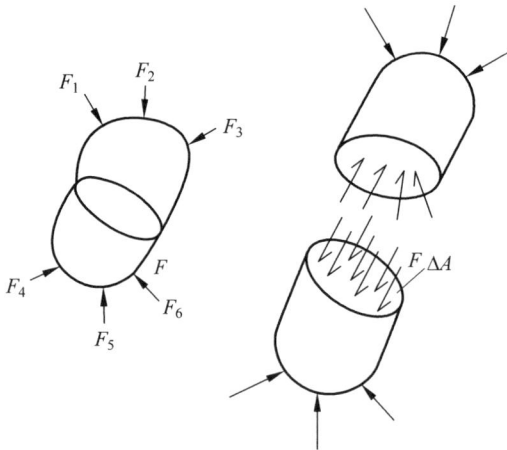

图 7-3 平衡状态下物体上的作用力

由于两部分必须处于平衡状态,因此必须有作用力作用于切割暴露的区域,从而平衡各自部分上的外力。此外,根据牛顿第三定律,这些内力必须大小相等,方向相反。实际上,当物体连接在一起时,这些力互相抵消。作用在内部截面上的力 F 的性质取决于所考察的是哪一截面。考虑在外露表面某些部分的一个微面积单元 ΔA,如图 7-4 所示。在这个面积单元上,作用力 ΔF 可分解为三个相互垂直的分量:一个法向的 ΔF_n 和两个切向的 ΔF_{t1} 和 ΔF_{t2}。在 ΔF_n 方向上某个点的法向应力定义为

$$\sigma_n = \lim_{\Delta A \to 0} \frac{\Delta F_n}{\Delta A} \tag{7-8}$$

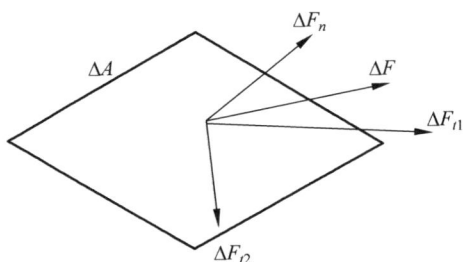

图 7-4　平衡状态下物体上的作用力

在同一点上，在 ΔF_{t1} 和 ΔF_{t2} 方向上的剪切应力定义为

$$\begin{cases} \tau_{t1} = \lim_{\Delta A \to 0} \dfrac{\Delta F_{t1}}{\Delta A} \\ \tau_{t2} = \lim_{\Delta A \to 0} \dfrac{\Delta F_{t2}}{\Delta A} \end{cases} \tag{7-9}$$

　　在大多数情况下，展开与坐标轴平行的内部表面易于处理。在直角坐标系中，可以从物体内部分离出一个无穷小的体积单元，并表示出一点上的应力，如图 7-5 所示。应力有 9 个分量。法向应力的下标显示其作用的方向。剪切应力有两个下标，第一个表示应力作用平面的法线，第二个表示应力作用的方向。

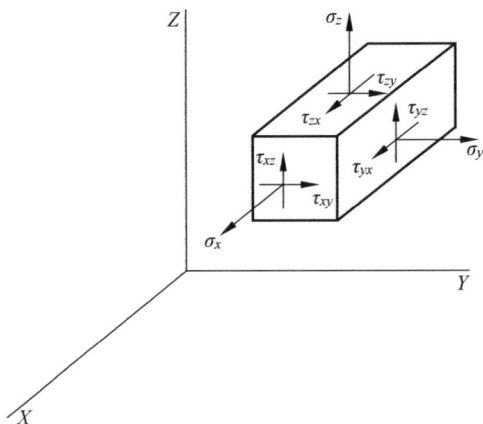

图 7-5　应力分量

　　所考察的物体受到某种作用力系统的作用，处于平衡状态。因此，物体的任何部分都必须处于平衡状态。由此，考虑坐标为 $(x, y,$

z)的点 P 处的应力和坐标为($x+\Delta x$，$y+\Delta y$，$z+\Delta z$)的点 Q 处的应力，可以确定应力各分量之间的关系，如图 7-6 所示。

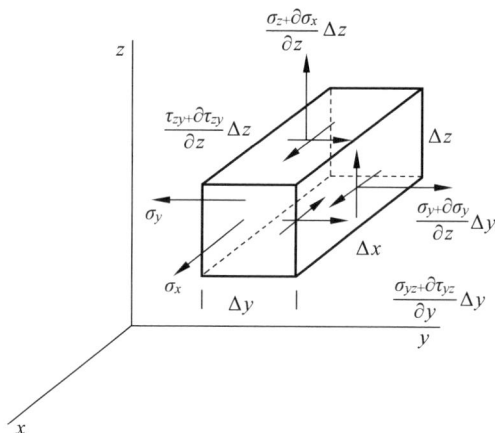

图 7-6　物体差分段中的应力变化

将表面上的应力乘以表面上的面积，可以将应力转化为作用力。此处给出了作用力示意图，并且可以应用式(7-6)。无须写出所有的 6 个方程，这里只考虑在 y 方向上的合力和在一条通过微元中心且平行于 y 轴的直线上的合力力矩。合力方程为

$$\sum F_y = -\sigma_y \Delta x \Delta z + \left(\sigma_y + \frac{\partial \sigma_y}{\partial y}\Delta y\right)\Delta x \Delta z + \left(\tau_{zy} + \frac{\partial \tau_{zy}}{\partial z}\Delta z\right)\Delta x \Delta y -$$

$$\tau_{zy}\Delta x \Delta y + \left(\tau_{xy} + \frac{\partial \tau_{xy}}{\partial x}\Delta x\right)\Delta y \Delta z - \tau_{xy}\Delta y \Delta z = 0 \qquad (7\text{-}10)$$

合并同类项后，可以得到

$$\left(\frac{\partial \sigma_y}{\partial y} + \frac{\partial \tau_{zy}}{\partial z} + \frac{\partial \tau_{xy}}{\partial x}\right)\Delta x \Delta y \Delta z = 0 \qquad (7\text{-}11)$$

合成力矩的方程为

$$\sum M_y = \left(\tau_{zx} + \frac{\partial \tau_{zx}}{\partial z}\Delta z\right)\Delta x \Delta y \frac{\Delta z}{2} - \left(\tau_{xz} + \frac{\partial \tau_{xz}}{\partial x}\Delta x\right)\Delta y \Delta z \frac{\Delta x}{2} +$$

$$\tau_{zx}\Delta x \Delta y \frac{\Delta z}{2} - \tau_{xz}\Delta y \Delta z \frac{\Delta x}{2} = 0 \qquad (7\text{-}12)$$

可得

$$(\tau_{zx} - \tau_{xz}) + \frac{1}{2}\left(\frac{\partial \tau_{zx}}{\partial z}\Delta z + \frac{\partial \tau_{xz}}{\partial x}\Delta x\right)\Delta x \Delta y \Delta z = 0 \quad (7\text{-}13)$$

现在，将式(7-11)和式(7-13)除以 $\Delta x \Delta y \Delta z$，并且取 Δx、Δy 和 Δz 趋近于 0 的极限。在其他坐标轴上重复这个过程，就会得到以应

力分量表示的平衡方程：

$$
\begin{cases}
\dfrac{\partial \sigma_x}{\partial x} + \dfrac{\partial \tau_{yx}}{\partial y} + \dfrac{\partial \tau_{xy}}{\partial z} = 0 \\[2mm]
\dfrac{\partial \sigma_{xy}}{\partial x} + \dfrac{\partial \tau_y}{\partial y} + \dfrac{\partial \tau_{zy}}{\partial z} = 0 \\[2mm]
\dfrac{\partial \sigma_{xz}}{\partial x} + \dfrac{\partial \tau_{yz}}{\partial y} + \dfrac{\partial \tau_z}{\partial z} = 0 \\[2mm]
\tau_{xy} = \tau_{yx}, \quad \tau_{xz} = \tau_{zx}, \quad \tau_{yz} = \tau_{zy}
\end{cases}
\tag{7-14}
$$

式(7-14)中的三个方程只涉及剪切应力,表明应力在一点的状态是由 6 个独立的分量来定义的。这 6 个应力分量通过材料的性质与应变的 6 个分量相关。将应力与应变联系起来的方程称为本构关系,它取决于所考虑的材料类型。

7.3 本构关系

7.1 节和 7.2 节提出了应力和应变的概念。这两部分的方程适用于任何类型的产生微小位移的连续物体。这些方程是基本定律,因为它们与所考虑的材料类型无关。为了预测基于外力或温度变化的应力和应变分量,有必要将应力和应变分量联系起来。在连续固体中,把应力与应变联系起来的特殊方程被称为本构定律或本构关系,因为它们取决于材料的结构。正是通过本构关系,物体的物质性质才被纳入考虑的范围。此外,由于主要关注的是由施加的力和温度场引起的应力和变形,因此本构关系是基于材料的机械和热行为[1-2]。

7.3.1 弹性材料

固体的最简单的材料响应类型为服从胡克定律的弹性材料。一般形式表明,应力的 6 个独立分量可以表示为应变的 6 个独立分量的线性函数。由于有 6 个应力分量作为 6 个应变分量的线性函数,所以共有 36 个材料系数。对于均质材料,其性质在所有点上都是相同的,因此材料系数是常数。对大多数材料来说,其力学性能并不依赖于任何特定的方向。这种材料被称为是各向同性的。在这种情况下,这 36 个常数减少到只有两个独立的弹性常数。这两个常数需要用实验确定。其中一个常数通常用 E 表示,称为杨氏模量或弹性模量,是由单轴拉伸实验确定的。该实验采用细长均匀的材料截面长度,在其两端承受轴向力。对于载荷的性质,只有应力的一个分量 σ_x 是非零的,并且与应变有关：

$$\sigma_x = E\varepsilon_x \tag{7-15}$$

式(7-15)中的应力可以根据实验机产生的力和试件的横截面积确定。大量的实验表明，试样中的力在离两端约三倍的横截面上均匀分布。因此，试样的这一区域的法向应力由施加的力除以横截面积给出。

以同样的方式，采用扭转实验即扭转一根圆杆，可得

$$\tau_{xy} = G\gamma_{xy} \tag{7-16}$$

式中，G 为材料的刚度模量或剪切模量。

当一个以上的应力分量不为零时，情况变得更加复杂。这是材料试样被拉伸时发生侧向收缩的结果，称为泊松效应。假设材料沿 x 轴拉伸，则法向应变 ε_x 伴随着侧向收缩 $-\nu\varepsilon_y$ 和 $-\nu\varepsilon_z$，其中 ν 为泊松比，是材料的常数。引入的三个材料常数为：

$$E = 2G(1+\nu) \tag{7-17}$$

一般情况下，当一个均质各向同性弹性体中存在应力和应变的所有分量时，它们的关系式为：

$$\left\{ \begin{array}{ll} \varepsilon_x = \dfrac{1}{E}\left[\sigma_x - \nu(\sigma_y + \sigma_z)\right], & \varepsilon_{xy} = \dfrac{1}{G}\tau_{xy} \\[2mm] \varepsilon_y = \dfrac{1}{E}\left[\sigma_y - \nu(\sigma_z + \sigma_x)\right], & \varepsilon_{yz} = \dfrac{1}{G}\tau_{yz} \\[2mm] \varepsilon_z = \dfrac{1}{E}\left[\sigma_z - \nu(\sigma_x + \sigma_y)\right], & \varepsilon_{zx} = \dfrac{1}{G}\tau_{zx} \end{array} \right. \tag{7-18}$$

式(7-18)对应力分量进行求解，得到结果

$$\left\{ \begin{array}{ll} \sigma_x = \dfrac{E}{1+\nu}\varepsilon_x + \dfrac{\nu}{1-2\nu}\varepsilon, & \tau_{xy} = G\varepsilon_{xy} \\[2mm] \sigma_y = \dfrac{E}{1+\nu}\varepsilon_y + \dfrac{\nu}{1-2\nu}\varepsilon, & \tau_{yz} = G\varepsilon_{yz} \\[2mm] \sigma_z = \dfrac{E}{1+\nu}\varepsilon_z + \dfrac{\nu}{1-2\nu}\varepsilon, & \tau_{zx} = G\varepsilon_{zx} \end{array} \right. \tag{7-19}$$

式中，$\varepsilon = \varepsilon_x + \varepsilon_y + \varepsilon_z$。

上述方程称为线性弹性的本构方程。这些关系可以准确地描述许多材料的性能。

7.3.2　塑性材料

在聚合物绝缘封装中有一些特别的情况，其中弹性本构方程不足以描述材料的响应。如果考虑一个材料样品，如焊料，并进行拉伸实

验,得到的应力—应变曲线将类似于图 7-7 所示。

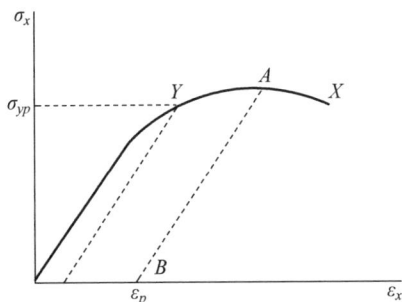

图 7-7　单轴应力—应变图

曲线有一个近似线性的区域,在这个区域测量斜率可以得出模量 E 的值。对于屈服应力的应力水平,曲线上的 Y 点对应于应力 σ_{yp},材料的响应基本上是线性的。对于低于屈服应力的应力水平,如果去除载荷,试样将返回到零应变状态。如果施加一个力,使应力水平大于屈服应力,例如曲线上的 A 点,然后将力移除,则试样的响应将沿着线 AB。在这种情况下,试样中将存在残余应变 ε_p。如果再次施加不断增加的载荷,则响应将紧密遵循从 B 到 A 的线,然后沿着实线,直到最终在某个最大应力水平下失效。材料在屈服点 Y 以上的行为是非弹性的。也就是说,在卸下负载后,物体不会恢复到原来的结构。这个区域的变形和相应的应变称为塑性。

如果从 B 点加载试样时,获得的应力水平小于 A 点的应力水平,并且卸载了载荷,则残余应变将是 B 点的应变。实际上,屈服点已增加到 A 点的值。这种屈服应力的增加被称为应变固化。真正的初始屈服点很难在实验中找到,通常被定义为在试件卸载时产生较小的规定残余应变(通常为 0.02)的应力值。

7.3.3　蠕变材料

到目前为止,针对材料的机械性能,本章只讨论了在恒定温度下的静态或缓慢施加载荷及在载荷的某些部分表现为弹性方式的材料。在某些情况下,器件必须在负载长期存在,或温度高,或波动,或两者兼而有之的环境中使用。当一种材料必须长时间承受恒定的载荷时,它可能会继续变形或松弛,直到它不能正常工作或破裂。这种依赖时间的行为被称为蠕变。材料的蠕变量和由此产生的力松弛取决于装置的工作温度。温度升高,蠕变速率增大。这意味着变形不仅取决于施加的载荷,还取决于载荷的持续时间和载荷期间的温度。

一般情况下,应力和温度对蠕变速率都起着重要的作用。蠕变强度是一种非常重要的力学性能,表示特定材料在不超过给定蠕变应变的情况下在规定时间内所能承受的最大初始应力。因此,蠕变强度是温度、加载时间和可允许的蠕变应变的函数。

7.4　多层封装的热机械应力分析

在多层封装结构中,沿黏接界面准确估计热应力对于设计和预测与分层相关的故障至关重要[3]。与数值方法相比,解析封闭形式的解可以提供一种更快速的方法来获取界面上的应力。本节阐述了一种用于层级子层分析的分析模型,所提出的理论将每一层视为具有正交各向异性材料特性的梁型板。作为示例,结果展示了一个具有特殊正交各向异性材料特性的三层梁问题。分析模型的结果与有限元分析结果进行了比较,作为一阶近似。

7.4.1　相关背景

在电子封装领域,不同热膨胀系数和机械属性的材料被黏接在一起,形成如功率电子器件、电路板和半导体器件等层压结构。由于黏接材料的热膨胀系数不匹配,在制造、加工和现场使用过程中可能产生热应力,可能导致分层故障。在这些器件的设计和可靠性研究中,对界面热应力的准确估计扮演着重要角色。

大量的研究致力于预测在热载荷作用下黏接不同材料的界面应力。尽管可以使用数值分析程序对层状结构进行应力分析,但中央处理器(central processing unit,CPU)的求解时间通常过长。在微电子工业中,迫切需要一种既简单又强大的分析方法,能够快速且准确地确定层状结构中的界面应力。

Timoshenko[4]是第一个研究层状结构应力的学者。他利用基本的梁理论来获得由于均匀温度变化导致的双金属梁的曲率。Grimado[5]将黏接层视为第三层,以研究其对恒温器两层的影响。1979年,Chen 和 Nelson[6]使用力平衡方程来预测黏接接头中的热应力,Suhir 通过使用纵向和横向界面柔度进行相对简单的计算改进了Timoshenko 的双恒温梁理论,这被广泛称为 Suhir 解[7-14],是电子封装文献中最常用的基准分析程序。1991年,Pao 和 Eisele[15]将 Suhir

的双金属恒温模型扩展到多层薄板,而没有对界面施加任何额外的假设。

Chen 等[16]采取了一种显著不同的方法,该方法满足了层压梁自由边的边界条件。该分析基于二维弹性理论和在假设各层纵向正应变沿厚度呈线性分布的情况下的互补能量变分定理[17]。Williams[18]采用了类似的方法,并与 Chen 等[16]的结果显示出良好的一致性。Bogy[19-20]、Hein[21]等和 Yin[22]讨论了自由边附近界面处的应力奇异性。这种应力奇异性不能仅通过标准的弹性有限元分析直接确定,而是需要在接合点周围进行渐近分析,以确定近尖端应力场中的应力[23-25]。Shih 和 Asaro[24-25]研究了双材料界面上裂纹的弹塑性分析,展示了有限元分析的网格依赖性和渐近分析的必要性。在实际生活中,这种应力奇异性($1/r$)在物理上是不可能存在的。一旦应力水平达到材料的屈服强度,塑性材料会发生屈服,脆性材料会发生裂纹,应力会重新分布到邻近点。Basaran 和 Zhao[26]已经证明,当基于损伤力学的弹塑性材料模型用于有限元方法时,应力奇异性不再是一个重大问题。

层级分析最初由 Pagano[27-28]提出,他使用了两种不同的理论来模拟层和子层压板,在局部基础上对各层进行了检查,假设每一层都被视为一个独立于层压板的均质各向异性板,还利用一个假设的位移模型在全局层面上对子层压板进行了研究[29]。针对均质板和层压板的精细工程理论[30-32]为层和子层压板模型提供了另一种选择。

本节是对 Valisetty[32]提出的模型的扩展,重点在于研究由于热载荷引起的层间界面处的应力行为,使用有限元方法(finite element method,FEM)来比较分析模型的结果。Basaran 和 Zhao[26]已经表明,不使用渐近分析来验证自由边接合点附近的分析模型,而是单独使用弹性 FEM,并不是最佳方法。这考虑到了 FEM 对层状结构的网格敏感性,但它可以作为定性比较的初步近似。在接下来的部分中将提出一种公式,允许计算在热梯度下的层压装配体的位移和应力。

7.4.2 分析模型

以图 7-8 所示的 N 层层压梁型板为例。以下是通用层的基本方程的总结。层压梁型板理论的总体平衡方程和本构方程将构成一组 $8N$ 个方程,涉及多个变量(2N 个位移,N 个旋转,3N 个力合力,以及 2N 个力矩合力)。如果要求在($N-1$)个层间界面上强制执行位移连续性,则这组方程通过额外的 $2(N-1)$ 个方程得到补充,这些方程对于同时求解 $2(N-1)$ 个层间应力是必要的。在这组方程中,可以利用本构方程消除力合力和力矩合力变量,消除后留下一组 $(5N-2)$ 个耦合微分方程,需要为 $2N$ 个位移变量、N 个旋转和 $2(N-1)$ 个层间应力求解。

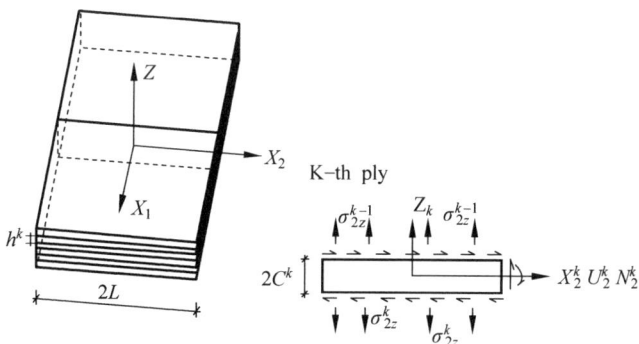

图 7-8　通用层压梁型板

从经典板理论出发,并假设横向曲率可以忽略不计,那么对于第 k 层通用层压梁型板的总体平衡方程可以以微分方程形式给出:

$$N_{2,2}^k + n_2^k = 0 \tag{7-20}$$

$$M_{2,2}^k + c_k m_2^k - Q_2^k = 0 \tag{7-21}$$

$$Q_{2,2}^k + q^k = 0 \tag{7-22}$$

式中,下标中的逗号用于标识逗号后轴号的微分。层间应力的差异,即层 k 与层 $k-1$ 之间的应力差,产生了作用在每层上的应力,该应力可以由式(7-23)~式(7-25)给出:

$$n_2^k = \sigma_{2z}^{k-1}(x_2, c_k) - \sigma_{2z}^k(x_2, -c_k) \tag{7-23}$$

$$m_2^k = \sigma_{2z}^{k-1}(x_2, c_k) + \sigma_{2z}^k(x_2, -c_k) \tag{7-24}$$

$$q^k = \sigma_{zz}^{k-1}(x_2, c_k) - \sigma_{zz}^k(x_2, -c_k) \tag{7-25}$$

式中,N_2、M_2、Q_2 分别是与 x_2 坐标方向相关的板单位宽度上的力、力矩和剪力合力;n_2、m_2、q 是由于层间应力差异而在每层上产生的载荷项;$N_{2,2}$、$M_{2,2}$、$Q_{2,2}$ 分别是 N_2、M_2、Q_2 关于 x_2 的导数;第 k 层板料的半厚度为 c_k;上标 k 用于标识通用层,为了方便起见,在后续方程中将被省略。

在电子封装中,主要的载荷是热梯度,且大多数层状结构具有正交各向异性材料属性。因此,这里对 Valisetty 模型进行了修改,引入了热载荷和正交各向异性材料属性。在本构关系中，还修改了系数 $\overline{C}_{ij}$ 和 $\overline{C}_i$ 以满足分析所需的正交各向异性材料属性，得到以下本构关系：

$$\frac{N_i}{h} = -\overline{C}_{ij}\Delta T\alpha_j + \overline{C}_{i2}U_{2,2} + K_{ni}cn_{2,2} + K_{pi}p, \quad i,j=1,2$$

$$(7\text{-}26)$$

$$\frac{M_i}{\overline{I}} = -\overline{C}_{i2}W_{2,2} + K_{mi}m_{2,2} + K_{qi}q/c \tag{7-27}$$

$$\Phi_2 + W_{2,2} = \frac{c^2}{2\overline{I}}S_{44}\left(Q_2 - \frac{1}{3}cm_2\right) \tag{7-28}$$

式中，

$$K_{mi} = \frac{3\overline{C}_{i2}S_{3j}\overline{C}_{j2}/\overline{C}_{22} - 2\overline{C}_{i2}S_{44} + 2\overline{C}_i}{20}, \quad i,j=1,2 \tag{7-29}$$

$$K_{qi} = \frac{3\overline{C}_{i2}S_{3j}\overline{C}_{j2}/\overline{C}_{22} - 12\overline{C}_{i2}S_{44} + 12\overline{C}_i}{20} \tag{7-30}$$

$$K_{ni} = \frac{\overline{C}_{i2}S_{3j}\overline{C}_{j2}/\overline{C}_{22} + \overline{C}_{i2}S_{44} + 2\overline{C}_i}{12} \tag{7-31}$$

$$K_{pi} = \overline{C}_i/2 \tag{7-32}$$

$$p = \sigma_{zz}(x_2,c) + \sigma_{zz}(x_2,-c) \tag{7-33}$$

$$h = 2c, \quad \overline{I} = 2c^3/3 \tag{7-34}$$

$$\overline{C}_{11} = C_{11} - \frac{C_{13}C_{31}}{C_{33}}, \quad \overline{C}_{12} = C_{12} - \frac{C_{13}C_{32}}{C_{33}} \tag{7-35}$$

$$\overline{C}_{21} = C_{21} - \frac{C_{23}C_{31}}{C_{33}}, \quad \overline{C}_{22} = C_{22} - \frac{C_{23}C_{32}}{C_{33}}, \tag{7-36}$$

$$\overline{C}_1 = \frac{C_{13}}{C_{33}}, \quad \overline{C}_2 = \frac{C_{23}}{C_{33}} \tag{7-37}$$

式中，C_{ij} 为正交各向异性材料的刚度系数；α_j 为第 k 层在 j 方向上的热膨胀系数；U、W 分别为在 $z=0$ 表面上的 x_2 向和 z 方向的位移分量；Φ_2 为参考表面（$z=0$）法线的旋转。

采用经典板理论的微分方程求解，结合类似梁的行为假设，得到以下应力分布方程：

$$\sigma_i = \frac{1}{h}N_i + \frac{1}{2h}K_i n_{2,2}\left(z^2 - \frac{c^2}{3}\right) + \frac{z}{\overline{I}}M_i +$$

$$\frac{1}{6\overline{I}}K_i(cm_{2,2} + q)(z^3 - 3c^2z/5), \quad i,j=1,2 \tag{7-38}$$

$$\sigma_{2z} = \frac{z}{h}n_2 + \frac{c}{6\bar{I}}m_2(3z^2 - c^2) - \frac{1}{2\bar{I}}Q_2(z^2 - c^2) \tag{7-39}$$

$$\sigma_{zz} = \frac{1}{2}p - \frac{1}{2h}n_{2,2}(z^2 - c^2) + \frac{z}{h}q - \frac{1}{6\bar{I}}(cm_{2,2} + q)(z^3 - c^2z) \tag{7-40}$$

式中

$$K_i = \frac{\bar{C}_{i2}S_{3j}\bar{C}_{2j}}{\bar{C}_{22} + \bar{C}_{i2}S_{44}} - \bar{C}_i, \quad i,j = 1,2 \tag{7-41}$$

σ_1 为任意层中 x_1 方向的正向应力；σ_2 为任意层中 x_2 方向的正向应力；σ_{2z} 为 $x_2 - z$ 平面上的剪切应力；σ_{zz} 为厚度坐标 z 方向的横向正向应力，亦称为剥离应力。

将热应变项引入 Valisetty 模型，得到等温加载下的位移方程为：

$$w = W + S_{3j}\left(N_j\frac{z}{h} + M_j\frac{z^2}{2\bar{I}}\right) + S_{3j}K_j\frac{1}{6h}n_{2,2}(z^3 - c^2z) +$$

$$S_{3j}K_j \times \frac{cm_{2,2} + q}{6\bar{I}}\left(\frac{z^4}{4} - \frac{3c^2z^2}{10}\right) + \tag{7-42}$$

$$S_{33}\left(\frac{z}{2}p + \frac{z^2}{2h}q\right) - S_{33}\frac{1}{6h}n_{2,2}(z^3 - 3c^2z) -$$

$$S_{33}\frac{cm_{2,2} + q}{6\bar{I}}\left(\frac{z^4}{4} - \frac{c^2z^2}{2}\right) + z\Delta T\alpha_z, \quad j = 1,2$$

$$u_2 = U_2 - zW_{,2} - S_{3j}\left(N_j\frac{z^2}{2h} + M_j\frac{z^3}{6\bar{I}}\right)_{,2} - S_{3j}K_j \times$$

$$\left[\frac{n_{2,22}}{6h}\left(\frac{z^4}{4} - \frac{c^2z^2}{2}\right) + \frac{cm_{2,22} + q_{,2}}{6\bar{I}}\left(\frac{z^5}{20} - \frac{c^2z^3}{10}\right)\right] -$$

$$S_{33}\left[\frac{z^2}{4}p_{,2} - \frac{1}{6h}n_{2,22}\left(\frac{z^4}{4} - \frac{3c^2z^2}{2}\right) + \frac{z^3}{6h}q_{,2} -\right.$$

$$\frac{cm_{2,22} + q_{,2}}{6\bar{I}}\left(\frac{z^5}{20} - \frac{c^2z^3}{6}\right)\right] +$$

$$S_{44}\left[\frac{z^2}{2h}n_2 + \frac{1}{6\bar{I}}cm_2(z^3 - c^2z) - \frac{1}{6\bar{I}}Q_2(z^3 - 3c^2z)\right] \tag{7-43}$$

式中，w、u_2 分别是 z 方向和 x_2 方向上的位移分量。

7.4.3 算例分析

层压结构在电子封装中普遍使用。为了本研究的简化，这里以三层层压梁型板为例。该梁仅受到均匀温度变化（$\Delta T = 100℃$）的影响，由于不同的热膨胀系数而引起应力。结构的几何形状如图 7-9 所示。表 7-1 给出了三层结构的正交各向异性材料属性和尺寸。

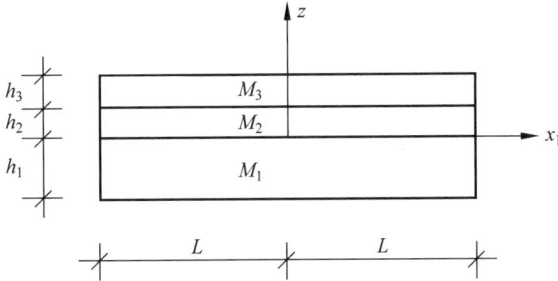

图 7-9　分析结构的几何形状与材料属性

表 7-1　分析结构的各项参数

	M_1	M_2	M_3
E_1/GPa	11	15	13
E_2/GPa	140	138	16
E_3/GPa	11	15	13
G_{12}/GPa	5.5	5.9	2.7
G_{13}/GPa	5.5	5.9	2.7
G_{23}/GPa	5.5	5.9	2.7
V_{12}	0.29	0.1	0.16
V_{13}	0.29	0.21	0.16
V_{23}	0.3	0.21	0.16
$\alpha_1(10^{-6}/℃)$	0.36	0.9	0.5
$\alpha_2(10^{-6}/℃)$	28.8	23	18
$\alpha_3(10^{-6}/℃)$	28.8	23	18
h/mm	0.508	0.0508	0.14
$2L/\text{mm}$	15.24		

式(7-21)和式(7-22)可以合并，以产生一个平衡态微分方程：

$$M_{2,22}^k + cm_{2,2}^k + q_2^k = 0 \tag{7-44}$$

式中，M_2 是与 x_2 方向相关联的力矩合力；c 是层合板单层的半厚度；$m_2 = \sigma_{2z}(x_2, c) + \sigma_{2z}(x_2, -c)$；$q_2 = \sigma_{zz}(x_2, c) - \sigma_{zz}(x_2, -c)$。

假设在界面处位移完全相容，位移的连续性要求产生以下方程：

$$u_2^1\left(x_2, \frac{h_1}{2}\right) = u_2^2\left(x_2, -\frac{h_2}{2}\right) \tag{7-45}$$

$$u_2^2\left(x_2,\frac{h_2}{2}\right)=u_2^3\left(x_2,-\frac{h_3}{2}\right) \tag{7-46}$$

$$w^1\left(x_2,\frac{h_1}{2}\right)=w^2\left(x_2,-\frac{h_2}{2}\right) \tag{7-47}$$

$$w^2\left(x_2,\frac{h_2}{2}\right)=w^3\left(x_2,-\frac{h_3}{2}\right) \tag{7-48}$$

在进一步的模型中,将引入界面柔度以放宽式(7-45)~式(7-48)给出的严格要求。

在式(7-44)~式(7-48)中,共有 10 个未知数和 10 个方程。这些未知数包括 W^1、W^2、W^3、U_2^1、U_2^2、U_2^3、σ_{zz}^1、σ_{zz}^2、σ_{2z}^1 和 σ_{2z}^2。

其中,σ_{zz}^1 是界面 1 处的剥离应力;σ_{zz}^2 是界面 2 处的剥离应力;σ_{2z}^1 是界面 1 处的剪切应力;σ_{2z}^2 是界面 2 处的剪切应力。

为了求解由式(7-44)给出的微分方程,需要引入边界条件。对于这个问题,将假设边界条件可以由以下给出:在 $x_2=0$ 时,

$$\begin{cases} U_2^1=0, & \Phi_2^1=0, & Q_2^1=0 \\ U_2^2=0, & \Phi_2^2=0, & Q_2^2=0 \\ U_2^3=0, & \Phi_2^3=0, & Q_2^3=0 \\ \sigma_{2z}(0,0)=0, & \sigma_{2z}(0,h_2)=0 \end{cases} \tag{7-49}$$

在 $x_2=L$ 时,

$$\begin{cases} N_2^1=0, & M_2^1=0, & Q_2^1=0 \\ N_2^2=0, & M_2^2=0, & Q_2^2=0 \\ N_2^3=0, & M_2^3=0, & Q_2^3=0 \\ \sigma_{2z}(L,0)=0, & \sigma_{2z}(L,h_2)=0 \end{cases} \tag{7-50}$$

采用双曲函数法,可以获得由式(7-44)给出的微分方程的解析解,其中 ξ 表示 x_2/L:

$$\begin{cases} \sigma_{2z}^1=8.79097\times10^{-47}\sinh(110.985\xi)\cos(12.4421\xi)- \\ \qquad 2.87743\times10^{-33}\sinh(79.7974\xi)- \\ \qquad 3.64717\times10^{-144}\sinh(332.378\xi) \\ \sigma_{2z}^2=1.30455\times10^{-46}\sinh(110.985\xi)\cos(12.4421\xi)- \\ \qquad 4.27001\times10^{-33}\sinh(79.7974\xi)- \\ \qquad 5.41227\times10^{-144}\sinh(332.378\xi) \end{cases}$$

$$
\begin{cases}
\sigma_{zz}^1 = 9.5428 \times 10^{-47} \cosh(110.985\xi) \cos(12.4421\xi) - \\
\qquad 2.24578 \times 10^{-33} \cosh(79.7974\xi) - \\
\qquad 1.18567 \times 10^{-143} \cosh(332.378\xi) - \\
\qquad 1.06981 \times 10^{-47} \sinh(110.985\xi) \sin(12.4421\xi) \\
\sigma_{zz}^2 = 1.04462 \times 10^{-46} \cosh(10.985\xi) \cosh(12.4421\xi) - \\
\qquad 2.4584 \times 10^{-33} \cosh(79.7974\xi) - \\
\qquad 1.29792 \times 10^{-143} \cosh(332.378\xi) - \\
\qquad 1.17109 \times 10^{-47} \sinh(110.985\xi) \sin(12.4421\xi)
\end{cases}
$$

$$(7\text{-}51)$$

将图 7-9 所示的问题通过 ANSYS 通用有限元代码进行分析。图 7-10 展示了研究所使用的网格,总元素数量为 8400 个。这是一个细网格,根据 Basaran 和 Zhao[26] 之前的研究,它将产生合理的结果。图 7-11 和图 7-12 分别展示了界面一和界面二的剪切应力分布,包括 FEM 和解析解,其中层的编号从底部开始。图 7-13 和图 7-14 分别展示了界面一和界面二的剥离应力分布,包括 FEM 和解析解。

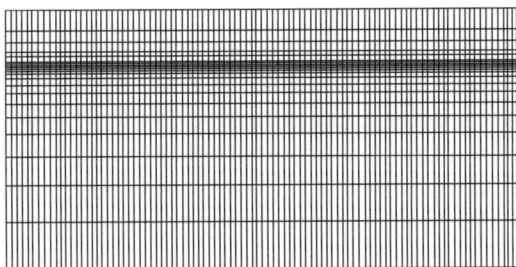

图 7-10 FEM 网格设计

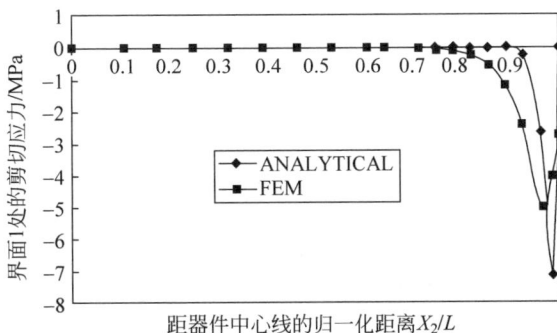

图 7-11 界面 1 处有限元法与解析解之间的剪切应力比较

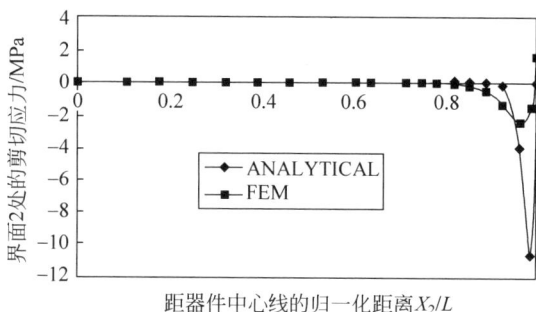

图 7-12 界面 2 处有限元法与解析解之间的剪切应力比较

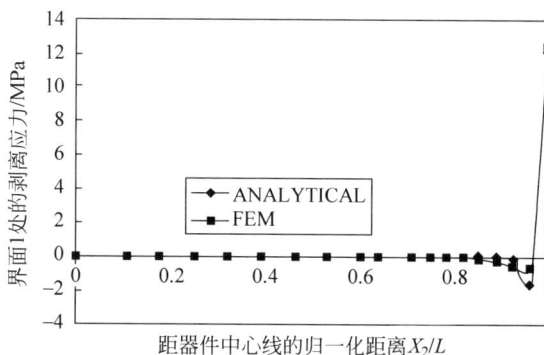

图 7-13 界面 1 处有限元法与解析解之间的剥离应力比较

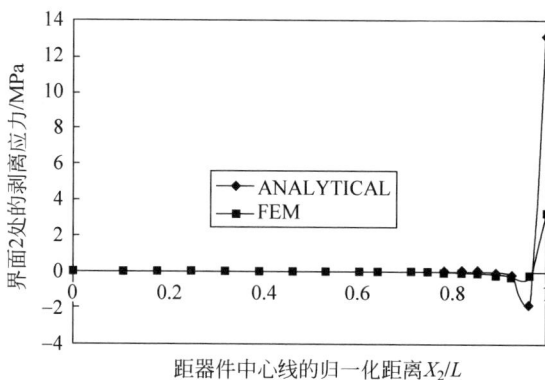

图 7-14 界面 2 处有限元法与解析解之间的剥离应力比较

在图 7-11～图 7-14 中,"解析解"一词指的是使用本书提出的方程(7-51)所获得的解,该解本质上是基于给定边界条件和曲率假设求解经典板理论平衡微分方程。

本书提出的理论和 FEM 得到的界面一的界面剪切应力和剥离应力在定性和定量上都有很好的一致性。此外,通过解析过程和 FEM 获得的界面二的剪切应力和剥离应力在定量上有显著差异,但在定性上相似。Basaran 和 Zhao[26]已经表明,尽管 FEM 在用于检查分析模型在层状结构中的定量有效性方面是一个粗略的过程,但它可以用来定性地验证分析程序。在线性弹性 FEM 中,由于存在双材料界面,层状结构的网格敏感性问题尤为突出,如 Hadjesfandiari 和 Dargush[33]、Basaran 和 Zhao[26]的研究所示。层状弹性结构中的网格敏感性主要是由于自由边附近的应力奇异性。

图 7-11~图 7-14 表明,根据给定的材料属性,从 $X_2/L = 0.5$ 到 $X_2/L = 0.8$ 的过程中,界面应力为零或接近零。这是一个数值结果,不支持 Zhao 等[34-35]在焊点界面进行的早期界面剪切应变测量。基于对焊点连接的经验,预计在莫尔干涉测量中该区域的应变会非常小,可能小于最大应变的 10%,最大应变位于边缘附近。零应变的原因是该模型和 FEM 假设层与层之间存在刚性连接、完全位移相容性;但在现实生活中,一切物体都具有一定的刚度,没有东西是完全刚性的。因此,如果界面具有很小的刚度,本书提出的分析模型将不适用。由于实际的界面行为偏离了式(7-45)~式(7-48)的要求,许多电子封装中的界面也是如此,该模型将失去其准确性。

上述内容介绍了一种基于经典板理论公式的分析方法,用于计算在等温加载下层状结构中界面剪切应力和剥离应力。该方法能够考虑特殊的正交各向异性材料属性。与有限元分析结果相比,分析程序结果在定性上基本一致。

7.5　本章小结

对于聚合物绝缘封装,应力管理起着非常重要的作用。本章对于封装中的固体力学和材料力学进行了简单的介绍,对于应力、应变及材料性能等基本概念以一般形式呈现。此外,本章还介绍了一种基于经典板理论公式的分析方法,用于计算在等温加载下层状结构中的界面剪切应力和剥离应力。该方法能够考虑特殊的正交各向异性材料属性。

参考文献

[1] ULRICH R K, BROWN W D. Advanced electronic packaging [M]. John Wiley & Sons, 2006.

[2] 何曼君, 陈维孝, 董西侠. 高分子物理[M]. 上海: 复旦大学出版社, 2000.

[3] WEN Y, BASARAN C. Thermomechanical stress analysis of multi-layered electronic packaging [J]. Journal of Electronic Packaging, 2003, 125 (1): 134-138.

[4] TIMOSHENKO S. Analysis of Bi-metal thermostats [J]. Journal of the Optical Society of America, 1925, 11, 233-255.

[5] GRIMADO P B. Interlamina thermoelastic stresses in layered beams [J]. Journal of Thermal Stresses, 1978, 1(1): 75-86.

[6] CHEN W T, Nelson C. Thermal stresses in bounded joints [J]. IBM Journal of Research and Development, 1979, 23(2): 179-188.

[7] SUHIR E. Stresses in Bi-metal thermostts [J]. ASME Journal of Applied Mechanics, 1986, 54(4): 657-660.

[8] SUHIR E. Stresses in adhesively bonded Bi-material assemblies used in electronic packaging. electronic packaging materials science-Ⅱ [C]// Proceedings of MRS Symposium Proceedings, 1986, 133-138.

[9] SUHIR E. Stresses in Bi-metal thermostats [J]. ASME Journal of Applied Mechanics, 1987, 54(2): 479-479.

[10] SUHIR E. Calculated thermally induced stresses in adhesively bonded and soldered assemblies [C]//Proceedings of International Symposium on Microelectronics, 1986, 383-392.

[11] SUHIR E. Stresses in multilayered thin films on a thick substrate, heteroepitaxy-on-silicon II [C]//Proceedings of MRS Symposium Proceedings, 1987, 91, 73-80.

[12] SUHIR E. An approximate analysis of stresses in multilayered elastic thin films [J]. ASME Journal of Applied Mechanics, 1988, 55(1): 143-148.

[13] SUHIR E. Interfacial stresses in Bi-metal thermostats [J]. ASME Journal of Applied Mechanics, 1989, 56(7): 595-600.

[14] SUHIR E. Global and local thermal mismatch stresses in an elongated Bi-material assembly adhesively bonded at the ends [C]//Proceedings of Symposium on Structural Analysis in Microelectronic and Fiber Optic Systems, 1195 ASME Winter Annual Meeting, 1995, EEP/12, 101-105.

[15] PAO Y H, EISELE E. Interfacial shear and peel stresses in multilayered thin stacks subjected to uniform thermal loading [J]. Journal of Electronic Packaging, 1991, 113(1): 164-172.

[16] CHEN D, CHENG S, GEERHARDT T D. Thermal stresses in laminated

beams [J]. Journal of Thermal Stresses,1982,5(1): 67-84.

[17] WASHIZU K. Variational methods in elasticity and plasticity [M]. Pergamon, New York, NY. 1968.

[18] WILLIAMS H E. Asymptotic analysis of the thermal stresses in a two-layer composite with an adhesive layer [J]. Journal of Thermal Stresses, 1985,8(2): 183-203.

[19] BOGY D B. Edge-bonded dissimilar orthogonal elastic wedges under normal and shear loadings [J]. Journal of Applied Mechanics,1968,35(3): 460-466.

[20] BOGY D B. On the problem of edge-bonded elastic quarter-planes loaded at the boundary [J]. International Journal of Solids and Structures, 1970, 6(9): 1287-1313.

[21] HEIN V L, ERDOGAN F. Stress singularities in a two-material wedge [J]. International Journal of Fracture Mechanics,1971,7(3): 317-330.

[22] YIN W L. Thermal stresses and free-edge effects in laminated beams: a variational approach using stress functions [J]. Journal of Electronic Packaging,1991,113(1): 68-75.

[23] LEE M, JASIUK I. Asymptotic expansions for the thermal stresses in bonded semi-infinite bimaterial strips [J]. Journal of Electronic Packaging, 1991,113(2): 173-177.

[24] SHIH C F, ASARO R J. Elasto-plastic analysis of cracks on Bi-material interfaces Part I-small scale yielding [J]. ASME Journal of Applied Mechanics,1988,55(2):299-313.

[25] SHIH C F, ASARO R J. Elasto-plastic analysis of cracks on Bi-material interfaces: Part II-structure of a small-scale yielding fields [J]. ASME Journal of Applied Mechanics,1989,56(4): 763-779.

[26] BASARAN C, ZHAO Y. Mesh sensitivity and FEA for multi-layered electronic packaging [J]. Journal of Electronic Packaging, 2001, 123(3): 218-224.

[27] PAGANO N J. Stress fields in composite laminates [J]. International Journal of Solids and Structures,1978,14(5): 385-400.

[28] PAGANO N J. On the calculation of interlaminar normal stress in a composite laminate [J]. Journal of Composite Materials, 1974, 8(1): 65-81.

[29] WHITNEY J M, SUN C T. A higher order theory for extensional motion of laminated composites [J]. Journal of Sound and Vibration,1973,30(1): 85-97.

[30] REHFIELD L W, VALISETTY R R. A Simple refined theory for bending and stretching of homogeneous plates [J]. AIAA Journal, 1984, 22(1): 90-95.

[31] VALISETTY R R, REHFIELD L W. A Theory for stress analysis of composite laminates [C]//Proceedings of AIAA paper 83-0833-CP, 24th AIAA/ASME/ASCE/AHS Structures, Structural Dynamics and Materials Conference, Lake Tahoe, NV. 1983.

[32] VALISETTY R R. Bending of beams, plates and laminates: refined theories and comparative studies [D]. Georgia Institute of Technology, Atlanta, GA. 1983.

[33] HADJESFANDIARI A R, DARGUSH G F. Theory of boundary eigensolutions in engineering mechanics [J]. ASME Journal of Applied Mechanics, 2000, 68(1): 101-108.

[34] ZHAO Y, BASARAN C, CARTWRIGHT A, DISHONGH T. Thermo-mechanical behavior of micron scale solder joints: an experimental observation [J]. Journal of Mechanical Behavior of Materials, 1999, 10(3): 135-146.

[35] ZHAO Y, BASARAN C, CARTWRIGHT C, DISHONGH T. Thermo-mechanical behavior of micron scale solder joints under dynamic loads [J]. Mechanics of Materials, 2000, 32(3): 161-173.

第8章

聚合物绝缘封装的工艺性

8.1 高功率器件绝缘结构与封装工艺

8.1.1 高功率器件绝缘结构

电力电子器件又称为功率半导体器件,由半导体元器件及模块器件组成,是电能转换和开关控制的关键部件。随着科技的不断发展和电力变换需求的逐步提升,电力电子器件经历了从第一代 SCR、第二代 BJT、GTO、MOSFET、第三代 IGBT 到第四代智能化集成电路和智能功率模块电力电子器件的发展过程。芯片材料方面也经历了基于半导体 Si 向 SiC 等宽禁带半导体材料的发展过程。随着电力电子器件向高温、高电压、高频率和大电流方向快速发展,器件封装的拓扑结构设计也逐渐朝着微型化及高功率密度方向演变[1]。

电力电子模块中需要具备绝缘功能的材料主要包括:电气隔离和支撑芯片用的电路板材料、隔绝空气和保护芯片用的绝缘灌封材料、外壳材料、填充热沉和散热底板间隙用的界面热导材料。封装的主要用途是保护半导体器件和电线组装元件免受潮湿、化学物质和气体等恶劣环境条件的影响。此外,封装材料不仅能在导线和元件之间提供电绝缘,防止电压升高,还能作为散热介质。

由于应用场合与设计目标的多样性,功率模块针对不同的使用要求具有多种多样的结构。一般来说,功率模块的封装结构主要分为键合线型和非键合线型。键合线型功率模块通常具有较高的寄生电感。寄生电感在开关器件的快速开关过程中造成电压过冲,进而导致瞬态电压升高、损耗增加和强的电磁干扰等问题,威胁高压功率模块封装绝缘的可靠性。杂散参数与开关换流回路的拓扑和封装结构有关,金属键合连接方式、元件引脚及多个芯片的布局方式是影响寄生电感的重要因素[2]。

为了降低模块封装中的寄生电感，研究人员通常会选择如下方法：倒装芯片技术和低温烧结陶瓷技术降低通态电阻；用印制电路板与直接覆铜陶瓷基板结合、DBC 与 DBC 结合或者柔性 PCB 与 DBC 结合形成混合封装模块；采用端子直连的焊接方法实现与电源板直接键合；采用 SiPLIT 结构实现平面互连；将电源开关和控制器、芯片嵌入模块中形成集成式模块；用双面冷却结构来降低热阻和寄生参数；用 3D 结构实现极低的寄生电感（小于 1 nH）。然而迄今为止，这些低电感封装主要在额定电压为 1.2 kV 或更低的 Si 和 SiC 模块上应用。当前，对于高压功率模块封装优化设计的研究十分有限。

1. 键合线型高压功率模块

键合线型功率模块由于研发历史久，技术成熟，成本低，在工业中得到了广泛应用。键合线型功率模块的封装结构通常包括功率芯片、键合线、基板、焊料层、底板和灌封材料等，如图 8-1 所示。高压功率模块的主要封装绝缘材料包括灌封绝缘材料和基板绝缘材料[2]。具有不同电位的基板金属电极相隔一段绝缘距离覆盖在基板陶瓷上，灌封绝缘材料同时包裹基板金属电极和基板陶瓷，因此基板金属电极、基板陶瓷和灌封绝缘构成了不均匀电场下的"三固体"绝缘结构。基板金属、基板陶瓷和灌封绝缘三结合点处由于几何结构的原因，电场畸变最严重，局部放电和老化现象容易在该部位发生，最终导致绝缘失效。

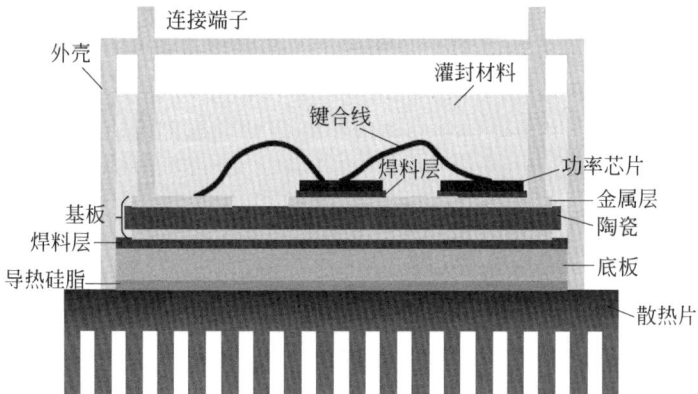

图 8-1　典型键合线型电力电子封装结构

（1）键合线型 SiC MOSFET 高压功率模块

2010 年，Wolfspeed 公司发布了第一个商用 10 kV、120 A SiC MOSFET 模块。该模块将 24 个 SiC MOSFET 和 12 个肖特基二极管焊接在 AlN 基板上，DBC 焊盘直接镀镍用于管芯附着和引线键合[3]。然而，该功率模块并联芯片的功率环路电感的不对称，导致显著的动态电流不平衡。此外，键合线型封装结构的回路电感和杂散电容较大，也限制了模块的工作性能。

此后，Wolfspeed 开发了第三代模块化、低电感、低热阻的 10 kV SiC MOSFET 模块[4]。该模块端子沿封装对称分布，减少了并联芯片之间的功率回路电感不对称，通过最小化功率环路长度以降低模块寄生电感。此外，模块还采用高热导率的封装材料来降低模块的热阻。第三代功率模块相比第一代性能有了明显的改进，电流密度增加了一倍，结壳热电阻几乎减少了一半，分布式电源端子结构使得功率环路电感低了 57%。但是该产品仍然具有改进的空间：整个功率回路的寄生电感仍然有 16 nH，寄生电感带来的问题仍然存在；第三代模块的面积只比第一代小 5%，基板寄生电容仍很大，导致开关过程中高 dv/dt 产生较大的电磁干扰和电压过冲，进而影响绝缘可靠性。

（2）键合线型 Si 基 IGBT 高压功率模块

相比于 SiC MOSFET 功率模块，Si 基 IGBT 高压模块发展较早，价格较低，应用更为广泛。ABB 公司采用高压软穿通技术研究了一种运用在 3.3 kV 和 6.5 kV IGBT 模块中的 HiPak[TM] 封装结构[5]。该结构保证了良好的开关可控性和软开断波形，不需要 dv/dt 或峰值电压限制器，允许更高的开关速度，其开关损耗也更低。为了降低杂散电感，ABB 公司又开发了一种 3.3 kV LinPak 半桥模块，可以容纳尽可能多的芯片，不仅大大降低了杂散电感，还将电流密度提高了 14%。但目前 LinPak 结构还未能在更高电压的功率模块中得到应用[6]。

2. 非键合线型高压功率模块

非键合线型高压功率模块相较于键合线型模块，具有耐受电流大、散热性能好、寄生参数小等特点。非键合线型高压功率模块的封装形式主要有焊接式和压接式 2 种，焊接式结构使用金属块直接将芯片两面和基板金属导体焊接起来，往往利用互感抵消等技术减小寄生参数。压接式则利用弹力来平衡模块内部的压力，保证模块内部芯片间的对称性，保持电流均衡。

（1）焊接式高压功率模块

弗吉尼亚理工大学设计了一种高密度、无引线键合的焊接式 10 kV SiC MOSFET 半桥模块。每个 MOSFET 对的正上方都有一组去耦电容来提供低电感高频环路。该模块使用钼柱和直接键合铝的基板代替引线键合将芯片互连的三维结构。由此测量流出功率模块的共模电流减少了 10 倍，封装绝缘的局部放电起始电压提高了53%，模块功率回路和驱动回路电感分别为 4.4 nH 和 3.8 nH。这种布置还具有屏蔽以减小电容耦合引起的共模干扰的优点。

（2）压接式高压功率模块

压接式封装也使用金属块引出芯片的不同电极，但是模块中不存在任何钎焊及金属线键合，所有的电气连接均由封装压力完成，如图 8-2 所示。因此，压接式封装减小了键合线引入的杂散电感[2,7]。相较于键合线式封装模块，弹簧压接式功率模块表现出优异的机械性能。每个芯片单独配备了压接弹簧。

图 8-2　单芯片压接式 IGBT 器件结构

8.1.2　高功率器件绝缘封装工艺

1. 高功率器件绝缘封装工艺

高功率器件的封装过程中采用了很多不同的高分子材料，如有机硅凝胶、环氧灌封胶、尼龙、环氧模塑料等。高分子材料主要起绝缘保护、密封防潮和提供机械支撑的作用，对提高高功率器件耐压能力、降低模块局部放电量有重要的作用[8]。

比较典型的封装方式是采用有机硅凝胶、环氧灌封胶和塑料外壳相结合的方式。这种封装方式不仅能保证模块的电绝缘性能，还能为模块提供较好的机械强度保护，主要应用于轨道交通领域用高功率器件模块的封装。也有直接采用有机硅凝胶与塑料外壳相结合进行封装的方式,采用该封装方式的高功率器件模块主要应用于电动汽车和风电领域等。由于环氧树脂自身内应力较大,且固化过程中存在较大收缩,因此采用环氧灌封胶直接进行封装的形式并不多见。日本三菱电机开发出的(direct potting resin,DP)树脂是一种低收缩、低应力的灌封树脂,可直接封装焊接式高功率器件模块[8]。

模块框架所采用的高分子材料主要是聚苯硫醚、聚醚醚酮等尺寸稳定性好、机械强度高、绝缘性能好的特种工程塑料。双面散热(double side cooled module)封装方式是目前的研究热点,所采用的高分子材料是特种环氧模塑料树脂(epoxy molding compound,EMC),具有玻璃化转变温度 T_g 高、线性热膨胀系数小和可靠性高的特点。双面散热封装的高功率器件模块主要应用于电动汽车领域。还有其他一些高分子材料应用于功率模块芯片的涂覆处理,如聚酰亚胺涂覆胶和聚对二甲苯(parylene)等[8]。

2. 高功率器件封装绝缘材料

除了高压功率模块的封装结构,封装材料的机械、热和电特性也会随着使用环境发生变化,对模块绝缘性能和可靠性产生很大的影响。功率模块使用的封装绝缘材料主要包括基板材料和灌封绝缘材料。

（1）基板材料

基板为功率模块提供绝缘和机械支撑,隔离电路的各种导电路径。同时,基板必须具备良好的导热性能,从而能有效消散元件工作过程中产生的热量。功率模块基板由金属和绝缘层（一般为陶瓷层）组成[9]。

Al_2O_3 陶瓷制作技术成熟且便宜,热膨胀系数相对较大,介电常数高,但是相比其他陶瓷材料热导率很低,在高功率密度系统中不利于散热;BeO 陶瓷制作技术也很成熟,热导率最高,但是在加工过程中形成的粉尘颗粒具有毒性,对人体和环境有害;AlN 陶瓷相对来说是一种比较安全和有前景的材料,其导热性仅次于 BeO,远远高于 Al_2O_3,并且它的 CTE 与 SiC 接近,匹配性更强,抗弯强度和热循环寿命与 Al_2O_3 相似;Si_3N_4 是应用历史较短的新材料,它的 CTE 与 SiC 匹配的最好,机械断裂韧性最高,其高抗弯强度使其在热循环过程中可以与厚铜板搭配,可以承载大电流而不容易断裂。

（2）灌封材料

灌封材料的作用是保护芯片和金属互连部分免受恶劣环境如湿气、化学物质等的影响,并且在导体之间提供额外的绝缘保护,同时也可以作为散热介质。硅凝胶是使用最广泛的灌封材料,但是它只能在250℃内长期使用。为了提升硅凝胶的耐温特性,研究人员使用无机填料或改性的有机硅弹性体作为灌封绝缘,可以承受高于250℃的温度。一些聚合物例如聚酰亚胺和聚对二甲苯(parylene)也被用作芯片表面的钝化剂,以防止芯片外绝缘在高压情况下被击穿。另外,环氧树脂等热固性材料具有足够的机械强度,也被用作硬灌封材料。然而,硬灌封材料在热循环过程中经常会出现裂纹缺陷,而软密封剂在高温下会出现热不稳定现象,因此灌封材料的选择常常在热稳定性和柔软性之间进行权衡。随着高压功率模块的发展,需要研究适用于高电压等级功率模块的封装绝缘材料和封装技术[10]。

8.2　高功率器件绝缘封装聚合物材料

目前功率模块封装采用的高压绝缘材料主要有环氧树脂、聚氨酯和有机硅凝胶三大类。其中,环氧树脂刚性好,与元器件的黏接性好,但耐温度冲击性能差,固化时会产生较大内应力,容易对内部电子元器件产生损伤;聚氨酯弹性高、透明、硬度低,对各种材料有良好的黏结力,但该材料有毒,对人体健康有危害,不符合绿色环保的发展理念;有机硅凝胶也为黏弹性材料,呈透明状,硬度低,对各种材料均有较好的黏结力,且固化时不吸热、不放热,固化后不收缩,具有优良的电气性能和化学稳定性。得益于有机硅凝胶的诸多优点,在电力电子器件封装领域,有机硅凝胶已成为应用最多的封装绝缘材料[11]。

理想的电力电子器件封装绝缘材料应满足以下基本要求:①绝缘强度高;②线膨胀系数小,收缩率低,具备良好的机械性能;③工作温度范围宽;④在封装过程中不产生有害物质等。下面介绍常见的绝缘封装聚合物材料。

8.2.1　有机硅材料

有机硅作为一种稳定可靠的高分子材料,在高功率器件模块上的主要作用是灌封(即硅凝胶)和导热(即涂覆于模块与散热板之间的高导热硅脂)。有机硅凝胶是一种存在液体和固体两种相态的"固液共存"的特殊硅橡胶,其质地柔软,不会对高功率器件芯片产生机械应力。即使在−50～200℃条件下,其柔软性能也基本不变,能很好地保护电力电子芯片免受湿气侵蚀,达到绝缘、防潮、防尘、减震和防腐蚀的效果。

有机硅凝胶种类繁多,按照反应类型可以分为加成型和缩合型。缩合型有机硅凝胶具有较好的黏接性和自修复性,但反应过程中会有小分子物质产生,收缩率较大且容易形成气泡,因此不适合灌封要求较高的功率半导体封装。加成型有机硅凝胶主要是由乙烯基硅油(或丙烯基)、含氢硅油及贵金属催化剂等组成,反应过程为乙烯基与活性氢的加成反应,无副产物产生,固化物纯度高且无收缩,因此在高功率器件模块封装中主要采用的是加成型有机硅凝胶[8]。

国外有机硅凝胶的主要供应商有瓦克(Wacker)、信越化学(Shin-Etsu Chemical)、道康宁(Dow Coming)、迈图(Momentive0)、埃肯有机硅(Elkem Silicones)、高丽化工(KCC)、ACC(ACC Silicones Europe)等。表 8-1 为三种加成型有机硅凝胶应用在 IGBT 模块封装的性能比较[8,12]。从表中可以看出,IGBT 模块封装用有机硅凝胶相对环氧灌封胶具有更低的黏度,且都为等比例混合,比较适合自动化设备灌封。

表 8-1 三种加成型有机硅凝胶应用在 IGBT 模块封装的性能

项目	胶 1		胶 2		胶 3	
组分	A	B	A	B	A	B
外观	透明	透明	透明	透明	透明	透明
密度(23℃)/(g/cm^3)	0.97	0.97	0.97	0.97	0.97	0.97
黏度(23℃)/(MPa·s)	1000	1000	1000	1000	1000	1000
混合比(质量/体积)	1∶1		1∶1		1∶1	
混合黏度(23℃)/(MPa·s)	1000		450		1000	
适用期/h	2.5(25℃)		1.7(23℃)		0.75(25℃)	
凝胶时间/min	30.0(150℃)		7.0(135℃)		30.0(150℃)	
锥入度(0.1 mm,23℃)	85		85		85	
介电常数(50 Hz)	2.7		2.7		2.7	
介电强度/(kV/mm)	17		15		19.2	
体积电阻率/(×10^{15} Ω·cm)	1.0		3.0		6.0	

普通线性聚二甲基硅氧烷凝胶在超过 175℃ 的高温下存放时间超过 1000 h 后会变脆,力学性能和介电性能下降幅度大,甚至会开裂。这是有机硅凝胶纯度不足导致的。有机硅凝胶纯度不足的原因是受到原材料纯度和制备工艺的影响。离子含量过高的有机硅凝胶在长期的高温和高电场环境中会发生黄变、硬化、金属离子迁移等问题,从而直接影响 IGBT 模块的可靠性,因此有机硅凝胶的纯度问题需要重

点关注。瓦克开发出超纯度有机硅凝胶,其总残余离子含量小于 2×10^{-6},特别是 SEMICOSIL 915HT 和 SEMICOSIL920LT 这两款有机硅凝胶,具有纯度高和耐黄变性好的优点。IGBT 模块封装形式的不断发展对于封装所采用的有机硅凝胶提出了更高的要求。IGBT 模块封装用有机硅凝胶的高纯度、耐高温性和高介电性是重点关注的发展方向。

新一代的功率模块(如碳化硅、氮化镓等)的发展也对有机硅凝胶的耐高温性和介电性提出了新的考验。信越化学关注到高温下的"凝胶裂缝"现象,开发、应用能够长期在 200℃ 下使用的有机硅凝胶,并对有机硅凝胶在高温储存下的失效模式及如何克服这些失效模式进行了探讨。瓦克推出了 SEMICOSIL 915HT 有机硅凝胶,可以使用紫外线活化的催化剂进行固化,即使在室温下也能缩短处理时间,当有机硅凝胶与催化剂的混合比例为 10∶1 时,固化后的介电常数为 2.8,介电强度达到 30.0 kV/mm,在 210℃ 的高温老化测试 2000 h 后发现 SEMICOSIL 915HT 有机硅凝胶的外观和力学性能基本不变,具有很好的介电性能和耐高温性能[13]。道康宁也为新一代功率模块在 200℃ 条件下连续工作开发出耐高温有机硅凝胶,该硅凝胶在 215℃ 的高温下耐受时间长达 2000 h。赵慧宇等以自制乙烯基硅油和含氢硅油为原材料,开发出用于 IGBT 模块灌封的双组分加成型有机硅凝胶,其介电强度达到 22.6 kV/mm,相对介电常数为 2.65,具有较高的电绝缘性[14]。丁聘等以聚甲基乙烯基硅氧烷为基础硅油、端链含氢硅油为扩链剂、侧链含氢硅油为交联剂,以铂基催化剂和炔醇类为抑制剂,制备出双组分有机硅凝胶,经过对 6500 V 的 IGBT 模块进行灌封评估后发现模块局部放电量小于 10 pC,顺利通过模块振动、高温存储、低温存储等多项应用性实验[15]。时代新材设计了一种 MDT 树脂应用于耐高温的有机硅凝胶,在 220℃ 下热老化测试 1000 h 后其不发生黄变,具有很好的耐高温性能。

通过混合高介电系数的填料也可以改善有机硅凝胶的介电性能。Wang 等在有机硅凝胶中添加 $BaTiO_3$ 粉体来提高硅凝胶的相对介电常数,通过实验发现有机硅凝胶的介电常数达到 6.4,且会随着电场改变而改变,实现了有机硅凝胶的介电常数可调性,并利用复合有机硅凝胶在 3300 V 的商业化 IGBT 模块进行测试[16]。王昭等进一步利用有限元分析方法分析了 $BaTiO_3$ 复合有机硅凝胶对 IGBT 模块内部电场分布的影响,验证了提高有机硅凝胶介电常数对 IGBT 模块内电场强度的抑制作用[8]。

8.2.2　环氧树脂材料

环氧树脂是分子链段中含有两个以上环氧基的有机高分子材料，具有工艺性强、介电性能好、机械强度高的特点，被广泛应用于各个领域。环氧树脂材料在高功率器件模块封装中最主要的作用是灌封和传递模塑成型。

（1）环氧灌封胶

高功率器件模块用环氧灌封胶（epoxy potting adhesive）一般是在完成有机硅凝胶灌封后再进行灌封，经固化后在有机硅凝胶上层形成一层密度大、质地坚硬的保护层，能够起保护和强化模块整体性的作用，对提高模块的抗机械冲击性具有一定的实际意义，这种封装结构的高功率器件模块在轨道交通上应用较多。高功率器件模块灌封用环氧灌封胶主要采用双组分的形式，由特种环氧树脂、无机填料和助剂等制备而成，其固化物具有很高的阻燃性和较低的 CTE 值，可以有效隔离外部不利环境的影响。

环氧灌封胶的供应商有很多，如亨斯曼（Hunstman）、3M（Minnesota Mining and Manufacturing）、爱玛森康明（Emerson & Cuming）等。表 8-2 为两种环氧灌封胶应用在 IGBT 模块封装的性能比较[8]。从表中可以看出，两种 IGBT 模块封装用环氧灌封胶都具有硬度高、黏度较大的特点，可能需要配合较专业的灌胶设备进行施胶。

表 8-2　两种环氧灌封胶的 IGBT 模块灌封性能

项目	胶 1		胶 2	
组分	树脂	固化剂	树脂	固化剂
外观	黑色液体	白色液体	黑色液体	淡黄色液体
密度（23℃）/(g/cm^3)	1.71~1.76	1.71~1.76	1.78	1.16
黏度（25℃）/(Pa·s)	25~30	22~32	200~400	0.045~0.046
混合比（质量/体积）	1：1		4：1	
混合黏度（25℃）/(Pa·s)	22~32		4~6	
凝胶时间（125℃）/min	15~20		30~40	
固化工艺	80℃/h+125℃/ 2 h+140℃		120℃/10 h	
邵氏 D 硬度（25℃）	95		90	
热变形温度（TMA）/℃	130		122	

续表

项目	胶 1		胶 2	
组分	树脂	固化剂	树脂	固化剂
外观	黑色液体	白色液体	黑色液体	淡黄色液体
拉伸强度/MPa	40～50	30～40		
断裂伸长率/%	1～2	3～5		
吸水率(23℃,24 h)/%	0.20	0.24		
热膨胀系数(25～200℃)/($\times10^{-6}$)	38～42	57		
热导率/(W/(m·K))	0.6～0.7	0.3		
阻燃性(UL94)	V—0	V—0		
介电强度/(kV/mm)	21	21		
体积电阻率/Ω·cm	10^{15}	10^{15}		

普通双酚 A 型环氧树脂制备的环氧灌封胶在 -40℃ 的低温下会发生收缩和开裂,导致封装失效;在超过 150℃ 的高温下会发生软化,丧失部分力学性能和介电性能;在超过 200℃ 高温下一段时间后又会发生化学键的断裂,产生小分子挥发物质,因此对于运行温度达 200℃ 的碳化硅 IGBT 模块的封装会存在很多问题。通过改善 IGBT 模块灌封用环氧灌封胶的耐高温性、抗开裂性、CTE 值和施胶工艺来提高模块的可靠性等是需要重点关注的发展方向。

研究人员利用双酚 A 型环氧和酸酐制备出适合 IGBT 灌封的环氧灌封胶,其性能可以承受 1000 次以上 -40～125℃ 的冷热冲击循环测试,并在此基础上对该环氧灌封胶的黏度建立模型方程,预测了 50～90℃ 内环氧灌封胶的流变特性,为施胶工艺提供了有价值的参考。为了开发耐热性更好的 IGBT 环氧灌封胶,研究人员又以耐高温的特种坏氧树脂为主体树脂,以碳化硅和阻燃性好的氢氧化铝为填料,制备出在高温下力学性能良好、介电性能高的 IGBT 环氧灌封胶,其玻璃化转变温度超过 200℃,可以满足大功率 IGBT 模块的灌封要求。Li 等研究了纯环氧灌封胶、含 5% 纳米氧化铝、含 60% 微米氧化铝和含 2% 纳米氧化铝和 60% 微米氧化铝的 4 种不同环氧灌封胶,对比了不同粒径氧化铝填充对环氧灌封胶介电强度和局放特性的影响,认为纳米填料的加入是提高微米填充环氧灌封胶介电强度和降低局放特性的一种有效途径[17]。三菱电机率先开发了一种黏度低、玻璃化转变温度高、热稳定性好、黏接强度高的液态环氧灌封树脂,并结合绝缘金属基板封装 IGBT 模块对封装的模块进行了可靠性研究,发现这种封装方式能减少 IGBT 芯片下的焊料裂纹,极大提高了热循环实验寿命。采用 DP 树脂灌封(如图 8-3(a)所示)与有机硅凝胶灌封 IGBT 模块(如图 8-3(b)所示)有很大的区别[18],DP 树脂灌封对环氧灌封胶的性能及施胶要求较高,特别是需要解决环氧树脂固化收缩率较高和 CTE 值与芯片差别过大的问题[8,19]。

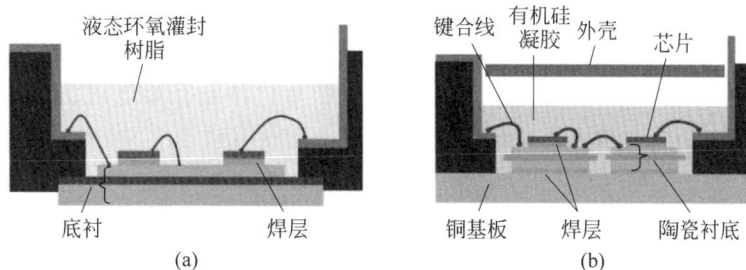

图 8-3 两类不同封装结构示意图
(a) DP 树脂封装;(b) 传统 IGBT 模块封装

(2)环氧模塑树脂

环氧模塑树脂(epoxy molding compound,EMC)又叫环氧模塑料,主要成型方式为传递模塑成型。传递模塑成型是从湿法铺层和注射工艺中演变而来的一种热固性塑料的成型方法。一般是先将 EMC 树脂在加热室加热软化,借助柱塞压力使其通过胶口进入加热的模腔,然后在加热好的模腔中加热成型,最后完成脱模,其成型工艺过程如图 8-4 所示[8,20]。

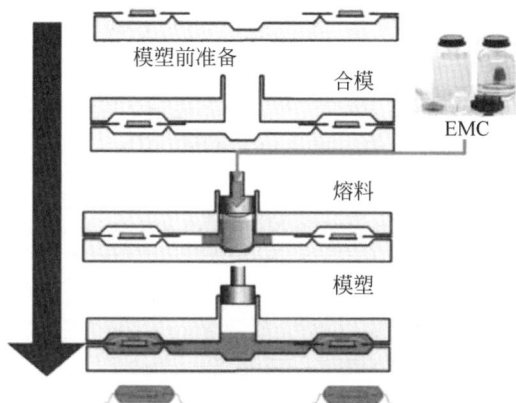

图 8-4 传递模塑成型的工艺过程

EMC 在 IGBT 模块封装上的市场量虽不及在分立器件上的市场量大,但是随着电动汽车技术的不断成熟和市场规模的不断扩大,应用于 IGBT 模块塑封成型的 EMC 树脂的市场量也有较大增长。

IGBT 模块封装对 EMC 树脂的性能要求较高,如较好的成型性、良好的耐热性、较高的机械强度和电气绝缘性,以及较低的热膨胀系数,并且对水汽透过率要求很严苛。EMC 树脂主要由环氧树脂(如邻甲酚醛环氧、联苯型环氧等)、固化剂(如酚醛树脂、酸酐等)和填料(如二氧化硅、氮化铝等),再配合阻燃剂、催化剂、偶联剂和脱模剂等助剂组成,典型的 EMC 树脂的组成如图 8-5 所示[8]。

填料≈70%　环氧树脂≈10%
碳黑　　　　　　　固化剂≈5%
石蜡　　　　　　　阻燃剂
偶联剂　　　　　　催化剂
防腐剂　低收缩剂

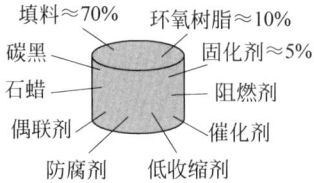

图 8-5　EMC 树脂及其基本组成

IGBT 模块封装用 EMC 树脂主要供应商有信越化学(Shin-Etsu Chemical)、京瓷化学(KyoceraChemical)、日立化成(Hitachi Chemical)、住友电木(Sumitomo Bakelite)等[21]。随着新一代模块封装技术,特别是应用于汽车的双面散热 IGBT 模块的发展,EMC 树脂也越来越受到人们的关注,对 EMC 树脂中影响电子元件性能的杂质含量、与引线框架的黏接性、耐热性、热膨胀系数等都提出了新的要求;阻燃性、无卤和绿色环保也是 EMC 树脂的重要发展方向,表 8-3 为三种应用于双面散热功率模块的 EMC 树脂性能[8,21]。图 8-6 所示为英飞凌公司推出的新能源电动汽车用双面散热 IGBT 模块照片,该模块采用高性能 EMC 树脂封装,其散热效率和可靠性得到了极大的提升[8]。

表 8-3　三种功率模块封装用 EMC 树脂性能

项　　目	EMC1	EMC2	EMC3
填料含量/%	85	87	84
填料类型	SiO_2	SiO_2	SiO_2
填料尺寸/μm	75	70	75
螺旋流动长度/cm	66	95	115
凝胶时间/s	28	40	50
玻璃化转变温度/℃	225	195	200
CTE1/($\times10^{-6}$/K)	8	8	11
CTE2/($\times10^{-6}$/K)	33	39	50
弯曲模量/GPa	21	25	15
弯曲强度/MPa	122	185	125
热导率/(W/(m·K))	1	1	1
密度(23℃)/(g/cm^3)	1.95	1.99	1.90
成型收缩率/%	0.03	0.04	0.03
阻燃性(UL94)	V-0	V-0	V-0

图 8-6　英飞凌双面散热 IGBT 模块

8.2.3　塑料框架

功率模块封装采用的塑料框架必须达到很高的技术要求,如在工作温度区间内(如轨道交通用 IGBT 模块长期运行温度为 $-55\sim$ 125℃)具有较高的拉伸强度且机械强度稳定,能承受短期超过 250℃ 的高温以适用中低功率模块的焊接工艺。此外,还必须具有很好的电气绝缘性能,相比电痕化指数要求较高且能承受高度的电磁污染,无卤和氧化锑等有害物质,且能满足激光打标等要求。

目前,功率模块塑料框架所采用的材料较为普遍的有聚酰胺、聚对苯二甲酸乙二醇酯(PET)、聚对苯二甲酸丁二醇酯(PBT)等。图 8-7 为改性 PA 粒料及采用 PA 粒料注塑成型的 IGBT 模块框架[8]。大功率 IGBT 模块的发展对模块的安全可靠性提出了更高的要求,机械强度和玻璃化转变温度更高的特种工程塑料如聚邻苯二甲酰胺(polyphthalamide,PPA)、聚苯硫醚(PPS)被应用于制造 IGBT 塑料框架,封装的 IGBT 模块主要应用于轨道交通中。

图 8-7　PA 粒料及其注塑成型的 IGBT 模块框架

(a) PA 粒料;(b) IGBT 模块框架

杜邦(DuPont)、巴斯夫(BASF)、东丽(TORAY)、三菱(Mitsubishi)等公司的材料具有性能优势,表 8-4 为五种制造塑料框架材料的基本性能[8,22]。

表 8-4   五种制造 IGBT 模块塑料框架材料的基本性能

材 料 种 类	PA	PBT	PET	PPA	PPS
熔点/℃	260～280	225～235	265～280	310～325	285～315
拉伸强度/MPa	110	130	90	134	114
断裂伸长率/%	1.5	2.5	3.5	2.8	0.7
弯曲强度/MPa	160	180	200	179	190
弯曲模量/GPa	8.0	6.5	4.0	7.0	18.6
阻燃性(UL94)	V-0	V-0	V-0	V-0	V-0
CTI/V	400	400	400	400	600

随着碳化硅等功率模块运行温度的上升,强度高、尺寸稳定性高、耐高温、相比电痕化指数(comparative tracking index,CTI)高、加工性好的塑料框架成为需要关注的发展方向。杨克俭等开发出一种尼龙,这种材料具有熔体流动性高、无卤环保、阻燃性好、电性能及力学性能优异等优点,制品翘曲低、平整度高,适合用来加工 IGBT 塑料框架。唐毅平等将功能性三嗪环与尼龙通过熔融共混改性得到耐高温、耐高电压的改性尼龙,该尼龙可应用于 IGBT 框架的制造,能够满足 IGBT 模块在高温高电压下的使用要求。路宏伟等将 PPS 与超高分子量聚乙烯共混,改善了 PPS 的耐冲击性和电气绝缘性能,再用玻璃纤维增强,得到具备优异力学性能和电气绝缘性能的复合树脂,拓展了 PPS 在 IGBT 塑料框架中的应用[22]。

工程塑料在 IGBT 模块封装中的另一个应用是在压接型模块中被加工成子模组的安装座使用,多数是经玻璃纤维或碳纤维增强后的聚醚醚酮加工而成。图 8-8 所示为典型的压接型 IGBT 模块示意图及压接型 IGBT 模块中所采用的子模组结构,其中子模组的安装座采用的材料为 PEEK[8,23]。

PEEK 作为一种新型的工程塑料具有硬度大、承压能力强、耐受温度高、尺寸稳定性好的特点[23]。英国威格斯(Victrex)公司生产的 PEEK 具有性能稳定、耐热性能较高的优势。Wang 等通过优化压接型 IGBT 模块的 PEEK 框架和管芯之间的气隙来改善模块的绝缘性

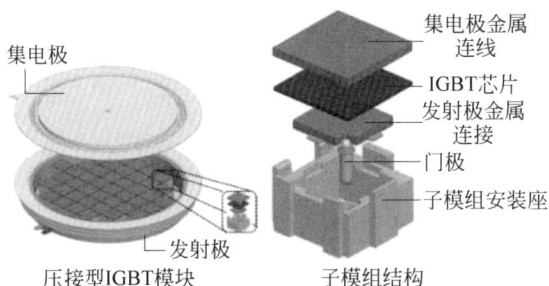

图 8-8 压接型 IGBT 模块示意图和子模组结构

能,并对 PEEK 在压接型 IGBT 模块中的应用情况进行了介绍。也有人研究了 PEEK 盒式设计对 4500 V 压装 IGBT 模块击穿性能的影响[8]。

8.2.4 其他

除了上述在功率模块封装中应用较为普遍的高分子材料,还有在功率模块芯片或覆铜陶瓷衬板表面涂覆以提高模块耐压能力、降低局部放电量的高分子涂覆材料。

（1）派瑞林

派瑞林(parylene)是 20 世纪 60 年代由美国联合碳化物公司所开发的一种厚度均匀、致密、绝缘性高、透明、防霉、防潮气、耐盐雾的新型涂覆材料。派瑞林主链为聚对二甲苯结构,可分为 N 型、C 型、D 型、HT 型等,其分子结构如图 8-9 所示[8],基本性能如表 8-5 所示[24]。

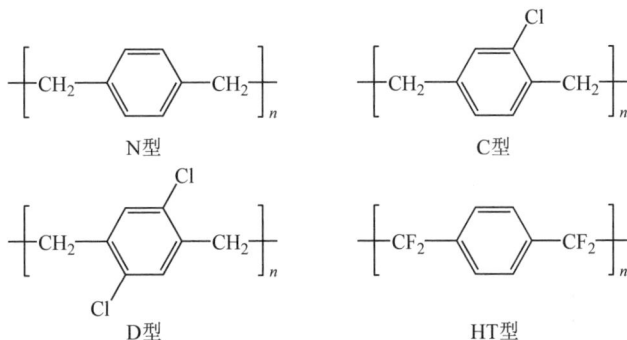

图 8-9 不同分子结构的派瑞林

表 8-5　不同结构派瑞林的基本性能

基 本 性 能	N 型	C 型	D 型	HT 型
熔点/℃	420	290	380	＞500
长期工作温度/℃	60	80	100	350
短期工作温度/℃	80	100	120	450
热导率/(W/(m・K))	0.126	0.084	—	0.096
热膨胀系数(25℃)/(×10^{-6}/K)	69	35	38	36

其中,HT 型 parylene 耐受温度高达 500℃,即使在 350℃高温下也可以承受 5000 min(美国 SCS 公司数据),具有极好的耐高温性和极低的气体渗透率,非常适合大功率高温功率模块的涂覆。

有研究认为,parylene 可用于恶劣环境中电子产品的涂覆保护,分析了采用 parylene 和有机硅凝胶封装的区别,探讨了硅胶与各种绝缘液体之间的相容性,并研究了 parylene、聚酰亚胺(PI)和有机硅凝胶涂层对高压二极管性能的影响。虽然 parylene 涂覆对于提高模块的稳定性和耐热性具有较明显的作用,但 parylene 较高的成本限制了其在功率模块封装中的应用。

(2) 聚酰亚胺

聚酰亚胺是一种能够长期在－200～300℃温度下使用、短期耐受温度可达 400℃、介电性能好、化学性质稳定的高分子材料,是综合性能最佳的特种高分子材料之一,被广泛应用于航空航天、军事、激光、微电子等领域。PI 涂覆材料是指非光敏聚酰亚胺(non-photosensitive PI),主要用于功率模块芯片封装工艺键合点加强、覆铜层边缘毛刺绝缘处理等。功率模块封装用 PI 涂覆料要求达到电子级,加热固化成膜后具有耐高低温、耐腐蚀、耐辐射、耐湿热的优点,且对芯片、铝、铜、玻璃或陶瓷等封装材料具有极好的黏结性能,可用于引线键合点、焊点等薄弱部位的加固或 DBC 边缘毛刺的处理。目前 PI 涂覆材料的供应商有日立化成(Hitachi Chemical)、信越化学(Shin-Etsu Chemical)、阿莫科(Amoco)、富士胶片(Fujifilm)等,主要集中在日本和美国,表 8-6 列举了三种典型的进口 PI 涂覆料性能[8]。

表 8-6　典型的 PI 涂覆料性能

基 本 性 能	PI-1	PI-2	PI-3
黏度(25℃)/(Pa・s)	1.0～1.2	1.1～1.2	0.2
含水量/%	0～0.5	0～0.5	0～0.5
钠离子含量/(×10^{-6})	0～1.5	0～1.5	0～1.5

续表

基 本 性 能	PI-1	PI-2	PI-3
钾离子含量/($\times 10^{-6}$)	$0 \sim 1.0$	$0 \sim 1.0$	$0 \sim 1.0$
铁离子含量/($\times 10^{-6}$)	$0 \sim 2.0$	$0 \sim 2.0$	$0 \sim 2.0$
固体含量/%	13	15	15
涂覆溶剂	GBL	NMP	NMP
保质期/年	0.5	0.5	0.5
拉伸强度/MPa	128	120	130
杨氏模量/GPa	3.3	1.8	2.0
断裂伸长率/%	75	90	$20 \sim 30$
玻璃化温度/℃	309	210	220
热分解温度/℃	415	400	410
CTE/($\times 10^{-6}$/K)	54	70	60
介电常数	3.4	3.4	3.4
吸水率/%	1.1	2.1	2.3

Donzel 等制造并测试了填充有 ZnO 的 PI 涂层,并对 IGBT 模块上涂覆 PI 的电性能进行了分析。Morshed 等采用 PI 对 6500 V 的 IGBT 模块基片的陶瓷进行涂覆,发现在 PI 中添加硅烷偶联剂可以提高 PI 与金属和陶瓷表面的黏合强度,对 IGBT 模块的局部放电有抑制作用。该研究团队还研究了 3 种不同的 PI 对 IGBT 模块金属陶瓷边缘局部放电的影响,发现 PI 涂层的厚度对电气强度也有影响。对于 PI 涂覆材料在功率模块封装的应用而言,介电常数、介质损耗、固化工艺、贮存周期等仍是主要的关注点[25]。

高分子材料在功率模块的封装领域具有广阔的市场前景,然而国内与国际的技术差距还比较大。虽然目前高分子材料在功率模块封装上的应用已经做了大量的研究,但还应重点关注材料的耐高温、耐低温、热膨胀系数、电痕化指数、介电强度性能及其他影响材料性能的因素。使用新材料,提高材料性能,降低制造成本,并结合新的封装方式是提高模块可靠性、延长使用寿命的重要手段,也将是高分子封装材料的发展方向。利用新材料、新技术、新工艺将使功率模块的可靠性和使用寿命得到质的飞越[8]。

8.3 电力装备绝缘结构与封装工艺

8.3.1 干式电力变压器绝缘结构与封装工艺

干式电力变压器具有防火防灾、免维护等优点,在负荷中心和各种特殊场合有着广泛应用。区别于液浸式变压器以绝缘液体作为绝缘和散热的主要媒介,干式电力变压器通过空气和固体绝缘材料的配合来实现绝缘和散热。空气的击穿场强低,约为变压器油的 1/10,且受环境的影响较大,因此固体绝缘材料及其与空气绝缘共同组成的绝缘结构是影响干式电力变压器可靠性和使用寿命的决定因素[26]。

根据所采用的绝缘材料和工艺方案及其形成的绝缘结构,对应《变压器类产品型号编制方法》(JB/T 3837-2016),干式电力变压器的分类如表 8-7 所示[27]。

表 8-7　干式电力变压器按绝缘结构分类

类　　别	JB/T 3837 给出的代号	特　　征
环氧树脂浇注成型	SC(B)	高压线圈采用环氧树脂真空浇注成型
浸润树脂缠绕成型	SCR(B)	高压线圈采用浸润树脂的玻璃纤维缠绕成型
敞开通风型	SG(B)	常用 Nomex 纸作为导线绝缘,连续式线圈
浸渍型	SG(B)	采用玻璃丝绕包,浸渍绝缘漆

注:表中均指三相变压器,JB/T 3837-2016 中给出的字母含义如下:S-三相;C-浇注成型;CR-包绕成型;G-空气;B-箔绕。

8.3.2　盆式绝缘子绝缘结构与封装工艺

盆式绝缘子为高压导体提供电气绝缘与机械支撑,是直流气体绝缘金属封闭输电线路(gas-insulated metal-enclosed transmission line, GIL)的关键部件。目前,直流 GIL 中的盆式绝缘子结构研究主要包括圆头锥形、圆盘形和圆锥形。其中圆头锥形绝缘子的切向电场最小,有利于降低沿面闪络概率,且优化的法向电场有利于降低积聚电荷量[28]。直流 GIL 中的盆式绝缘子几何结构应尽量减小电场线与盆式绝缘子表面的夹角,以减小法向电场和气固界面电荷积聚量,但是法向电场的减小往往导致切向电场增加,所以需要综合考虑切向与法向电场。绝缘子结构设计除了考虑直流电压下的电场分布,也需要考虑极端运行环境下的绝缘性能,如较大温度梯度、直流叠加冲击电压等。另外,盆式绝缘子结构在保证绝缘性能的同时,也需考虑机械应力等综合作用,因此采用多目标优化方法设计最优绝缘结构是未来的发展趋势[29]。

直流电压下,绝缘子的绝缘失效是阻碍直流 GIL 发展的关键问题之一。在直流条件下,电阻性电场的分布不可避免地导致表面电荷的积聚,从而使原有电场分布发生畸变,可能触发沿面闪络。因此,直流绝缘子的设计具有重要意义。直流绝缘子设计的目标是综合优化各种运行条件下的电气与机械性能,设计方法主要是参数化设计和智能优化算法。在温度梯度下,直流盆式绝缘子与三支柱绝缘子的最大电场强度急剧增大。增大绝缘距离是降低直流绝缘子电场强度的有效方法。然而,直流 GIL 的尺寸、高压导体与外壳直径的比值都受到了一定范围的限制,因此绝缘距离有限。另一种有效的直流绝缘子设计方法是几何形状优化。对于直流盆式绝缘子,倾斜角度具有较大的调整范围,几何形状优化方法可以显著降低温度梯度下的最大电场强度。然而,直流三支柱绝缘子的几何形状的调整范围相对较小,几何形状优化效果不明显。此外,单纯的几何形状优化无法降低温度梯度下支柱绝缘子内部嵌入电极表面的电场强度。因此,基于纳米掺杂的材料改性可作为直流绝缘子电性能优化设计的重要手段。通过掺杂非线性 SiC 填料的复合绝缘介质,可以自适应地均匀化电场分布,避免局部电场集中。

8.3.3 大容量发电机绝缘结构与封装工艺

大型发电机运行安全的主要威胁之一来自其绝缘体系,这是由发电机的绝缘结构、绝缘的运行环境和运行条件决定的。大型发电机的绝缘结构是由不同耐热等级的绝缘材料组合而成的固体(槽部)和固—气(端部)结构,其绝缘强度没有自恢复性,结构如图 8-10 所示[30]。

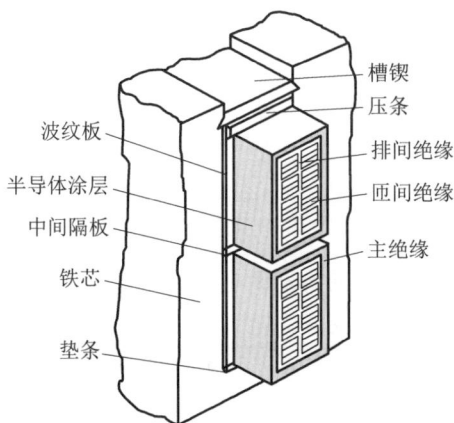

图 8-10 发电机定子线棒截面图

大型发电机定子绝缘是保证发电机可靠运行的关键,不仅要具有足够的电气强度和机械强度,较高的热传导性和耐热性,还必须具有在电场、温度场和频繁启动复合力作用下的耐老化性能,并要求其厚度薄、耐电晕性、耐油性和耐潮性好。为使主绝缘满足上述苛刻要求,多年来一直采用耐局部放电性能高的云母为主体,其他绝缘材料为辅的绝缘结构。发电机主绝缘的发展经历了虫胶云母绝缘、沥青云母绝缘和环氧云母绝缘三个阶段[30]。

早期的发电机定子绝缘绕组主绝缘大都采用虫胶云母绝缘结构或沥青云母绝缘结构。虫胶云母绝缘以电话纸为衬底,以虫胶为黏合剂,其绝缘结构的机械性能和电气性能较差。沥青云母绝缘以纸或绸为衬底,以沥青为黏合剂,克服了虫胶云母绝缘结构存在的缺陷。但由于其本身热塑性和机械强度较低,在过负荷和频繁启动条件下机械强度更低,常在绝缘层出现蠕变和剥离现象。20世纪50年代末,国外开始采用合成树脂云母绝缘结构。它以云母鳞片或粉云母纸为基本材料,以环氧树脂或聚酯树脂为黏合剂,以玻璃纤维为衬底做成环氧或聚酯云母带,在固化成形的股线上连续包绕,然后经模压或液压而成。这种树脂在一定温度下固化后,即使温度再次上升到这一温度也不会再软化。它与沥青云母结构相比,不仅提高了云母的利用率,而且提高了绝缘强度,减小了介质损耗,增大了抗拉强度。因此,国内在20世纪60年代末也开始采用这种绝缘结构。

发电机绝缘结构主要包括定子和转子两部分。定子绝缘主要包括铁芯绝缘、定子线棒主绝缘和端部绕组固定绝缘,而转子绝缘主要由转子绕组匝间绝缘、槽绝缘、垫条和护环绝缘等组成。

(1)铁芯绝缘

设计输电设备金属防腐涂层体系需要考虑材料的服役环境类型、预期服役时间等因素。铁芯绝缘是在铁芯表面涂一层均匀耐蚀的绝缘漆膜。漆膜质量决定了铁芯的绝缘性能。如果铁芯绝缘质量低,铁芯绝缘受损,轻则导致铁芯温升过高,重则烧毁铁芯。漆膜的发展经历了纯无机漆膜、半有机半无机漆膜和有机漆膜时期,但无论哪一时期,漆膜的质量都能满足同时期发电机的性能要求。当下比较先进的是半无机硅钢片漆,更是在适用范围还是在漆膜硬度或附着力等性能指标上都有着很好的性能。一般来说,铁芯损坏和发电机设计都与铁芯制造密切相关。

由于发电机定子铁芯压紧工艺难度大,不能保证每段铁芯紧度相同。发电机起停中热胀冷缩不均匀,会导致个别铁芯齿部逐渐松动、过热,发生烧损故障,也可能引起硅钢片长期振动而折断,最后割破线圈绝缘,造成接地短路或相间短路故障。例如,某厂 QFN-200-2 型发电机进相运行频繁,由于此时发电机端部漏磁通增大,导致铁芯发热,振动磨损绝缘。此外,铁芯硅钢片由于局部的碰伤、电腐蚀、松动、高温等情况的持续作用,发生局部短路时,铁损会显著增强,局部过热明显,加速硅钢片和定子主绝缘的老化,如果没有及时发现和处理,就会导致铁芯严重烧损和定子绝缘击穿事故。

(2)定子线棒主绝缘

主绝缘是发电机和高压大电机绝缘系统中最重要的部分,它直接影响电机的运行可靠性和使用寿命。20 世纪 70 年代中期,大中型汽轮发电机主绝缘完成了更新换代,环氧粉云母绝缘全面代替了沥青片云母绝缘。环氧粉云母绝缘等级一般为 B 级或 F 级,能够满足125 MW、200 MW 机组绝缘性能的要求。从当时的发电机事故分析中得知,除极少数 300 MW 机组会出现定子铜线发热膨胀引起的事故外,基本没有发生因定子线棒本身绝缘质量不良引起的事故。

然而,直到 20 世纪 90 年代,中小型水轮发电机依然在采用绝缘等级低的沥青云母绝缘。于是由设计、制造工艺缺陷引起的事故纷至沓来。有的线圈制造不良,绝缘材料含有气隙,使绝缘温差增大,最热点的高温直接缩短定子绝缘的使用寿命。有的厂家为降低成本和缩小体积,某些部位主绝缘包扎层数不够,导致出现脱节现象。例如,某小型水电站机组电机定子线圈绝缘偏薄,某些部位包扎不严,有多处绝缘开裂,发生槽底线圈主绝缘对地击穿事故。有些环氧粉云母做主绝缘的水轮发电机组在运行中也有一些问题。暴露出的问题主要是电腐蚀:气隙游离放电导致的内腐蚀破坏主绝缘和导线之间的黏结胶,使绝缘脱壳、胶线松散,产生电磁振动、胶线磨细折断,损坏主绝缘;外腐蚀首先是磨破防晕层,加剧电晕放电,造成线圈表面绝缘损伤。

后来,国内以巨峰为代表的各大公司经过三十年技术攻关,先后研究出少胶绝缘体系,采用含浸涂胶工艺实现了少胶云母带的批量生产,极大推进了我国少胶 VPI 绝缘技术的发展。该技术具有绝缘整体性好、微气隙少、尺寸稳定性好、局部放电量低、可提升电气绝缘性能、减小电机尺寸和温升、延长电机绝缘寿命等优点。之后又通过对工艺和设备的不断优化,使产品质量不断提高,也使国内发电机主绝缘事故率大大降低。

（3）端部绕组固定绝缘

发电机端部是发电机水汽系统、电磁系统、机械系统、油系统等多种系统的交汇地。随着大型汽轮发电机额定容量增加，其电磁负荷亦随之增大，定子线棒电流与漏磁通间感应产生的电动力也会增大，致使线棒振动加剧。长期过大的振动不仅会加速主绝缘的老化和电腐蚀，也必然会造成绕组绝缘和绑扎与支撑固定构件的机械疲劳和磨损，严重时还会引起导线断裂，甚至发生三相短路事故。因此绕组的槽内和端部固定是大容量电机可靠运行的重要保证。发电机端部固定结构元件多而杂，除了手包绝缘、出线、中性点手包绝缘、瓷套管与手包绝缘缝隙处易受到温度、电磁力、机械振动的作用而损坏；绝缘盒、绝缘引水管水电接头处渗漏等绝缘故障也时有发生。另外，端部所处的多系统交汇的环境也使得其可能因为冷却系统或油封系统泄漏而损害绝缘强度。

目前，绕组端部固定主要方式有压板结构、绑扎结构和压板绑扎结合结构。其中，绑扎固定结构因可在 600 MW、300 MW、200 MW 等多种机组中使用而被广泛采纳。同时，为了保证电气绝缘性能，减薄绝缘厚度，满足散热要求，并头绝缘相间和非相间使用绝缘材料和绝缘方式不同。减少同相间包扎层数，有利于散热，异相间包扎层数较多，基本可满足电机可靠运行要求。

（4）转子绝缘

发电机的主要绝缘故障除上文提到的定子绝缘故障之外，还有转子绝缘故障。在转子绝缘故障方面出现最多的是转子绕组匝间短路故障，主要是因为绝缘处受到一定程度的破坏而导致多匝绕组发生短路故障。比如绕组或铜线焊接处有毛刺，刺破绝缘引起短路；转子各线圈间绝缘垫块松动，由于线圈侧面裸露，垫块反复运动产生的铜末导致匝间绝缘发热，长时间发热使绝缘层损坏，引起接地短路。

另一种转子绝缘故障是转子滑环损坏。滑环由弹性材料—电刷、滑动触点表面材料—导电环、绝缘材料、黏结材料、组合支架、精密轴承、防尘罩及其他辅助件等组成，各材料耐热性能不等，可能由于某部件过热时不被发现造成起火。较为常见的是：由于机器运转时发生振动而导致的电刷损坏；带油雾的碳粉黏结在滑环上，增大环火，导致滑环表面温度升高，电刷磨损加剧；运行时间过长，碳粉堆积未能及时清理导致通风不良；碳粉和转子轴瓦漏出的油混合在一起，严重时会由于过热而起火,损坏滑环;电刷未能及时进行定期检查、更换等。由碳粉引起的故障在水轮发电机中更为常见。通过换用高质量碳刷、及时清扫滑环等辅助措施不能根除此类问题,还需要进行改造绝缘支架和油槽密封盖、安装碳粉和油雾吸收装置等更有效的设备技术改造,才能有效解决此类绝缘故障。

8.3.4 高压电机绝缘结构与封装工艺

在高压电机中,绝缘系统占有非常重要的地位,它在很大程度上决定着高压电机的运行寿命和运行可靠性,作为高压电机心脏的定子铁芯绝缘和定子线圈绝缘等则更受人们的瞩目和重视。高压电机绝缘系统的技术水平在很大程度上是由其所用绝缘材料与所选绝缘结构决定的。对于高压电机来说,绝缘系统水平的提高就意味着电机整体水平的提高。对高压电机绝缘系统所用材料和结构进行研究,将有效地提高电机绝缘系统的技术水平。

(1)定子铁芯绝缘

高压电机定子铁芯绝缘主要是指涂于铁芯硅钢片(冲片)双面的绝缘漆膜。其目的是将铁芯的片与片之间(片间或层间)相互绝缘,避免由此产生的热损耗太大而造成温升过高,影响定子绕组和铁芯的使用寿命,甚至烧毁定子绕组和定子铁芯。从高压电机总体设计的角度考虑,铁芯的叠压系数(未绝缘的总冲片厚度/绝缘后的总冲片厚度)是必须考虑的重要指标。叠压系数越高越好,这样可以缩小电机的体积,降低电机制造成本,同时可以提高电机的效率。也就是要求冲片的绝缘厚度越薄越好。但冲片绝缘的减薄会使得其机械性能和介电性能都有所下降。这就要求冲片绝缘漆膜具有高的性能,也就是要求硅钢片漆具有高的性能。目前硅钢片漆膜的双面绝缘厚度一般不超过 20 μm。国内的硅钢片漆膜的双面绝缘厚度一般在 15~20 μm。而国外先进公司硅钢片漆膜的双面绝缘厚度一般可以达到 18 μm以下。随着基础工业的不断发展和对硅钢片漆膜性能要求的不断提高,硅钢片漆的性能也在不断提高。产生了多种性能不同的硅钢片漆的类型。

(2)定子绕组绝缘结构

主要包括换位导体绝缘结构和主绝缘结构。传统的换位导体绝缘结构主要的问题在于结构比较松散,绝缘厚度偏厚。电磁线的绝缘厚度较厚,导致换位导体绝缘结构松散,使得铜占率和槽满率都比较低,同时影响热传导,造成电机体积大,成本高且效率低。传统的主绝缘结构在换位导体外直接包绕主绝缘材料(云母带),而没有在结构上采取任何措施。由于导体几何形状的突变,高压电机定子线圈角部存在着电场集中的现象,据统计,实际击穿的线圈有 95% 以上击穿发生在圆角处。国外先进的公司大多通过改善电场分布来改进绝缘结构,并取得了明显的效果。以 GE 公司为代表的北美公司多采用增大换位导体圆角半径的办法改善定子线圈角部电场的分布。以 ALSTOM 公司为代表的西欧公司多采用加半导体垫条的办法改善定子线圈角部电场的分布。以俄罗斯为代表的东欧公司多采用增大电磁线圆角半径的办法改善定子线圈角部电场的分布。

定子绕组绝缘的一个关键问题就是防晕结构和材料。初期的防晕结构多采用半导体防晕漆进行涂刷,而且防晕结构与主绝缘的固化分别进行,即所谓的半导体漆的涂刷型结构。它的缺点是:工艺比较复杂、结构的稳定性差、防晕水平受到局限,以及不利于对操作者和环境的保护。为解决这些问题,可以将半导体防晕漆改进为半导体防晕带,并在包扎主绝缘的同时包扎半导体防晕带,与主绝缘同时固化,即所谓的半导体带的一次成型结构。此外,初期的防晕材料和结构都是线性的,即电阻率不随电场强度的变化而变化。随着技术进一步的发展,产生了非线性防晕材料和相应的结构,即电阻率随电场强度的变化而变化,可有效的调整电场的分布,这也是防晕材料和结构要达到的最终目的。

定子绕组防晕分为槽部防晕和端部防晕。槽部防晕一般采用线性材料和结构,要求具有合适稳定的线性电阻率。电阻率太高使得电位梯度升高而产生电晕,电阻率太低会使电流增大而产生过热,一般表面电阻率控制为 $1000 \sim 100000 \ \Omega$ 内比较合适,也有些国外标准将电阻率控制在更窄的范围内。端部防晕结构一般采用非线性材料和结构,非线性规律符合 $\rho = \rho_0 \exp(-\beta E)$(式中,$\rho$ 为非线性电阻率;ρ_0 为线性电阻率;β 为非线性系数;E 为电场强度)。从防晕的范围分,定子绕组防晕可分为短结构、长结构和"全防晕结构"。对端部防晕结构的要求是:①单个线棒在 1.5 倍额定电压下不起晕,即防晕层各级始端电位梯度控制在一定范围内;②在 1 min 耐压时不过热,即防晕层的发热功率应控制在一定范围内;③在 1 min 耐压时不产生严重的放电,一般控制防晕层末端电压不超过某一特定值。

防晕结构所用的线性和非线性半导体材料均可以通过特殊的方

法进行测试和筛选,以取得所需要的线性电阻率 ρ_0、非线性系数 β 和相应的非线性电阻率 ρ。防晕结构中的参数 ρ_0 和 β 的选取、防晕结构的级数和各级防晕层长度的确定一般有三种方法:①通过结构的改进计算确定;②通过结构实验来确定;③根据已有的经验来确定。在实际应用中一般会综合使用三种方法来确定材料参数和结构级数及长度。一般中阻层参数 ρ_0 取 $1.0 \times 10^8 \sim 1.0 \times 10^{10}$ Ω,β 取 $1.0 \sim 1.2$ cm/kV;一般高阻层参数 ρ_0 取 $1.0 \times 10^{10} \sim 1.0 \times 10^{12}$ Ω,β 取 $0.8 \sim 1.0$ cm/kV。国外防晕结构有涂刷结构、一次成型结构和涂刷/一次成型混合结构。从防晕结构的长度上看有两种形式:一种长度比较短,只有端部长度的 1/3 左右;另一种长度覆盖整个端部。

(3) 转子绕组绝缘结构

转子绕组绝缘结构主要有匝间绝缘和对地绝缘。通常,匝间绝缘使用环氧玻璃坯布热压而成,厚度较厚。国外比较多的采用上胶 Nomex 纸作为匝间绝缘,采用 Nomex 纸或层压板等作为对地绝缘。

8.3.5 输电线路绝缘结构与封装工艺

电力线路的作用是传输电能,按其结构可分为架空线路和电缆线路两大类。架空线路架设在户外地面上空,它由导线、避雷线、杆塔、绝缘子及金具等元件组成。绝缘子用来支持或悬挂导线,并使导线与杆塔绝缘,它必须具有良好的绝缘性能和足够的机械强度。绝缘子按形状不同可分为针式绝缘子、悬式绝缘子、瓷横担绝缘子和棒型绝缘子。按材料不同可分为瓷质绝缘子、钢化绝缘子和硅橡胶合成绝缘子等。

(1) 绝缘子

输电线路的导线绝缘子类型从制造材料来分,大致可分为陶瓷、玻璃、复合三种类型。

悬式陶瓷绝缘子在我国高压和超高压输电线路中有广泛应用,其生产历史悠久、运行经验丰富,但存在老化问题。近年来,虽然国产悬式瓷绝缘子的质量有所提高,但不同厂家的产品差异较大,优质厂家的高质量瓷绝缘子年老化率已降至 0.5/10000 以下。

钢化玻璃绝缘子具有零值自爆的特点,免除检测零值,使线路运行维护工作量大大减少。与瓷绝缘子相比,钢化玻璃绝缘子具有表面光滑、积污量少、单片爬电距离大、机电性能好等优点。但钢化玻璃绝缘子也有自爆率的问题,还有在居民及农田耕作区因自爆可能对人身安全存在潜在危险的缺点。

复合绝缘子重量轻,防污性能好,但绝缘子串的雷电冲击闪络电压较低,防雷特性相对较差,多用于污染较严重的地方。对于架空输电工程途经地区污秽等级较高的地区,选用合成绝缘子的有较大优越性,但雷暴日数较长的地区,合成绝缘子串长应加长 10%,以提高其防雷水平。通过实际的选型要点控制可以确保其选型应用更加合理。

(2) 电力电缆绝缘

电缆的绝缘层是用来使导体之间及导体与包皮之间绝缘的。使用的材料有橡胶、沥青、聚乙烯、聚丁烯、棉、麻、绸缎、纸、浸渍纸、矿物油、植物油等。电缆的保护层用来保护绝缘层,使其不受外力损伤,防止水分浸入或浸渍剂外流。

目前常见的绝缘材料包括聚乙烯、交联聚乙烯、交联聚氯乙烯、交联聚丙烯等。大部分电力电缆采用挤包工艺进行封装。在挤包过程中,将金属导体通过加热和挤压使其包覆在绝缘层、屏蔽层和护套层中,形成完整的电缆结构。对于一些需要提高绝缘材料性能的电力电缆,会采用交联工艺对绝缘层进行处理,使其具有更高的耐热、耐压和耐老化性能。在封装工艺完成后,对电力电缆进行绝缘测试是非常重要的步骤。常见的绝缘测试方法包括直流耐压测试、交流耐压测试、局部放电测试等,可以确保电缆绝缘结构的质量和可靠性。

8.4 电力装备绝缘封装聚合物材料

8.4.1 干式电力变压器绝缘封装材料

1. 干式电力变压器中的固体绝缘材料要求

固体绝缘要求有较好的机械强度和电气性能,此外,由于干式电力变压器长期暴露在空气中,还要求具有较好的化学稳定性[31]。针对干式电力变压器中的固体绝缘材料,需要关注以下几方面的特性:

(1) 绝缘电阻:反映绝缘材料在电压作用下的漏电电流情况,与温度、湿度、杂质等有一定关系。对于绝缘材料而言,通常通过测量体积电阻率和表面电阻率来反映其绝缘电阻的水平。

(2) 相对电容率 ε:反映绝缘材料在电场作用下其内部各种带电粒子的束缚运动状态(极化)。取真空中电容率为 1,材料电容率与真空电容率的比值即为相对电容率。由于电位移矢量 $D(D = \varepsilon \cdot E)$ 在电场中保持连续,多种绝缘材料合用时,材料中的电场强度就会与材料的相对电容率呈反比,从而影响绝缘材料中的电场分布。通常温度越高、湿度越大,绝缘材料的相对电容率就越大。

(3)介质损耗:反映在交流电压作用下,绝缘材料中部分电能转化为热能的水平,介质损耗主要由漏导和缓慢松弛极化引起,是绝缘材料热击穿的主要原因,通常用介质损耗角正切值(介质损耗因数)衡量。当温度和湿度增加时,介质损耗增长迅速。

(4)击穿场强(绝缘强度):当施加于绝缘材料的电场强度高于临界值时,会使通过绝缘材料的电流剧增,失去绝缘性能,称为电击穿,该临界场强即为击穿场强。击穿场强与绝缘厚度、施加时间、电压频率等有一定关系。

(5)绝缘等级(温度指数):当干式电力变压器运行时,由于导体发热同时绝缘材料与空气长期接触,运行过程中会受到各种因素的长期作用,形成一系列不可逆的化学和物理变化,造成电气性能和力学性能的劣化,即老化。其中最主要的老化影响因素是温度,温度越高,绝缘材料老化越快。绝缘材料寿命与温度的关系可以通过绝缘材料的绝缘等级(温度指数)来体现,目前国内的干式电力变压器以 F 级(155℃)和 H 级(180℃)为主。

(6)力学性能:干式电力变压器中绝缘材料的力学性能主要包括屈服强度、拉伸强度、弯曲强度、硬度、韧度等,不同部位对材料特性的要求也各不相同,通常强度越高越好,但是层间绝缘等还需要具有一定的弯曲强度和韧性。

(7)传热性能:干式电力变压器的散热主要通过固体传热和空气对流换热来实现。因此,固体绝缘材料传热性能的好坏对干式电力变压器温升设计有着重要影响,应主要关注的参数包括导热系数、比热容等。此外,对于应用于干式电力变压器中的绝缘材料而言,其阻燃特性、耐低温开裂能力、防潮能力等也对产品性能有着重要影响。

2. 干式电力变压器用绝缘材料

干式电力变压器用各种绝缘材料的应用情况如表 8-8 所示[31-32]。

表 8-8 干式电力变压器中各种绝缘材料应用列表

绝 缘 材 料	使 用 部 位	功 能 要 求
环氧树脂	树脂绝缘线圈	绝缘性能突出、机械强度高、耐热性好、低烟无卤阻燃,冷热冲击不开裂

绝 缘 材 料	使 用 部 位	功 能 要 求
复合材料	箔式线圈	预浸树脂,加热固化,绝缘性能好,采用薄膜材料增强绝缘,耐热性好、机械强度高
玻璃纤维	树脂绝缘线圈	以布、毡的方式配合树脂使用,无杂质、渗透性好、韧性高
环氧玻璃网格	树脂绝缘线圈	玻璃纤维浸渍树脂形成网格,渗透性好、韧性好、机械强度高
漆包线漆	树脂绝缘线圈线绝缘	根据变压器温度指数不同选择漆的类别。绝缘性能好、附着力强、耐热性好、耐树脂溶剂
芳纶纸(Nomex 纸)	非包封线圈导线绝缘	绕组线表面绝缘,温度指数高、电气性能好、韧性好、致密性高
环氧涂料	铁芯涂料	耐热性好、附着力强、耐开裂
层压玻璃布板或层压玻璃布筒	夹件绝缘筒绝缘支架等	绝缘性能好、机械强度高、不吸水
聚酯薄膜(PET)	夹件绝缘、绝缘筒等	绝缘性能好、机械强度高、不吸水
聚酰亚胺薄膜	加强绝缘	绝缘性能好、机械强度高、温度指数高
玻璃钢筒	绝缘筒	绝缘性能好、机械强度高、不吸水
不饱和聚酯模塑料(SMC/ DMC/BMC)	绝缘子、夹件绝缘、绝缘支架、母线夹、树脂垫块等	绝缘性能好、机械强度高、不吸水、耐热性好
橡胶	橡胶垫块铁芯与低压线圈间撑紧	绝缘性能好、耐热性好、耐老化

3. 绝缘材料的发展需求

绝缘材料是绝缘结构的基础,其性能直接影响着干式电力变压器的可靠性。目前国内干式电力变压器绝缘材料已形成完整的生产供应链,绝大多数干式电力变压器用到的绝缘材料均已实现国产化。在此基础上,当前对干式电力变压器中绝缘材料的需求主要集中在以下几方面。

(1)低成本的高绝缘强度和高温度指数绝缘

导线绝缘是变压器绕组绝缘可靠性的基本保障,是干式电力变压器中最重要的绝缘材料,要求材料具有较好的致密性、柔韧性和良好的绝缘强度。另外,导线是干式电力变压器中最直接的发热源,也是变压器绝缘结构中的热点所在,因此还需要绝缘材料具有很好的耐热性和与产品相同的绝缘等级(F级或H级)。目前干式电力变压器高压导线常采用漆包线和涤纶玻璃丝包线(涤玻线)。漆包线在生产过程中存在一系列的环保问题,大截面导线还存在绝缘漆的附着问题,此外,漆包线在生产过程中受到环境因素的影响较大,容易出现漆瘤,这些都是线圈的潜在隐患;涤玻线需要在绕制过程中进行树脂涂覆并加热固化,其绝缘等级有待提高,涤纶线的附着力和扁线四边的强度也有待提高。因此,寻求一种低成本、高绝缘强度和高温度指数的绝缘材料用于导线绝缘或者加强绝缘对提升干式电力变压器的质量和竞争力大有帮助。

目前,同时兼具高绝缘强度和高温度指数的导线绝缘材料包括芳纶纸(以Nomex纸为代表)和聚酰亚胺薄膜。Nomex纸是美国杜邦公司于1967年开发的一种芳香族聚酰胺聚合物,具有很好的电气性能、化学性能和力学性能,介电常数(1.5~2.5)与空气接近,电气强度高、介质损耗因数小、耐热性好,温度指数可达220,韧性好、防潮防辐射、阻燃性能好,是一种理想的绝缘材料,可以根据在线圈中应用部位和功能的需求,做成绝缘纸、纤维纸、纸板等各种形式。但其生产技术基本为美国杜邦公司所垄断,价格十分昂贵。近年来,国内出现了民士达、超美斯、昊天龙邦等公司生产的国产芳纶纸,成为进口Nomex纸的替代产品,价格上也有了一定优势,但相较于常规绝缘材料,其价格仍比较昂贵,且在防潮特性、温度指数等方面仍存在差距,若能降低成本和价格,将会有很好的推广应用前景。

聚酰亚胺薄膜是另一种良好的导线绝缘材料,其温度指数高,绝缘性能好,介电常数为4.0,介质损耗因数仅为0.004~0.007。1965年,美国杜邦公司开始生产均苯型热固性聚酰亚胺薄膜,牌号为Kapton;日本宇部兴产化学公司则在20世纪80年代后期研制出可用于微电子制造和封装领域的联苯型聚酰亚胺薄膜,牌号为Upilex;我国在20世纪70年代中期由桂林电气科学研究院和上海市合成树脂研究所研发成功了电工绝缘用聚酰亚胺薄膜。步入21世纪后,中国科学院化学研究所联合深圳瑞华泰薄膜科技有限公司着手高性能聚酰亚胺薄膜的研发,并成功应用于电子行业。可以将聚酰亚胺薄膜包绕在裸铜线上,其耐热性好,绝缘层厚度薄且均匀,密封性好,采用烧结工艺将其固定或者配合玻璃丝绕包在导线上,具有很好的电气性能。但聚酰亚胺薄膜同样存在价格高昂,若大量采用必将带来产品成本的大幅增长。

降低芳纶纸或聚酰亚胺薄膜的成本,或者开发性能相当的低成本绝缘材料,对于促进干式电力变压器的技术发展具有很好的推动作用。

（2）良好的环境适应性和环保绝缘材料

GB/T 1094.11-2007 标准中将气候实验、环境实验和燃烧实验作为干式电力变压器的特殊实验,并给出了对应的等级,气候等级最高为 C2,需要满足在−25℃下运行、运输和贮存;环境等级最高为 E2,需要满足在经常有凝露或严重的污秽,或两者同时存在的情况下运行;燃烧等级最高为 F1,对干式电力变压器提出了低压无卤不助燃、自熄灭的要求。而在新版的对应的 IEC 60076-11:2018 标准中,更是把气候等级和环境等级的范围进一步扩大,气候等级最高为 C5,要求在−60℃下保存,在−50℃下运行;环境等级则划分为户内 4 个等级、户外 3 个等级的要求,其中对于户外环境除凝露和湿渗透外,还提出了污秽、紫外线等方面的耐受要求[33]。从标准的角度可以看出,干式电力变压器对环境的适应能力和环保要求越来越高。同时,随着地下变电站、海上风电和极寒地区等恶劣环境应用场合的需求日益增加,对干式电力变压器绝缘材料的环境适应能力也提出了新的要求。

在环境适应性方面,环氧树脂具有较好的防潮特性,但其防低温和热冲击开裂能力、在污秽及潮湿环境下的防污闪能力则有待进一步提升和保障,相关的三防验证工作也有待展开研究。对于敞开式干变,如何保证其在潮湿及污秽环境下的长期可靠性也是亟待解决的问题。2014 年,同济大学安振连等研究发现对环氧树脂表面进行氟化处理后,其环境适应性及憎水性有所提高。在环保方面,首先是绝缘材料生产过程中不可避免的存在污染排放;其次,干式电力变压器中的绝缘材料多采用有机物,材料的低烟、无卤、阻燃特性要符合环保要求;最后,当干式电力变压器退役时,相关绝缘材料的可回收或者可降解处理方案也有待解决。

（3）导热性能的提升

Nomex 纸和国产芳纶纸的导热系数通常为 0.1～0.2 W/(m·K),环氧树脂的导热系数通常为 0.2 W/(m·K)左右,添加硅微粉后环氧树脂的导热系数可以提高至 0.7 W/(m·K)左右,与铜导体的导热系数 383 W/(m·K)存在较大差距。干式电力变压器主要通过固体热传导和表面空气对流换热来进行散热,导热性能差的绝缘材料必将对产品温升造成影响,加速绝缘的老化,在产品设计时必须通过增加散热面积的方式来解决,势必增加成本。高导热系数绝缘材料的应用将有效解决这个问题,提高产品的可靠性和降低成本。

2012 年桂林理工大学曾柏顺等采用氧化铝填料并以环氧-芳香胺为基体的树脂制备了一款导热系数达到 1.44 W/(m·K)的环氧树脂,大幅提升了树脂的导热性。此外,采用纳米材料对环氧树脂的导热、绝缘和阻燃特性进行改性也是近些年环氧树脂的研究方向[34]。

8.4.2 盆式绝缘子绝缘封装材料

(1) 绝缘材料掺杂改性

将纳米材料或功能材料掺杂以改善绝缘材料的介电性能是常见的材料本体改性方法,常用的填料包括 SiC、ZnO 等,也有部分学者对功能梯度填料展开研究。中国科学院国家纳米中心褚鹏飞等研究发现当 SiO_2 纳米颗粒的质量分数为 1% 时,可以将环氧树脂的体积电阻率提高 27% 左右。Rachmawati 等仿真发现在绝缘子高压侧具有低电导率分布的介电常数(U 型分布)/电导率(梯度增加分布)的功能梯度材料(functionally gradient materials,FGM)可以有效降低电场最大值,该方法已用于制造有理想 ε 分布的 ε-FGM 绝缘子。

也有部分学者研究了新型材料的掺杂对绝缘材料电气性能的影响。张博雅等在绝缘子内部掺杂 C_{60},降低了环氧树脂的体电导率,绝缘子表面积聚的电荷量也显著下降。其中,C_{60} 很强的亲电子性能及对基体中自由电子的捕获是使电荷量下降的重要因素。清华大学王天宇等研究发现,少量掺杂 MXene 纳米颗粒可以使绝缘子体电阻率增加 4 倍,表面电荷积聚量减少 1/3,闪络电压下降 10%。

(2) 绝缘材料表面改性

绝缘子表面改性主要工艺包括表面氟化、等离子体表面处理、表面涂层等,目前上述方法还未在实际的直流 GIL 绝缘子中进行长期带电实验考核,其在工程应用中的可靠性仍需验证。针对绝缘子表面氟化,英国南安普顿大学、同济大学、清华大学和天津大学都进行了相关实验研究。绝缘子表面短时间氟化会导致表面电阻率、陷阱分布特性及表面形貌发生改变。短时间的氟化(<30 min)可使绝缘子表面电阻率下降 2~3 个数量级。中国科学院电工研究所与西安交通大学对绝缘子进行了表面等离子体处理,发现等离子体处理后绝缘子表面粗

糙度的改变及浅陷阱的引入会使绝缘子表面电荷衰减率增加,表面电导率增大,使得绝缘子沿面闪络电压提高。

目前,绝缘子的表面涂层材料主要包括纳米材料、非线性材料及一些新型材料。天津大学杜伯学等采用仿真和实验方法,对传统绝缘子、表层电导非线性绝缘子和体电导非线性绝缘子的电场分布和损耗特性进行了系统研究,并对新型绝缘子的非线性电导参数进行了优化。研究表明,绝缘子表面非线性电导涂层的电场畸变率、电导率和非线性系数呈负相关。西安交通大学薛建议等研究了掺杂 SiC 填料的表面涂层材料,结果表明,绝缘子表面积聚的电荷量随 SiC 填料的增加先上升后下降。

张博雅等提出了一种具有高度取向性的 PVA/MMT 二维纳米涂层,实现了绝缘材料表面电荷的有效疏散,可以使绝缘材料沿面闪络电压提高 18%。王天宇等研究了一种氮化硼掺杂的纳米涂层,在绝缘材料表面引入大量浅陷阱,促进了积聚的表面电荷在切向电场下的耗散,直流闪络电压提高了 30%。

目前,针对绝缘材料体掺杂和表面改性已经进行了大量研究,非线性材料、纳米材料的掺杂和涂覆对表面电荷都具有良好的抑制效果。但是实际运行过程中,绝缘子需要承受电、热、机械应力等综合作用,上述改性方法的可靠性和老化性能还需进一步确认。未来绝缘子的配方和工艺是直流 GIL 研发最关键的问题,性能优良的环氧浇注配方、工艺制造无缺陷、环氧与嵌件的绝缘界面处理工艺是绝缘子制造的关键。西门子公司研究了 MFF 材料在高场强下的应用。平高集团选用两种多官能度环氧树脂、两种脂环族环氧树脂组分进行配伍优化和表面处理获得了具备双交联固化网络结构的绝缘子。直流 GIL 中绝缘子材料配方与制造工艺是西门子、ABB 等设备制造企业的核心技术秘密,突破绝缘子配方和工艺研究是国内企业研发直流 GIL 的重要任务之一。

8.4.3 大容量发电机、电动机绝缘封装材料

(1) 硅钢片漆

硅钢片漆按组成大概可分为三类:有机硅钢片漆、半无机硅钢片漆和无机硅钢片漆。有机硅钢片漆属第一代硅钢片漆,由纯有机材料组成,如二甲苯树脂改性醇酸硅钢片漆、环氧聚酯酚醛硅钢片漆等。无机硅钢片漆是目前已应用的硅钢片漆中性能最好的一类,但对生产

和应用工艺的要求都非常高。而半无机硅钢片漆无论是从组成上还是从性能上都是介于前两者之间的中间过渡类型。从溶剂的类型上分,硅钢片漆又可分为水溶剂型和有机溶剂型。水溶剂型硅钢片漆的优点是成本低且有利于环境和操作者的保护。

我国目前使用的硅钢片漆有两种:一种为传统的纯有机硅钢片漆,另一种为水溶性半无机硅钢片漆。在国外公司对国产绝缘材料进行认证时,这两种硅钢片漆均未能通过认证。其原因是二者在进行Franklin 烧损实验时不合格。这种测试是用火焰将涂好的漆膜烧掉,用 Franklin 法测量漆膜残余部分的泄漏电流,泄漏电流要小于一定数值。其目的在于,当铁芯过热时,冲片间仍有足够的电阻以保证片间绝缘良好,并可阻止片间短路的扩大。国外大多数公司(如美国 GE和西屋、德国西门子、加拿大 GE、瑞士 BBC、法国 A-A、日本日立等)所用硅钢片漆均能通过这一实验。我国目前还没有能通过该项实验的漆。

国外大多数公司正逐渐采用水溶性半无机或无机硅钢片漆,在这一领域有较好的工业基础和较为成熟的开发和应用技术。受基础工业水平的限制,我国目前开发无机硅钢片漆和水溶剂型硅钢片漆的时机尚不成熟。研究开发一种能够耐受 Franklin 烧损实验的半无机漆是可行和有意义的。近年来,国内在水溶性和半无机硅钢片漆方面也做了一些工作,但效果并不理想。

(2)定子绕组绝缘

定子绕组绝缘主要包括绝缘材料和绝缘结构两大部分。绝缘材料主要指主绝缘用的云母带和绕组导体使用的电磁线。高压电机制造的初期所用的云母带(黑绝缘)是由沥青胶黏剂、云母和相应补强材料组成。它属于热塑性材料,其缺点是耐温等级低,介电强度差,而且较易吸潮。这给高压电机的运行和维护带来了极大的困难,同时也制约了高压电机的运行寿命。随着高压电机对绝缘要求的不断提高,一种全新的主绝缘材料被研究出来,它相对于老一代的黑绝缘而言被称作黄绝缘,即 B 级 TOA 环氧玻璃粉云母带。它由桐油酸酐(tung oilanhydride,TOA)环氧树脂作为胶黏剂,在粉云母纸的两边敷以电工无碱玻璃布作为补强材料,其中云母纸的面密度为 $80\ g/m^2$。它属于热固性材料,可在 130℃下长期运行。除耐热性能的改善以外,它在机械性能和介电性能方面也有较大程度的提升,尤其是电老化寿命获得了很大的提高。

　　进入 20 世纪 80 年代,研究人员开始在 B 级 TOA 环氧玻璃粉云母带的基础上研究开发 F 级云母带。这种云母带在组成上与 TOA 环氧玻璃粉云母带类似,只是将环氧树脂胶黏剂的固化剂由 TOA 改为桐马酸酐,使得耐温性能大大改善,可以在 155℃下长期运行,同时也大大提高了机械和电气性能,35 kV/50 Hz/3.5 mm/室温下的快速电老化寿命可以达到 800 h 以上。而后研究人员又开发出高介电强度的云母带(高电压云母带)和高云母含量的云母带(厚粉纸云母带)。高介电强度的云母带在普通 F 级云母带的基础上对粉云母纸进行了改进,使其介电强度大大高于普通 F 级云母带。高云母含量的云母带在普通 F 级云母带的基础上对粉云母纸的厚度进行了改进,将粉云母纸的面密度由 80 g/m^2 提高到 130 g/m^2。云母含量的提高有效的延长了主绝缘的电老化寿命,对降低主绝缘的厚度、改进主绝缘结构也起到了积极的作用。

　　国内的主绝缘材料大多采用多胶体系。国外许多公司的主绝缘都采用少胶真空压力浸渍(vacuum-pressure impregnation,VPI)体系。主绝缘材料由少胶云母带和浸渍树脂组成,经真空(vacuum)、加压(pressure)和浸渍(impregnation)等工艺而成。一般认为这种体系的主绝缘整体性较好,生产效率也比较高。VPI 体系一般采用云母含量为 130 g/m^2 的少胶云母带和低黏度浸渍树脂。

　　高压电机定子绕组中另一种关键的材料是电磁线。国内传统使用的电磁线是绝缘厚度为 0.4 mm 的双玻璃丝包线,其缺点是绝缘偏厚,绝缘的柔韧性与耐热性也都较差。电磁线绝缘的厚度对槽内的铜占率和槽满率都有较大的影响,也会对其热传导状态产生一定的影响。国外目前主要采用厚度为 0.2 mm 的双涤玻无漆烧结线和厚度为 0.21 mm 漆包单涤玻包烧结线。

　　国内研究人员开发了绝缘厚度为 0.2 mm 的双涤玻无漆烧结线,在一定程度上弥补了双玻璃丝包线的不足,首次将绝缘厚度从 0.4 mm 降至 0.2 mm,并在二滩、小浪底和万家寨等发电机上获得了良好的应用效果。它适合所有不含裸空心导线的定子线棒,因为这种电磁线的击穿电压为 450～520 V,这对有裸空心导线的线棒(如三峡线棒)是不可靠的。为了满足含裸空心线线棒的技术要求,我国又研究开发了一种新型电磁线:漆包单涤玻包烧结线,其绝缘厚度为 0.21 mm,击穿电压为 5800～7100 V。这样既降低了绝缘厚度,又提高了电气性能,同时还具有优良的柔韧性和耐热性,较好地满足了含裸空心导线定子线棒的各种性能要求。漆包单涤玻包烧结线的研制开发填补了国内空白,使我国在该领域的技术达到世界先进水平。其应用于三峡线棒已取得良好的效果,首次将含有裸空心导线线棒的电磁线厚度从 0.4 mm 降至 0.21 mm。这种新型电磁线可应用于各种定子线棒,尤其适用于含裸空心导线的线棒。

8.4.4 输电线路绝缘封装材料

1. 复合绝缘子

复合绝缘子包含芯棒、护套、伞裙、金具等部位,其中芯棒材料主要为环氧玻璃纤维,护套、伞裙材料为高温硫化硅橡胶。构成芯棒的环氧玻璃纤维中,沿轴线平行排列的玻璃纤维是骨架。以环氧树脂为基体材料,将玻璃纤维黏合成整体,就构成了环氧玻璃引拔棒。环氧玻璃引拔棒的抗拉强度可达普通碳素钢的 2.5 倍。构成伞裙材料的高温硫化硅橡胶是以硅橡胶为基体,添加偶联剂、阻燃剂、补强剂、抗老化剂等填料,仅高温硫化而成。其中补强剂常用白炭黑,阻燃剂常用氢氧化铝,国内复合绝缘子伞裙材料主要由甲基乙烯硅橡胶材料为基体。

2. 电力电缆绝缘

(1)绝缘材料。电力电缆能够采用的绝缘材料有很多,甚至包括技术成熟的浸渍纸绝缘材料,这种材料已经成功使用了 100 多年。现在,挤包聚合物绝缘已经被广泛认可。挤包聚合物绝缘材料包括 PE(LDPE 和 HDPE)、聚乙烯、抗水树交联聚乙烯、乙丙橡胶等。这些材料有热塑性的,也有热固性的。热塑性材料一旦受热会产生变形,而热固性材料在运行温度下可保持其形状。

(2)纸绝缘。纸绝缘电力电缆已经有超过 100 年的可靠运行经验。直到今天,纸绝缘电缆损坏的大多数原因仍然是电缆外部的铅护套开裂或被腐蚀,使水分渗入电缆内部而导致的。然而需要重点指出的是,在纸绝缘电缆运行初期,它们只承载了较小的负荷且被相对良好的维护。但是电力用户不断地使电缆承载越来越高负荷,原来的使用条件不再符合现在电缆的需要,那么原来好的经验也就不能代表电缆未来的运行状况也一定良好。近年来,纸绝缘电缆已经很少被使用。

(3)聚氯乙烯(PVC)。PVC 首次被用于电缆的绝缘材料是在 20世纪早期,直到 PE 和 XLPE 发展起来之前,PVC 一直都普遍应用在电缆的绝缘中,尤其是在低电压等级的电缆中。然而与 PE 材料相比,PVC 在击穿场强、老化特性、温度等级和耐潮湿性能等方面的劣势十分明显。此外,在运行中,PVC 绝缘电缆也表现了较高的事故率。因此,目前 1 kV 以上电压等级的电力电缆已经不再使用 PVC 绝缘。PVC 现在仍然作为低压 1 kV 电缆的绝缘材料,同时也是一种护套材料。然而,PVC 在电缆绝缘中的应用正迅速地被 XLPE 代替,在护套中的应用正迅速地被线性低密度聚乙烯、中密度聚乙烯(medium density polyethylene,MDPE)或高密度聚乙烯所代替,非 PVC 电缆有较低的全寿命期费用。

(4)聚乙烯。低密度聚乙烯从 20 世纪 30 年代发展起来,现在用于交联聚乙烯和抗水树交联聚乙烯(water tree resistant cross-linked polyethylene,WTR-XLPE)材料的基体树脂。PE 是一种长链的、热塑性碳氢化合物分子结构,在压力作用下由乙烯气体聚合而成。与绝缘相比,由于聚乙烯材料具有低成本、良好的电性能及加工性能、耐潮湿、耐化学腐蚀和良好的低温特性,目前已经被广泛使用。但是,聚乙烯材料不具有良好的耐电痕性能,导致 PE 很容易被局部放电腐蚀或被电晕烧蚀,在潮湿环境和电场共同作用下还易产生水树。在早期的电缆设计中,局部放电和水树生长会导致电缆的绝缘劣化,并最终致使电缆失效。在热塑性状态,聚乙烯的最高工作温度是 75℃,低于纸绝缘电缆的运行温度(80~90℃)。交联聚乙烯的出现解决了这个问题,交联聚乙烯可以达到或超过纸绝缘电缆的使用温度。

(5)交联聚乙烯。XLPE 是通过把低密度聚乙烯和交联剂(如过氧化物)混合而制成的一种热固性材料。1963 年 3 月,通用电气研究实验室发明了 XLPE。长链的 PE 分子在硫化过程中发生"交联",形成了 XLPE。XLPE 不仅具备了同热塑性 PE 同样良好的电性能,还具备了更好的机械性能,尤其是在高温度下。XLPE 绝缘电缆的最高导体工作温度为 90℃,过载测试高达 140℃,短路温度可达 250℃。XLPE 具有极好的介电特性,可用于 600 V 到 500 kV 的电压范围。

(6)抗水树交联聚乙烯。水树现象会减少 XLPE 电缆的使用寿命。在几个月或者几年的时间里,水树的生长相对缓慢。当水树生长时,水树尖端电场强度增加,会在水树顶部激发出电树。电树一旦生成,就会迅速地生长,导致绝缘材料性能减弱,使其不再能够承担运行电压,从而致使电缆在生长水树/电树的位置击穿。可以采用许多办法来减少水树生长,但是最普遍接受的一种方法是使用为了抑制水树生长而设计的特殊工程绝缘材料,这种绝缘材料被称作抗水树交联聚乙烯。这种材料配合洁净的半导电屏蔽的使用,加之成熟的制造工艺,消除了许多电力用户对使用聚合物绝缘电缆的顾虑。有两种绝缘技术被广泛采用,来抑制水树生长,每一种都是对普通 XLPE 进行的改进。例如,①改变聚合物分子结构,即聚合物型 WTR-XLPE,有时也称为共聚物改性 XLPE;②添加剂改性,即添加剂型 WTR-XLPE,有时也写为 TR-XLPE。这两种情况的 XLPE 都保持了普通 XLPE 具有的优良的电气性能(高介电强度和非常低的介质损耗)。WTR-XLPE 绝缘料在 20 世纪 80 年代已经出现,至今已可靠运行了 20 多年。

(7)乙丙橡胶(ethylene propylene rubber,EPR)。EPR 是一种由乙烯和丙烯(有时会有第三种单体)共聚而成的热固性材料,三种单体的共聚物称为三元乙丙橡胶。在柔软的共聚物中,添加一系列经过设计的填料,会使材料具备良好的热性能、挤出性能及电性能。这类绝缘以 EPR 为代表。在较宽的温度范围内,EPR 始终保持柔软,并且具有良好的耐电晕性能。然而,EPR 材料的介质损耗明显高于 XLPE 和 WTR-XLPE。

(8)聚丙烯(PP)。聚丙烯材料是一种极具潜力的 XLPE 替代材料,有望在未来成为主流的环保型电力电缆主绝缘材料[35-36]。PP 材料属于热塑性塑料,无须交联处理,具有环保的可回收特性。相较于XLPE,PP 材料具有更高的击穿场强和工作温度,对于提高电缆电压等级和载流量具有重要意义[37]。早在 2002 年,学者们就对 PP 材料应用于电缆主绝缘的可行性进行了研究。2003 年,日本三菱电线工业株式会社与大阪大学合作试制了 22kV 等级的 PP 绝缘电缆;2010年,意大利普睿司曼公司研发了基于 PP 材料的高性能热塑性绝缘电缆,并于 2015—2016 年分别公开了 ±320 kV、±525 kV 和 ±600 kV等级的 PP 高压电缆样机。目前,有数万千米基于 PP 绝缘的中压电缆正在欧洲运行,而高压、特高压电缆的商业化应用仍处于研发阶段。尽管国内在 PP 绝缘电缆的研发方面起步较晚,但发展十分迅速。2018 年,上海交通大学和上海电气集团成功试制了基于 PP 绝缘的中压交流电缆并通过了型式实验,110 kV 等级的高压 PP 绝缘电缆也已进入实验阶段[38]。可以看到,PP 绝缘电缆代表了环保型电力电缆的发展趋势,开发高性能的 PP 绝缘材料对于我国打破国外高端电缆料的技术垄断、推动环保型电缆的发展具有重大意义[38]。

由于纯 PP 材料具有较强的刚性和脆性，难以满足电缆绝缘对机械性能的要求，因此必须要进行模量调控才能满足实际应用需求，而电气与机械性能难以协同提升的矛盾一直是制约 PP 材料应用于电缆绝缘的瓶颈问题[39]。目前，针对 PP 电缆绝缘材料的改性方式主要有纳米掺杂改性、成核剂改性、弹性体共混改性、共聚改性和接枝改性等。然而，纳米掺杂改性和成核剂改性往往会在材料内部引入纳米颗粒团聚、有机小分子迁移析出等问题，不利于材料的可靠性和长期运行性能。弹性体共混改性虽然能够显著改善 PP 绝缘材料的机械性能，但同时也导致其电气性能明显降低。而共聚改性 PP 材料的结晶度相对较低，导致材料的耐温性能和耐老化性能有所降低。相较而言，接枝改性技术通过在 PP 主链上引入带有不同官能团的单体或支链（对 PP 主链结构的影响较小），从微观层面上改变 PP 材料的结构形态，有利于同时改善 PP 材料的电气、机械和热学性能，且具有性能稳定、适合大规模生产等优势，是一种极具潜力的高性能 PP 电缆绝缘材料的研发技术，也是目前我国 PP 电缆绝缘发展的重要技术路线之一。

3. 交联工艺

交联工艺所使用的聚合物是特定的。可交联聚合物的制造通常从一种基体聚合物开始，然后加入稳定剂和交联剂形成混合物。交联过程会在分子结构中加入更多的连接点。一旦被交联，聚合物分子链仍保持弹性，但是不能被完全切断，会变成易流动的熔融体。XLPE 绝缘电力电缆采用的交联方式基本有两种：

（1）过氧化物交联：未交联的绝缘材料被挤包到电缆导体上，在硫化管中，过氧化物交联剂受热分解，使熔融态的聚合物发生交联。这种方式适用于 XLPE 和 EPR 绝缘材料。过氧化物交联方法是全球最广泛使用的交联技术，已应用在中压（medium voltage，MV）、高压（high voltage，HV）和特高压（extra high voltage，EHV）绝缘电缆的制造中。湿法交联基本用于低压电缆的制造，有时也用于 MV 电缆。

生产绝缘材料的第一步是从聚合物反应器开始的，突出的特点是它由一个很长的钢管组成，这个钢管经过设计，能够承受很高的温度和压力，一般也称作"高压管"反应器。反应器被设计用来传送具有相容特性的聚合物，还可以避免引入降低聚合物绝缘材料介电性能污染物或者化学物质。实际上，这就意味着在反应器中，聚合物的生产过程和在其组分中所使用的材料必须非常仔细地控制。

（2）湿法交联：将化学组分（硅烷）引入到聚合物分子链中，当这些组分接触水后，就会引发交联反应。交联反应发生在绝缘挤出后的固相中。生产 MV 电缆时，如果挤出生产线需要生产不同结构设计的电缆，并且（或者）制造长度相对较短的时候，湿法交联是最常用的方式。在这种情况下，从产品的角度来讲，将挤出过程与硫化过程分开是非常合适的。

湿法交联过程的关键步骤是如何使化学活性组分结合到聚合物骨架上。有三种办法可以实现：①Siloplas 法：使合适的硅烷材料与过氧化物及聚合物在熔融状态下混合。在这个过程中，先把硅烷接枝到聚合物材料分子链上，然后将这样的材料制成适合电缆挤出设备使用的粒料。交联反应催化剂和其他添加剂（抗氧剂和一些加工助剂）在挤出过程中以母料形式加入。这种方法最主要的缺点是混合物降解在使硅烷接枝到聚合物分子链上的挤塑机中即开始发生，限制了混合物制品的存入周期和工艺性能。②Monosil 法：与 Siloplas 类似，在这种方法中，所有组分（包括催化剂、过氧化物、硅烷和稳定剂）全部在电缆的挤出设备中一起混合，因此接枝反应在电缆的挤出过程中同时发生。③EVS：这种方法并不是将硅烷接枝到聚合物分子链上，而是当聚合物在反应器中聚合的时候将硅烷组分插入到聚合物分子链上。这些反应器中聚合物可以直接用于挤出。交联反应催化剂和其他添加剂在挤出过程中以母料形式加入。

8.5 本章小结

针对聚合物绝缘封装的应用场景，本章主要介绍了高功率器件和电力装备绝缘的结构、封装和聚合物材料。作为现代高功率器件的代表，IGBT 可以选择不同的封装材料和封装工艺。本章还对电力装备干式电力变压器、盆式绝缘子、大容量发电机、大容量电动机、输电线路等电力装备进行了介绍，绝缘结构、封装工艺和聚合物材料之间相互影响和制约都是应当关注的重要内容。本章对上述内容的研究现状和未来发展做了简单阐述和展望。

参考文献

[1] 佟辉,臧丽坤,徐菊.导热绝缘材料在电力电子器件封装中的应用[J].绝缘材料,2021,54(12):1-9.

[2]　李文艺,王亚林,尹毅.高压功率模块封装绝缘的可靠性研究综述[J].中国电机工程学报,2022,42(14):5312-5326.

[3]　DAS M K,CAPELL C,GRIDER D E,et al. 10 kV,120 A SiC half H-bridge power MOSFET modules suitable for high frequency, medium voltage applications [C]//Proceedgins of IEEE Energy Conversion Congress and Exposition,IEEE,2011,pp. 2689-2692.

[4]　PASSMORE B,COLE Z,MCGEE B,et al. The next generation of high voltage(10 kV) silicon carbide power modules [C]//Proceedgins of th 4th Workshop on Wide Bandgap Power Devices and Applications(WiPDA), IEEE,2016,pp. 1-4.

[5]　KOPTA A,RAHIMO M,CORVASCE C,et al. Next generation IGBT and package technologies for high voltage applications [J]. IEEE Transactions on Electron Devices,2017,64(3):753-759.

[6]　KOPTA A,VOBECKY J,RAHIMO M,et al,Silicon based devices for demanding high power applications [C]//Proceedgins of 2018 International Power Electronics Conference(IPEC-Niigata 2018-ECCE Asia),IEEE,2018, pp. 3596-3602.

[7]　BILL P,WELLEMAN A,RAMEZANI E,et al,Novel press pack IGBT device and switch assembly for Pulse Modulators [C]//Proceedgins of 2011 IEEE Pulsed Power Conference,2011,pp. 1120-1123.

[8]　曾亮,齐放,戴小平.高分子绝缘材料在功率模块封装中的研究与应用[J].绝缘材料,2021,54(5):1-9.

[9]　戴超,陈向荣.碳化硅 IGBT 电力电子器件封装和绝缘研究综述[J].浙江电力,2019,38(10):26-33.

[10]　COPPOLA L,HUFF D,WANG F,et al,Survey on high-temperature packaging materials for SiC-based power electronics modules [C]// Proceedgins of 2007 IEEE Power Electronics Specialists Conference,2007, pp. 2234-2240.

[11]　李俊杰.高电压功率器件封装基板设计与绝缘材料研究 [D].天津大学,2021.

[12]　SELDRUM T,ENAMI H,VANDERHAEGHEN F. Silicone gels for continuous operation up to 200 C in power modules [C]//Proceedgins of International Exhibition and Conference for Power Electronics,Intelligent Motion,Renewable Energy and Energy Management,VDE,2018,pp. 1-6.

[13]　OHARA M. Development of high temperature silicone gels [C]. International Exhibition and Conference for Power Electronics,Intelligent Motion,Renewable Energy and Energy Management,VDE,2018,pp. 1-2.

[14]　赵慧宇,丁娉,姜其斌,等.IGBT 用双组分加成型有机硅凝胶的国产化研究[J].特种橡胶制品,2013,(3):31-33.

[15]　丁娉,陈磊,唐毅平,等.新型大功率 IGBT 用硅凝胶的制备及其应用性研

究[J].绝缘材料,2014,(2):52-55.

[16] WANG N,COTTON I,ROBERTSON J,et al. Partial discharge control in a power electronic module using high permittivity non-linear dielectrics [J]. IEEE Transactions on Dielectrics and Electrical Insulation,2010, 17(4):1319-1326.

[17] LI Z,OKAMOTO K,OHKI Y,et al. Effects of nano-filler addition on partial discharge resistance and dielectric breakdown strength of micro-Al_2O_3 epoxy composite [J]. IEEE Transactions on Dielectrics and Electrical Insulation,2010,17(3):653-661.

[18] OHARA K,MASUMOTO H,TAKAHASHI T,et al. A new IGBT module with insulated metal baseplate(IMB) and 7th generation chips [C]//Proceedgins of International Exhibition and Conference for Power Electronics, Intelligent Motion, Renewable Energy and Energy Management,VDE,2015,pp. 1-4.

[19] 曾亮,朱伟,高敬民,等.无机填料对环氧树脂灌封胶性能影响[J].绝缘材料,2014,47(3):13-16.

[20] 刘钟铃,袁悦,张莉,等. HP-RTM 树脂体系固化反应动力学及流变行为研究[J].高科技纤维与应用,2019,44(3):32-36.

[21] HORIO M,IIZUKA Y,IKEDA Y. Packaging technologies for SiC power modules [J]. Fuji Electric Review,2012,58(2):75-78.

[22] 福尔克.IGBT 模块:技术,驱动和应用.机械工业出版社,北京,2016.

[23] 付国太,刘洪军,张柏,等.PEEK 的特性及应用[J].工程塑料应用,2006,34(10):69-71.

[24] PETTERTEIG A,PITTINI R,HERNES M,et al. Pressure tolerant power IGBTs for subsea applications [C]//Proceedgins of the 13th European Conference on Power Electronics and Applications,IEEE,2009,pp. 1-10.

[25] DONZEL L,SCHUDERER J. Nonlinear resistive electric field control for power electronic modules [J]. IEEE Transactions on Dielectrics and Electrical Insulation,2012,19(3):955-959.

[26] 蔡定国,唐金权.干式电力变压器用绝缘材料,绝缘结构与系统综述[J].绝缘材料,2019,52(11):1-8.

[27] 变压器类产品型号编制方法 [S]. 国内-业标准-机械,JB/T 3837-2010,2010.

[28] 张长虹,张博雅,李明洋,等.高压直流 GIL 设备绝缘关键技术研究综述[J].高电压技术,2023,49(3):920-936.

[29] 梁芳蔚,张长虹,吕金壮,等.直流气体绝缘输电线路关键问题及装备研发现状综述[J].高压电器,2023,59(09):1-11.

[30] 杜林.大电机主绝缘局部放电测量及老化特征研究[D].重庆大学,2004.

[31] 王忠波. 干式电力变压器国标与美标解析[J]. 中国科技信息,2016,(16):4.

［32］ 王树森.变压器绝缘材料(12)[J].变压器,2003,40(10)：31-32.

［33］ Transformers-Part P.11：Dry-Type Transformers ［J］.International Electrotechnical Commission,IEC International Standard,IEC,2018：60076-11.

［34］ 曾柏顺,饶保林,韦衍乐,等.干式电力变压器用高导热抗开裂环氧浇注料[J].绝缘材料,2013,46(2)：7-10.

［35］ 何金良,彭琳,周垚.环保型高压直流电缆绝缘材料研究进展[J].高电压技术,2017,43(2)：337-343.

［36］ 樊林禛.交流电缆绝缘用接枝聚丙烯材料的电热老化特性及机理研究[D].华北电力大学,2022.

［37］ 杜伯学,侯兆豪,徐航,等.高压直流电缆绝缘用聚丙烯及其纳米复合材料的研究进展[J].高电压技术,2017,43(9)：2769-2780.

［38］ 黄兴溢,张军,江平开.热塑性电力电缆绝缘材料:历史与发展[J].高电压技术,2018,44(5):1377-1398.

［39］ 杜伯学,李忠磊,周硕凡,等.聚丙烯高压直流电缆绝缘研究进展与展望[J].电气制造,2021,16(2)：2-11.

第9章

聚合物绝缘封装的长效性

9.1 聚合物短时与长期老化特性

聚合物绝缘材料具有较高的击穿强度和较低的介质损耗,如环氧树脂、交联聚乙烯和聚丙烯等,被广泛应用于变压器、高压套管、电力电缆、薄膜电容器等多种电力设备的绝缘系统中。这些聚合物绝缘材料在设备长期运行过程中会经受多种应力的作用,不可避免地出现老化现象,使绝缘可靠性下降,甚至引发设备故障。大量研究已表明,绝缘材料老化是绝缘性能下降甚至设备发生故障的主要原因。目前我国已有大批电力设备运行年限超过 20 年,存在着不同程度的老化问题[1]。

国内外学者已经对聚合物绝缘材料的老化规律和机理进行了大量的研究,并取得了丰硕的成果。但传统老化研究领域主要关注电、热等单应力因子作用下的老化问题,而忽视了其他应力作用及影响。部分学者对电—热联合应力老化进行了实验研究,而电、热、机械及其他应力因子作用下的多因子老化研究相对较少。尤其需要指出的是,多应力作用下老化机理和规律与单应力作用下显著不同。研究表明,多应力因子作用下的绝缘材料老化过程中存在协同效应,因而老化速率比单应力下更快,且多应力因子作用下的老化情况更接近设备运行中绝缘材料的真实应力环境。因此,绝缘材料的多因子老化研究有助于进一步探究材料老化机理、准确评估绝缘寿命,以及提高设备运行可靠性[2]。

9.1.1 唯象寿命模型

聚合物材料的理论寿命模型的研究对于剩余寿命的预测具有重要意义。目前国内外学者已经针对聚合物绝缘材料的老化寿命诊断工作开展了大量研究,例如,针对理论寿命模型,研究从电、热等单应力因子老化的寿命模型,发展到考虑电—热联合应力作用下的老化寿命模型,再到考虑了局放、电树枝及空间电荷注入等物理机制的寿命模型。从建模方法的角度,可将老化寿命模型分为唯象模型(又称为现象学模型)和物理模型(又称为微观模型)两类。唯象模型是关于聚合物材料老化过程的宏观描述,通常具有一定的普适性,一般以实验统计规律为基础,结合单因子电老化的寿命概率理论或热老化的化学反应速率理论推导演变而来。物理模型则认为材料的老化过程是由某些物理机制引起的,包括空间电荷注入、电树枝等过程,引起材料老化的具体机制取决于材料自身微观结构及外部环境。因此具体的物理寿命模型适用于特定外部环境下的某些材料。

唯象寿命模型通常包括两类,一是基于化学反应动力学过程的热老化寿命模型及其衍生模型,二是基于失效概率理论的电老化寿命模型及其衍生模型。本节主要对这两类理论模型的起源、发展和应用情况进行介绍。

1. 基于化学反应速率理论的寿命模型及其发展

(1)热老化理论及单因子寿命模型

在早期的电力设备运行过程中,由于电压等级相对较低,绝缘材料主要面临的是长期发热带来的热老化问题。1930年,Montsinger首次提出了绝缘寿命与运行温度之间的关系,即温度每升高8~10℃,绝缘材料的使用寿命就会减少一半[3]。美国学者Dakin将老化解释为材料的氧化裂解,认为温度影响热老化过程的化学反应速率,进而影响绝缘材料的寿命,从动力学角度上解释了绝缘寿命与温度的关系,并建立起了热老化过程与化学反应速率理论,即著名的Arrhenius方程[4]。基于Dakin理论,结合Arrhenius方程得出的热老化单因子的动力学寿命模型如式(9-1)所示:

$$L_T = A_T e^{\left(\frac{H}{kT}\right)} \tag{9-1}$$

式中,L_T表示绝缘材料热老化寿命;T表示绝对温度;k表示玻尔兹曼常数,$k = 1.380649 \times 10^{-23}$ J/K;A_T表示指前频率因子,是与温度无关的常数,取决于绝缘材料的寿命终止判据和老化过程的化学反应速率常数;H表示相应的活化能。对于具体的聚合物绝缘材料,A_T和H一般由实验得出。

由式(9-1)可以看出,$\log(L_T)$与$1/T$呈线性关系,这一规律常被用来验证实验结果和理论模型的一致性。但由于不同绝缘材料老化过程的复杂性,部分实验结果并不满足这一线性关系。Eyring 等在修正的 Arrhenius 方程基础上提出了修正的热老化寿命模型,认为指前频率因子 A_T 是绝对温度 T 的函数,即 $A_T = A_0 T^m$ 或 $A = A_0 (T/T_0)^m$,其中 m 为无量纲常数[5]。

（2）基于化学反应速率理论的多因子寿命模型

随着系统电压等级的提升,绝缘材料承受的电场强度也不断增强,电应力对材料的老化过程起着越来越重要的作用,成为材料老化甚至寿命终止的重要因素之一。因此,考虑电应力的修正寿命模型得到了大量的研究。在基于化学反应速率理论的修正寿命模型中,聚合物材料氧化降解过程仍被视为老化的主要因素,而电应力对这一过程的参数（反应速率等）产生影响,并通常以影响因子的形式表现在具体的电—热联合寿命模型中。下面对几种主要的衍生模型进行介绍。

（1）Simoni 模型

Simoni 等基于 Endicott 的热力学理论提出了绝缘材料在电、热应力共同作用下的老化速率方程,老化速率 R 可表示为[6]:

$$R = A_S e^{\left(-\frac{B_S}{T}\right)} e^{\left[\left(a_S + \frac{b_S}{T}\right) f(E)\right]} \tag{9-2}$$

式中,$f(E)$ 是关于电应力,即电场强度的函数;A_S、B_S、a_S 和 b_S 均为常数,其数值均由实验确定。Simoni 给出了 $f(E)$ 的两种形式,即 $f(E) = \ln(E/E_0)$（模型 1）和 $f(E) = E - E_0$（模型 2）,其中 E_0 表示阈值场强,单位为 kV/mm,但该函数并没有相应的物理意义。事实上,这两个表达式分别由电老化的反幂函数模型和指数模型得来。

（2）Ramu 模型

Ramu 等基于经典的单因子老化模型的乘积提出了相应的电—热老化模型,认为温度的变化会影响电老化反幂模型中的常数,并将该常数在电—热老化模型中用温度的函数替代,以此来表征电—热应力之间的协同效应。其表达式为[7]:

$$L(T, E) = c_R E^{-n_R} e^{\left(-B_S \Delta\left(\frac{1}{T}\right)\right)} \tag{9-3}$$

式中,$c_R = e^{\left(c_1 - c_2 \Delta\left(\frac{1}{T}\right)\right)}$,$n_R = n_1 - n_2 \Delta\left(\frac{1}{T}\right)$,$c_1$、$c_2$、$n_1$ 和 n_2 均是常数,其数值由实验确定。

如果在式（9-3）中包含阈值场强 E_0,当令 $E = E_0$,$T = T_0$ 时,$L = L_0$,则可以消去 $c(T)$,此时 Ramu 模型与 Simoni 模型一致。

（3）Fallou 模型

Fallou 等基于电—热联合老化实验及单因子的老化理论，提出了半经验的 Fallou 模型[8]。在此模型中未考虑电应力的阈值 E_0，即认为 $E>0$ 时会对老化过程产生影响，而 Simoni 模型和 Ramu 模型均认为电应力满足 $E>E_0$ 条件时才会对老化过程产生影响。Fallou 模型表达式为：

$$L = \mathrm{e}^{\left(A_{\mathrm{F}}+\frac{B_{\mathrm{F}}}{T}\right)}, \quad E>0 \tag{9-4}$$

式中，$A_{\mathrm{F}} = A_1 + A_2 E$；$B_{\mathrm{F}} = B_1 + B_2 E$；$A_1$、$A_2$、$B_1$ 和 B_2 均为常数，其数值由实验确定。

A_{F} 和 B_{F} 均由常温下的电应力—寿命实验曲线得到，代入式（9-4）可以得到式（9-5），此时与 Simoni 模型中 $f(E)=E-E_0$ 时一致。

$$L = \mathrm{e}^{(A_1)}\,\mathrm{e}^{\left(\frac{B_1}{T}\right)}\,\mathrm{e}^{\left(-\left(A_2+\frac{B_2}{T}\right)E\right)} \tag{9-5}$$

（4）Dissado 模型

一般而言，不同的物理模型对应了不同的物理机制，因而只适用于具有特定微观特征的部分绝缘材料，而 Dissado 认为老化过程中有独立于物理机理的普遍特征。Dissado 通过实验分析和计算机仿真模拟得出了多应力的老化寿命模型，其表达如式（9-6）所示[9]：

$$L(E,T) = \frac{h}{2kT}\mathrm{e}^{\left(\frac{G^{\#}-C_{\mathrm{D}}E^{4B_{\mathrm{D}}/2}}{kT}\right)}\ln\left(\frac{P_{\mathrm{q}}-P_0}{P_{\mathrm{q}}-P^{*}}\right) \times$$
$$\left[\cosh\left(\frac{\Delta-C_{\mathrm{D}}E^{4B_{\mathrm{D}}}}{2kT}\right)\right]^{-1} \tag{9-6}$$

式中，h 为普朗克常数，$h=6.62607015\times10^{-34}\,\mathrm{J\cdot s}$；$G^{\#}$ 为材料本身活化能，单位为 kJ/mol；Δ 为反应物与生成物自由能的差值，单位为 kJ/mol；P_{q} 为可逆反应达到平衡态时发生变化的部分占总体的百分比；P_0 为老化前断裂的键占总体的百分比；P^{*} 为反应失去平衡，变为不可逆时发生变化的部分占总体的百分比；C_{D}、B_{D} 均为无量纲常数，其数值由实验确定。

Dissado 得出的寿命公式涵盖了以上的大部分模型提到的因素，其结果与大量实验结果相符，并且该模型与很多材料的寿命分布特性相符，其参数与温度、场强等因素无关。该模型是现有模型中较为普适的形式。

2. 基于失效概率理论的寿命模型及其发展

热老化主要体现为材料的氧化分解，可以利用化学反应速率理论进行解释,其绝缘寿命体现为材料性能退化至某一指标所需的时间,其寿命模型建立在动力学方程的基础上。而电老化则不同,电应力对绝缘材料性能的影响呈现概率性分布,材料的电老化的后果表现为材料在电场下的失效(击穿)现象,其电老化寿命表现为概率寿命。

(1) 电老化理论及单因子寿命模型

国外学者从 19 世纪 60 年代开始,对绝缘材料的电老化展开了大量的理论及实验研究,在此基础上并总结了两种电老化寿命模型,即反幂函数模型(inverse power model,IPM)和指数函数模型(exponential model,EM),分别为[10]:

$$L_E = L_t \left(\frac{E}{E_t} \right)^{-n_1} \tag{9-7}$$

$$L_E = a_E e^{(-n_E E)} \tag{9-8}$$

式中,E 表示电应力的大小,即电场强度,单位为 kV/mm;L_E 表示场强为 E 时绝缘材料电老化寿命;L_t 表示场强为 E_t 时绝缘材料电老化寿命,在实际应用中通常由实验结果给出一组(L_t,E_t)的值;a_E 为 EM 模型参数,具体取值由实验确定;系数 n_1 和 n_E 又被称为电压耐受系数(voltage endurance coefficient,VEC),VEC 值越大,说明绝缘材料对电应力的耐受程度越高。式(9-7)和式(9-8)分别在双对数坐标系和半对数坐标系下呈线性关系。

在以上两种寿命模型中,IPM 模型是基于威布尔分布概率所提出的,EM 模型则是对绝缘材料沿面放电击穿的实验规律的总结,两者均属于概率寿命模型。

然而众多实验研究表明,在电场强度较低的情况下,绝缘材料寿命不再满足对数坐标下的直线关系,而是趋于水平,当电场强度低于一定值时,电应力不再是材料寿命的决定性因素。在总结以上规律的基础上,国外学者 Dakin 于 1977 年提出了反幂函数阈值模型(inverse power threshold model,IPTM)和指数函数阈值模型(exponential threshold model,ETM)[11]。在 IPTM 和 ETM 模型中,绝缘材料在电应力作用下的老化呈现出阈值效应,即当电场小于某一阈值 E_0 时,对绝缘材料的寿命几乎没有影响,而当电场高于该阈值时,材料寿命则服从反幂函数或指数函数规律。IPTM 和 ETM 模型的表达式分别为:

$$L_E = L_t \left(\frac{E - E_0}{E_t - E_0} \right)^{-n_1} \tag{9-9}$$

$$L_E = L_t \frac{\mathrm{e}^{-n_E(E-E_0)}}{(E-E_0)/(E_t-E_0)} \tag{9-10}$$

式中，E_0 表示材料的阈值场强，单位为 kV/mm，不同材料一般具有不同的阈值场强，且和外部条件有关。

（2）基于 IPM 模型的衍生多因子寿命模型

在电应力单因子老化的 IPM 模型的基础上，意大利学者 Montanari 基于威布尔分布概率理论将 IPM 模型扩展至材料的电—热联合老化理论研究中，并提出了一系列电—热联合寿命模型[12]。典型的双参数威布尔分布函数的表达式为：

$$F(t) = 1 - \mathrm{e}^{-\left(\frac{t}{\alpha}\right)^{\beta}} \tag{9-11}$$

式中，$F(t)$ 表示威布尔分布函数；α 表示失效概率为 63.2% 对应的失效时间；β 表示失效时间的形状参数。

对于材料的电—热联合老化而言，式中 α 和 β 均取决于电应力和热应力的大小，即 $\alpha=\alpha(E,T)$，$\beta=\beta(E,T)$。此时式（9-11）则描述了在一定的电、热应力条件下，材料失效时间（寿命）的概率分布情况。当 $F(t)=63.2\%$ 时，对应的失效时间 t 即可作为材料的寿命，即 $\alpha=L(E,T)$；$\beta(E,T)$ 则表示材料失效特性（击穿电压）的威布尔分布形状参数。

相比于 IPM 模型，考虑到电应力的阈值效应的 IPTM 模型与实际情况更加吻合。因此在电应力的单因子 IPTM 模型的基础上，考虑到电、热应力的综合作用，Montanari 对模型中的指数项 n_I 进行了修正，将其定义为电应力和热应力的函数，其定义为[12]：

$$n = \frac{n_\mathrm{I}}{\left(1 - \dfrac{E_t - E}{E_t - E_{0T}}\right)^{v}} \tag{9-12}$$

式中，$E_{0T}=E(T)$，为温度 T 下的阈值场强，单位为 kV/mm，其随温度而变化；n_I 为电压耐受系数；v 为形状参数。

参考电压耐受系数 n_I 的定义，可将 Montanari 提出的电—热联合应力的 IPTM 模型中指数项 n 定义为材料的电—热联合应力耐受系数，其数值大小可表征材料耐受电—热联合应力的综合能力。

将修正后的指数项 n 代入式（9-7），结合式（9-12），可以得到式（9-13）：

$$F(t,E,T) = 1 - \mathrm{e}^{-\left(\frac{t}{L_t}\left(\frac{E}{E_t}\right)^n\right)^{\beta(E,T)}} \tag{9-13}$$

根据式（9-13），可进一步得到材料寿命的概率分布函数，如式（9-14）所示：

$$L_p(E,T)=L_t\left(\frac{E}{E_t}\right)^{-n}\left(\ln\frac{1}{1-p}\right)^{\frac{1}{\beta(E,T)}} \tag{9-14}$$

当 $p=63.2\%$ 时,式(9-14)可简化为式(9-15),该模型又被称为四参数 IPTM 模型,4 个参数分别指 L_t、E_{0T}、n_1 和 v。

$$L(E,T)=L_t\left(\frac{E}{E_t}\right)^{-n(E,T)} \tag{9-15}$$

(3) 基于 ETM 模型的衍生多因子寿命模型

在式(9-10)的 ETM 模型中,阈值场强 E_0 被认为随材料及外部条件的变化而变化。考虑到温度对阈值场强的影响,将 E_0 定义为温度 T 的函数,即可得到考虑了热应力作用的、基于 ETM 模型的电—热联合老化寿命模型,如式(9-16)所示[13]:

$$L(E,T)=L_t\frac{e^{-n_E(E-E_{0T})}}{(E-E_{0T})/(E_t-E_{0T})} \tag{9-16}$$

式中,L_t 表示温度为 T、场强为 E_t 时的材料寿命。

类似地,根据式(9-12)对电压耐受系数 n_E 进行修正,如式(9-17)所示:

$$n'=\frac{n_E}{\left(1-\dfrac{E_t-E}{E_t-E_{0T}}\right)^{\mu}} \tag{9-17}$$

式中,μ 表示形状参数,与式(9-12)中参数 v 的定义类似。

将式(9-17)代入式(9-8)可以得到类似地四参数 ETM 模型,如式(9-18)所示:

$$L(E,T)=L_t\frac{e^{-n_E(E-E_{0T})}}{\left[(E-E_{0T})/(E_t-E_{0T})\right]^{\mu}} \tag{9-18}$$

3. 唯象模型的对比

归纳以上两类模型,对模型的来源和相互关系进行梳理,如图 9-1 所示[2]。

多因子老化的唯象寿命模型主要通过对单因子电、热老化寿命模型进行修正而得到。尽管唯象模型不涉及引起材料老化的具体物理机制,具有一定程度的普遍性,但任何一个模型都难以描述所有情况下的老化过程和寿命规律,每个模型都具有各自的局限性。对于图 9-1 中两类寿命模型而言,基于热老化化学反应速率理论的修正模型,即 Simoni 模型、Ramu 模型、Fallou 模型和 Dissado 模型,均认为热老化是主要的老化因素,而电应力的存在会对热老化过程产生一定

```
                    聚合物绝缘材料的唯象寿命模型
```

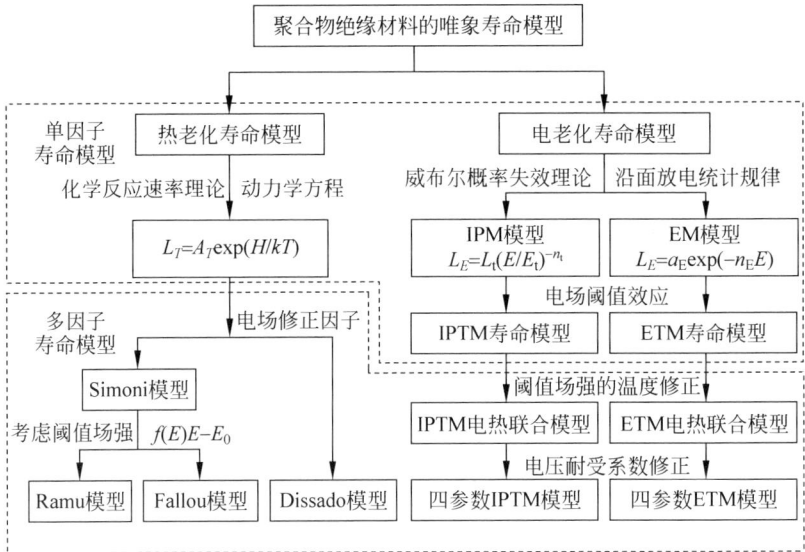

图 9-1　聚合物材料的唯象寿命模型

的影响,因此以上模型均采用添加电场影响因子的形式来体现电应力的作用,适合描述较低电场下热老化为主要因素的电—热联合老化过程。基于失效概率理论的修正模型则认为温度对老化过程的影响体现为阈值场强及电压耐受系数随温度而变化,仍将老化过程视为绝缘材料在电场下的失效问题,将失效时间同等于材料寿命,因此这一类寿命模型适合描述较高电场下电—热联合作用下的材料失效(击穿)现象。

9.1.2　物理寿命模型

随着材料微观结构的观测方法和表征手段的发展和丰富,人们对聚合物绝缘材料寿命模型的研究不再局限于电—热老化的基本现象和实验结果的宏观统计规律层面,而是将材料老化过程和电树枝、水树枝、电荷注入、存储和迁移,以及粒子或基团的屏障等物理过程联系起来,试图从材料微观结构和机制层面解释材料老化的产生和发展过程。

1. 基于空间电荷的模型

（1）电场限制空间电荷模型

电场限制空间电荷（field limited space charge,FLSC）理论认为,

绝缘材料在高电场下,同极性电荷会由电极注入到绝缘材料内部,导致电极附近场强减小,绝缘材料内部场强增加。Zeller[14] 和 Boggs[15] 在以上理论的基础上引入了阈值场强 E_{th},并认为当 $E < E_{th}$ 时,电荷迁移率较低,不足以引起场强畸变,而 $E > E_{th}$ 时存在场强畸变。在此基础上,空间电荷在交流电场作用下发生松弛极化,导致绝缘介质发热而逐步出现局部结构破坏。其寿命模型如式(9-19)所示:

$$L_{FLSC} = \frac{1}{r_{FLSC}^2 E_L (E/E_{th} - 1)^2} \tag{9-19}$$

式中,L_{FLSC} 为绝缘材料失效时间,即寿命;E_L 为拉普拉斯电场;E 为泊松电场;E_{th} 为 FLSC 的阈值场强,需要注意的是,此处的 E_{th} 与前文中的阈值场强 E_0 不是同一个概念,E_{th} 表示空间电荷注入引起场强畸变的阈值场强,单位为 kV/mm;r_{FLSC} 为电荷中心的半径。

(2) DMM 模型

DMM 模型由 Dissado、Mazzanti 和 Montanari 三位学者在 PET 薄膜样品的电—热联合老化实验的基础上提出,该模型认为聚合物在电场作用下存储了大量空间电荷,这使材料的局部电应力增强,发生局部劣化,最终发生老化[16]。该模型认为工程聚合物绝缘材料内部存在纳米量级的孔隙,在弱电场下空间电荷分布在孔隙中并处于平衡状态,电场的增强会打破这一平衡态,并使材料孔隙的直径增大。该模型主要预测了材料绝缘失效之前局部破坏达到临界尺寸时所需的时间,并定义该时间为绝缘材料的寿命,其表达式如式(9-20)所示:

$$L(E,T) = \frac{h}{2kT} e^{\left[\frac{\Delta H/\left(k - C_M E^{2b}/2\right)}{T} - \frac{\Delta S}{k}\right]} \ln\left(\frac{A(E)}{A(E) - A^*}\right) \cdot$$
$$\left[\cosh\left(\frac{\Delta/k - C_M E^{2b}/2}{2T}\right)\right]^{-1} \tag{9-20}$$

式中,$A(E) = (1 + e^{\frac{\Delta/k - C_M E^{2b}/2}{T}})^{-1}$;$\Delta H$ 和 ΔS 为每个结构单元的活化焓和活化熵,ΔH 的单位为 kJ/mol,ΔS 的单位为 kJ/(mol · K);C_M 为材料特性参数;b 为比例常数;$A(E)$ 为可逆反应达到平衡态时发生变化的部分占总体的分数;Δ 为反应物与生成物自由能的差值,单位为 kJ/mol;A^* 为反应失去平衡变为不可逆时发生变化的部分占总体的分数。

Zeller 利用环氧树脂材料对以上空间电荷老化理论进行了验证[17]:实验对 2.0 mm 厚度的环氧树脂样品施加频率范围为 50~

500 Hz 的三角波电压,并测量了加压过程中材料的电荷注入情况,发现电场低于阈值场强时,材料内部基本无空间电荷;但当电场高于阈值场强并持续增加时,电荷注入量迅速增长并趋于饱和值。进一步的研究发现,电荷注入量的绝对值与电压的平方呈线性关系。当电压降低至阈值场强以下时,注入的电荷仍会持续地存在于材料内部,在交流电压作用下,这一部分空间电荷会引起松弛极化,导致材料局部发热,进一步引起材料的局部损坏。

Wei 等[18]开展了 130℃ 不同外施电压条件下的油纸绝缘材料的电—热联合老化实验,测量了老化后样品的局部放电特性和陷阱参数,发现外施电压低于样品局放起始电压时,热应力是老化的主导因素,随着老化时间延长,材料内部陷阱能量增大,平均放电能量减小;当外施电压高于样品的局放起始电压时,电应力成为老化的主导因素,随着老化时间延长,材料内部陷阱能量减小,平均放电能量增大,但临近击穿之前样品的平均放电能量有所减小。

2. 基于水树生长的老化理论

水树是绝缘材料在电—热联合应力协同作用和环境条件影响下出现的一种绝缘劣化现象,在电缆绝缘中尤为常见。水树的存在会影响电缆绝缘的可靠性,加速了电树的形成,最终造成绝缘击穿。因此水树得到了广泛的研究。为解释这一现象,许多学者提出了一系列理论,包括电泳、扩散、化学势能、电渗析、流体静压或气体压力、麦克斯韦应力、电致伸缩及其他过程,涵盖了水树的形成和发展过程及其在老化过程中扮演的角色,但尚没有一个理论模型能给出详尽而明确的答案。尽管如此,水树在老化过程中的作用仍不可忽视。

3. 基于电树生长的模型

电树生长是绝缘材料老化的最后阶段,在老化乃至绝缘失效过程中起着重要作用。高分子聚合物绝缘材料,如电力电缆,在生产和使用过程中,不可避免地会由于存在杂质等原因引起电场集中。在这些电场强度高的部分,由于各种原因,如界面接触不良或高电场中麦克斯韦尔力的作用等,会形成极微小的通道并充满了气体,在高电场强度的作用下,产生局部放电而引发树枝。引发后的树枝通道有足够的电导,树枝尖端仍然很高的电场会促使端部再发生局部击穿,又引起末端分支的扩展。同时,局部放电产生的局部温度升高,促使绝缘材料气化,也使气体通道得以扩大和延伸。局部放电产生的空间电荷加强了局部电场,维持放电持续不断的发展而形成电树枝。

4. Lewis 模型

Lewis 从分子间作用力的角度对材料老化机理进行了阐释,他认为老化是绝缘材料分子中或分子间化学键的断裂和重组过程,键之间的反应导致了材料内部的结构改变,宏观上表现为材料的老化[19]。该模型还认为化学键反应的能量来自分子或原子的热运动,而活化能的大小及其变化是决定反应速率的主要因素。此外,在高电场下材料内部会出现电机械应力,从而加速了电树的发展,是老化的主要因素。基于以上理论,Lewis 提出的多应力作用下化学反应速率如式(9-21)所示:

$$k_{12} = \frac{kT}{h} e^{-\frac{\Delta G_1 + \Delta G_C - \lambda_1 \sigma + \lambda_2 \varepsilon E^2}{kT}} \tag{9-21}$$

式中,ΔG_1 为材料本身的活化能;ΔG_C 为杂质导致的活化能的改变,表示化学应力的作用,单位均为 kJ/mol;$\lambda_1 \sigma$ 和 $\lambda_2 \varepsilon E^2$ 分别表示由机械应力和电应力引起的活化能的改变。

5. Tanaka 模型

Tanaka[20]研究了 PE 和 PET 薄膜在同一外施场强下的电荷注入量,同时开展了铜、铝、铟等不同金属电极下的电树老化实验,计算了不同金属电极的场发射功函数,利用光学手段观测了电树的发展过程,研究了功函数及电荷注入量与电树发展快慢程度的关系。在此基础上,提出了基于场发射的将电树起始时间和场联系起来的寿命模型。假设当它们累积的能量超过某个临界值 C 时,注入到绝缘中或抽取的电荷对电树起始有贡献,故考虑能量限定值 W_t,对应于电场阈值 E_t,低于此值时注入的电子不能使绝缘劣化,电树不生长。如电树的生长时间相对于电树形成时间可忽略,或者绝缘失效判据是电树起始而不是击穿,则电树形成时间 t_i 近似等于寿命 L,此时能量作为电场的函数表达式由 Fowler-Nordheim 等式给出,如式(9-22)所示:

$$L = C'_T \left[e^{-\frac{B\Phi^{3/2}}{E}} - e^{\frac{B\Phi^{3/2}}{E_t}} \right]^{-1} \tag{9-22}$$

式中,$C'_T = C_T/A$,C_T 为电荷累计能量;Φ 为电极的有效功函数;A 和 B 为无量纲的常数。

陈志勇等[21]开展了 XLPE 试样冷热循环条件下的加速电树老化和加速水树老化实验,利用红外光谱、X 射线衍射和热重分析的方法对老化过程中的微观形态变化进行了研究,发现水树老化过程中羟基数目的增长率远大于电树老化过程,水树老化过程中交联聚乙烯结晶度明显下降,而电树老化过程结晶度则出现波动。文中分析认为,水树老化过程会破坏材料的结晶区,宏观上使材料趋于稀疏,形成大量陷阱并导致材料由结晶态向无定形态转变。

6. 基于局部放电的模型

Bahder 等[22]在 XLPE 材料的电—热联合老化实验的基础上,认为空隙中的局部放电使得电子穿入电介质,引起通道腐蚀,这些通道达到临界长度时会导致击穿,但局部放电在场强 E 高于某个起始电场 E_t 时才发生。老化过程是热激活的,可用活化能 H 来描述,则寿命 L 的模型可表示为式(9-23):

$$L = \frac{(Af)^{-1}}{E - E_t} e^{\left(\frac{H_B - b(E - E_t)}{kT}\right)} \tag{9-23}$$

式中,H_B 为活化能,单位为 kJ/mol;f 为电场频率,单位为 Hz;T 为绝对温度,单位为 K;k 表示玻尔兹曼常数,$k = 1.380649 \times 10^{-23}$ J/K;A、b 为常数。

该模型认为电老化是由局部放电引起的,但事实上检测不到局部放电时也会发生电老化,因此该模型在实际应用中有一定的局限性。

7. Crine 模型

Crine 认为,绝缘材料的老化过程可视为从"良好状态"到"失效状态"的变化,而两种状态的转化存在着势垒 ΔG,越过势垒能所需的时间即材料的寿命,进而在 Eyring 的化学反应势垒能理论提出了电—热老化模型[23]。具体表示为式(9-24):

$$L = \frac{h}{kT} e^{\left(\frac{\Delta G_C}{kT}\right)} csch\left(\frac{e\lambda E}{kT}\right) \tag{9-24}$$

式中,h 表示普朗克常量,$h = 6.63 \times 10^{-34}$ J·s;k 表示玻尔兹曼常数,$k = 1.38 \times 10^{-23}$ J/K;e 表示电子电荷量,$e = -1.6 \times 10^{-19}$ C;λ 表示电子平均自由行程;ΔG_C 为吉布斯自由能,单位为 J/mol。

在此模型中,Crine 认为电应力较弱的条件下的老化过程是可逆的,而电应力较强的条件下的老化过程是不可逆的。但 IEC 标准将老化定义为"绝缘系统有效性的不可逆有害变化",Crine 理论对老化过程的描述与该定义有所区别。

9.1.3 多因子老化实验方法

目前,国内外学者已经对多种聚合物绝缘材料开展了部分多因子老化实验。从多因子老化实验的开展手段上来看,可以分为两类,即各应力因子顺序作用老化和各因子同时作用老化。此外,还有一些特殊条件下的实验方法。本节对多因子老化的实验方法分类介绍。

1. 各应力因子顺序作用老化

各应力因子顺序作用老化即对绝缘材料先后施加不同单应力因子,并多次循环使绝缘材料老化,具有代表性的是转轮实验法(tracking wheel test)。转轮实验法最早于 1970 年由加拿大学者 R. Barsch[24] 提出,主要用于复合绝缘子的老化实验,但并未得到较大的发展。近年来,随着复合绝缘子的大量应用,国内外研究者开展了大量的复合绝缘子加速老化实验,转轮实验法被推荐为复合绝缘子老化实验标准,并先后被国际标准 IEC 62217 和 IEC 62730 采纳,成为检验复合绝缘子性能的重要实验手段,国家标准 GB/T 22079-2008 也引入了该方法。

转轮实验法作为复合绝缘子加速老化实验的方法,主要考核其耐漏电起痕的能力。漏电起痕一般指绝缘材料在电场和污秽作用下形成导电通道而发生表面爬电、沿面闪络,进而绝缘失效的过程,因此耐漏电起痕能力实质上是绝缘材料耐受多因子老化的能力。根据 IEC 规定的转轮实验法的实验标准,在进行实验时,应将绝缘子按“十”字形间隔 90°固定在中间转盘上,系统工作时每支绝缘子在 4 个位置各停留 40 s,即污秽处理(盐溶液浸泡)40 s,然后旋转 90°自然干燥 40 s,接着旋转到最高位置加压 40 s,再旋转 90°进行加热或冷却处理。装置旋转一周作为一个周期,IEC 62217 推荐以 30000 个周期为实验标准,约 1600 h,以此来检验复合绝缘子耐漏电起痕性能。

梁曦东等[25]考虑到大直径复合绝缘子漏电起痕作用机制的差异,对转轮实验法标准中的实验参数进行了修正,给出了根据绝缘子杆直径的大小调整盐溶液浓度值的修正方案,即当绝缘子杆直径分别<150 mm、$150\sim300$ mm 和>300 mm 时,相应的初始 NaCl 溶液浓度应分别为 1.40 kg/m³、0.70 kg/m³ 和 0.40 kg/m³。

Yin 等[26]开展了直流电压下的复合绝缘子转轮法实验,发现相比于正极性直流电压,负极性直流电压作用下绝缘子绝缘性能下降更加显著。当其他条件相同时,负极性直流电压下绝缘子表面泄漏电流、表面放电量及持续放电时间均大于正极性直流电压。

转轮实验法作为一种复合绝缘子多因子顺序老化的实验方法,较好地模拟了复合绝缘子的运行环境,得到了广泛的研究和认可。但对于其他绝缘材料来说,由于运行环境不同,各种应力的作用情况也不同,该方法难以推广到其他类型绝缘材料的多因子老化实验中。

2. 多应力因子同时作用老化

多应力因子同时作用老化即对材料在同一时刻施加多种应力。这一实验方法与绝缘材料老化的实际环境相符合,但实验装置的设计及应力的施加相对复杂。目前多应力同时作用的老化实验主要考虑电、热、机械振动 3 种应力情况,这也是绝缘材料在运行工况下性能下降的主要影响因素。

廖瑞金等[27]探究了电—热—机械联合老化方法,设计了油纸绝缘的电—热—机械应力(振动)三因子联合老化实验装置。该装置用振动台对实验箱体整体进行振动,其地电极与箱体连为一体,用线圈将实验样品缠绕在地电极上,并将线圈作为高压电极。该装置基本实现了油纸绝缘试品的电—热—机械应力同时作用下的联合老化,但仅能够施加工频附近的机械振动,而实际绝缘材料承受的机械应力包括振动、压力、剪切力等,振动频率也不仅限于工频。此外,该方案通过振动台对装置整体施加机械应力,并未考虑振动经装置外壳、地电极等部件传递到样品的过程中的畸变和衰减问题。

张伟丽等[28]开展了油纸绝缘材料的电—热联合老化和电—热—机械振动联合老化的对比实验,通过测试老化后样品的频域介电谱并提取特征参数的方法来表征材料的老化程度。研究结果表明,多因子联合老化对材料频谱的影响主要体现在低频部分;在老化前期,振动因素对材料老化的影响较为显著,而在老化中后期,振动的影响逐渐减小,电—热老化曲线与电—热—机械振动联合老化曲线逐渐趋于重合。

谢桓堃等[29]探究了大型电机定子线棒的多因子同时作用老化方法,设计了相应的老化装置。该方法利用电磁激振器产生机械振动,通过功率放大器进行放大,能够根据需要调节激振力的振幅大小,还可以通过改变信号发生器的输出波形的方法改变激振力的输出方式(正弦波、方波、三角波等)。此外,该方法还采用位移测量监视仪和加速度传感器来测量振动位移和加速度等参数,但其振动频率仅为工频,且采用间接施加振动的方式,传递至材料处的振动畸变和衰减受设备结构的影响较大。

张振鹏等[30]开展了交联聚乙烯材料热老化和热—机械振动联合老化的对比实验,发现当老化时间较短时,振动载荷在一定程度上促进了交联聚乙烯分子链的结晶过程,其结晶度、断裂伸长率和拉伸强度均有所增加,低频区域介质损耗有所减小;在老化持续较长时间后,热—机械振动应力的联合作用使高分子链断裂,甲基、亚甲基、羰基吸收峰增大,结晶度、断裂伸长率和拉伸强度显著下降,而介损则明显增大。

目前,考虑机械振动应力的研究中主要采用间接方法对材料施加振动应力,即采用振动台的形式使装置整体产生振动,从而引起绝缘材料样品振动。但这一方法并未考虑到振动传递过程中的畸变和衰减问题。畸变和衰减过程可能受到实验装置结构、使用材料和振动实验频率的影响,通常难以控制。除间接施加机械振动以外,还可以使电极直接振动而对样品直接施加振动应力,这种方法可以减小振动在传递过程中的畸变和衰减,但装置的设计和实现难度较大。

林晨等[31]开展了矿用高压乙丙橡胶电缆的恒温和变温条件下的电—热—机械挤压应力联合老化实验,并对老化后的电缆样品进行了红外光谱、频域介电谱及局部放大电流测试。实验结果表明,机械应力使绝缘层产生微裂纹在电应力作用下发生局放,促进了微裂纹的生长,加速了机械老化过程,而高温使绝缘层受热膨胀产生额外的挤压应力,进一步促进了老化过程。

3. 无限顺序应力法

日本学者 Kako 等[32]提出了一种绝缘材料多因子老化等效实验方法——无限顺序应力法,以替代各因子同时作用的老化实验方法。

以电—热联合老化为例,考虑到电—热应力之间的相互作用,Kako 认为每一个单应力老化过程对应的老化速率公式中的常数系数值是老化时间的函数,实质上是将热老化作用而减少的寿命等效为电老化的老化量,反之亦然。但这一等效量并非老化时间的线性函数,因此存在误差。Kako 对总时间为 t 的电—热联合老化进行划分,分为 q 个时长为 Δt 的过程,他认为持续时间为 Δt 的电—热应力同时作用可以分解为时间均为 Δt 的电应力作用和热应力作用的顺序组合。考虑到上述误差,当 Δt 趋近于 0,即 q 趋近于无穷大时,误差趋近于0,可以用足够多次的单应力顺序作用过程替代多应力同时作用过程,即无限顺序应力法。根据以上等效思想推导得到的材料寿命表达如式(9-25)所示:

$$L(E,T) = \frac{\ln(1 + L_E(n+1)k_t)}{(n+1)k_t t} \qquad (9\text{-}25)$$

式中，L_E 表示相同温度下不考虑热老化仅由电老化作用下的绝缘寿命，可由单应力电老化公式求得。系数 n 和 k_t 为老化时间的函数，由电—热联合老化实验结果给出。

总体来说，Kako 的无限顺序应力法在原理上将不同应力的作用归一化到同一种老化量的变化上；在处理方法上则利用了微积分的分割求和思想。但是不同应力对绝缘材料的作用机理不同，比如热老化表现为绝缘材料整体性能的均匀下降，而电老化往往体现为材料局部的微观结构破坏，这与等效老化量的思想存在一定程度的矛盾，因此该理论及模型的有效性尚需进一步验证。

4. 其他特殊实验方法

由于不同聚合物绝缘材料的应用场合不同，对其绝缘性能的要求也不同。例如，抗热老化性能是油纸绝缘材料的最主要的性能指标，而对于硅橡胶外绝缘，人们则更关注其耐污闪、耐漏电起痕能力等。为考核特定条件下聚合物绝缘材料的耐受性能，研究者提出了许多特殊的多因子老化方法，如用于综合考验复合绝缘子性能的 5000 h 多因素综合实验法，用于考察绝缘子表面耐漏电起痕性能的 1000 h 盐雾法和斜面法，用于考核绝缘材料表面耐电晕性能的电晕老化实验方法，以及用于考核电缆绝缘及其附件长期性能的预鉴定实验方法等。

5000 h 多因素综合实验法用于综合考验复合绝缘子性能，被写入 IEC/TR 62730-2012 中。该方法综合考虑了电应力、热应力和盐雾、紫外照射、高湿度、降雨等环境条件，将其按一定顺序同时或分时作用，能够较全面地模拟绝缘子现场运行条件。

李庆峰等[33] 根据 IEC 61109-1992 对硅橡胶复合绝缘子开展了 5000 h 多因素综合加速老化实验，对不同伞形的复合绝缘子表面泄漏电流、憎水性进行了测试分析，发现表面放电是导致复合绝缘子积污和憎水性丧失的主要原因。绝缘子表面憎水性在实验过程中呈动态变化，当恢复时间较长时，憎水性能够恢复到较高的水平，且温度和光照对于试品憎水性的迁移和恢复的影响较大。

1000 h 盐雾法和斜面法均用于考察绝缘子表面耐漏电起痕性能和耐电蚀能力。1000 h 盐雾法在盐雾条件下对绝缘子施加 1000 h 的电压，通过试品表面放电烧蚀的情况来判断绝缘子表面性能，类似于污秽实验。斜面法将绝缘子伞裙护套试品 5 个一组按 45° 倾斜安装，让污液从试品的上电极沿试品下表面流下,接近下电极时引发电弧。电弧发展至一定长度时,因外加电压不能维持其稳定燃烧而熄灭。当污液再次流下电极时,再次引发电弧,如此反复燃弧——熄弧达 6 h,以 5 个试品均能通过实验而不损坏(电流达到 60 mA 或者蚀深达到 2 mm 为不通过)的最高电压等级作为材料的耐漏电起痕及电蚀损等级。

电晕老化实验用于考核绝缘材料表面的耐电晕能力,被 IEC60343-1991 和 ASTM D 2275-2014 列为推荐方法。尽管如此,目前国际上并未针对某一材料形成统一的实验标准,但由于电晕老化实验容易操作,简单方便,且实验的重复性高,能够综合考察材料的表面性能,因而得到广泛认可。

梁英等[34]开展了硅橡胶材料不同机械挤压应力情况下的电晕老化实验,进行了红外光谱分析、憎水性测试和 SEM 微观结构观测,发现在电晕老化过程中,挤压应力的存在使硅橡胶材料的破坏延伸到材料内部,使材料内部固有化学基团遭到破坏;挤压应力越大,硅橡胶材料的表面裂纹越明显,孔隙结构越大,其表面憎水性能的恢复越慢。

电缆的预鉴定实验用于考核 80 kV 及以上交流或直流电缆绝缘及其附件的长期性能。根据 220 kV 交联聚乙烯电缆的预鉴定实验标准,测试对象一般为长度不少于 100 m 的电缆本体和完整附件,实验内容主要包括 2 项。一是热循环电压实验,在该项实验中需要对待测电缆施加长期的高电压、大电流,以考核电缆绝缘及附件耐电-热联合老化的性能。对于 220 kV 交联聚乙烯电缆,在热循环电压实验中施加电压为 1.7 倍额定电压,采用导体电流加热方式来控制电缆导体温度,1 个循环周期内至少加热 8 h,使电缆导体温度达到 90～95℃并保持至少 2 h,随后自然冷却至少 16 h,以上为 1 个循环。实验期间至少完成 180 次循环,整个实验周期不少于 1 年。二是热循环电压实验后的雷电冲击电压实验,以考核电缆绝缘经长期电——热联合处理后的性能水平。其中实验的温度、电压随电缆电压等级和交直流类型的不同而有所区别。

9.1.4 多应力作用协同效应

协同效应是一种普遍存在于多因子老化过程中的现象。以电——热联合老化为例,如果绝缘材料同时受温度和电场作用,则其失效时间比 2 种应力单独作用时的失效时间要短得多,可见老化并不是热和电老化的代数叠加。在大多数情况下,多种应力同时作用产生了新的老化机理,即不同应力间存在协同效应。

张宇航等[35]开展了油纸绝缘材料单因子热老化和电—热联合老化的对比实验,实验分别将 2 组样品在 130℃ 温度条件和 130℃ 温度、3 kV/mm 场强条件下老化 10 天,然后分别测量 2 组样品的绝缘纸聚合度,发现电—热联合老化样品的聚合度明显低于单一热老化样品的聚合度,说明电应力的存在加速了油纸绝缘的热老化速率,这一结果在一定程度上反映了应力间协同效应的存在。

Srinivas 等[36]开展了定子线棒实体模型的电、热、机械振动等单因子老化实验和多因子联合老化实验,统计了样品的绝缘寿命并进行比较,发现机械应力单因子作用下的绝缘老化过程和电老化一样,均遵循反幂定律,其绝缘寿命亦服从二参数威布尔分布;电—热—机械应力同时作用时,绝缘寿命仍服从威布尔分布,由于热老化过程满足 Arrhenius 关系,且绝缘寿命服从正态分布,因此可以认为在一定范围内电—机械应力之间存在着弱交联机制,是绝缘老化的主导因素,而热应力的存在促进了电、机械老化过程,其寿命模型可通过引入随温度变化的系数因子来进行修正。但该研究并未对各应力之间的交联机制进行深入的讨论分析。

挪威学者 Gjerde 等[37]对材料多应力情况下的协同效应进行了分析,认为多应力的协同效应分为两种类型,一类是直接作用,另一类是间接作用。直接作用是指同时施加的多个影响因素之间的相互作用。以材料的氧化为例,在这一过程中,氧气和高温 2 个因素同时作用产生协同效应,当缺少其中某一因素时,该过程难以继续进行。间接作用则是指同时施加多种应力或按一定顺序施加应力时,其老化效果相同。以电应力和机械应力为例,机械应力可能使材料内部产生更多的细微空隙,这些空隙在电场作用下可能发生局部放电,但如果机械应力造成的破坏是永久性或长时间存在的,则先施加机械应力,后施加电应力与两者同时施加的效果是基本一致的,此时的情况属于间接作用;倘若机械应力造成的破坏是暂时的且可恢复,那么须同时施加 2 种应力才会使材料发生相应性能退化,此时的情况属于直接作用。这主要取决于材料自身特性、应力的强度和施加方式。

9.1.5　聚合物多因子老化研究发展趋势

对聚合物多因子老化的唯象和物理寿命模型总结和梳理如下。寿命模型是材料老化研究中常用的理论工具,也是材料寿命预测的实现方法。其中,唯象模型从最早的电、热单因子模型逐渐发展到考虑多个因素的联合寿命模型,包括较成熟的 Simoni 模型、Dissado 模型和 4 参数 IPTM 及 ETM 模型等,具有了较为完备的寿命模型理论体系。但在多因子老化研究中,唯象模型仅能够描述实验结果中的统计规律,尽管在大部分情况下,通过选取合适的模型能够较好地吻合实验数据,但却无法揭示引起材料老化的微观机制。此外,唯象模型中常常假设应力条件保持不变,因而在实际工程中的应用范围较为有限。物理模型能够建立材料老化过程和微观结构及现象之间的内在联系,能够对某一材料在特定应力环境下的老化行为做出具体的机理解释,相比于唯象模型更适用于现在复杂多变的应力环境,因此在预测绝缘材料剩余寿命和指导材料设计(如阈值场强的选取)等方面具有优势。过去由于测试及表征技术的局限性,材料老化的微观机制研究难以开展。随着微观观测方法和表征手段的发展,材料老化的微观机制的研究将迎来长足的发展。因此,对于不同材料在不同应力作用情况下的老化产生机制的解释和影响因素进行研究,并给出特定条件下的寿命预测模型或公式,将是未来材料寿命预测理论的重点。

另外,过去的材料老化研究中的电应力主要以交流情况为主,而随着直流输变电工程的发展应用,直流及交直流混合应力将成为聚合物绝缘材料承受的主要应力类型之一。众所周知的是,空间电荷效应显著存在于直流设备及线路中,这会对绝缘材料产生不可忽略的影响,因此,空间电荷效应在聚合物材料多应力老化中的作用机制和相应的寿命模型研究具有重要价值。

目前的多应力因子老化研究中,国内外学者对电—热联合老化的实验研究较多,其寿命理论也较为成熟,电、热、机械等多应力老化研究虽然受到众多学者的关注,但主要以平台搭建、对比实验、实验数据统计分析为主,对多因子老化过程中各因子的作用机制和相互影响的深入研究较少,也几乎没有基于多因子老化物理机制的寿命模型提出。王霞等[38]基于电应力的 EM 模型,提出电—热—机械共同作用下的寿命模型如式(9-26)所示:

$$L(E,T,M) = L_0 e^{(-l_0 T - m_0 E - n_0 M + b_{ET}ET + b_{MT}MT + b_{EM}EM)} \quad (9\text{-}26)$$

式中,E、T 和 M 分别表示电应力、热应力和机械应力;b_{ET}、b_{MT} 和 b_{EM} 分别为 3 种应力两两之间的协同作用参数;L_0 表示基准电场 E_0、基准温度 T_0 和设计机械载荷 M_0 下的材料寿命;l_0、m_0 和 n_0 均为常数,由实验结果确定。该电—热—机械应力寿命模型是由每个应力单独施加时的 3 种单应力模型结合而成的,模型参数复杂,运算结果不稳定,因此尚未真正应用到实际绝缘材料的寿命计算中。实际上,机械应力的形式包括振动、挤压、拉伸、剪切等,形式较为复杂,往往缺少合适的量化手段,因此将机械应力纳入多应力寿命模型中存在一定困难,这也将是聚合物材料多应力下的老化理论及寿命模型研究中的难点。

就目前的研究而言,人们已普遍认识到了协同效应在聚合物材料多应力老化中起到重要作用。不同应力间的协同效应往往带来了新的材料老化机制,与单因子的老化过程存在较大的差别。但由于材料特性、应力强度和施加方式的多样性,协同效应的具体形式和对材料老化过程的影响程度是不同的,需要针对具体情况进行具体分析。实际上,这一研究内容与材料多因子老化的物理寿命模型研究具有紧密的逻辑联系:协同效应引起了新的老化机制,基于新的老化机制则可以推出新的物理寿命模型。因此,对应力间协同效应的研究是提出材料多因子老化物理寿命模型的基础。这一研究思路可以为聚合物材料的多因子老化研究及寿命预测工作提供一定的参考。

9.2　绝缘封装结构性能演变规律

绝缘结构即绝缘系统,是指用于电气设备的、与导电部分结合在一起的、含有一种或多种绝缘材料的绝缘组合,是承受电力设备中电应力的系统。通常,电气设备的寿命取决于其绝缘结构的寿命。对于电气设备寿命的研究是电力系统可靠性、未来电气设备状态检修及全生命周期管理的基础。绝缘封装结构在长期运行过程中,难免会遭受到温度场、电场等作用,绝缘结构性能通常会遭受热老化、电老化、机械老化和环境老化等老化效应的影响。

9.2.1　高功率器件绝缘封装结构性能演变

施加高压导致绝缘材料放电老化是影响高压功率模块的可靠性问题之一。局部放电是封装绝缘老化并导致失效的重要原因[39]。

基板金属电极、基板陶瓷绝缘和灌封绝缘共同构成的"三固体"绝缘结构与传统的电力设备,诸如变压器和电缆的绝缘形式有所差别。带有不同电位的金属电极平行布置于陶瓷基板上,陶瓷基板和灌封绝缘形成的固体—固体界面处的电场既有平行于界面方向的分量,也有垂直于界面方向的分量,3 种材料的结合点位置往往是局部电场集中的位置。此外,模块生产制造过程中也可能在陶瓷和金属层界面处引入空隙等缺陷,降低了局部放电的起始放电电压。

除传统的由固体绝缘中引入气体缺陷而导致局部放电外,固体绝缘中的空间电荷积累也是导致封装绝缘中局部放电发生的重要原因。常见的高压功率半桥模块内部一般包含多个开关芯片(MOSFET 或IGBT),由于体寄生二极管和外并联二极管的存在,开关芯片诸如MOSFET 在关断时漏极承受的电位高于源极,开通时漏极和源极的电位几乎相等,因此隔离不同电位的封装绝缘材料往往要承受单极性的方波电压或直流电压。在单极性的方波电压和直流电压作用下,由三结合点处形成的自由电荷容易被陷阱捕获,形成空间电荷。受陷电荷在平行于界面的电场作用下又可能发生脱陷,并向对面电极迁移,在迁移过程中不断发生入陷、脱陷和复合等过程,并伴随着电荷能量的变化。三结合点处的空间电荷输运行为直接导致了封装绝缘内电场分布的动态变化,进而影响放电的发生。

9.2.2　干式电力变压器绝缘封装结构性能演变

干式电力变压器的绝缘结构长期遭受热应力(短时间的过电流、长时间的工作电流及散热不良)、电应力(短时间的过电压和长时间的工作电压)、机械应力(短时间的电动力和长时间的电磁振动)及运行环境中氧、水分、辐射等各种影响因子的联合作用而加速老化,变压器绝缘结构的电气与机械性能因绝缘过早老化而降低,进而影响变压器的运行状态。当发生过电流、过电压、过负荷等情况时,变压器绝缘结构的薄弱环节就可能发生故障,如绕组绝缘击穿造成的绕组间短路故障等。另外,值得注意的是,井下变频器的过多使用给电网造成了严重的谐波污染,这些污染不仅严重损伤了电动机的绝缘,也损伤了变压器绝缘结构,其中电动机是直接受害者。目前,为避免这种现象,电动机绝缘结构已做了特殊设计,缓解了经常被损坏的现象。但是,变压器绝缘结构还没有采取任何措施,绝缘系统长期遭受变频器谐波过电压产生的影响,最终会造成绝缘性能下降或损坏[40]。

1. 过电压对绕组绝缘的影响

变压器运行时,既要长期承受最大工作电压的作用,又要耐受各种可能发生的过电压。过电压对变压器绝缘有很大危害,甚至会使绝缘击穿而烧毁变压器。绝缘材料性能的优劣通常可以通过其工频耐压来衡量。设备制作所选用的绝缘材料工频耐压必须大于设备的最大工作电压,这样才能保证设备长期安全稳定运行。过电压对变压器绝缘结构的影响如下:

(1)暂态过电压的影响。若供电系统中性点不接地,干式电力变压器发生单相故障时主绝缘的电压将增加 73%,因而可能损伤绝缘。

(2)雷电过电压的影响。由于雷电过电压波头很陡,在变压器绕组纵向分布过程中会造成变压器匝间及段间绝缘上电压分布不均匀。与绕组其他部位相比,绕组端部电压最大,导致该部位的电场强度剧烈升高,并引发局部放电,且在绝缘上会留下放电痕迹,致使变压器内部固体绝缘加速老化,最终导致绝缘损坏。

(3)操作过电压的影响。对于变压器而言,操作过电压主要有载流过电压(由于切断空载变压器所产生的过电压)、多次重燃过电压(当真空断路器触头在电流过零点前很短时间内分离,之后迅速在自然零点将电流切断时形成的过电压)。操作过电压的波头比较平缓,电压分布近似线性。它由一个绕组传播到相邻绕组上时,其数值与这两个绕组间的匝数约成正比,导致绕组绝缘上的电压显著升高,从而引起主绝缘或相间绝缘的劣化或损坏。

(4)谐波过电压的影响。由于输电线路及变压器绕组线圈存在漏电容,当变压器在空载合闸、谐波频率与变压器绕组漏电容、绕组电感参数满足谐振条件时会引发谐振,造成电压过大。这种过电压会使绕组绝缘周期性电场增大,并加速绕组绝缘的老化,影响其绝缘性能。

2. 短路电流及过电流运行对绕组绝缘的影响

干式电力变压器正常运行时的温度主要是由其额定运行电流及自身散热情况决定的。由于在变压器设计时留有足够的裕度,正常运行电流引起的绕组产热对绝缘的老化作用不明显。但是当变压器发生绕组短路故障或过电流运行时,由于变压器内部发热与电流的平方成正比,电流越大,发热越严重。当发热量大于散热量时,变压器内部会迅速升温。过载电流都会引起设备发热,使绝缘材料的性能降低。短路电流可能会烧毁绕组绝缘。

3. 高温对绕组绝缘的影响

矿用变压器在运行过程中会因各部分的损耗而发热,导致变压器绕组及铁芯等部位温度升高,过高的运行温度将加速绝缘材料的老化,从而缩短变压器的使用寿命。因此,在变压器运行中通常会实时监测三相绕组温度的变化情况。除温度以外,还需关注绕组温升。干式电力变压器的平均温升水平较高,对其绝缘耐热等级的要求也相应地更高,但干式电力变压器平均温升并不反映其绕组最热点部位的温度。干式电力变压器绝缘的热老化程度对其寿命有决定性作用,而最热点温度又决定了绝缘的热老化程度,如果变压器长期过负荷运行,温度过高会促使其寿命缩短。国际电工委员会(International Electrotechnical Commission,IEC)认为,干式电力变压器 H 级绝缘允许的工作温度极限为 180℃。当温度高于 180℃时,每增加 12℃,变压器绝缘的有效寿命约缩短一半,即热老化 12℃法则。

9.2.3　盆式绝缘子绝缘封装结构性能演变

盆式绝缘子在长期运行过程中,难免会遭受到温度场、电场等的作用。目前,国内研究机构对于绝缘子老化问题研究较少,国外的研究机构则在绝缘子老化规律与寿命预测方面开展了较多的实验研究与分析。

20 世纪 80—90 年代,国外就有了对盆式绝缘子老化的相关研究。西门子 Diessner 等搭建了全尺寸的绝缘子长期老化实验平台,通过实验研究了盆式绝缘子的老化特性。日本 Kawamura 等基于 72.5 kV 交流 GIS 搭建了一套实验平台开展盆式绝缘子老化实验研究[41]。其研究结果表明盆式绝缘子沿面闪络电压 U 和服役时间 t 满足式(9-27)所示的关系:

$$U = U_0 t^{-1/n} \tag{9-27}$$

当盆式绝缘子表面无异物时,式中 $n=82$。当盆式绝缘子表面存在 3 mm 长的金属微粒时,在短时间内($t<10$ min),$n=30$;若 $t>10$ min,则 $n=69$。日本三菱公司对盆式绝缘子在不同温度和电场下的老化特性进行了一系列研究。

华北电力大学马国明等对 GIS 盆式绝缘子电—热老化进行了细致的研究[41],分析了盆式绝缘子长期运行过程中所受的老化关键参量,开展了盆式绝缘子老化关键影响参量提取技术研究,利用有限元多物理场耦合仿真技术,构建了电场、热场仿真模型。搭建了 126 kV GIS 盆式绝缘子冲击累积损伤研究实验平台及工频闪络实验平台,充分考虑现场设备全寿命周期内的过电压水平及过电压次数,开展了冲击电压对 GIS 盆式绝缘子累积损伤特性实验研究,量化了累积冲击电压对 GIS 盆式绝缘子绝缘性能的影响规律。建立了 GIS 盆式绝缘子电—热联合老化损失模型,提出了基于蒙特卡洛模拟的盆式绝缘子寿命预测方法。

9.2.4 大容量发电机、电动机绝缘封装结构性能演变

1. 单因子老化模型

(1) 电老化模型

电应力是引起绝缘劣化最主要的因子。因此,对单一电老化的研究已经进行了大量的研究工作,尽管人们对电老化的本质还不能完全了解,但是有两个经验模型已经被普遍接受,即幂倒数模型和指数模型。

幂倒数模型是电老化研究中使用最频繁的模型之一[42]。它由式(9-28)描述:

$$L = kV^{-n} \tag{9-28}$$

式中,L 是失效时间(通常它是 Weibull 尺度参数,是平均值或百分数);V 是外加电压;k 和 n 是待定常数。

这个幂倒数形式的寿命模型通常用于评定较低电场下的电老化问题。对于较高电场下的老化问题,则用式(9-29)所示的指数模型进行分析[42]:

$$L = c\,e^{-kV} \tag{9-29}$$

式中,L 是失效时间(通常它是 Weibull 尺度参数,是平均值或百分数);V 是外加电压;k 和 c 是待定常数。

指数模型的理论基础是 Dakin 参照老化理论而提出的,他认为在电场作用下的击穿主要归因于局部放电。当局部放电出现在超过设定的场强时,老化的速度将受到热激活。

(2) 热老化模型

大部分电力设备的额定值取决于绝缘的热能力,因此,热应力也是限制电气绝缘寿命的一个主要因素。有机绝缘材料在热的作用下,会发生各种化学变化,包括氧化、热裂化(脆化)和水解等,这些化学反应的速率决定了材料的热老化寿命。因此,描述化学反应的速率决定常数与温度关系的 Arrhenius 方程成为热老化研究的基础。依据这个理论建立了描述热老化的寿命模型,如式(9-30)所示:

$$\ln t = \ln A + \frac{E_a}{RT} \tag{9-30}$$

式中,t 是设定的测试时间;A 是常数;E_a 是老化过程的能量损失;

R 是气体常数；T 是绝对温度。

在考虑其他因子的同时作用后，Zhurkov 等对 Arrhenius 方程进行了修正[42]，修正公式为：

$$\ln t = \ln A + \frac{\gamma\sigma}{RT} \tag{9-31}$$

式(9-31)的 $\gamma\sigma$ 替代了式(9-30)中的 E_a；σ 是其他单位量的老化因子；γ 是为使 $\gamma\sigma$ 单位为 kJ/mol 的参数。

（3）机械老化模型

机械老化模型一般用的经验公式表示。

$$\varepsilon^m N = k_m \tag{9-32}$$

式中，ε 为反复弯曲变形的大小；N 为剩余击穿电压降低到所规定电压以下的反复弯曲次数；m 和 k_m 为常数。

2. 电—热双因子老化模型

任何老化现象都不是孤立存在的，往往存在两个或两个以上的老化因子。它们不仅同时作用于绝缘，而且相互促进，会加速绝缘的老化过程。伴随着交流电流的通过，导体会发热，绝缘也会由于泄漏电流和介质损耗作用而发热。因此，电—热联合作用的老化过程在所有电力设备绝缘中都是存在的。许多人对电—热老化开展了大量的研究工作。早在 1948 年，Dakin 在电老化研究中就提出了局部放电发生后老化速度将受到热激活的观点，首次将电与热的作用联系起来进行研究。1990 年，Cygan 等进行电—热双因子老化模型的研究，提出了单因子和电—热双因子模型研究。其他学者也对绝缘老化的机理和模型进行了研究。由于多因子老化是更复杂的现象，所以研究工作进展缓慢。到目前为止，几乎所有研究都建立在热动力学公式的基础之上。比较成熟或被多数人普遍接受的理论主要有以下几种[42]：

（1）Simoni 模型

该模型是 Simoni 在提出的假设电场函数 $f(E) = \ln\left(\frac{E}{E_0}\right)$ 的基础上建立的。如式(9-33)：

$$L(T, E) = L_0\left(\frac{E}{E_0}\right)^{-A} e^{-b\Delta\left(\frac{1}{T}\right)} \tag{9-33}$$

式中：L_0 是在室温、$E = E_0$ 时的击穿时间；E 是外加电场强度；E_0 是一个参考值，Simoni 认为低于该值则不会发生老化；$N = n -$

$b\Delta\left(\dfrac{1}{T}\right)$ 是幂倒数模型的指数，b 是由材料决定的常数，T 是绝对温度；

$\Delta\left(\dfrac{1}{T}\right) = \dfrac{1}{T} - \dfrac{1}{T_0}$，$B$ 是 Arrhenius 模型的常数。

显然，该模型是单一电老化的幂倒数模型与单一热老化模型的结合。也可以将这个模型看成是对电老化的幂倒数模型的一种修改。

（2）Ramu 模型

Ramu 模型是以 Eyring 的物理化学反应速度为基础的，并且它假设存在着阈值，在低于该阈值时，电和热的老化过程是可以忽略的。在考虑电—热协同效应时，Ramu 从经典的电老化的幂倒数模型出发，将幂倒数定律中的常数处理为温度的函数。

$$L(T,E) = c(T)E^{-n(T)}\,\mathrm{e}^{-B\Delta\left(\frac{1}{T}\right)} \tag{9-34}$$

式（9-34）中的参数意义与 Simoni 模型中参数意义相同。c 和 n 是由实验确定的常数。

（3）Fallou 模型

与前文模型相似 Fallou 以电老化的指数模型为基础，提出了半经验的老化公式，以修正的指数模型表达式反映电—热应力的协同效应，如式（9-35）所示：

$$L = \mathrm{e}^{A(E)+\frac{B(E)}{T}}, \quad E > 0 \tag{9-35}$$

式中，A 和 B 是与电场强度相关的常数，必须由恒定温度下击穿强度—时间的实验曲线来确定。

（4）Crine 模型

前文提及的这些模型基础本上属于经验公式。Crine 模型追求的是使其成为一种热力学模型，因此模型参数都有明确的物理意义。Crine 提出：老化过程可以通过能量势垒系统需要足够的能量，而达到足够能量的概率服从 Boltzman 统计。外加的电场使势垒畸变，因此带电粒子穿越热垒变得容易。Crine 认为穿越势所需要的时间就是绝缘的寿命，其以单个载流子通过势垒的时间作为集体载流子通过势垒的平均时间，得到的热动力学关系模型如式（9-36）所示：

$$t = \dfrac{h}{kT}\mathrm{e}^{\frac{\Delta G - e\lambda E}{kT}} \tag{9-36}$$

式中，t 是失效时间；h 是普朗克常数；k 是玻尔兹曼常数；ΔG 是自由能；λ 是势垒宽度；e 是参与老化过程的粒子电荷。

通过式（9-36）可以清楚地看出 Crine 模型包含的对协同效应的描

述,电场的存在降低了能量势垒 G,因此寿命 L 的值减少。

Crine 模型和 Simoni 模型都以热动力学为基础、描述热动力学的热活化过程是如何受外电场的影响。热活化的过程可能是一个化学反应过程,也可能是带电粒子的输运过程。然而无论是 Simoni 还是 Crine 模型都没有明确提出究竟是哪种过程在支配老化的进程。Crine 模型和 Simoni 模型之间的主要区别是如何将寿命与老化速度相关联。在 Simoni 模型中,寿命反比于老化速度,在 Crine 的模型中寿命则等于老化速度的倒数。

（5）Montanari 模型

Montanari 模型属于概率统计模型。该模型考虑了电、热同时作用,模型中参数必须通过 Weibull 分布的统计计算来确定。

$$F(t,E,T)=1-\mathrm{e}^{\left(-\frac{t}{t_s}\left(\frac{E}{E_s}\right)^n\right)^{\beta(E,T)}} \tag{9-37}$$

式(9-37)中,t_s 是参考电压 E_s 下的失效时间;t 是实际电压 E 下的失效时间;$\beta(E,T)$ 是击穿电压下 Weibull 分布参数;n 是反幂指数,由老化电压和温度决定。

该模型借鉴了 Dakin 的理论,考虑了热化学劣化对材料微观结构的影响和化学物理改变,认为电应力的作用是降低了与热劣化有关的活化能,并影响了 Arrhenius 方程所表征的反应速度公式。Montanari 利用反应速率公式推导出指数形式的寿命模型,式中 E 是特征参数。

9.2.5 输电线路绝缘封装结构性能演变

目前,电缆绝缘老化模型的研究主要从两个方面入手,一个是研究单应力或多应力与老化寿命之间的关系,是建立老化模型的传统方法;另一个是基于现场老化数据,研究在某一特定运行环境下单个或多个应力对老化敏感的诊断参数与现场老化时间的关系,是建立老化模型的一种新思路。应用传统老化模型进行寿命评估时,必须与加速老化实验相结合,通过高应力水平下的寿命推导工作应力水平下的寿命。应用新型老化模型时,根据绝缘诊断参数的当前值即可进行寿命预测。传统老化模型又可分两类。一类为唯象模型。这类模型本质上是经验主义的,通过分析不同应力水平下的寿命实验数据,建立老化应力与寿命之间的函数关系。这一关系通常在双对数或半对数坐标图上呈现为一条直线或曲线,相应的模型分别被称为直线模型（非阈值模型）或曲线模型（阈值模型）。另一类为物理模型。电压和温度是电缆运行过程中不可避免的两个老化因素,因此电缆老化唯象模型的研究主要涉及电老化模型、热老化模型及电—热联合老化模型[43]。以下对几种老化模型进行简要的介绍。

1. 唯象模型

（1）电老化模型

20 世纪 70 年代即开展了耐电老化绝缘设计的基础工作，提出了基于逆幂定律或指数定律的寿命模型，如式（9-38）和式（9-39）所示。

$$L = C_1 E^{-n} \tag{9-38}$$

$$L = C_2 e^{-hE} \tag{9-39}$$

式中，C_1、C_2、n、h 取决于温度及其他影响因素；E 为电场强度；L 为电寿命。

上述两个模型都可以用双对数或半对数坐标系统中的直线来表示，直线的斜率分别为 $-n$ 和 $-h$（以 E 或 $\log(E)$ 为横坐标，以 $\log(L)$ 为纵坐标）。从本质上来说，这些模型是建立在经验基础上的，因为大多数加速老化实验数据都可以用对数—对数或半对数图中的直线来拟合。但同时这些模型也具有理论背景。逆幂模型与 Weibull 分布相关，该统计手段经常用于固体电介质的击穿数据分析。逆幂模型在电力电缆绝缘上得到了特别的应用。对于指数模型，击穿时间与施加电场的指数依赖关系是在表面放电引起的击穿研究中首先提出的。由于观察到寿命曲线在低电场下的走势趋向于与纵坐标平行，击穿时间远大于模型方程式（9-39）的预测值，因此引入了放电起始电场作为阈值电场 E_t，修正后的模型如式（9-40）：

$$L = \frac{C_2 e^{-hE}}{E - E_t} \tag{9-40}$$

在根据逆幂模型绘制不同材料的寿命曲线时，也观察到了阈值行为，即寿命曲线在低电场区域倾向于与纵坐标平行。因此对逆幂模型进行了改进，逆幂阈值模型如式（9-41）：

$$\frac{L}{L_0} = \left(\frac{E - E_t}{E_t - E_0} \right)^{-n} \tag{9-41}$$

式中，L_0 为 $E = E_0$ 时的寿命；E_0 为电老化发生所需最低电场强度值。当电场强度低于该值时，在任何其他应力存在的情况下，电老化都可以被忽略。

从数学上讲，老化阈值的概念可以解读为在等于或低于阈值的应力水平下的寿命为无穷大，具有这种阈值的材料叫做阈值材料。同样地，包含阈值电场的寿命模型叫作阈值模型，由于在坐标图上呈现为曲线,也叫做曲线模型。实际上,低应力水平对应的寿命极度长,远高于通过加速老化实验所得寿命直线的外延值。阈值电场的定义为绝缘设计打开了思路,设计绝缘系统在低于阈值的应力水平下运行,可以确保非常高的可靠性。

（2）热老化模型

Dakin 认为,温度具有提高化学反应速率的效应,因此热降解速率与温度之间的关系与化学反应速率方程具有相同的形式。基于 Arrhenius 方程,Dakin 提出了式(9-42)热老化模型[43]:

$$L = A e^{\frac{B}{T}} \tag{9-42}$$

式中,L 为材料热寿命;T 为绝对温度;A、B 为常数。

在半对数坐标图($\ln(L)$ 为纵坐标,$1/T$ 为横坐标)上,可以将模型表示为一条斜率为 B 的直线。研究发现,由于存在补偿效应,热寿命直线的截距 $\log(A)$ 与斜率 B 之间具有线性关系。因此模型方程式(9-42)可表示为:

$$L = A e^{\left(\frac{k_1 \log A + k_2}{T} \right)} \tag{9-43}$$

式中,k_1 与 k_2 为表征 $\log(A)$ 与 B 之间线性关系的回归系数。对于阈值材料,热老化阈值模型为:

$$L = L_0 e^{\left(\frac{-BT}{\frac{T}{T_{t0}} - 1} \right)} \tag{9-44}$$

式中,L_0 为室温下的寿命;T_{t0} 为阈值温度。当老化温度由高至低逼近阈值温度时,材料的热寿命趋近无穷大。

（3）电—热联合老化模型

如果对绝缘材料同时施加热应力和电应力,则会产生协同效应,使绝缘材料失效时间大大低于施加单应力时的失效时间。通常,多应力下材料的老化机理已发生了变化。因此,有必要在模型中体现这一协同效应。在新的模型必须完全解释各模型参数对电应力与热应力的依赖性。同时必须引入合适的附加项来说明电应力与热应力之间的协同效应。以下介绍几种常用的电—热联合老化唯象模型[43]。首先介绍 Simoni 模型。Simoni 将老化降解速率 R 与施加应力之间的关系表述为:

$$R = A e^{-\frac{B}{T}} e^{\frac{a+b}{T}} f(E) \tag{9-45}$$

式中,A、B、a、b 为常数;$f(E)$ 为施加电场后对热降解速率影响的函数,说明了电应力与热应力联合作用的协同效应。Simoni 提出:

$$f(E) = \ln\left(\frac{E}{E_0}\right) \tag{9-46}$$

式中，E_0 为发生电老化所需最低电场强度值。通过设置适当的边界条件，在式(9-46)的基础上，Simoni 构建了首个电—热联合老化模型：

$$L(T,E) = L_0 e^{-B\Delta\left(\frac{1}{T}\right)\left(\frac{E}{E_0}\right)^{-N}}, \quad E \geqslant E_0 \tag{9-47}$$

式中，L_0 为 $T = T_0$，$E = E_0$ 时的老化寿命；$N = n - b\Delta\left(\frac{1}{T}\right)$，$n$ 为常数，$\Delta\left(\frac{1}{T}\right) = \frac{1}{T} - \frac{1}{T_0}$。当 T 为常数时，该模型就是电老化的逆幂模型。

Simoni 还指出，$f(E) = E - E_0$，并构建了另外一个模型：

$$L(T,E) = \frac{1}{A}e^{\frac{B}{T}}e^{-\frac{a+b}{T}(E-E_0)}, \quad E \geqslant E_0 \tag{9-48}$$

当 T 为常数时，该模型变成电老化的指数模型。

Ramu 用温度相关的函数项替代逆幂定律的常数项，用于说明电—热联合作用的协同效应。通过结合逆幂定律与 Arrhenius 热老化模型，可以得到 Ramu 模型：

$$L(T,E) = c(T)E^{-n(T)}e^{\left(-B\Delta\left(\frac{1}{T}\right)\right)} \tag{9-49}$$

式中，$c(T) = e^{\left(c_1 - c_2\Delta\left(\frac{1}{T}\right)\right)}$；$n(T) = n_1 - n_2\Delta\left(\frac{1}{T}\right)$；$c_1, c_2, n_1$ 和 n_2 为常数。

Ramu 模型可以简化为：

$$L_n L(T,E) = c_1 - \widetilde{B}\Delta\left(\frac{1}{T}\right) - \left(n_1 - n_2\Delta\left(\frac{1}{T}\right)\right)\ln E \tag{9-50}$$

在恒定温度或恒定电场下，寿命与电场的双对数图或寿命与绝对温度倒数的半对数图都是一条直线。如果引入 L_0，即 $T = T_0$，$E = E_0$ 时的老化寿命，则 Ramu 模型等同于与逆幂模型相兼容的 Simoni 模型。

根据指数定律的电寿命模型，Fallou 建立了电—热联合老化模型：

$$L = e^{(A(E)+B(E)/T)} \tag{9-51}$$

式中，$A(E) = A_1 + A_2 E$，$B(E) = B_1 + B_2 E$，该模型具有经验主义性质，模型参数可通过实验确定。该模型为非阈值模型，不存在阈值电场。将 $A(E)$ 和 $B(E)$ 代入，模型可写为：

$$L = \widetilde{A_1} e^{\left(\frac{B_1}{T}\right)} e^{\left(-\left(\widetilde{A_2} + \frac{\widetilde{B_2}}{T}\right)E\right)} \tag{9-52}$$

式中，$\widetilde{A_1} = e^{A_1}$，$\widetilde{A_2} = -A_2$，$\widetilde{B_2} = -B_2$。

可以看出，Fallou 模型同与电老化指数模型相兼容的 Simoni 模型基本一致。对于阈值材料，电—热联合老化阈值模型为：

$$L = L_0 \frac{e^{(-hE'-BT-bE'T)}}{E'/E'_{t0} + T/T_{t0} - 1} \tag{9-53}$$

式中，$E'_{t0} = E_{t0} - E_0$；$E' = E - E_0$。

以上介绍了电老化、热老化及电—热联合老化的非阈值和阈值模型。实际上，当应力水平足够低时，绝缘材料的老化往往被忽略，因此绝缘材料都可看作是阈值材料。如果绝缘材料运行时所承受的各种应力均大于相应的阈值，则看成是非阈值材料。如果至少有一种应力的水平在相应的阈值之下，则看成是阈值材料。因此，电—热联合老化的非阈值模型与阈值模型被统一为一个对所有材料都适用的唯象模型：

$$L = \frac{L_0 e^{(-hE'-BT-bE'T)}}{\left[E'/E'_{t0} + T/T_{t0} - k_c (E'/E'_{t0})(T/T_{t0}) - 1\right]^{\mu(E,T)}} \tag{9-54}$$

如果所有应力均大于阈值，即 $T \geqslant T_{t0}$ 且 $E' \geqslant E'_{t0}$，则 $\mu = 0$。如果至少有一个应力小于阈值，即 $T < T_{t0}$ 或 $E' < E'_{t0}$，则 $\mu > 0$。

为了确定以上唯象模型的参数，需要进行加速老化实验并对实验数据进行统计处理。因此，许多研究工作是关于应用统计的，目的是提高实验数据统计处理的灵敏度，包括使用能够进行诸如空间分布和蒙特卡罗模拟等复杂计算的高效快速的计算机。这些研究提高了失效概率分布参数和百分数的估计准确度。由于阈值应力的存在，研究者们纷纷转向非参数模型，如应用卡尔曼滤波方法对电—热寿命实验数据进行处理等。

电缆在实际运行中，电流负荷是变化的，因此电缆绝缘温度不是恒定的。此外，在电缆绝缘径向不同位置，电场和温度也是不同的。因此，一些研究工作将统计学或方法学与唯象模型结合起来，以期建立符合电缆现场运行特点的电—热老化寿命模型。

唯象模型在低应力区呈现为向上的曲线，并且趋向于与寿命对数坐标平行。因此，在电缆的绝缘设计中，通常使电缆绝缘的工作应力低于阈值，以确保其具有足够长的使用寿命。根据唯象模型，电缆运行于低于阈值的工作应力下,将具有无穷大的寿命,这显然是不真实的。实际工程经验表明,尽管应力水平低于阈值,电缆的寿命也是有限的。因此,唯象模型的阈值行为限制了它的实际应用,因为无穷大的寿命究竟意味着 30 年、50 年或者更长时间不得而知,应用唯象模型不能得到电缆使用寿命的具体预测值。这也表明电缆寿命模型不能用实验数据的简单多项式回归替代。一般认为电缆的使用寿命大约为 30 年,然而许多电缆投运超过 30 年仍在正常运行。因此有必要研究这些电缆在服役 30 年后还能继续使用多少年。总之,在建立具有实际应用价值的老化模型方面还需要更多的研究。

2. 物理模型

物理模型是基于绝缘材料的物理化学变化的寿命模型。与唯象模型不同,物理模型具有实际的物理意义,如基于发光效应、电荷注入、电树生长、空间电荷及空隙表征的电老化模型等[43]。以下为几种典型的物理模型:

(1)基于电荷注入的电老化寿命模型

根据场致发射理论,Tanaka 建立了电老化模型,将电树引发时间与电场强度相关联。假定当注入电荷的能量积聚到一定大小时,电树才会被引发。临界累积能量对应的电场为阈值电场 E_t,当电场低于阈值时,注入电荷不能够引发电树,电缆绝缘不会发生电老化。如电树引发后发展极其迅速,则电树生长时间相对于引发时间可忽略不计。因此,电树引发后即可认为绝缘失效,电树引发时间可近似为电老化寿命 t。由 Fowler-Nordheim 等式可得能量与电场的函数关系式:

$$t = C' \left[e^{-\frac{B\Phi^{3/2}}{E}} - e^{\frac{B\Phi^{3/2}}{E_t}} \right]^{-1} \tag{9-55}$$

式中,$C' = C/A$,C 为积聚的电荷能量;Φ 为电极的表面逸出功。

(2)基于电树枝生长的电老化寿命模型

局部放电老化与水树枝老化最后都会发展为电树枝老化,最终导致绝缘击穿。因此,监测电树枝的引发和生长显得非常重要。如果只考虑电树生长时间,根据电树引发与生长的物理机理和电树的分形结构,老化模型可以表示为:

$$x = k_0 (E - E_t)^b t^{1/d} \tag{9-56}$$

式中,x 为电树长度,即穿透绝缘的电树通道的深度;t 为电树生长时间;d 为树的分维;k_0 为常数。电树中的电荷 Q_m 与电树长度 x_m 的函数关系式为：

$$Q_m = k_2(e^{k_1 x_m} - 1) \tag{9-57}$$

式中，k_1、k_2 均为常数。因此可推导出电树生长时间 t 与电荷量 Q 的关系式：

$$t = \frac{[(1/k_1)\ln((Q/k_2) + 1)]^d}{k_3(E - E_t)^n} \tag{9-58}$$

式中，n、k_3 均为常数。

尽管该模型一定程度上说明了电树的生长过程，但仍算不上纯粹的物理模型。由于实际绝缘中不止一处有电树，因此通过实验只能得到平均意义上的模型参数估计值，将影响寿命评估的可靠性。

（3）基于局部放电的电老化寿命模型

Bahder 等提出绝缘材料气隙中的局部放电中存在电子等带电粒子对固体电介质的轰击，导致分子链被切断，并在材料中形成侵蚀通道，当通道长度发展到临界值时，则发生绝缘击穿。局部放电存在起始放电电场，且局部放电老化具有热激活特征，可通过活化能对这一特征进行描述，则寿命 t 的模型如式（9-59）：

$$t = \frac{(Af)^{-1}}{E - E_1} e^{\left[\frac{E_b - b(E - E_1)}{kT}\right]} \tag{9-59}$$

由于在没有局部放电的情况下，绝缘材料也会出现电老化，所以在一定程度上限制了这一模型的实际应用价值。

（4）Crine 模型

Crine 基于速率理论提出了 XLPE 电缆电老化的物理模型。该模型认为，XLPE 电缆老化直接取决于 C-C 键的断裂。Crine 模型表达式为：

$$\tau \approx \frac{h}{2kT} e^{\left(\frac{\Delta G}{kT}\right)} csch\left(\frac{e\delta E}{kT}\right) \tag{9-60}$$

式中，τ 为绝缘的电—热寿命；h 为普朗克常数；k 为玻尔兹曼常数；ΔG 为吉布斯活化能；T 为绝对温度；δ 为平均自由程；$e\delta E$ 为电子 e 在电场 E 作用下加速 δ 距离获得的平均能量。

δ 与材料的微结构特征相关，如聚乙烯晶片中无定形区的尺寸。δ 取决于温度和材料内部微孔的形成与生长，电子在电场下加速致使弱键断裂造成了这些微孔。由于 $csch(0) = \infty$，寿命 t 将等于无穷大，这意味着在低电场下，寿命曲线也趋向于与坐标轴平行，说明 Crine 模型也存在阈值电场。在高电场下式（9-60）可简化为指数形式：

$$\tau \approx \frac{h}{2kT} e^{\left(\frac{\Delta G - e\delta E}{kT}\right)} \tag{9-61}$$

在恒定温度或恒定电场下,寿命与电场或绝对温度倒数的半对数图都是一条直线。Crine 模型既具有唯象模型的经验主义性质,又包含具体的物理意义,但其普适性还有待于进一步的研究。与唯象模型一样,物理模型也具有阈值行为,使其实际应用价值受到了限制。此外,这些物理模型仍然缺少实验支持。

3. 新型老化模型

与传统老化模型不同,新型老化模型并不试图建立老化应力与寿命之间的联系,而是尝试监测绝缘材料老化过程中敏感特征参数的变化趋势,建立特征参数与绝缘材料老化状态(或老化时间)之间的联系,从而根据特征参数的实时数据对绝缘材料的老化状态进行诊断或对使用寿命进行评估[43]。例如,Dalal 等基于美国亚利桑那州炎热干燥气候条件下现场老化电缆绝缘的 FTIR 特征区域吸收带面积和电气击穿强度同现场老化时间的线性关系,设计并验证了一类依据实时检测数据进行寿命预测的老化模型。MladeNovic 等通过监测纸绝缘中压电缆在加速老化实验过程中的局部放电与介质损耗角正切,建立了加速老化条件下失效时间同局放和介损之间的关系,并通过加速因子建立了现场运行条件下失效时间与监测量之间的关系。尹毅等提出用等温松弛电流预测 XLPE 电缆的残余使用寿命。

9.3 绝缘封装安全性评价方法

对于绝缘介质来说,其绝缘性能和老化状况可根据不同绝缘材料、绝缘性能按照不同的方法进行评估。

9.3.1 高功率器件绝缘封装评价

(1)高压功率模块封装绝缘系统的评估标准

针对在 1.5 kV 以上的电压下工作的功率模块绝缘评估标准较少,目前只有 IEC 61278-1 对用于铁路机车牵引的功率模块提出了局部放电评估标准[39]。标准规定,对功率模块施加幅值为 1.5 倍的模块最大阻断电压的均方根或者更高的交流均方根电压,模块的局部放电幅值不得超过 10pC。但当 IEC 61278-1 中规定的实验在交流正弦波下进行时,很多学者发现了方波下的局部放电行为,诸如局部放电起始电压和放电频率,与正弦波下不同,因此现有标准不能充分评估模块在脉冲宽度调制方波应力下的绝缘可靠性。

此外,IEC 61287-1 规定,功率模块的所有端子都需要被短路并施加高电压,底板接地。但这种方法只测试了基板陶瓷的绝缘能力,封装绝缘的其他部分,如灌封绝缘,并没有得到有效评估。为此,有研究者提出了一种新的测试标准,测试电压为叠加在直流电压上的交流电压,施加在两个功率端子之间,并在栅极施加负偏压保证关断。该测试虽然可以部分提供在正常运行时可能出现的局部放电信息,但也增加了雪崩击穿和二极管反向导通的风险,而且并不能完全代表逆变器中功率模块承受的方波应力。因此,目前针对高压功率模块还没有一个统一的标准来评估封装绝缘可靠性,这也是未来亟待解决的问题之一。

（2）方波下高压功率模块封装绝缘局部放电的测量方法

高压功率模块工作在方波电压下,器件的开关过程十分迅速,在开断过程中电压幅值的变化率非常大,将产生较大的位移电流,并在空间内激发频率达几千兆赫的高频电磁波,会对目前局部放电测量广泛使用的脉冲电流法和特高频法造成极大的干扰,甚至可能掩盖原有的局部放电信号。因此,使用传统的方法对方波下高压功率模块封装绝缘的局部放电进行测量具有一定的难度和挑战性[39]。

目前测量方波下局部放电的方法主要有电学法和非电学法等[39]。国内有学者利用特高频法对变频电机漆包线绞线进行局部放电测试,分别在不同重复频率短脉冲及方波电压下检测放电幅值和相位;也有研究人员在直流下检测 IGBT 模块的局部放电,对电压和电流进行综合波形分析,探讨电压和绝缘结构对放电性能的影响,从而鉴别直流电压下 IGBT 模块局部放电的原因;有学者分别在方波脉冲下和工频下对匝间绝缘电磁线在老化与未老化情况下进行了局部放电测量,对两种情况下局部放电的相位分布特征进行对比。国内外研究者们还发现,重复电压脉冲/方波的特性影响着局部放电特性,即使在相同的峰值电压和频率的情况下,局部放电参数如起始放电电压也可能与正弦电压下的测量结果有很大的不同。对于 50 Hz 正弦波形和 50 Hz 基频脉宽调制波形的局部放电,在相同幅值下正弦波形未检测出局部放电,而脉宽调制波形下却存在强烈的放电活动。

为了解决传统局部放电检测技术难以测量开关电场下的局部放电的问题,研究人员提出了基于超高频和下混频技术的方波下功率模块封装绝缘局部放电检测方法,通过检测频率 3 GHz 及以上的局部放电信号,避开功率模块开通和关断形成的电磁干扰和手机等移动设备的通信讯号造成的干扰,从而提高测量结果的可靠性。此外,使用下混频技术可以将超高频频段的局部放电信号频谱搬移到较低频段,大大降低了对采样设备的要求,适合在现场带电检测中应用。局部放电的非电学方法具有有效避免电磁干扰的优点。

ABB 公司设计了一种记录场致发光和局部放电光斑的光学局部放电检测装置,电致发光测量和光学局部放电检查可以分别用来识别高电场的关键区域和局部放电故障的直接原因(如突起或者不规则边缘形状等)[39]。国外学者设计了一套能够通过改变脉冲转换速率的模拟工作模式下的局部放电的实验装置,研究不同电压波形下的局部放电,利用常规电学技术和光学技术成功记录了 IGBT 绝缘在不同电压下的局部放电行为,记录了压力和电压波形的影响。结果表明,电压转换速率在影响局部放电起始放电电压的因素中占主导地位。也有学者采用光学局部放电测量技术,在固体正弦电压、缓慢上升电压和快速上升的方波电压下的局部放电。结果显示,快速上升方波电压具有最低的局部放电起始电压,而正弦电压具有最高的局部放电起始电压,分析认为是同极性和异极性电荷不同积累过程所致。电压转换速率在影响局部放电起始电压和放电大小等因素中占主导地位。然而,光学检测法只能检测放电部位暴露在外的情况,光学探头也需要对准放电部位,因此不适用于对商用模块封装绝缘的内部放电进行探测。评估高压功率模块封装绝缘在脉宽调制快速方波下局部放电特性的重点和难点一方面在于如何避免快速开关导致的电磁干扰,提出合适的局部放电测试手段;另一方面是研究绝缘在脉宽调制快速方波下放电老化的机理,通过这两方面的研究即可达到提高封装绝缘的可靠性的目的。

9.3.2　干式电力变压器绝缘封装评价

1. 干式电力变压器绝缘封装特征参数

关于干式电力变压器的绝缘封装评价的研究较少,可以参考油浸式变压器固体绝缘老化状态评估标准来评估干式电力变压器绝缘老化状况。在当前研究阶段,有部分研究成果将局部放电量和介质损耗因数作为变压器固体绝缘老化状态评估的特征量。这里主要借鉴油浸式变压器固体绝缘老化状态评估的电气特征量来评价干式电力变压器的绝缘情况。

（1）局部放电量

绝缘的局部放电量可以在一定程度上及时反映变压器内绝缘系统内的缺陷存在情况，是判断绝缘是否存在劣化的有效评价指标之一，适于在线监测。但由于指纹识别技术刚刚起步，易受到现场电磁噪声的干扰，会影响判断结果，因此局部放电量测试在绝缘老化、劣化的判断工作中的应用受到了实际现场检测水平的严重限制。

（2）介电损耗因数

介质损耗常以介质损耗因数 $\tan\delta$ 表示，体现了绝缘材料在外部电场的作用下引起的能量上的损失。在变压器预防性实验中，绝缘的介质损耗因数 $\tan\delta$ 值一般通过电气特性测试获取，可以反映绝缘系统整体状态的优劣。$\tan\delta$ 值是整体的绝缘系统在某一特定状态下的自由属性，与材料的形状、大小无关，因此被普遍认为是可以反映绝缘系统好坏的重要参数。通过介质损耗测试，$\tan\delta$ 值可以反映绝缘的受潮情况、是否存在气隙放电等。但其对于大体积绝缘系统或小范围集中性缺陷的灵敏性不高，无法直观地对固体绝缘老化状况做出判断。

2. 干式电力变压器绝缘封装评估

无论是获取化学特征量还是电气特征量，其最终目的是根据获得的特征量数据对变压器固体绝缘的老化状态进行评估。国内外专家学者经过广泛深入的探索，目前已经在评估方法的研究方面取得了一定成果。目前使用的主要方法如下。

（1）基于电气特征量的状态评估方法

经过多年研究与实践，当前基于电气特征量的状态评估方法主要有局部放电评估方法和介电响应评估方法，其他方法还包括测量介质损耗、击穿场强、绝缘电阻、极化指数等。由于现场操作环境的不同，基于电气量的状态评估方法常受到电磁等因素的干扰，评估结果存在精度不高的客观问题。例如，基于局部放电统计图谱的指纹识别技术开始被适用于固体绝缘的老化状态评估，但易受到电磁噪声干扰，而以电介质为测试对象的基于介质响应法存在无法区分温度、水分和老化影响的问题。

（2）基于热模型的状态评估方法

热老化是油浸式变压器内绝缘性能劣化、产生老化的主要形式，在最高温度点绝缘老化程度最高，因此考虑最高温度点的老化效应进行评估。《油浸式变压器和步进电压调节器负载导则（IEEEC57.91-

2011)》指出,变压器绝缘每单位正常寿命与最热点温度呈反比关系,可以采用寿命损失率这一参量作为衡量由最高温度点温度引起的变压器固体绝缘寿命损失情况。当前,国内外许多电力运行部门、机构均将其作为评估变压器寿命的重要依据。

（3）基于可靠性的状态评估方法

近年来,国内外兴起了对投运时间较长的变压器可靠性的状态评估与寿命预测。在工程上,可靠性是指工业设备在预先指定的工作寿命时间和工况环境下,顺利完成工作任务或预设功能而不发生故障的能力。分析油浸式变压器的可靠性时考虑的指标包括：可靠度和不可靠度、故障率、平均寿命和平均无故障工作时间。基于可靠性的状态评估方法在本质上也是一种综合多种特征参量的评估方法,主要目的是剩余估计,本质技术是统计概率应用。对油浸式变压器固体绝缘进行状态评估,需要综合多种特征量进行分析,只依靠一种特征量或一种评估方法难免出现评估结果不准确的问题。利用现有的数据,发掘与变压器固体绝缘老化状态相关联的特征量进行综合分析,可以有效提高评估结果的准确性与时效性,实现有效的变压器固体绝缘老化状态评估。

9.3.3　盆式绝缘子绝缘封装评价

2021 年底,CIGRE 联合工作组 D1/B3.57 发布了《TB 842 高压直流气体绝缘系统绝缘实验报告》,为直流 GIL 的开发与性能评估提供了重要参考[44]。此外,电气与机械性能需满足 IEC 62271 标准。CIGREJWG D1/B3.57 提出了"样机安装实验"作为验证测试。样机安装实验的主要目的是确认系统在实际电压使用条件下的可靠性。实际使用条件包括：测试对象中包括的组件、安装和调试程序、介电、热,以及机械应力、典型应力测试等。因此,样机安装实验不是额外的型式实验,而是在成功完成型式实验后进行的一次非强制性实验,其目的是验证系统的有效性。全球首个推荐的高压直流 GIS 样机安装了实验测试标准单元。高压直流 GIS 测试单元由母线环组成,通过套管与高压电源连接。为了达到高负载条件下的典型热状态,可采用电流互感器于母线环中感应交流电流实现温升。此外,该测试原理同样适用于 550 kV 直流 GIL[44]。

关于盆式绝缘子缺陷,标准 NB/T 42105 和 QGDW11127 要求,单个盆式绝缘子工频电压局部放电水平不超过 3pC,出厂实验用 X 射

线检测内部气孔、杂质等,高场强区域允许气孔直径不大于 0.5 mm,
其他区域不大于 2 mm[45]。关于盆式绝缘子缺陷检测技术,标准 GB-
Z 24836 和 DL/T 555 中现场耐压实验局部放电检测使用电荷法、甚
高频法(ultra high frequency,UHF)、超高频法(very high frequency,
VHF)、振动法和声测法[45]。电荷法对 GIS 中自由金属微粒、尖端/
突起、绝缘子内部气泡等检测效果较好,其原理是在缺陷深入发展后
放电量会出现变化,以此确定缺陷,但环境因素的干扰使其在实际测
量过程中存在困难。UHF 用宽带数字存储示波器测量耦合器接收
300~1000 MHz 甚高频信号检测缺陷,可以检测几个 pC 的放电。耦
合器优先安装在 GIS 内部,安装距离最好小于 20 m,通过多个临近耦
合器接收信号的时间差确定缺陷位置。国际大电网工作组多使用此
种方法现场测量缺陷。VHF 可测频率范围为 40~300 MHz,根据多
个耦合器接收信号的时间差和耦合器间的安装位置来对放电源进行
定位。由于测量频率范围的影响,VHF 电磁信号传播过程中能量损
耗比 UHF 更严重;两者发现放电源的能力主要取决于放电源、耦合
器的相对位置。振动法由安装在 GIS 外壳的耦合器接收放电源发出
的频率 10~30 kHz 振动信号来检测缺陷,对金属颗粒类型缺陷最敏
感,信号重要参数为幅值和飞行时间。声测法通过声传感器获得频率
范围为 20~100 kHz 的超声信号,对金属微粒、电极上的毛刺、凸起等
更敏感,对绝缘子内部气泡产生的放电信号灵敏度不高。其主要原理
是对声信号的形状分析归类,确定不同类型放电源,以接收信号的最
高幅值或传感器间信号的接收时间差确定放电源位置。

　　对于盆式绝缘子缺陷检测,国内外学者也进行了多项技术研究,
主要基于缺陷局部放电时产生的电磁波、声波、电流、紫外线、化学成
分等,包括特高频法、局放超声检测、脉冲电流法、光学检测法和化学
检测法[45]。

9.3.4　大容量发电机、电动机绝缘封装评价

　　大型发电机是电能生产的重要设备,而定子线棒主绝缘则是大型
发电机的关键绝缘结构之一,其电气强度、机械强度、热传导性和耐热
性等都是决定发电机能否安全稳定运行的重要因素。由于环氧云母
复合绝缘可以在长期高电场、机械振动、温度场等老化因素综合作用
下保持良好的电气性能及机械性能,因此被广泛用于大型发电机定子
线棒的主绝缘。然而,由于环氧胶黏剂固化不完全或成型过程中混入

空气等原因,环氧云母绝缘结构内部会不可避免的存在气隙和缺陷,这些气隙或缺陷在长时间电场、温度场、机械振动作用下会进一步扩大,气隙或缺陷周围介质的不均匀分布会导致一定程度的电场畸变,极易引发局部放电。在多种老化因素的综合作用下,环氧云母绝缘的介电性能随着运行年限增长而逐渐下降,一旦发生长时间局部放电则容易导致绝缘击穿,进而影响大型发电机的正常运行。因此,如何准确了解发电机内绝缘材料的老化状态,及时排除故障隐患以保证大型发电机安全稳定运行,是目前面临的主要问题。

对于环氧云母绝缘的老化状态评估,常见的方法主要是测量绝缘结构的工频介质损耗、局部放电、击穿电压、泄漏电流和绝缘电阻等[46]。其中,利用工频介质损耗测试评估绝缘老化状态的方法是在几个电压等级下测量绝缘材料的介质损耗,并利用最高电压与最低电压对应的介质损耗值的增量来表征绝缘老化状态。这种方法提取的绝缘材料的介电响应特性信息量较小且角度单一,无法全面反映绝缘内部弛豫过程受电老化的影响。发电机线棒的局部放电测试测得的局部放电电荷参数是一个波动的数值范围,只能用于定性分析测试时间内是否存在局部放电并计量该时段内局部放电电荷量的平均值,很难量化表征电老化对绝缘材料弛豫过程的影响。击穿电压是衡量电气设备绝缘性能优劣的可靠标准,但击穿电压的测量会破坏被测试样,且测试结果易受外界因素影响且具有一定分散性,因此该方法只适用于实验室测试,无法满足绝缘材料老化状态现场检测的需求。由此可见,无论是发电企业还是电力设备制造业,都迫切需要高效且无损的测试手段以评估环氧云母绝缘电老化状态。

近年来,有许多新兴的测试技术被用于评估复合绝缘的老化状态[46],其中较有代表性的是电声脉冲法(pulse electro-acoustic,PEA)。该方法利用窄脉宽高压脉冲在压力剖面与试样中空间电荷密度成正比这一特性来描述绝缘材料的空间电荷分布。在非电学检测方面,超声波绝缘诊断法利用声波传播过程中对传播介质内部微观结构变化较为敏感这一特性,以声波波形的变化来表征绝缘结构的老化状态。虽然它能有效检测树脂基复合绝缘中的绝缘结构缺陷,但在云母做填料的电机绝缘测试中效果不明显,这是因为复合绝缘填料种类和材料结构会对超声波法的测试精度产生影响。通常这些电学及非电学的绝缘老化状态评估方法都可以利用扫描电子显微镜、红外光谱法(fourier transform infrared spectroscopy,FTIR)或表面憎水性测试作为辅助测试手段,从宏观或微观角度验证主要测试手段所得结论的可靠性[46]。

介电响应测试技术因其具有非破坏性、高精度、高抗干扰能力等优点,近年来逐渐发展成为一种重要的绝缘老化状态表征手段[46]。介电响应法分为时域和频域两大类,频域即为频域介电谱(frequency domain spectroscopy,FDS)法,时域包含极化去极化电流(polarization an depolarization current,PDC)法、热刺激去极化电流(thermally stimulated depolarization current,TSDC)法等,这些测试方法均对绝缘试样没有损伤,在绝缘老化状态评估方面应用广泛。其中,FDS法的优势是在中高频段具有较高的抗干扰能力及测试效率,非常适合于真机线棒的现场测试;PDC法的优势是可以在较短的时间内获取试样超低频段的介电响应特征信息,大大降低低频 FDS 法的时间;TSDC法的优势则是可以对绝缘材料进行微观极化机理分析,并表征老化对材料内部微观极化过程的影响,适合于环氧云母绝缘片状试样的实验室测试。

在电老化过程中,环氧云母绝缘内部胶黏剂的大分子链会在长时间机械振动或高温、陷阱电荷的反复入陷和脱陷、高速带电粒子轰击等作用下发生断裂,形成很多极性端基,加剧偶极子转向极化。同时,化学键断裂也会导致绝缘材料内部介质分界面增多,加剧界面极化。在这些过程的作用下,环氧云母绝缘的介电响应特征参数会随着电老化时间发生不同程度的变化。采用介电响应测试技术可以分别从频域和时域两个角度深入分析环氧云母绝缘介电响应特征参数随电老化时间的变化规律,有助于更全面的了解电老化对绝缘介电响应特性的影响。此外,对环氧云母绝缘介电响应特征参数随电老化时间的变化规律进行量化表征,并通过数学处理提取综合性特征参数,就可以达到对环氧云母绝缘的电老化状态进行综合性评估的目的。

9.3.5　输电线路绝缘封装评价

电缆绝缘评估方法总体来说可以归纳为两大类。一类是利用单个或多个诊断参数(即检测量)对电缆当前绝缘状态进行检测,根据已有老化判据来诊断电缆的绝缘状态。另一类是借助加速老化实验与电缆老化模型,对电缆的残余使用寿命进行评估。前者又可分为针对电缆系统的诊断与针对电缆绝缘材料的诊断。对于电缆系统的诊断,相关实验通常是在现场操作的;对于电缆绝缘材料的诊断则可以在实验室进行[43]。

1. 电缆系统的诊断

对于电缆系统的诊断,现场应用的实验方法可参见电缆预防性实验分为两类,一类为绝缘耐压实验,另一类为绝缘特性实验。

第一类实验方法包括交流谐振、直流、振荡波实验等。这类实验非常简单直接,对电缆施加高于额定值的电压并保持一段时间,如果电缆绝缘不击穿则通过实验,否则不通过,不涉及任何数据的解读。通过实验的电缆系统可以认为仍保持良好的性能状态,但电缆绝缘中存在的缺陷并不是都能通过实验暴露出来。这类实验又称破坏性实验,其本身就被认为是造成电缆绝缘损伤的潜在原因。

第二类实验方法包括测量介电损耗因数、局放参数、直流漏电流等。这些实验的测试电压都较低或不需要施加电压,一般不会对绝缘造成损伤,属于非破坏性实验。但这些实验对电缆绝缘降解不够敏感,不能用来可靠诊断电缆绝缘的老化状态。尽管这些实验的灵敏度还有进一步提高的可能,但直到现在仍然没有能够针对诊断参数建立起相应绝缘老化的判据(划定某一具体的参数值或范围)作为判断电缆是否应该更换的依据。电缆的绝缘老化诊断法大致可分为电气实验和非电气实验两类。电缆系统的现场诊断参数通常是各类电量参数,大多都不是破坏性的。诊断时电缆若处于工作状态,则该诊断方法称为在线法;若电缆处于断电状态,则此类实验方法称为离线法。

2. 电缆绝缘材料的诊断

电缆绝缘材料的诊断是通过对从运行现场撤换下来的电缆样品进行实验来进行的。使用的实验方法通常为非电气实验法,如水树枝观测、力学性能测试、光谱分析(IR、UV)、热分析(热重分析,thermogravimetric analysis,TGA 和差示扫描量热分析,differential scanning calorimetry,DSC)、氧化诱导时间(oxidative induction time,OIT)、热机械分析(thermomechanical analysis,TMA)、时域光谱、能谱分析(energy dispersive X-ray spectroscopy,EDX)等[43]。也可考虑在实验室中对撤换的电缆选用电气实验法中的某些诊断法,如热刺激电流(thermally stimulated current,TSC)、击穿电压实验等。这些方法可以用来了解电缆绝缘在老化过程中所发生的物理化学变化,有助于理解电缆绝缘在单应力或多应力下的老化机理。

为了评估电缆绝缘状态,各种技术和特征量已被用来对老化过程的不同阶段进行表征。这些技术可以简要进行如下分类[43]：

（1）微观结构检测。如结晶度、无定形区和结晶区尺寸测量等已被成功用于电缆绝缘的状态检测。微观结构分析主要采用差示扫描量热测量结晶度，傅里叶变换红外光谱表征结晶特征峰，拉曼和微区拉曼光谱检测结晶结构，原子力显微镜观察结晶形貌等。

（2）电气性能检测。介电击穿强度和陷阱测量是电气性能定量分析的主要方法之一。如脉冲电声空间电荷测量（pulsed electrode-acoustic method，PEA）、充放电电流测量等常用于电缆绝缘电气性能的检测。

（3）物理状态检测。链重组、纳米到微米尺度的微孔和缺陷等特性已被成功用于表征电缆绝缘物理状态。为实现这类物理状态的表征，红外分析和光学显微镜分析等技术已被广泛采用。

（4）电缆稳定性检测。氧化、化学变化与添加剂检测等已被用于检查电缆的稳定性，从红外光谱到击穿电压等测试手段已被广泛采用。电缆绝缘样品的实验室诊断结果能否直接应用于现场运行的电缆系统尚值得考虑。

3. 加速老化实验

采用传统老化模型进行寿命评估前，首先需要通过老化实验确定模型参数。理想情况下，应该对电缆绝缘材料施加电缆运行状态下的典型电、热及机械应力进行老化实验。然而，在正常工作条件下进行寿命实验，将导致极长的实验时间，这是令人难以接受的。因此，老化实验必须加速进行，在尽量保持老化机理与实际运行时相似的前提下尽可能缩短老化时间。

进行加速老化实验的最有效方法是提高老化应力水平。如在电缆预鉴定实验中，持续施加高于额定值的电压，并同时增大导体电流以升高导体温度，然后再冷却至室温进行冷热循环。最早电缆加速老化实验都是在干燥环境下进行的。后来水被看作是造成交联聚乙烯电缆老化的重要因素。自20世纪70年代早期以来，聚合物绝缘电缆的加速老化实验设计着重强调水树的形成。这类老化实验大多用作电缆设计的评定实验，无法提供充分的与电缆绝缘材料相关的老化数据。

加速老化实验的难点在于将高应力水平下的寿命与运行条件下的寿命相关联。由于没有确定的理论模型将加速老化实验结果转化为工作应力下的寿命，统计回归技术被用来建立经验老化模型（即唯象模型),将应力水平与绝缘寿命相关联。尽管加速老化实验不断得到改进,但仍然没有简单的老化实验可以用来可靠评估电缆的性能。加速老化实验的难点主要集中于以下几个方面:直到现在仍然无法完全了解绝缘老化的机理;很难在实验室对运行条件下对具体老化过程进行模拟再现;有些现场老化应力很难用物理量进行表征,诸如水、土壤等环境应力。

9.4　聚合物绝缘材料长效性评价

聚合物的耐热老化性能对设备结构和性能具有很大影响,在为各种设备选择材料时应该充分考虑这些因素的影响。在高压绝缘中,介电损耗引起的热损耗及局部放电等都会提高环境温度,长期暴露在高温下的材料将因为热分解导致材料性能的退化甚至失效,因此研究材料的耐热老化性能十分重要。开展老化实验是研究绝缘材料老化性能的一种常用方法。绝缘介质最主要的老化类型包括电老化、热老化、环境老化和机械老化。在运行过程中,材料内部会发生局部放电,电老化便是由其引起。局部放电会导致电场畸变、聚合物链裂解、电离损耗热裂解、产生 O_3、NO、NO_2 等强氧化剂和腐蚀剂,局部放电逐步发展,最终导致材料击穿。固体介质的电老化主要包括电离性老化(电树)、电导性老化(水树)和电解性老化。热老化是由于散热不利导致热量累积而引起的老化,电气设备的绝缘寿命主要由热老化决定,绝缘电介质的工作温度也由材料耐热性能决定。环境老化又叫大气老化,包括光老化(光氧老化)、臭氧老化和化学老化,是有机绝缘物老化必须要考虑的重要因素之一。

目前,国内外学者已经对绝缘材料的老化现象开展了研究,并取得了一定进展[47]。杨剑杭等搭建了机械—电—热联合老化平台,探究绝缘纸机械强度的老化规律。研究发现,随着老化时间的增加,材料的抗拉强度逐渐下降,下降速度由快到慢,材料的刚度逐渐增大,即老化会使绝缘纸脆化。Silva 等对聚合物材料进行了不同天气情况和环境的老化实验,通过测量表面电阻率和介电性能等对聚合物材料进行了评估,结果表明,某些环境因素如阳光辐射、相对湿度等会影响着聚合物材料的长期性能。Agarwal 等通过研究发现,绝缘材料老化是多种因素共同作用的结果,绝缘材料老化的程度不止取决于材料本身,还受老化因子的性质和持续时间等的影响,电、热、辐射等因子的作用时间也对绝缘材料的老化机理有着明显的影响。Cooper 等认为,温度、电场和绝缘材料本身的性质是影响老化的因素,并基于此建立了绝缘老化模型。结果表明通过此模型可以得到电缆绝缘老化的参数,对于绝缘体积较大的系统老化寿命是可以预期的。

9.4.1 环氧绝缘材料长效性评价

高雪恒等开展了环氧树脂电老化实验,研究了视在放电量和FTIR、SEM 等微观表征量的电老化规律,发现在老化过程中,局部放电和介质损耗会共同充当电极放电区域的热源,导致绝缘材料劣化,视在放电量越来越大,绝缘性能也逐渐降低[47]。谢伟等对环氧树脂样片进行了加速热氧老化处理,发现在老化过程中,材料表面的颗粒有粒径变小、数量变多的趋势,材料变得更加疏松[47]。王有元等对环氧树脂材料进行了加速热老化实验,实验温度分别为 100℃、130℃和160℃。结果表明,无论是老化时间的增加还是老化温度的升高,都会使环氧树脂的介电性能下降,表现为相对介电常数增加、介电损耗增大,材料的击穿场强最终也会降低[48]。

市面上广泛应用的环氧树脂有着优异的电气性能,也有明显的缺陷,如耐高温性能差。如果长时间在高温环境下进行,其性能表现就会大大降低。如今电气设备在运行时耐高温的要求越来越高,因此对复合材料进行改性以提高其性能也成为一种重要措施[48]。刘虹邑等利用碳纳米管、石墨烯和二氧化钼作为改性填料对环氧树脂进行改性。结果表明,加入石墨烯后可明显抑制环氧树脂老化现象,提升材料的耐老化性能。杨国清等选取等离子体协同偶联剂作为改性填料,制备出了纳米二氧化硅/环氧树脂复合材料。结果表明,改性后可明显改善复合材料的击穿场强、体积电阻率等相关电气性能。袁莉等选用硼酸铝晶须作为增强剂对环氧树脂复合材料进行处理,结果表明适量的晶须经偶联剂处理后可明显提高复合材料的耐热性能。武杨等以环氧树脂为基体,将双马来酰亚胺作为改性剂,利用正交实验法进行填料含量配比,改性后材料耐热性和力学性能得到了显著的提高。Zhang 等以苯基甲氧基硅氧烷作为改性剂,对双酚 A 型环氧树脂进行改性处理,实验结果表明改性后的材料在 800℃的环境下也能呈现出一定的阻燃性及耐腐蚀性能。Wang 等利用有机改性蒙脱土对环氧树脂进行处理,证明通过超声分散方法可有效提高材料的热性能,对机械性能也有一定的提高。Goyat 等通过超声搅拌的方式制备纳米氧化铝/环氧树脂复合材料,可明显地提高复合材料的玻璃化转变温度,而在搅拌时采取不同的振幅对复合材料的玻璃化转变温度也有不同的影响,这说明填料的分散性与复合材料的耐热性能有着一定的关系。韩耀璋等对玻璃纤维/环氧树脂复合材料进行了热老化实验,并用正交实验法进行研究相关因素对复合材料性能的影响。结果表明,偶联剂的含量会影响复合材料的质量损失率,而复合材料的弯曲程度与温度有关,温度升高复合材的弯曲程度会下降,热老化时间影响着复合材料的层间剪切强度。庞先海等在环氧树脂基体中添加防污闪复合涂料,选取了 80℃、100℃、120℃ 三种热老化温度,比较了热老化前后复合材料的性能差异,结果表明复合材料具有更少的缺陷,有更优良的介电性能和热稳定性。曹春诚等在环氧树脂基体中加入了 3 wt% 含量的纳米二氧化硅,进行热氧老化实验。结果表明,添加二氧化硅后材料的老化寿命可延长约 25%。

张晓星等结合实验与仿真方法对酸酐固化的环氧树脂热老化特性进行了研究,结果表明环氧树脂分子中酯键的裂解是引发反应的初始原因;CO_2 是酯基分解产生的首个也是最多的产物,这一过程依赖于环氧官能团的分解。当氧气存在时,环氧树脂主链上的叔碳原子上会形成碳氧双键。同时,产物初始生成时间提前,产物数量明显增加,主要体现在含氧产物上。Bhowmick 等采用热解气相色谱—质谱联用技术(pyrolysis gas chromatography-mass spectrum,py-GC-MS)鉴定了复合材料在高温下的降解产物,并与原子模型预测结果进行了比较,发现随着 SiO_2 的添加,复合材料初始分解温度和最终降解温度都有所升高,并且热解速率降低。反应模拟中以烷基自由基、烯烃和二氧化碳为主要产物,在最终产物中还发现了氧化碳和烷氧基等其他小分子产物。Abraiz 等分别用 5 wt% 的纳米氧化硅和 20 wt% 的微米氧化硅制备了两种环氧基复合材料,纯环氧树脂、微米复合材料和纳米复合材料分别在 392℃、410℃ 和 421℃ 下减重 50%。在 550℃ 时,纳米复合材料保持其初始重量的 20%,而纯环氧树脂和微米复合材料保持其初始重量的 10%。Qiang 等采用热重法和差示扫描量热法对环氧基纳米复合材料的耐热老化性能进行了评价,基于纳米粒子在环氧树脂纳米复合材料分散程度和分布,发现掺入 h-BN 的复合材料耐热老化性能提升效果明显比掺入 SiO_2 的好[49]。

李巧玲等利用 KH550 改性 SiO_2 纳米填料,采用热重分析和差热分析(differential thermal analysis,DTA)实验研究了环氧基纳米复合材料热降解过程中的热特征温度。结果表明,KH550 改性有利于提高纳米填料与聚合物相间的相容性。当改性后的填料含量低于 3 wt% 时,纳米复合材料的初始分解温度升高约为原来的两倍,材料的最大分解温度也明显有所提升。王有元等将硅烷偶联剂表面处理的纳米 AlN 颗粒加入环氧树脂中,发现树脂基体和 AlN 填料之间实现了有效的结合,虽然一定程度上增大了复合材料的介质损耗,但显著提高了环氧树脂复合材料的耐热老化性能。何少剑等采用端羧基丁腈液体橡胶(carboxylated-terminated liquid acrylonitrile rubber, CTBN)对 BN 进行处理,当 CTBN 含量为 10 wt%~15 wt% 时,得到了综合性能较好的环氧复合材料;但随着 CTBN 含量的增加,环氧基复合材料的玻璃化转变温度和热稳定性降低,介电常数和介电损耗增加。研究人员制备了聚多巴胺修饰的 BNNS,通过热失重分析仪得到,与纯环氧树脂相比,掺入 1 wt% 改性的 BNNS 能够有效提高复合材料的热稳定性和动态力学性能。也有研究人员通过空气加热法制备了羟基化的 h-BN(BNO),然后共价接枝(3-异氰丙基)三乙氧基硅烷,采用溶胶—凝胶法制备了环氧树脂基纳米复合材料,热重分析结果表明添加 3 wt% 的 BNO 使环氧树脂纳米复合材料的初始热解温度比纯环氧树脂高 42.7℃;此外,接枝(3-异氰丙基)三乙氧基硅烷的 BNO 还显著提高了纳米复合材料的热稳定性和抗氧化性[49]。

9.4.2 硅橡胶绝缘材料长效性评价

橡胶是高弹性高分子化合物的总称,可分为天然橡胶和合成橡胶。有机硅橡胶(即聚有机硅氧烷)是含 Si-O-Si 键、硅原子上至少连接一个有机基团以接成主链的高聚物,其线型聚硅氧烷含有 1000 个结构单元,称为硅橡胶。硅橡胶产品含有 Si-O-Si 键,同时又含有 Si-C 键(烃基),是介于有机和无机聚合物之间的聚合物。由于这种双重性,有机硅聚合物除具有一般无机物的耐热性、耐燃性及坚硬性等特性外,还有绝缘性、热塑性和可溶性等有机聚合物的特性。硅橡胶产品兼备了无机材料与有机材料的性能,因而有比其他有机聚合物更高的热稳定性和较高的抗氧化性。硅橡胶产品广泛应用于电子电气、医疗卫生、建筑、轻工、化工、纺织、工农业生产等领域及人们的日常生活中。按照硅橡胶分子链中侧基组成不同,硅橡胶可划分为二甲基硅橡胶、甲基乙烯基苯基硅橡胶、氟硅橡胶和甲基乙烯基硅橡胶等几大类。甲基乙烯基硅橡胶由于其性能优越、合成工艺成熟、成本低等特点,应用较为广泛,目前在市场上产量大,品种多[50]。

硅橡胶的老化主要有四种原因[50]:

(1)接触介质老化:暴露于自然环境中使用的橡胶材料会受到空气中水分或其他条件的影响,如电力系统的外绝缘材料在盐污地区极易受到盐雾的影响。

(2)热氧老化:橡胶中因含有大量不饱和双键,在热和氧的共同作用下,硫化胶会产生降解反应,分子链、交联键的裂解和断裂,造成老化。热氧老化既是自由基反应,又是氧化反应。硅橡胶在有氧的高温开放环境下主要发生侧链有机基团的氧化分解反应,导致硅橡胶硬化。硅橡胶在高温的条件下主要发生侧链甲基的氧化反应和主链降解断裂反应。①侧基氧化。在高温热空气环境下,硅橡胶生胶分子的侧基会被氧化,分解出甲醛和甲酸等小分子物质,同时引起交联,使硅橡胶制品逐渐变硬变脆,失去弹性。②侧基断裂。当外界热空气温度继续升高时,硅橡胶分子侧甲基的 Si-C 键也会发生断裂,产生 CH_4 气体。③主链热重排解扣降解。当硅橡胶生胶分子的端基为—OH 基时,端—OH 基会在高温下引发硅橡胶分子主链解扣式降解反应,分解出小分子环状硅氧烷,使硅橡胶制品逐渐降解变软,最终丧失机械强度。

当硅橡胶试样暴露在更高温度的热空气下时,即使是其他基团封端的硅橡胶分子也会发生主链的热重排解扣降解,这种解扣降解被认为是 Si 原子上的 $3d$ 空轨道的被占用所致。即某个 O 原子上的孤对电子与距它一定间隔的 Si 原子的 $3d$ 空轨道发生作用,继而引起与它们相连的 Si-O 断裂,脱出小分子环状硅氧烷。

(3)疲劳老化:当橡胶制品受到某种频率和周期应力的作用时,橡胶材料的分子结构发生改变而出现的老化现象,是两个主要因素活化作用的结果,即力和热(由于橡胶在多次变形时,产生滞后现象,使橡胶内部生热)作用的结果。

(4)臭氧老化:臭氧在大气中含量极低,橡胶在老化过程中,臭氧攻击橡胶分子,使橡胶膨胀,致使其表面产生裂纹,出现龟裂老化现象。

牛威斌对相关研究做了总结[50]。姜洋等对非线性绝缘硅橡胶进行了热老化实验。温度选取了 130℃、150℃、170℃,研究结果表明,在热老化初期,硅橡胶的非线性电导无明显变化,但随着老化时间的延长,其非线性电导受到了明显的破坏。汪浩等将碳纳米管与硅橡胶材料进行复合,研究发现,碳纳米管的加入对硅橡胶材料老化后的拉伸强度有增强效果,对复合材料的导热系数提升作用也很明显;碳纳米管的引入在一定程度上提高了材料的热稳定性能,延缓了材料降解初期的侧甲基氧化作用,同时还发现材料的导热系数与热稳定性能是高度正相关的。Wilson 等利用聚二甲基硅氧烷对 Fe_2O_3 进行改性,发现 Fe_2O_3 粒子表面和 PDMS 之间络合生成 Fe-O 基团,抑制了挥发性物质的生成,制备了 Fe_2O_3/硅橡胶复合材料。氧化铁可以与硅橡胶热老化过程中产生的自由基结合形成相对稳定的络合物,减缓硅橡胶的进一步老化,从而提高硅橡胶的热氧稳定性。Kong 等将铁基蒙脱土(Fe-MMT)与硅橡胶体系进行插层复合,研究了复合材料的热氧稳定性。结果表明,Fe-MMT/硅橡胶复合材料老化后的力学性能明显高于老化后的空白试样。热重分析数据表明,Fe-MMT/硅橡胶试样的热氧稳定性得到大幅提升。郑俊萍等研究发现,过渡金属氧化物可以通过单电子转移来抑制硅橡胶的热氧老化,从而提升材料的耐热性。同时,她们还发现锡铁复合金属氧化物具有协同效应,有多种抗氧化机理,可有效提高材料的热稳定性。

尚南强也对相关研究做了总结[51]。廖波等以缩聚型室温硫化硅橡胶为基体,制备了纳米导电炭黑/硅橡胶复合材料,对其导电性、热敏特性和力敏特性进行了实验研究,发现炭黑掺杂浓度高于 4 wt% 时,由于"隧道效应",炭黑/硅橡胶复合材料具有优良的导电性,同时还分析得到了其电—热效应机理,指出主要是由电子在导电网络中的定向流动所致。江美娟等以甲基乙烯基硅橡胶(silicone gasket,VMQ)为基体,以多壁碳纳米管(multi-walled carbon nanotube,MWNT)为填料制备了可应用于压力传感器的碳纳米管/硅橡胶复合材料,重点研究了其介电性能和压阻性能。研究发现,复合材料的渗流阈值较小,所以电阻随着压力的增大而不断增大;当填料浓度越接近逾渗阈值时,压敏强度增大,在一定范围内复合材料的介电常数和电导率都随着碳纳米管含量的增大而增大。周远翔等采用纳米氧化铝对液体硅橡胶进行了改性制备,采用电声脉冲法研究了 30 kV/mm 场强作用下纳米复合改性硅橡胶的空间电荷特性,测量了不同质量分数掺杂对其空间电荷特性的影响规律。研究发现在相同电场强度下,随着纳米氧化铝掺杂浓度的增加,硅橡胶试样内空间电荷量增加,电压撤去后空间电荷消散也更快,这主要是因为纳米粒子掺杂后,硅橡胶试样的迁移率增大,陷阱深度减小,导致试样内空间电荷的积聚和消散都变得更加容易。Nelson 等制备研究了体积分数为 25%、粒径为 50 nm 的碳化硅/硅橡胶复合材料的非线性导电机理,通过测试和计算推导分别排除了肖特基效应、Poole-Frenkel 效应和隧道效应,指出纳米颗粒之间的最邻近空穴跃迁是纳米碳化硅/硅橡胶复合材料主要的非线性导电机理,非线性材料的这一特性可以用于高压电气设备绝缘中电场分布的改善均化。

9.4.3　聚乙烯绝缘材料长效性评价

XLPE 电缆绝缘材料的老化主要有热老化、电老化和电—热联合老化三种形式[52]。在电力系统中,XLPE 材料要能够承受高电压和高温的应力,其老化主要表现为分子结构的破坏、物理性能的降低和化学性质的变化。特别是在高温条件下,热老化会导致材料的劣化,如机械强度下降、介电性能降低等。因此,如何提高 XLPE 材料的热老化稳定性和长期耐久性成为研究的重点。

目前,国内外学者已经对此开展了研究,并取得了一定进展[52]。Alghamdi 等采用 Arrhenius 模型和加速热老化相结合的方法估算了XLPE 电缆绝缘材料的使用寿命,发现其额定寿命为 7～30 年。孙建宇等预测了 XLPE 电缆绝缘材料在不同温度下的使用寿命,寿命评估准确率达到了 100%。Li 等在加速热老化条件下建立了正态线性回归,基于 Arrhenius 公式推导出热老化寿命预测方程,并验证了该方程的合理性。通过该方程计算可知,HVDC 电缆 XLPE 绝缘材料在70℃下的热老化寿命约为 65 年。而当温度较高时,在热和氧的双重作用下,XLPE 电缆的老化程度增大,氧的存在导致 C—H 键断裂,XLPE 分子链与氧结合生成羰基等官能团,提高了 XLPE 分子的极性。随着热老化的持续进行,XLPE 的晶区结构会遭到严重的破坏,导致其介电常数和介电损耗增加,进而降低其击穿性能,缩短其使用寿命。

黄晓峰等对相关研究做了总结[53]。研究人员在 130℃、140℃、150℃三个温度下对陶氏抗水树 XLPE、万马抗水树 XLPE 和普通XLPE 开展了加速热老化实验,测试不同老化程度的 XLPE 试样交流击穿强度、电导率、空间电荷等指标,结果发现老化时间越长,材料的羰基指数越高,老化温度也越高,XLPE 绝缘材料中热氧化反应越容易发生,对材料电学性能影响也越大,最终认为陶氏抗水树 XLPE、万马抗水树 XLPE 有助于延长电缆的使用寿命。周韫捷等对经热老化作用后的交联聚乙烯电缆绝缘材料进行了相关性能的研究,通过分析发现热老化不仅会使材料的相对介电常数增大,还能明显的降低交联聚乙烯的力学性能,比如断裂伸长率。Kemari 等对交联聚乙烯和 B 型聚氯乙烯两种材料进行了热老化实验,主要进行材料的交流电流分析,通过傅里叶变换频谱分析电流信号的谐波含量,实验结果表明这种方法可以有效地评估绝缘材料的降解过程。

王江琼等报道了相关的研究进展[52]。王兆琛等研究了不同老化程度下样品的电阻特性、介电性能和击穿性能,老化后样品的介电常数有所增加,击穿场强有所下降,主要是由于热老化破坏了分子结构,加速了材料老化性能的下降。Kim 等探究了 XLPE 电缆在不同温度下的威布尔统计参数的变化规律,XLPE 在耐高温老化时的耐压破坏特征符合威布尔统计分布,且威布尔统计参数的变化与热老化程度密切相关,可用于分析 XLPE 的绝缘性能及其老化机制。Hedir 等探究了 XLPE 绝缘材料在电老化过程中物理化学性能的演变,XLPE 的性能损失与老化时间成正相关。沈智飞等对 10 kV XLPE 电缆进行了加速电老化实验,证实了电老化后 XLPE 的结晶区受到破坏,理化性能和介电性能均有所下降。Xu 等研究了 XLPE 样品在 1500 h 老化后的太赫兹域介电性能。XLPE 在电—热老化过程中,其介电性能的退化和微观组分的变化引起了自由基与氧之间的链式反应。在老化初期,分子链中的弱 C—C 键断裂,这部分带有自由基的小分子成为链式反应的起点。由于过氧自由基极易分解,引起了自由基与 XLPE 之间发生持续的氧化还原反应。He 等研究了在电和热两种因素的共同作用下,10 kV XLPE 电缆在 34.8 kV 工频交流电压和 90℃、103℃、114℃和 135℃四种温度下加速电—热老化的机械和介电性能。在这四种温度下,样品总体上的击穿电压与老化程度的曲线呈轻微下降趋势。

9.4.4 聚丙烯绝缘材料长效性评价

PP 绝缘材料的本征特性导致其更容易受到电、热应力长期作用的影响,而电、热应力之间的协同效应可能会对 PP 绝缘材料产生更严重的老化破坏作用。樊林禛等详细报道了 PP 的电老化、热老化、电—热联合老化和耐辐照老化的相关研究进展[54]。

在电老化研究方面,屠德民等研究了纯 PP 试样在真空下的交流电老化特性,指出高能粒子(或热电子)在强电场作用下不断作用于

PP 大分子链并使之断裂,导致试样内部的短分子链和陷阱密度逐渐增加,当陷阱密度、自由基和微孔密度达到一定值时,PP 试样即发生击穿。Gadoum 等研究了浸渍 PP 试样的交流电老化特性,提出电应力的主要作用是产生初始自由基,而氧气参与的大分子链剧烈降解是 PP 材料发生老化降解的主要原因。Crine 等提出,在 PP 材料的电老化过程中,自由基的形成似乎是加速分子链降解的关键。Kao 等指出,在聚合物材料的电老化过程中,载流子的入陷、脱陷和复合等行为均可能会以辐射(紫外光)或非辐射(高能电子)的形式释放能量,部分能量将作用于分子链并使之断裂,从而将电能转化为分子链断裂的化学能。在此过程中,分子链断裂产生的自由基具有较强的化学反应活性,能够与氧气等进一步发生多种化学反应,导致聚合物加速降解。在有氧气存在的情形下,氧气显著地参与了 PP 材料在电应力单独作用下的老化降解过程。

在热老化研究方面,陈键、黄立辉等研究发现纯 PP 材料在热老化过程中存在"诱导期"和"加速期"两个阶段。在"诱导期"阶段,PP 材料仅发生微弱的降解,各项性能参数变化幅度较小;在"加速期"阶段,PP 材料的老化降解速率急剧增加,各项性能参数显著降低。邓天彩等研究指出,热应力对纯 PP 材料有两种相反的作用,一方面,PP 分子链在热的作用下会发生重排,使 PP 结晶更加完善;另一方面,PP 材料会在热的作用下发生降解。在热老化初期,重结晶作用占据主导地位,降解作用相对较弱,导致材料的拉伸屈服强度出现增大的趋势;随着老化时间的增加,降解作用开始占据主导地位,导致材料的拉伸屈服强度逐渐降低。孔令光等指出,纯 PP 材料的老化实质上是分子链的断裂,其老化反应可以分为链引发、链增长和链终止三个过程。在链引发过程中,PP 分子链结构中的叔氢键在光、热等外应力下发生断裂,形成烷基自由基;在链增长过程中,烷基自由基与氧气发生一系列化学反应,形成了自动加速氧化反应,导致 PP 分子链快速降解;在链终止过程中,自由基之间相互发生反应,形成稳定的化合物。因此,通过在 PP 材料内部掺杂成核剂、抗氧化剂、光稳定剂和无机纳米颗粒等可以抑制光、热、氧气等外界因素的作用,有效提升 PP 材料的耐老化性能。

在电—热联合老化研究方面,程璐等通过电容器带电实验研究了 PP 薄膜的电—热老化特性,发现老化后 PP 材料的结晶度有所降低,化学结构未发生明显变化,部分弱区的击穿强度显著降低。Umran

等研究了 PP 材料在电、热应力单独及联合作用下的老化、降解和击穿特性,指出单应力与多应力之间存在不同的作用机制,通过多个单应力的作用过程去表征多应力协同特性是不合理的。此外,Cygan 等研究了 PP 材料在电、热、辐照应力单独及联合作用下的老化特性,发现三种应力之间存在复杂的协同效应。黄明亮等研究了油纸绝缘的电—热老化特性,发现相较于单一热老化,电—热联合老化对油中糠醛含量、酸值和绝缘纸聚合度的影响更加显著。电、热应力之间存在复杂的协同作用,可能会显著加速聚合物材料的老化降解。

部分学者对接枝 PP 材料的耐辐照老化性能进行了研究。王雅珍等以丙烯腈(acrylonitrile,AN)为接枝单体,采用固相接枝法制备了 PP-g-AN 试样。研究发现,在纯 PP 试样内部掺杂 PP-g-AN 试样之后,复合试样的耐紫外辐照老化性能显著提升。Lin 等以腰果酚(cardanol,CA)为接枝单体,采用熔融接枝法制备了腰果酚接枝聚丙烯(CAPP)试样。研究发现,相较于纯 PP 试样,接枝试样的耐辐照老化性能明显提升。分析指出,CA 接枝链之间的物理纠缠作用和化学交联作用均有利于提高分子间作用力,进而改善接枝试样的耐辐照老化性能。此外,李岩、祝宝东等研究指出,当接枝 PP 试样内部存在较长的接枝链时(也即接枝单体主要以长分子链的形式存在于 PP 基体中),接枝链之间的纠缠作用有助于增强分子间作用力,进而提升接枝试样的热稳定性。

9.4.5 乙丙橡胶绝缘材料长效性评价

国内针对乙丙橡胶的研究起步较晚,主要研究集中在乙丙橡胶单应力作用下的老化。徐业彬等利用表面粗糙度及 XPS 技术研究了加速气候老化时乙丙橡胶绝缘表面的变化规律。结果表明,随着老化时间增加,乙丙橡胶表面粗糙度先增加后降低,表面的 C—C 含量降低,而 C—O、C=O 和 O=C—O 含量增加,证实了 O=C—O 基团是乙丙橡胶发生老化的标志。赵泉林等研究了乙丙橡胶在人工加速紫外线老化实验中的降解机理,发现乙丙橡胶在紫外线老化中会发生降解反应,生成羰基化物和醚等。研究人员研究了 β 射线和 γ 射线辐射对乙丙橡胶电缆力学与介电性能的影响,比较了在相同剂量 β 射线和 γ 线辐射下,乙丙橡胶的降解程度和趋势的差异,定量地讨论了核辐射下氧化降解的类型及其相关机理。还研究了长期热老化和高温水浸没条件下乙丙橡胶电缆的弹性模量、断裂伸长率和击穿电压强度之间的相关性。结果表明,弹性模量能够很好地监测乙丙橡胶电缆的使用寿命。孟晓凯等对船用乙丙橡胶电缆进行了不同温度下的加速热老化实验,以断裂伸长率(EAB%)达到 50% 为基准,推导出硬度保留率与介电损耗因数的终点判断指数,再将这些参数与 EAB% 进行比较。结果表明,硬度保留率与介电损耗因数是评估船用乙丙橡胶电缆剩余寿命的一种有效方法。朱永华等测量了不同老化程度乙丙橡胶电缆绝缘的等温松弛电流,分别计算和测量了对应的老化因子 A 和活化能。结果表明,活化能与老化因子之间存在良好的对应关系,即等温松弛电流法可用来评估乙丙橡胶电缆绝缘的老化程度。姚志等对船用乙丙橡胶电缆进行了加速热老化实验。研究表明,老化后电缆的泄漏电流和绝缘电阻变化具有突变性,可以用来定性判断电缆绝缘状态的好坏,而断裂伸长率因具有较好的变化相关性,可选作为电缆寿命评估的参数。

针对乙丙橡胶绝缘,Seguchi 等通过拉伸性能、凝胶分数和膨胀率,以及红外分析乙丙橡胶电缆在辐射热老化中的降解反应,发现少量的抗氧化物能显著降低热氧化程度,但对辐射诱导的氧化作用不明显;氧化程度可以很好地反映机械性能的变化。Bhowmick 等利用热重、红外、硬度测试来研究热氧老化中乙丙橡胶的降解机理,发现热氧老化过程中乙丙橡胶内部发生了链支化反应,生成了羟基、酯基等产物,从而使表面硬度增加。Montanari 等对乙丙橡胶在热应力和电应力下的老化及击穿进行了大量研究,建立了基于幂定律的电—热老化寿命模型。研究人员在一定的电场作用下,分析了遭受不同热应力作用后乙丙橡胶发生击穿的时间,基于幂定律建立了电—热老化寿命评估模型,并发现乙丙橡胶绝缘的电缆寿命与温度、负载和电—热联合作用存在较强的相关性。Philip 等利用 PD 法研究了开关脉冲对乙丙橡胶电缆绝缘性能的负面影响,研究 PD 起始电压提供了电缆发生了恶化的明显证据。脉冲数量和幅度与电缆老化存在一定的相关性。Mitra 等利用 X 射线光电子能谱和衰减全反射傅里叶变换红外光谱研究了在酸性环境中乙丙橡胶的表面化学降解对机械性能的影响。研究发现,在 50% 伸长率下的模量与交联密度降低之间呈现负线性相关。Fifield 等使用压头模量和红外线光谱分析仪研究中压核电站电缆绝缘乙丙橡胶在热氧老化过程中机械性质的变化,发现 FTIR 检测的羰基指数随着压头模量 IM 增加而增加,并基于这个发现认为 FTIR 是一种优于 IM 的电缆剩余使用寿命的无损检测手段。

9.4.6　其他聚合物绝缘材料长效性评价

研究人员测量了聚酯薄膜和聚四氟乙烯薄膜的介电性能、击穿性能和陷阱分布,分析了老化时间、辐射剂量等影响因子对材料性能的影响,发现老化时间越长、辐射剂量越多,材料的击穿性能越差。屠幼萍等对聚酯薄膜、聚碳酸酯、聚苯硫醚三种耐高温聚合物材料在 130℃下开展了最长可达 1200 h 的加速热老化实验,发现在老化过程中,聚碳酸酯仍可以保持优良的介电性能和击穿特性,因此推断其可用来替代绝缘纸板,表明了聚碳酸酯有一定的应用前景。赵延召等针对聚酰亚胺薄膜的热老化性能进行了研究,将热老化温度设置为 280℃ 和 300℃,主要对材料热老化后的介电性能进行了研究分析,结果认为材料的介电性能在老化前后的变化并不明显,而后还分析了热老化对于材料的局部放电和空间电荷的显著影响。周远翔等对聚酰亚胺材料进行了加速热老化实验,主要分析了材料的力学性能。结果表明,随着温度的升高,聚酰亚胺材料的力学性能有着明显变化,整体呈现下降的趋势。李富平等对聚碳酸酯薄膜和聚酯薄膜两种材料进行了电—热老化实验,结果表明,相对于普通绝缘纸,两种材料均有着更佳的耐电性能,其中聚碳酸酯薄膜的性能体现更好一些。

9.5　绝缘封装结构长效性评价

需要注意的是,GB/T 20113-2006 中指出:绝缘结构的耐热等级与绝缘结构中所包含的各种绝缘材料的长期耐热性可能不直接相关,在绝缘结构中,某一绝缘材料的长期耐热性可因结构中其他绝缘材料的保护特性而提高。此外,绝缘材料之间的不相容性也可降低绝缘结构的耐热等级,使之低于绝缘材料的长期耐热性。绝缘结构的老化因子包括电、热、机械、环境等[55]。

9.5.1　高功率器件绝缘结构长效性评价

高功率模块是由多种材料按照相应的顺序组合封装而成的,结构较为复杂。为了满足高功率模块更高的使用要求,研究人员在封装电流、功率、体积等方面对其进行了优化,但这也导致了高功率模块运行时内部发热量的增加,热流的不断冲击对其稳定运行提出了挑战[56]。

高功率模块的生产封装包含多个工艺流程,任意一个步骤都可能导致封装过程中产生焊料层空洞、裂纹等缺陷,这些缺陷可能相互影响并在下一道工序中进一步加剧而导致模块失效。高功率模块发生失效的形式有两种,即内部芯片级失效和封装级失效。芯片级的故障会使高功率模块芯片受到损伤并大大减少模块的使用寿命。随着高功率模块的迭代创新和科学技术的不断发展,相较于封装级失效,芯片级失效已很少发生。

封装级失效是在长时间的热循环下模块不断老化引起的材料损伤,最终会导致模块发生故障,从而影响电力电子系统的稳定运行,这也是高功率模块在使用过程中最常见的故障形式。高功率模块由多层材料按照一定的顺序封装而成,相比于绝缘封装材料,芯片焊料层、基底焊料层及连接芯片与其他部分的键合线更容易发生故障。其中封装级失效又包含了用于电气连接的键合线故障和固定内部材料的焊料层故障。通常情况下,当高功率模块稳定运行的温度变化较小时,焊料层老化占据主导地位,此时模块的散热通道发生改变使散热效果变差,引起模块的结壳热阻变大,最终导致模块失效。若高功率模块稳定运行时的温度变化较大,键合线的开裂、剥离等故障形式则会占据主导地位。

(1)绝缘封装材料失效

李文艺等对高功率模块硅凝胶灌封绝缘材料的空间电荷特性进行了测量[57]。随着施加电场的增加,空间电荷的注入深度增加,更多同极性电荷在阴极和阳极附近积累。值得注意的是,即使在短路后仍然还有相当多的电荷,这表明即使经过很长时间,空间电荷也很难从陷阱中逸出。随着施加电压的增加和电荷注入的增强,试样内部的最大电场强度超过外施电场强度,电场畸变越来越严重。当三结合点处发生受空间电荷积聚而产生严重的电场畸变,或由于金属连接线端部曲率半径过小而导致电场集中,或在硅胶中或者硅胶与陶瓷基板间产生微气孔或气隙时,局部放电将难以避免。当发生局部放电时,放电通道所在位置的温度非常高,导致放电通道附近的硅胶降解成气态产物,从而引起更大范围绝缘强度下降,最终导致绝缘失效。另外,环境条件对局部放电也有一定的影响。有研究表明,随着温度从20℃升高到100℃,封装硅凝胶的局部放电起始电压大幅度降低。李俊杰等[58]研究了不同非线性电导均压材料封装的高功率器件的温湿度老化可靠性,通过热氧老化(150℃)、高低温冲击(−40~125℃)、湿度老化(30℃、85%湿度)分析了非线性电导均压材料的长期绝缘可靠性和功率模块的工作稳定性。结果表明,采用非线性电导均压材料封装的功率模块绝缘可靠性始终优于商用硅凝胶材料封装的功率模块,且对功率模块的静态电性能无任何影响,具备应用前景。

(2)键合线故障

常见的键合线故障模式包括键合线断裂、剥离等,这些故障常发生在键合线与芯片、键合线与上铜层的焊接处[56]。由于材料之间的差异,键合线上产生的热—机械应力远远大于芯片上的热—机械应力,使两者的连接处发生老化故障。长时间工作下存在的热—机械应力会使键合线发生形变,从而加剧了键合线的老化。其中因热—机械应力在不同温度变化下受到的总应变 ε_{tot} 如式(9-62):

$$\varepsilon_{tot} = L(\alpha_{Al} - \alpha_{Si})\Delta T \qquad (9\text{-}62)$$

式中,α_{Al} 和 α_{Si} 分别表示铝制键合线和硅芯片的热膨胀系数,ΔT 和 L 为键合线和芯片连接处的温度波动和长度。

由高功率模块的材料特性可知,铝材料的热膨胀系数为 $23.6(10^{-6}/K)$,硅的热膨胀系数为 $4.2(10^{-6}/K)$,两者的差别为 10^{-5} 级别。虽然差别较小,但在长时间的高温工作模式下,高功率模块中的芯片与键合线之间也会慢慢老化,发生塑性形变。此时的形变不会因热—机械应力的消失而恢复,若继续工作将会加速模块发生键合线老化,从而产生裂纹。裂纹产生后会随着时间慢慢地延展开来,最后引起键合线的老化脱落。键合线的脱落会影响模块工作时键合线上流过的电流和增加模块的导通电阻,致使集射极导通压降和功率损耗增大,进而使模块的结温升高,产生更大的热机械应力,加剧了未损坏键合线的老化,最终造成模块损坏。实验中常用作判断键合线状态的参数为 VCE-ON,把其增加 20% 作为高功率模块键合线老化的故障标准,该情况下的模块将会被替换成健康模块以达到系统安全稳定运行的目标。

(3)焊料层故障

焊料层是高功率模块内部重要的组成部分,高功率模块的功能在很大程度上依赖于焊料层的可靠性。由于高功率模块内部层状结构材料特性的不同,在较大的温度变化下,焊料层也会因热—机械应力的存在而发生老化。在模块长时间的工作中,作为弹塑性材料的焊料层会出现非弹性应变,导致其发生不可恢复的塑性形变。随着模块的运行,塑性形变不断的积累会引起焊料层持续的老化变形,最终导致模块损坏。

　　焊料层的老化形式主要有两种：空洞和裂纹。高功率模块的焊料层老化最早是以裂纹的形式呈现的。通常情况下，随着模块的疲劳老化，裂纹会从边缘开始产生并慢慢地向焊料层的中心扩展，进而形成焊料层的另一故障——空洞。产生初步老化的模块在小负荷下裂缝会继续扩大，并不会因为载荷的降低而停止。在长期温度的突变和极高的结温峰值影响下，高功率模块会因热—机械应力的变化造成模块空洞的扩展，进而产生大的空洞。大空洞会改变模块的相关特性，从而减少模块封装的使用寿命，小空洞则会引起封装失效过程的加速。由于焊料层的故障减小了芯片热量自上而下传递的有效面积，改变了功率模块原有的传热路径，影响了模块的散热，致使高功率模块温度变高，影响芯片正常运行，使高功率模块的老化进程加快，最终损坏。

　　通常情况下，焊料层刚发生老化时并不会显著影响高功率模块的相关功能，但随着时间的积累，焊料层损伤会改变模块的散热路径，使温度聚集，呈现出热量的集中效应。热集中效应的产生又会使高功率模块焊料层的相关特性受到影响，使芯片表面存在的热量难以散去，致使高功率模块整体温度升高。在循环应力的影响下，高功率模块的焊料层会达到失效标准，造成模块损坏。因此，为了减少焊料层老化引起的可靠性问题，探索高功率模块焊料层老化的监测方法对改善系统的可靠性具有深刻意义。

9.5.2　干式电力变压器绝缘结构长效性评价

（1）干式电力变压器绝缘结构的热老化评定

　　温度是干式电力变压器的主要老化因子，GB/T1094.12-2013中指出了干式电力变压器的热老化规律满足 Arrhenius 定律，这也是干式电力变压器绝缘结构热老化评定的依据。绝缘结构的耐热性评定可参考 GB/T 20112-2015 分周期进行，也可采用快速评定的方法，得到绝缘结构的热降解特性，再结合 Arrhenius 曲线进行实验评定。值得注意的是，在完成绝缘结构耐热性评定后，最好通过整机的加速热老化实验进行验证，以取得对评定结果更高的置信度。目前，关于干式电力变压器绝缘结构的耐热性评定方面，在核电站用安全级干式电力变压器的鉴定实验中进行了较为深入的研究，其中明珠电气和顺特电气在其核电站安全级干式电力变压器的鉴定过程均先进行了模型线圈的绝缘结构耐热性评定，并在此基础上完成了整机加速热老化实验,对其绝缘结构的鉴定寿命进行了充分验证。

(2) 干式电力变压器绝缘结构的电老化评定

电老化是指电场长期作用下绝缘中发生的老化,通常是由绝缘内部或表面发生局部放电造成的。随着外施电压的增加,局部放电将加剧,其放电量、放电重复率、放电功率都会相应增加,因此绝缘的电老化速度加快、寿命缩短。在外施电压较高、寿命较短的条件下,根据经验绝缘的平均电寿命 L 与外施电压 U 存在负幂函数的关系,如式(9-63)所示。

$$L = A(U)^{-n} \tag{9-63}$$

式中,A、n 为常数,取决于材料特性和外施电压种类、电场分布特征等实验条件。

需要注意的是,电老化大部分是由局部放电引起的,而干式电力变压器局部放电量在国家标准中有着严格规定,不能超过 10pC,这个放电量对于绝缘材料的长期累积效应较小,相关的研究工作也较少。此外,绝缘结构的电老化实验方法和评判标准还有待进一步的验证确认。

9.5.3 盆式绝缘子绝缘结构长效性评价

GIS 盆式绝缘子的老化研究较少。刘姝嫔等对相关研究进展进行了报道[41]。荣命哲等对目前国内外超高压 GIS 寿命评估方法开展了综述研究,认为目前国内仍主要是通过对超高压 GIS 的绝缘水平进行监测来评估其运行状态。综述中提出,超高压 GIS 寿命评估技术的发展趋势是建立以历史运行、检修数据和相关重要参数的在线检测技术为基础,结合人工智能技术进行状态诊断与寿命评估,建立专用专家系统,为节约电力系统运行成本并提高电力系统运行安全的可靠性服务。奥地利 Schichler 等根据国际大电网组织的工作报告梳理了故障概率与 GIS 寿命分析的关系,指出在进行 GIS 全寿命周期评估时不能忽略详细的运行数据,否则将得到错误的结论。周丹等开展了变压器寿命统计建模方法的研究,总结了三种不同的寿命建模方法:一是基于专家经验的寿命建模方法;二是基于寿命数据统计推断的寿命建模方法;三是基于设备状态信息的寿命建模方法。

9.5.4 大容量发电机、电动机绝缘结构长效性评价

电气设备的绝缘系统在长期的运行过程中会发生一系列的化学

变化(如氧化、电解、电离、生成新物质等)和物理变化(如固体介质软化或溶解等形态的变化,低分子化合物及增塑剂的挥发等),这些现象统称为绝缘老化[59]。电气设备的使用周期在很大程度上与绝缘的寿命有关,而绝缘的寿命又与其自身的老化程度有密切的关系。

(1) 电老化

电老化是指在外加高电压或高电场的作用下,绝缘系统逐渐发生老化的现象。大型发电机定子绕组线棒的制作过程很复杂,由于工艺上的原因,在绝缘内部、绝缘与股线之间不可避免的会产生气隙。当工作电压高于气隙的起始放电电压时,绝缘中的气隙便会发生局部放电,使绝缘发生老化。局部放电不仅会发生在绝缘内部的气隙中,还会在线棒端部表面、绝缘与铜线脱壳处、槽部铁芯与线棒绝缘的接触面等处发生。

局部放电对绝缘材料的破坏主要有三个方面:首先,放电产生的带电离子高速撞击绝缘,会使云母逐渐老化;其次,发生局部放电时,局部区域的温度可达到 1000℃ 以上,使胶合剂碳化、股线松散,进而因振动导致导线短路、断股;最后,局部放电发生的同时,气隙中的气体会发生游离而产生臭氧,臭氧的化学性质很不稳定,会与氮化合生成一氧化氮和二氧化氮,再与气隙中水蒸气反应生成强腐蚀性的硝酸,对绝缘材料、铜导线及黏合剂都有强烈的腐蚀作用。

(2) 热老化

大型发电机定子主绝缘是以粉云母为基础,以环氧为黏合剂,用玻璃布补强的热固型绝缘体系,在电机正常运行过程中会因温度的升高、受热而发生物理和化学变化,导致绝缘材料的变质和老化。这种由于温度升高而使绝缘发生的老化称为热老化。热老化一般用 Arrhenius 方程来表示。

$$L = A e^{\frac{B}{T}} \sharp \tag{9-64}$$

式中,L 为失效时间;T 为温度;A、B 为常数,由该化学反应中的活化能量来确定。

引起定子绝缘温度升高的主要原因有股线短路、空心股线堵塞、股线环流和局部放电。当定子线棒绝缘内出现局部放电后,在其运行过程中,绝缘会逐渐损坏,直到股线松散短路。当股线发生短路后,将在短路点与线棒的鼻部之间形成回路,产生电流环流,使短路点强烈发热。发热又会导致绝缘局部过热、烧焦和损坏,使相邻的股线继续短路和局部温度的进一步升高,加速绝缘的老化。

发电机在正常的运行过程中,定子绕组水内冷导线中的水可以带走定子绕组的铜损耗、铁芯损耗及附加损耗所产生的热量。一旦定子绕组中空心导线被堵塞,由于热量不能及时被带走,线棒的局部温度会逐渐升高,造成局部绝缘的热老化,甚至是击穿。

（3）机械老化

大型发电机在正常运行过程中的电磁振动、起动时的电磁力和起停时的热机械应力都会使主绝缘逐渐老化,主绝缘在这种形式下的老化统称为机械老化。

发电机在运行过程中,定子线棒的电流与槽内横向磁场的作用会使槽部线棒产生径向的电磁力。随着发电机单机容量的不断增大,定子绕组中的电流也随之增大,其自身所承受的电磁力也成倍增加,这就使线棒的振动幅值逐渐上升。定子绕组端部长期受到频率为 100 Hz 的振动作用力,如果固定不好,长期受到这种应力的作用,会造成绝缘脱胶、磨损、断裂,并进一步发生分层和剥离。振动使槽楔松动形成间隙,不仅会诱发局部放电,还会使线棒悬空像悬臂梁一样振动。

发电机在起停时,定子绕组内的电流会由零递增或递减到零,线棒内导线的温度也会相应的增加和降低,即所谓的冷热循环。此时线棒会发生膨胀或收缩,由于导线绝缘与铁芯的膨胀系数不同,绝缘在槽内会拉伸和挤压热应力,在槽内发生位移。这种热机械应力对绝缘的影响很大,会使绝缘发生蠕变和疲劳,降低绝缘的寿命。

（4）环境老化

由于发电机在各种各样的环境下运行,表面常附着有污染物,主要包括灰尘、油污和其他腐蚀物质。如果运行条件恶劣,电机受潮、受污染,会导致绝缘电阻的降低和介质损耗的增加。在酸、碱、水分作用下,绝缘层泡胀,引起绝缘的老化,使绝缘性能降低。在制造、安装或大修时工艺不严格,遗留在发电机端部绕组中的异物在运行中也会损坏绝缘。在采用水冷的发电机定子绕组中,由于漏水造成绝缘老化会造成重大的故障。

大型发电机在实际运行过程中,会受到多种老化因子的联合作用。这些老化并不是独立存在的,而是相互影响的,具有因子的协同效应。所以,大型发电机定子绝缘在多因子作用下老化速度较单一因子作用要快得多,老化过程也更为复杂。图 9-2 为多因子作用下定子绝缘的老化示意图[59]。

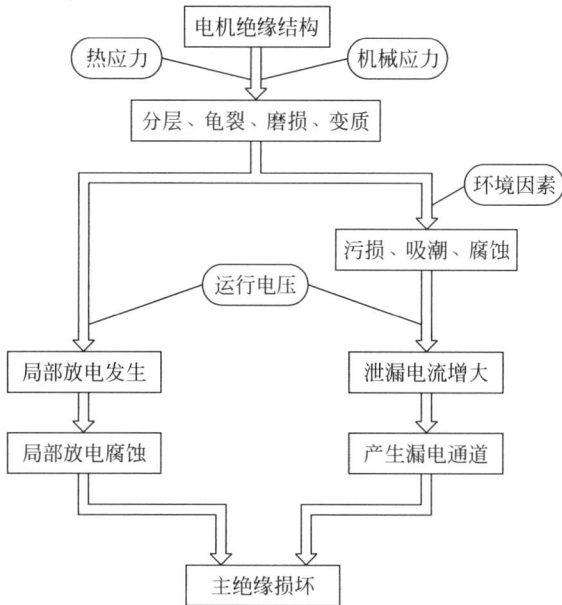

图 9-2 多因子作用下定子绝缘的老化示意图

9.5.5 电力电缆绝缘结构长效性评价

电力电缆在外部原因单独作用或内外部原因共同作用下,绝缘老化可表现为多种现象(或形态),如热老化、机械老化、电压老化、局部放电老化、水树老化、电树老化与化学树枝老化等[43]。

(1)热老化

电缆中的负荷电流和短路电流会使导体发热,电缆绝缘在长期高温下会发生热老化,使交联聚乙烯绝缘发生复杂的物理化学变化,其中氧化老化是决定其热老化特性的主要因素。交联聚乙烯发生氧化反应时,键能最弱的 C—H 键中的氢首先开始脱离,整个氧化过程可以用自氧化游离基连锁反应进行描述。热老化交联聚乙烯的拉伸强度、断裂伸长率等力学性能及介损、击穿强度等电气性能都会降低。此外,热应力与其他老化应力协同作用会加速电缆绝缘的老化与劣化。热老化导致的聚合物绝缘材料的降解大致可分为热裂解和热氧化裂解。

(2)机械老化

电缆在运输、敷设过程中会遭受机械振动、外力挤压与冲击作用,在运行过程中可能遭受短路电流引起的电动力的作用,这些外力作用都会造成电缆绝缘发生机械老化，致使电缆绝缘产生裂纹、发生变形等，降低电缆绝缘性能。

（3）电压老化

电缆绝缘的电压老化可从短时绝缘击穿和长期电老化两个方面来阐述。电缆绝缘老化最终都将发展为绝缘击穿。固体绝缘材料的短时绝缘击穿强度具有厚度效应，这与绝缘中的缺陷有关，可以用威布尔分布进行解释。当试样绝缘厚度足够薄时，可得到材料的本征击穿场强。目前，有关固体绝缘材料击穿机理的研究还没有公认的能够解释所有击穿现象的理论，击穿机理学说主要包括电击穿，热击穿和电—机械击穿。

电缆绝缘中若混入金属杂质或存在半导电层凸起，都会造成电场集中，施加较低电压就会发生绝缘击穿。电缆绝缘在运行电压下会发生长期电老化。基于逆幂定律的电老化模型常被用来预测电缆的电老化寿命。逆幂定律中的 n 称为寿命指数。n 值越大，老化速度越缓慢。n 值还与缺陷的类型、尺寸、形状有关。在低电场区域，n 值有变大的趋势。可利用 n 值进行电缆绝缘设计。

（4）局部放电老化

局部放电是电压作用下固体绝缘内孔洞和气隙处发生的气体放电现象。对于电缆，局部放电有可能发生于绝缘内微孔、绝缘与半导电层间界面的裂隙和电树的通道内。固体绝缘材料内电场强度达到一定值时，内部气隙等缺陷处将发生放电，会造成局部气隙短路。局部放电会引起绝缘材料老化，轻微的局部放电对材料的绝缘性能影响有限，强烈的局部放电则会导致绝缘材料逐渐老化直至失效。因此，对于长期运行的高压电力设备，要加强局部放电监测，一旦发现强烈的局部放电信号，应立即停电检修。局部放电导致绝缘材料老化失效的原因有：放电中的电子、离子等带电粒子撞击导致分子链被切断；放电产生的热量导致发生物理化学变化；放电生成的臭氧导致绝缘材料发生氧化老化。局部放电老化的一般过程为：在初始阶段，因臭氧等引起的氧化分解反应导致绝缘材料表面被轻微侵蚀；随着侵蚀的深入，绝缘材料表面会出现局部腐蚀坑；在局部高电场的作用下，从腐蚀坑处引发电树，电树不断生长最终导致绝缘击穿。因链堆积存在缺陷，会在聚合物中形成了自由体积。

（5）水树老化

水树老化是导致中低压 XLPE 电力电缆老化失效的主要原

因[43]。当前,水树枝(简称水树)的定义还没有公认的完整表述。水树一般存在于老化交联聚乙烯电缆主绝缘中,是在水和电场的长时间作用下形成的一种树枝状物。水树的初始形态是一些呈链状分布的含水微孔,后面这些充水微孔连通形成树枝状通道,这些通道的表面具有亲水特性。在水和低电场的作用下,从水树引发到形成 1 mm 长的水树枝要不了几年的时间。电缆绝缘中水树引发的部位主要有主绝缘内部的微孔,杂质及半导电层凸起等,这些缺陷处的局部电场较高,容易引发水树。主绝缘内出现的水树通常呈领结形状,称为领结形水树。由内(外)半导电层处引发的水树称为发散形水树或内(外)导水树。水树生长受许多因素的影响,如外施电场强度、频率、环境温度、水中盐分的种类及浓度等,还与绝缘材料本身的结构有关。

一般地,在其他因素不变的情况下,水树枝长度随着施加电场和加压持续时间的增大而增大,在施加电场的不同阶段,水树枝生长速度也不同。电压越高,领结型水树的尺寸越小。提高外施电场的频率可以提高绝缘材料中的水树生长速度。当施加直流电压时,绝缘材料中的水树枝很难被引发。电场频率对水树生长的影响预示着水树引发的关键因素在于绝缘材料的疲劳程度。温度对水树枝生长的影响目前有许多不同的研究结论。一般来说,环境温度越高,交联聚乙烯电缆绝缘中的微小尺寸水树枝的比例越高。此外,电缆实际运行过程中负荷变化引起的温度循环变化在促进水树生长方面比起恒定温度更为有效。实验发现,水树引发速率随温度升高先减小后增大。水作为水树生长不可或缺的因素之一,其性质对于水树生长的影响也不可忽视。如 NaCl 水溶液对水树枝的影响大于自来水,去离子水对水树枝的影响最小。

Abderrazzaq 等对水树在环氧树脂材料中的引发和发展过程进行了全程跟踪显微观察。对显微观察结果的分析研究表明,水树在绝缘材料中的生长过程大致可以划分为三个阶段:第一个阶段是环境中的水分侵入到绝缘材料中,第二个阶段是缺陷处水树枝的引发阶段,第三个阶段是水树枝的发展阶段。对于水树枝引发和发展的机理研究,目前已有许多成果,主要观点大致可归纳为两类:一类认为环境中的水侵入后,会以小水滴的形式分布在绝缘材料中。这些小水滴在电场的作用下发生形变,沿着电场方向由球状变形为椭球状,并在形变过程中挤压绝缘材料。当挤压力所做的功大于绝缘材料分子化学键的键能时,会使分子链段形状发生改变甚至化学键发生断裂,导致绝缘材料破坏,被破坏的区域会被水侵入形成充水的微孔。关于水树引发的这类理论首先由 Tanaka 等提出,后得到 Filippini 和 Crine 等的实验证明。还有一类观点认为,交联聚乙烯电缆绝缘中的水树生长过程是由水、离子和聚乙烯共同参与的氧化反应等化学反应的过程,电缆绝缘缺陷处的局部高电场引起高温从而导致分子链断裂。Ross等对此进行了相关研究,结果表明氧化反应生成的羧基离子在水树的引发和发展过程中扮演了关键角色。

（6）电树老化

在聚合物绝缘的局部缺陷（微孔、杂质等）处,容易产生电场集中,局部高电场会引起局部击穿,在绝缘材料的局部区域形成放电通道,这些通道因形似树而被称为电树[43]。与生长缓慢的水树枝不同,电树枝的发展非常迅速,从引发到贯穿绝缘的时间很短。电树枝的引发与发展过程被普遍认为是一种电腐蚀过程,该过程非常复杂,包括局部放电、局部高气压与高温、电荷注入、麦克斯韦应力、物理化学变化等。电树枝的引发与生长具有较大的随机性,受绝缘材料种类、老化状态和微观结构的影响。在电树枝引发的起始阶段,一般会在针尖型电极前约几微米的区域内出现通道直径约 $0.1~\mu m$ 的树枝状裂纹。此时尚不能检测出局部放电脉冲。当电树枝通道直径发展到 $10~\mu m$ 左右时,局部放电脉冲开始能够被检测识别,其视在放电量为 $0.05\sim$ $0.1~pC$ 内,并出现局部放电发光现象。随后,电树开始逐步发展。电树形成的原因有很多种观点,但时至今日仍无定论。目前主要的学说有基于材料本征击穿的本征破坏说、基于局部放电的离子碰撞说、基于麦克斯韦应力的龟裂发生说、机械破坏说等。

综上所述,许多因素都会对交联聚乙烯中电树枝的复杂生长过程产生影响。其中内部因素有材料中的缺陷、填料、结晶情况等,主要的外部因素有电压、频率、温度等。

（7）化学树枝老化

当交联聚乙烯电缆敷设在含有硫化物的化学工厂内时,敷设环境中的硫化物有可能穿透电缆护套与主绝缘达到电缆导体处,通过与铜导体发生化学反应生成硫化铜等物质。这些结晶物质侵入电缆主绝缘缺陷处,形成树枝状的结晶,即化学树枝,严重时甚至会造成绝缘击穿事故。化学树枝在没有电场时也会发生,这一点与电树枝和水树枝有明显的区别。化学树枝的颜色有黑色、红茶色等,主要由硫化铜（Cu、Cu_2）和氧化铜（Cu_2O、CuO）构成。发生化学树枝老化的电缆绝缘性能下降,介质损耗 tanδ 增大,甚至会出现直流漏电流突跳现象。

9.6 本章小结

针对聚合物绝缘封装的长效性,本章主要介绍了聚合物材料和绝缘封装结构的性能演变规律及其长效性评价。对于聚合物的老化特性,已经有比较全面的相关理论模型,可对聚合物的老化研究提供重要的理论指导。与聚合物的老化研究类似,人们也根据绝缘封装结构的性能演变规律建立了一系列理论和实验研究模型。本章还陈列了常见的绝缘封装安全性的评估方法。最后,本章总结了聚合物材料和绝缘封装结构的长效性评价方法,对研究现状和未来发展做了简单的阐述。

参考文献

[1] 谢荣安. 变压器运行维护与故障分析处理[J]. 广东科技,2010,19(24):130-133.

[2] 胡一卓,董明,谢佳成,等. 聚合物绝缘材料多因子老化的研究现状与发展[J]. 电网技术,2020,44(4):1276-1289.

[3] MONTSINGER V. Loading transformers by temperature [J]. Transactions of the American Institute of Electrical Engineers,1930,49(2):776-790.

[4] DAKIN T W. Electrical insulation deterioration treated as a chemical rate phenomenon [J]. Transactions of the American Institute of Electrical Engineers,1948,67(1):113-122.

[5] EYRING H,HENDERSON D,JOST W. Physical chemistry:an advanced treatise [M]. Academic Press,1967.

[6] SIMONI L. A general approach to the endurance of electrical insulation under temperature and voltage [J]. IEEE Transactions on Electrical Insulation,1981,16(4):277-289.

[7] RAMU T. On the estimation of life of power apparatus insulation under combined electrical and thermal stress [J]. IEEE Transactions on Electrical Insulation,1986,21(2):239-240.

[8] FALLOU B,BURGUIERE C,MOREL J. First approach on multiple stress accelerated life testing of electrical insulation [C]//Proceefings of NRC Conference on Electrical Insulation and Dielectric Phenomena,1979,pp. 621-628.

[9] DISSADO L,THABET A,DODD S. Simulation of DC electrical ageing in insulating polymer films [J]. IEEE Transactions on Dielectrics and Electrical

Insulation,2010,17(3)：890-897.

[10] ARTBAUER J, GRIAC J. Some factors preventing the attainment of intrinsic electric strength in polymeric insulations [J]. IEEE Transactions on Electrical Insulation,1970,5(4)：104-112.

[11] MONTANARI G,PATTINI G,SIMONI L. Long-term behavior of XLPE insulated cable models [J]. IEEE Transactions on Power Delivery,1987, 2(3)：596-602.

[12] MONTANARI G C,CACCIARI M. A probabilistic life model for insulating materials showing electrical thresholds [J]. IEEE transactions on electrical insulation,1989,24(1)：127-134.

[13] MONTANARI G C. Electrical life threshold models for solid insulating materials subjected to electrical and multiple stresses. I. Investigation and comparison of life models [J]. IEEE Transactions on Electrical Insulation, 1992,27(5)：974-986.

[14] ZELLER H R,SCHNEIDER W R. Electrofracture mechanics of dielectric aging [J]. Journal of Applied Physics,1984,56(2)：455-459.

[15] BOGGS S. Theory of a defect-tolerant dielectric system [J]. IEEE Transactions on Electrical Insulation,1993,28(3)：365-371.

[16] DISSADO L,MAZZANTI G,MONTANARI G C. The incorporation of space charge degradation in the life model for electrical insulating materials [J]. IEEE Transactions on Dielectrics and Electrical Insulation,1995,2(6)：1147-1158.

[17] ZELLER H,BAUMANN T,STUCKI F. Microscopic models for ageing in solid dielectrics [C]//Proceefings of the Second International Conference on Properties and Applications of Dielectric Materials, IEEE, 1988, pp. 13-15.

[18] WEI Y H,MU H B,ZHANG G J,et al. A study of oil-impregnated paper insulation aged with thermal-electrical stress：PD characteristics and trap parameters [J]. IEEE Transactions on Dielectrics and Electrical Insulation, 2016,23(6)：3411-3420.

[19] LEWIS T. Ageing-a perspective [J]. IEEE Electrical Insulation Magazine, 2001,17(4)：6-16.

[20] TANAKA T,GREENWOOD A. Effects of charge injection and extraction on tree initiation in polyethylene [J]. IEEE Transactions on Power Apparatus and Systems,1978,97(5)：1749-1759.

[21] 陈智勇,罗传仙,张静,等.电老化与加速水树老化对交联聚乙烯绝缘理化特性的影响[J].西安交通大学学报,2015,49(4)：32-39.

[22] BAHDER G, GARRITY T, SOSNOWSKI M,et al. Physical model of electric aging and breakdown of extruded polymeric insulated power cables [J]. IEEE Transactions on Power Apparatus and Systems,1982,(6)：

1379-1390.

[23] CRINE J P. A model of solid dielectrics aging [C]//Proceefings of IEEE International Symposium on Electrical Insulation,1990,pp. 25-26.

[24] BARSCH R,JAHN H,LAMBRECHT J,et al. Test methods for polymeric insulating materials for outdoor HV insulation [J]. IEEE Transactions on Dielectrics and Electrical Insulation,1999,6(5)：668-675.

[25] 梁曦东,李少华,高岩,等.大直径复合绝缘子转轮法实验(一)：实验参数探讨[J].高电压技术,2018,44(03)：673-679.

[26] YU Y,XIDONG L,YUANXIANG Z,et al. Study of tracking wheel test method under DC voltage [C]//Proceefings of the 7th International Conference on Properties and Applications of Dielectric Materials,2003, pp. 439-442.

[27] 廖瑞金,周渠,杨丽君,等.变压器油纸绝缘多因子加速老化实验装置及实验方法[P].重庆大学,2009.

[28] 张伟丽.变压器油纸绝缘多因子老化特性及特征参数提取方法研究[D].哈尔滨理工大学,2019.

[29] 谢恒堃,乐波,宋建成,等.电机定子线棒多因子老化装置及老化方法[P].西安交通大学,2002.

[30] 张振鹏,蒙绍新,夏荣,等.振动载荷条件下的交联聚乙烯绝缘老化特性实验研究[J].高电压技术,2016,42(8)：2399-2405.

[31] 林晨.矿用乙丙橡胶电缆绝缘多因子老化及寿命评估方法[D].太原理工大学,2019.

[32] KAKO Y. Multi-factor aging of insulation systems-infinite sequential stressing method [J]. IEEE Transactions on Electrical Insulation,1986, 21(6)：913-917.

[33] 李庆峰,宿志一.高压直流复合绝缘子5000h人工加速老化实验[J].电网技术,2006,30(12)：64-68.

[34] 梁英,高丽娟,董平平.机械应力对复合套管用硅橡胶材料电晕老化特性的影响[J].华北电力大学学报,2017,44(4)：50-56.

[35] 张宇航,兰生.变压器油纸绝缘热电联合老化特征量研究[J].电气技术,2016,(7)：48-51.

[36] SRINIVAS M B,RAMU T S. Multifactor aging of HV generator stator insulation including mechanical vibrations [J]. IEEE Transactions on Electrical Insulation,1992,27(5)：1009-1021.

[37] GJERDE A C. Multifactor ageing models-origin and similarities [J]. IEEE Electrical Insulation Magazine,1997,13(1)：6-13.

[38] 王霞,孙晓彤,刘全宇,等.基于空间电荷效应的绝缘老化寿命模型的研究进展[J].高电压技术,2016,42(3)：861-867.

[39] 周文鹏,曾嵘,赵彪,等.大容量全控型压接式 IGBT 和 IGCT 器件对比分析：原理、结构、特性和应用[J]. 中国电机工程学报,2022,42（8）：

2940-2957.

[40] 温敏敏.矿用干式电力变压器 Nomex 绝缘老化机理及评估方法研究[D].太原理工大学,2016.

[41] 刘姝嫔.电-热老化对 GIS 盆式绝缘子寿命影响研究[D].华北电力大学(北京),2019.

[42] 杜林.大电机主绝缘局部放电测量及老化特征研究[D].重庆大学,2004.

[43] 刘飞.35kV 及以下 XLPE 电力电缆绝缘老化评估研究[D].上海交通大学,2014.

[44] 张博雅,王强,祁喆,等.直流电压下聚合物表面电荷测量方法及积聚特性[J].中国电机工程学报,2016,36(24):6664-6674.

[45] 田方园.GIS 用环氧复合绝缘缺陷超声检测方法研究[DJ].华南理工大学,2020.

[46] 单志铎.大型发电机 VPI 主绝缘介电响应特性及电老化状态评估方法研究[D].哈尔滨理工大学,2023.

[47] 边博.干抗绝缘用环氧/玻纤复合材料热老化特性及纳米 BN 改性方法研究[D].华北电力大学,2022.

[48] 杨峰.碳化硅/环氧微米复合材料热老化特性及其改性研究[D].哈尔滨理工大学,2023.

[49] 李加才.氮化硼纳米片表面改性对环氧基复合材料耐热老化性能的提升机制[D].中国石油大学(华东),2020.

[50] 牛威斌.硅橡胶材料导热绝缘性能的研究[D].河北工业大学,2019.

[51] 尚南强.高压直流电缆附件绝缘用纳米改性硅橡胶介电及老化特性研究[D].哈尔滨理工大学,2018.

[52] 王江琼,李维康,张文业,等.电缆绝缘材料交联聚乙烯的老化及寿命调控[J].物理学报,2024,73(7):078801.

[53] 黄晓峰.交联聚乙烯电力电缆绝缘老化评估及修复方法研究[D].西南交通大学,2014.

[54] 樊林禛.交流电缆绝缘用接枝聚丙烯材料的电-热老化特性及机理研究[D].华北电力大学(北京),2022.

[55] 蔡定国,唐金权.干式电力变压器用绝缘材料,绝缘结构与系统综述[J].绝缘材料,2019,52(11):1-8.

[56] 孙谢鹏.计及热参数表征的 IGBT 模块老化状态及结温监测方法研究[D].天津理工大学,2023.

[57] 李文艺,王亚林,尹毅.高压功率模块封装绝缘的可靠性研究综述[J].中国电机工程学报,2022,42(14):5312-5325.

[58] 李俊杰.高电压功率器件封装基板设计与绝缘材料研究[D].天津大学,2021.

[59] 孙国华.大电机主绝缘老化缺陷的声学检测系统设计及定子线棒老化性能研究[D].哈尔滨理工大学,2012.

第10章

聚合物绝缘封装的自愈性

聚合物被广泛用作工业装置、运输和大型电器等现代电子设备和电力系统中的介电元件和电气绝缘材料。但在加工和使用过程中,聚合物及其复合材料不可避免地会产生各种形式的机械或电损伤。自修复聚合物可以根据机理的不同,通过自身或外界的作用对材料内部损伤进行修复,从而提高材料的安全性和使用寿命,降低材料的生命周期成本[1-2]。本章主要讨论聚合物绝缘封装材料的结构特征及其自愈性和自修复行为等。

10.1 聚合物结构特征与自愈性

聚合物由于其机械柔韧性和结构适应性,在自修复材料中表现出独特的优势。聚合物的骨架结构、分子结构和官能团可以在很宽的范围内进行调整,以实现所需的自修复性。事实上,自愈机制各不相同,从动态键的恢复到最初分离的不同化学前体形成新的化学键。此外,聚合物的多功能性允许在同一聚合物中集成不同的官能团。目前,基于聚合物的自修复体系是自修复材料的主要研究方向之一[3]。聚合物结构可分为链结构和聚集态结构两大类,如图 10-1 所示。链结构又分为近程结构和远程结构。近程结构包括构造与构型,构造指链中原子的种类和排列、取代基和端基的种类、单体单元的排列顺序、支链的类型和长度等。构型是指某一原子的取代基在空间的排列。近程结构属于化学结构,又称为一级结构。远程结构包括分子的大小与形态、链的柔顺性及分子在各种环境中所采取的构象。远程结构又称为二级结构。

聚合物结构的特征可以从以下几个方面影响其自愈性:

$$聚合物的结构 \begin{cases} 链结构 \begin{cases} 近程结构(一级结构)——\begin{array}{l}结构单元的化学组成、连接顺序、\\立体构型、支化、交联等\end{array} \\ 远程结构(二级结构)——\begin{array}{l}高分子链的形态(构象)、高分子链的\\柔顺性以及高分子的大小(分子量)\end{array} \end{cases} \\ 聚集态结构——晶态、非晶态、取向态、液晶态及织态等 \end{cases}$$

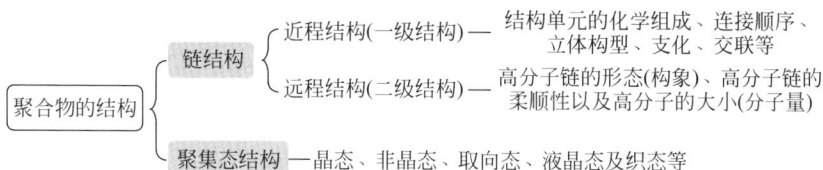

图 10-1　聚合物的结构分类

1. 聚合物的分子量、分子量分布和分子链结构

高分子链的长度和结构对聚合物自修复能力有重要影响。长分子链可以提供更多的可修复点,而分子链的刚性和柔性则会影响自修复过程中的扩散和反应动力学,柔性分子链更容易实现自修复。例如,链段的扩散互渗透发生在玻璃化转变温度 T_g,链段运动被激发,分子链伸展,柔性大,链段在两个相对裂纹区域之间的界面处扩散,形成新的交联网络,从而实现自修复[4-5],如图 10-2 所示[6]。

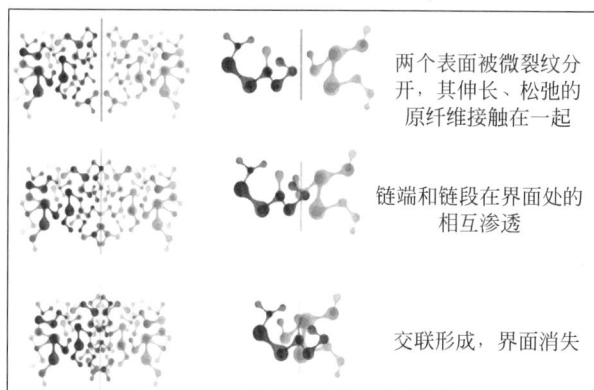

图 10-2　分子互穿图示:新的物理交联形成(见文前彩图)

两个表面被微裂纹分开,其伸长、松弛的原纤维接触在一起

链端和链段在界面处的相互渗透

交联形成,界面消失

2. 分子链间的相互作用

分子链间的相互作用,如氢键、范德华力等,可能会影响自修复过程中的扩散和反应动力学,从而影响自修复能力。例如,在复合材料环氧树脂基体的固化过程中,材料的羧基反应会引发愈合机制。在 100℃的反应温度下,热塑性材料内会产生一些挥发物。这些挥发物将熔融的热塑性材料推入受损区域,随着温度的降低,通过在裂纹表面和热塑性塑化剂之间形成氢键和范德华力来愈合损伤[7]。

3. 交联密度和交联类型

聚合物的交联密度和交联类型对自修复能力有重要影响。交联点可以固定高分子链的位置，提高材料的力学性能，但过多的交联点可能会阻碍自修复剂的释放和扩散。不同类型的交联结构，如化学键、氢键、离子键等，也会对自修复机制产生影响。该部分将在 10.2 节进行详细论述。

4. 组成和相态

不同种类的聚合物材料具有不同的自修复机制，如热塑性聚合物可以通过熔融修复，而热固性聚合物则依赖于化学反应修复。同时，聚合物的相态（如晶态、非晶态、取向态等）也会影响自修复过程中的扩散和反应动力学。

综上所述，聚合物的结构特征对自愈性具有重要影响。通过合理设计聚合物的分子结构、交联结构和组成，可以优化材料的自修复性能，提高聚合物材料的可靠性和耐久性。

10.2 聚合物自修复行为

10.2.1 本征型自修复聚合物

聚合物的内在自愈通常由两种方式实现：①非晶态聚合物在高于其玻璃化转变温度 T_g，即聚合物链的相互扩散；②可逆键的重排，包括动态共价键和物理相互作用。聚合物流动通常由内聚能的增加和表面张力的消除驱动，即使是简单的范德华相互作用也会以这种方式提供增益并驱动自我修复过程，促进叉指结构的形成。然而，范德华相互作用类似于任何液体的自愈，但聚合物熔体的黏度非常高，因此需要更长时间。传统的热塑性塑料在高于其 T_g 的温度下黏度降低，会发生变形或结合而不是愈合。然而，液体和热塑性塑料中的这些过程通常不被称为自愈[3]。

具有动态（可逆）键的自修复聚合物网络具有独特的黏弹性，并且由于聚合物设计的兼容性和适应性，官能团可以插入聚合物主链的特定位置。动态键有很多种，包括氢键和离子键、π-π 堆叠、动态共价键、主—客体相互作用及金属—配体配位，如图 10-3 所示[3]。所有动态键可以在不同的物化学条件下被破坏和更新[3,8-9]。另外，本征型自修复能够在同一位置进行多次的自愈而不需要任何愈合剂和催化剂的帮助,但其能修复的缺陷相对较小,需要分子级别的相互作用[9],主要的自修复机理如图 10-4 所示[10]。

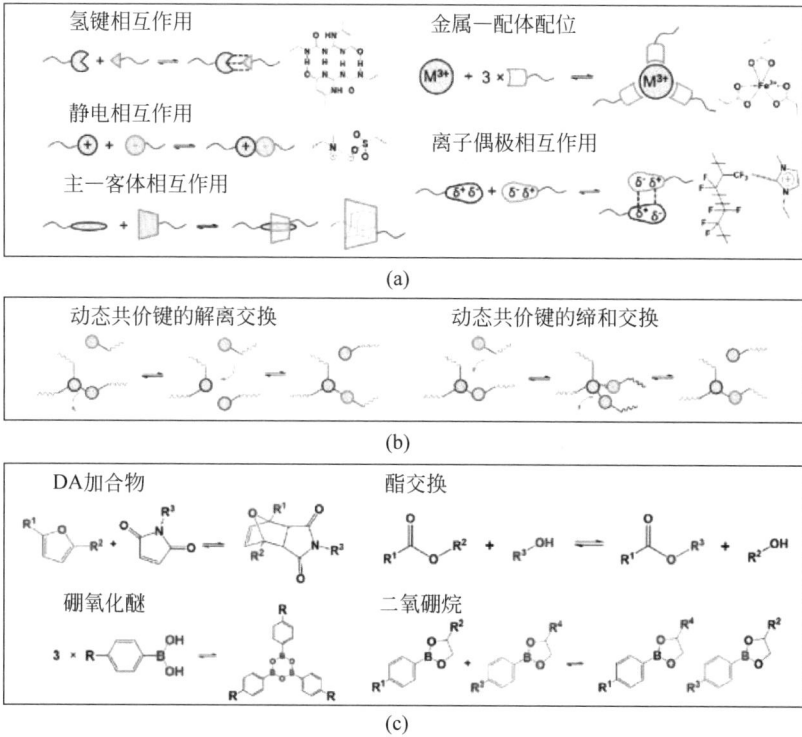

(a)

(b)

(c)

图 10-3 不同动态键

(a)非共价键;(b)动态共价键的交换;(c)动态共价键

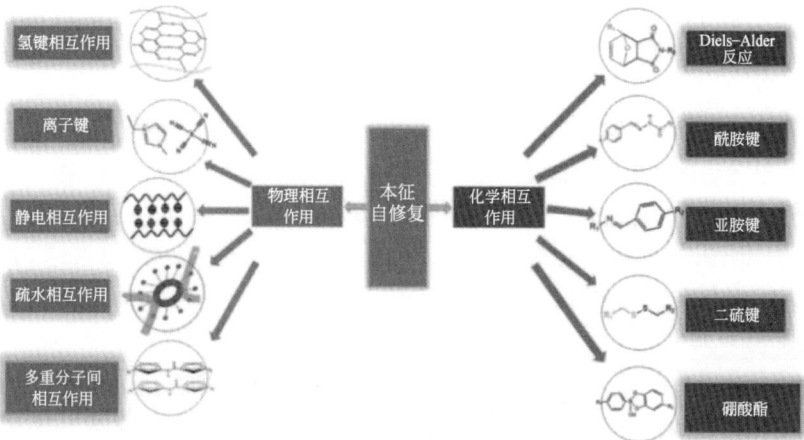

图 10-4 本征型自修复机理的分类(见文前彩图)

1. 基于非共价键的自修复聚合物

基于物理相互作用的非共价键是实现内在自我修复的重要途径。金属—配体配位、离子相互作用和氢键是本征型自修复聚合物中最常见的物理相互作用。金属—配体配位键描述了金属核心与一个或多个 π 供体配体之间的相互作用，其缔合和解离过程之间存在平衡状态，可以通过改变环境（如温度和其他刺激）来打破平衡态，趋向于所需状态，利用金属—配体配位键进行材料自修复[3]。例如，离子基金属—配体配位被掺入弹性聚合物中，其中远程螯合低分子量 PDMS（$M_n = 5000 \sim 7000$ g/mol）与 2,6-吡啶二羧基酰胺（H_2pdca）配体功能化，与 Fe(Ⅲ) 物理交联，如图 10-5 所示[11]。H_2pdca 配体通过两种不同的相互作用与 Fe(Ⅲ) 配位：一种是强吡啶-铁，另一种是酰胺-铁（酰胺上的氮原子和氧原子与 Fe(Ⅲ) 相互作用）。$[Fe(Hpdca)_2]^+$ 可以很容易地解离成 $[Fe(Hpdca)]^{2+}$，其中铁中心通过与吡啶环更强的相互作用保持与配体的连接。Fe(Ⅲ) 配位可以断裂和重组，使链可逆展开和再折叠[11]。

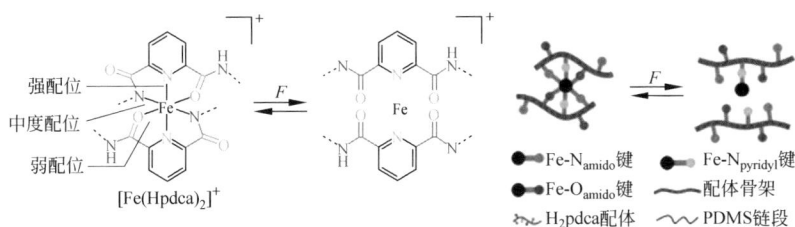

图 10-5 $[Fe(Hpdca)_2]^+$ 的化学结构示意图（见文前彩图）

离子（或静电）相互作用是两种带相反电荷的离子相互静电吸引的物理键，这种离子键形成的可逆性也可以促进自修复，具有较高的修复效率。例如，利用—COO^-—和—NH^+—基团之间的离子相互作用和氢键，支化聚醚酰亚胺（bPEI）/聚丙烯酸（PAA）/聚环氧乙烷配合物（bPEIx/PAA/PEO）的抗拉强度可达到 27.5 MPa，伸缩率达到 770%，并表现出室温自愈性。在 90% 相对湿度下修复 48 h 后，聚合物恢复的最大应力和断裂伸长率分别达到 25.7 MPa 和 750%，如图 10-6 所示[11]。

氢键是设计本征自修复聚合物研究最多的途径之一。在静电力的支配下，氢(H)原子可以被附近的具有较高电负性的原子或基团吸引，例如氮(N)、氧(O)或氟(F)原子。一旦供体和受体之间发生配对，

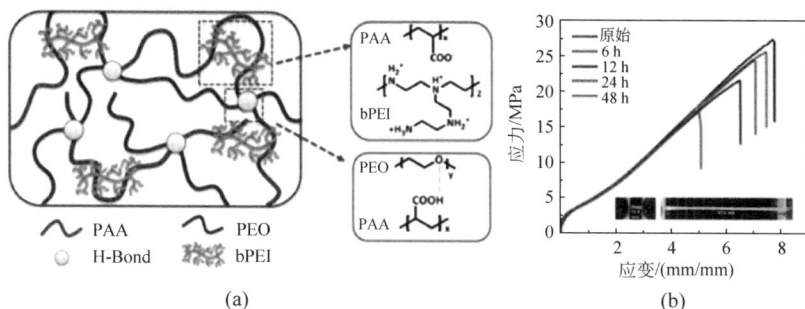

**图 10-6 PEIx/PAA/PEO 结构示意图及在不同自修复时间的
应力—应变曲线（见文前彩图）**

（a）bPEIx/PAA/PEO 结构示意图；（b）bPEIx/PAA/PEO 在不同自修复
时间的应力—应变曲线

这两个原子或基团之间就会形成氢键。氢键的强度远低于共价键的强度。较低的键强会导致更快的键断裂和形成，而氢键的这一特性有助于创建具有快速分子重排的聚合物系统。研究人员利用氢键的快速分子重排，设计了一系列具有极高拉伸性、优异的能量阻尼和自修复能力的自修复弹性体，其基本情况如图 10-7 所示[12]。通过 PDMS 尿素功能化合成的聚合物（U-PDMS）弹性体具有较高的断裂伸长率（984%~5600%）。调整 PDMS 链的长度可以使弹性体具有所需的机械强度、弹性和延展性。所设计的网络用刀片切割后，其机械强度和气体分离性能在室温下 2 h 内或在 20℃ 下 40 min 内可以完全恢复[12]。

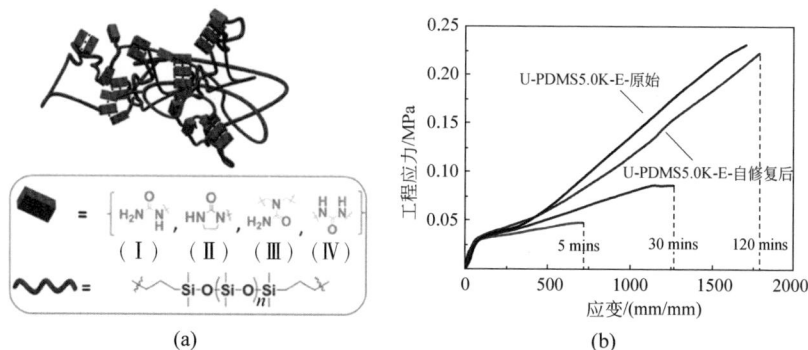

图 10-7 U-PDMS 弹性体及自修复情况（见文前彩图）

（a）U-PDMS 弹性体结构示意图；（b）U-PDMS-5.0K-E 不同自修复时间下自修复
样品的应力—应变曲线

2. 基于共价键的自修复聚合物

动态共价键包括 Diels-Alder(DA)反应、可逆二硫键、硼酸酯等被广泛探索和用于开发自修复材料。Diels-Alder 反应是一种具有解离机制的热可逆共价键,其中共轭二烯与亲二烯反应。因此,在施加物理损伤时,可以引入热量来触发反向 Diels-Alder 反应以再生共轭二烯和亲二烯试剂,进而可以进一步反应,重新形成化学键以治愈损伤[3]。例如,有报道称具有呋喃-马来酰亚胺加合物的热修复聚环氧树脂。固化后,环氧树脂的抗拉强度为 53 MPa,在 100~125℃下处理 20 min,在 80℃下处理 0~72 h,裂缝可实现自愈[13]。

由于 S-S 键的交换反应,可逆二硫键也被用于自修复材料的设计,在高温加热时就可以发生键交换并实现自修复。二硫共价交联橡胶在 60℃下被切割后会发生自主愈合,并在 60 min 内完全恢复机械性能[14]。此外,以二硫化物为主要成分的交联聚合物实现了高效自修复。值得一提的是,可见光可以加速溶解性固体(total dissolved solids,TDS)的重组反应,若修复过程发生在室温可见光下,修复 24 h 后恢复了原来韧性的 88%[15]。

硼酸脱水形成的硼氧烷在水解时是可逆的,这为自修复应用提供了动态机制。通过端基功能化将硼酸掺入 PDMS 中,随后可以脱水制备刚性但可自愈的 PDMS-硼氧烷网络。该网络在 70℃热处理 12 h 后,其力学性能完全恢复,拉伸强度为 9.46 MPa[16]。

不同动态键的区别在于解离能量,它控制着动态键的重排时间。在许多情况下,键重排时间是动态网络中最长的弛豫时间,它定义了标志着流动过程开始的末端弛豫时间。非线性流变学研究表明,自愈过程的动力学与动态键重排定义的末端弛豫时间密切相关。因此,动态键的重排时间是自修复速率的关键参数。

10.2.2 外援型自修复聚合物

外援型自修复通常涉及物理限制下的两种反应物在损伤后快速发生化学反应,迅速修复损伤。区别于传统的外援型自修复,一些聚合物系统还可以通过模拟植物的光合作用,利用大气中的二氧化碳固定进行自修复[3]。外援型自修复可以分为微胶囊型和微脉管型两种。

1. 微胶囊型自修复

微胶囊型自修复材料可分为微胶囊—催化剂、双微胶囊型和单组份微胶囊型等几类[9]。

微胶囊—催化剂体系的主要原理如图 10-8 所示[2]，材料内部包埋了含有修复液的微胶囊，同时在基体中包埋有催化剂。当材料中的微裂纹击破胶囊后，修复液流出到缺陷中并且在催化剂的作用下固化，从而修复微裂纹[17]。催化剂直接添加在材料内会影响材料的性能，同时也影响催化剂的活性，因而研究者开发出了把催化剂包覆起来形成双微胶囊体系。还有一些研究者研发了单组分的自修复体系，利用热、紫外光等方式触发流出微胶囊的修复液的固化，这使该体系对材料的影响降到了最低。微胶囊体系由于胶囊内部的修复液有限，针对的缺陷往往在几微米到几毫米之间[9]。此外，微胶囊体系的另一缺陷在于由于修复试剂的有限性，该修复过程大多只能修复一次，再次发生损伤时往往无法完成修复[2]。

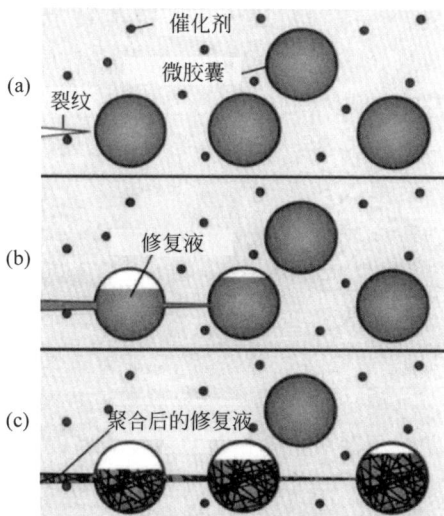

图 10-8　微胶囊—催化剂体系示意图

（a）基体中出现裂纹；（b）裂纹击破微胶囊并通过毛细作用释放修复试剂；
（c）修复试剂接触到催化剂引发聚合使损伤修复

2. 微脉管型自修复

为了修复更大的缺陷、实现多次修复，微脉管体系被开发出来。微脉管型自修复体系中的修复试剂相互接触并可以流动。在遇到较大损伤时，若损伤处周围的微脉管中修复试剂不足，其他部位的修复试剂可以通过相互贯通的孔道流动到裂纹处进行修复。微脉管型自修复体系在微胶囊体系的基础上提高了修复液的运输能力和储存量，增加了修复次数和可修复损伤的大小,也与生命体中血液运输的模式更为接近[9]。

10.3　绝缘封装聚合物自修复

　　绝缘材料的电气损伤是威胁其可靠性和使用寿命的主要因素之一[18]。尽管气体或液体材料的电绝缘性能在电损伤后具有高度的恢复性,并且一些半液体半固体有机硅凝胶表现出自修复行为,但固体聚合物中的电损伤长期以来一直被认为是永久性缺陷[19]。

　　绝缘材料长期老化的主要形式为电化学老化,如电树老化或水树老化[9]。绝缘材料在制备过程中不可避免地存在缺陷与薄弱点。这些缺陷在材料的长期运行过程中成为电场集中的区域,在高能电子的冲击和电致发光的激发下,材料的分子链逐渐发生断裂,产生自由基。这些自由基通过氧气参与的链式反应,继续破坏周围的分子链,直到形成一个低密度区域。电子在这个低密度区域能够获得更长的自由程,从而获得足够的能量产生电子崩,此时局部放电就发生了,诱发了电树形成。在电树起始之后,树枝通道中不断发生新的局部放电,推动电树枝前端不断延伸,最终形成贯穿电极的导电通道,使绝缘材料失效。利用添加电压稳定剂、纳米填料、化学抑制等方法可以提高聚合物基体的电树枝起始电压和降低电树枝生长的速度。然而这些方法并不能逆转材料的电树枝老化进程和恢复聚合物产生电树枝后的绝缘性能。相比之下,生命体在遭受外界损伤后能够自我修复机体,恢复到正常状态。基于此,21 世纪以来,研究者们提出了自修复材料的概念[20]。

10.3.1　绝缘封装聚合物的电损伤

　　固体绝缘材料的破坏一般可分为电击穿、热击穿、电—机械击穿、电化学击穿等,如图 10-9 所示[21]。其中,电击穿、热击穿和电—机械击穿都是短时击穿,主要与材料本身的绝缘、机械特性相关。电化学击穿又称电老化,是材料在长时间的电场作用下,材料分子链逐渐降解,机械和绝缘性能缓慢下降,最终导致绝缘完全失效的过程。电树老化是电老化中的一类主要形式,其主要特征是材料内部的气隙或薄弱部位在电场作用下发生电离,导致周围分子链进一步降解和破坏,形成类似树枝状的管道和孔洞,并且逐渐沿电场方向发展,最终形成放电通道[9]。抑制或解决绝缘材料的电损伤需要做好两方面的工作,一是最大限度清除聚合物中预先存在的固有缺陷；二是设计结构和组成优异的自修复绝缘材料。

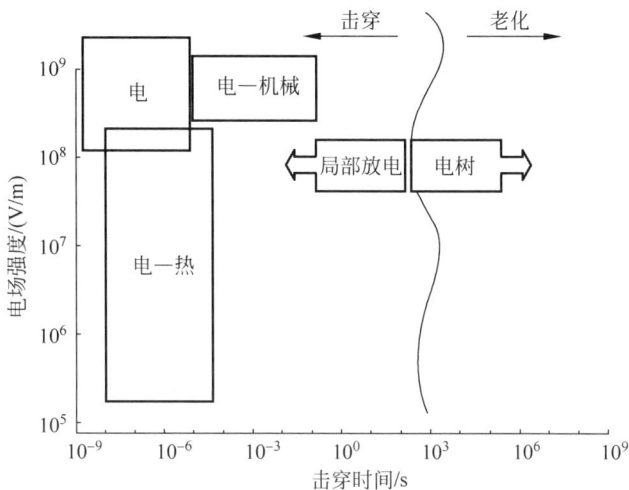

图 10-9 固体绝缘材料的失效机理

10.3.2 电树老化的产生与发展机理

电树老化的发展过程可以分为起树、生长、击穿三个过程。电树是由缺陷区域引发的，这些区域预先存在于电介质中，或者由化学降解和麦克斯韦应力产生，如图 10-10 所示[9]。绝缘材料在交变电场的作用下，在电场集中的位置反复发生电荷的注入和抽出，使材料的分子链逐渐断裂，产生自由基。具体而言，这种初始自由基的产生主要可分为两个机理[22]。首先，电子在施加负电压时不停地注入到电极附近的材料内并被俘获。在电压转正后，部分电子因为入陷在材料内

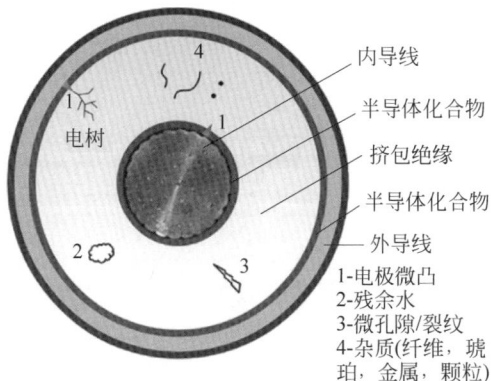

图 10-10 挤出聚合物电力电缆的典型初始缺陷

部的深陷阱而无法抽出回到电极,导致电极前端空间电荷积聚。这部分电荷加剧了电极尖端的电场不均匀度,增加了局部场强,最终增加了热电子的能量。热电子与聚合物分子碰撞使之发生激发或电离,导致聚合物分子链的断裂。其次,在交变电场的作用下,材料内部积聚的不同极性的电荷会发生中和,或者由热电子激发的分子的能量降低到基态后,都会产生光子。这些光子会进一步激发附近的材料,使其分子链断裂,产生自由基。上述机理产生的初始自由基,通过自由基链式反应,进一步使周围的高分子链继续发生断裂,形成更多的自由基,最终在局部形成一个低密度区域,如图 10-11(a)所示[9]。电子在这些低密度区域里能够获得足够长的自由程,从而在电场作用下加速获得足够的能量产生电子崩。这个时候,电树枝就被起始了。树枝通道产生后,通道内部高分子链降解产生的气体诱发局部放电,电离出

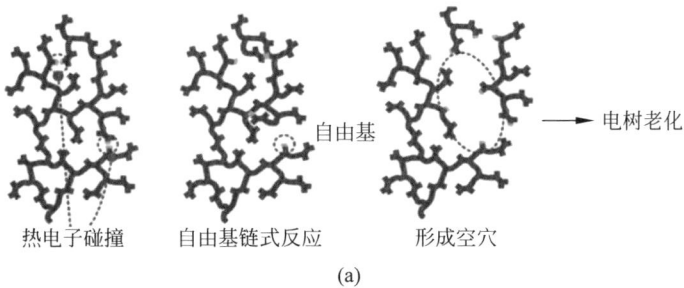

(a)

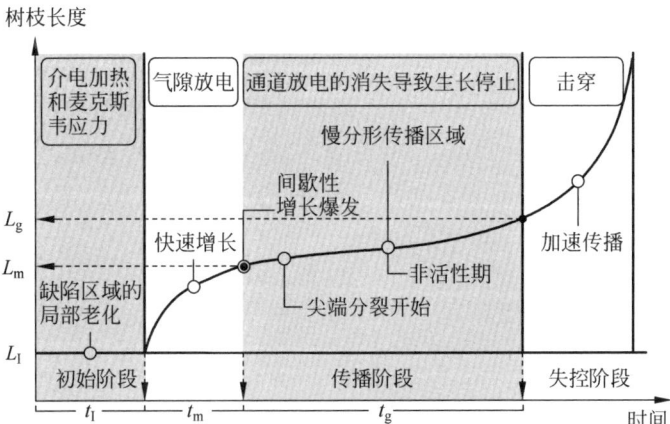

(b)

图 10-11　电树枝形成与发展传播过程

(a)电树起始过程;(b)电树枝生长的长度随传播时间变化的统计趋势

的正负离子进一步使树枝前端的聚合物分子发生裂解,电树枝也就不断朝着电场方向逐渐发展,最终形成一条完整的导电通道,绝缘材料被彻底击穿。

根据电树在不同电损伤时期的传播速率,电树枝生长过程可分为三个阶段,即初始阶段、传播阶段(包括快速增长和慢分形传播阶段)和失控阶段,如图 10-11(b)所示[9]。电树枝起始阶段所需要的时间与材料工艺、缺陷特性及外加电场特性等相关,在实际工况运行中往往需要较长的时间。在初始阶段之后,电树枝生长过程首先会经历一个快速发展过程,电树枝的长度达到 10 μm 以上,然后进入缓慢生长阶段,约占整个电树生长时间的 $60\%\sim70\%$。电树枝生长减缓的原因是树枝尖端分裂,分支通道的形成削弱了尖端的电场集中,此时的电树枝生长呈现间歇性生长。在持续的电场作用下,电树枝不断发展,前端接近相反的电极,电树枝进入加速生长阶段。此时电树枝的生长发展已经处于不可控状态,快速生长并导致绝缘的整体击穿[1,9]。在初始阶段,涉及纳米级损伤(链断裂等),能够处理分子到纳米级裂纹的自修复方法是有效的。在形成直径为几微米、长度为数百微米或更长的树枝状通道的慢传播阶段,采用的自修复方法需要能修复微米到毫米级的损伤。如图 10-12 所示,高雷等[21]提出了利用含有光敏修复液

(a)

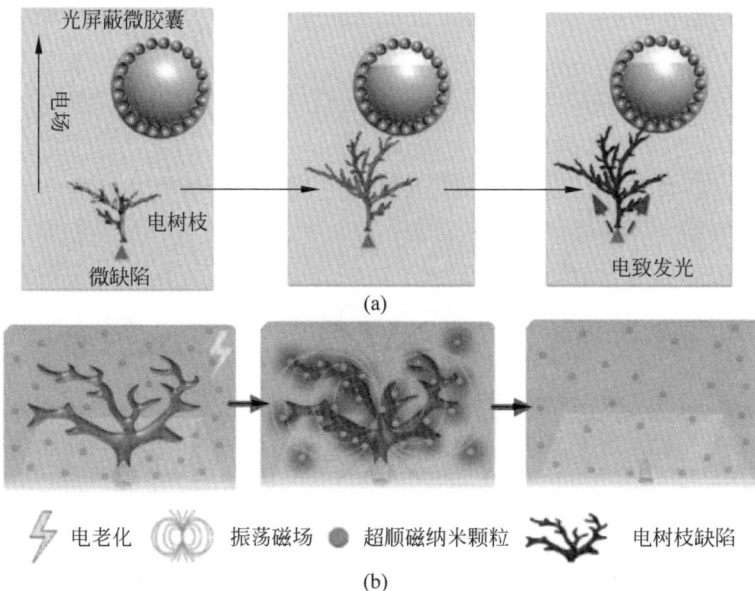

(b)

图 10-12　电树枝自修复示意图

(a)光致触发的微胶囊基自修复绝缘材料修复电树枝微缺陷;

(b)磁热靶向修复热塑性材料中的电树枝微缺陷

的微胶囊与绝缘材料复合的方法,赋予绝缘材料自修复能力;杨洋等[18]提出了以超顺磁纳米颗粒改性为基础的磁热修复方法,实现了聚丙烯材料中靶向修复电树缺陷。

实际上,电树枝是一种多尺度的损伤,在树枝末端包含微尺度的裂缝和纳米级空隙,更好的自我修复策略应涵盖从纳米到毫米的广泛尺度[1]。

10.3.3　电树老化抑制方法

对于绝缘材料而言,其在大部分时间处于初始阶段和电树枝缓慢传播阶段,可以利用这两个生长不活跃的时期来阻止电树生长并修补损伤[1,9]。

由电树的起始与发展机理可知,电树的产生与发展主要有以下几个关键因素:电子碰撞、电致发光、自由基链式反应、局部放电、气体产生等。因此,可以针对上述几个方面抑制电树枝产生与发展,主要方法包括引入高电子亲和能力的电压稳定剂来束缚电子;通过引入比基体更容易电离的电压稳定剂来限制电子与紫外光对基体分子的影响;通过引入自由基清除剂来抑制自由基的链式反应;通过引入吸附气体的分子筛来限制局部放电;通过引入纳米粒子形成深陷阱,从而束缚电荷;通过引入微米无机氧化物来阻挡电树枝发展的前进路径等。比如,Tanaka 等[24]发现,LDPE/MgO 纳米复合材料诱发电树时比纯 LDPE 具有更高的起始电压,并且在相同的发展时间内电树长度更短;Wu[25]等认为纳米颗粒的粒径越小,纳米复合材料中电树的形成时间越长;Imai 等[26]讨论了温度对纯环氧树脂和层状硅酸盐环氧纳米复合材料电树形态的影响;Tiembloy 等[27]认为,当外加电压高于 15 kV 时,纳米复合材料具有更长的电树诱发时间和更短的显影时间,而当外加电压小于 15 kV 时,不同的纳米材料对电树的启动和显影时间有不同的影响;Pitsa 等[28]等认为,聚乙烯/蒙脱石纳米复合材料在抑制电树生长方面优于纯聚乙烯。另外,Yang 等[23]发现,在 18 kV 外加电压测试下,加入 5 wt% SiO_2 环氧树脂的电树诱发率下降至 25%,其电树生长速率降至 1.97 $\mu m/min$。对比纯环氧和纳米复合材料中电树的形状可以发现,纯 EP 中电树具有通道较少且较细的分支。但随着纳米 SiO_2 填充量的增加,电树变密,其形状由树枝状演变为丛林状。在该实验中,树枝传播到另一个电极的时间不超过半小时,而如果电树枝变成电树丛,它就很难向前移动,只有一些树枝从尖端长出来，导致树枝变密，电树的颜色逐渐变暗，这个过程可能会持续几个小时，最后可能只有一根电树枝在崩溃之前从丛林中伸出，从而抑制电树的发展，如图 10-13 所示[23]。

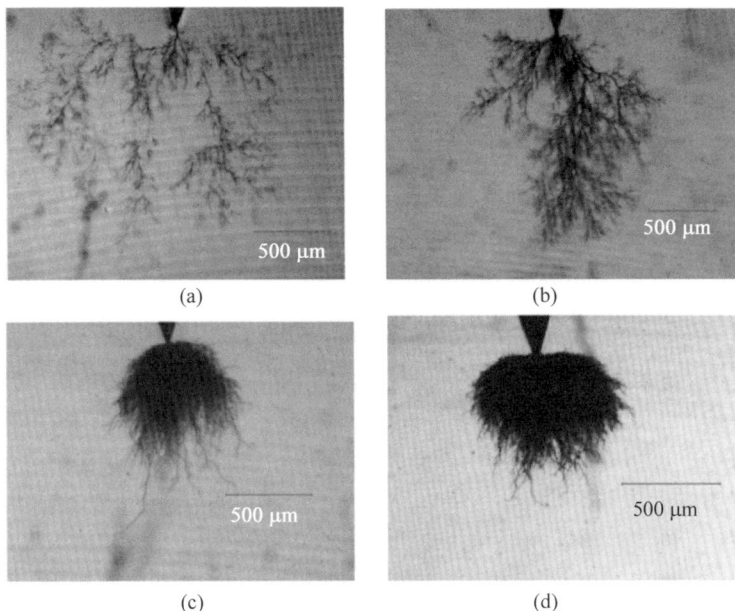

图 10-13　纳米复合材料中电树的形状

(a) 纯 EP；(b) 1 wt%纳米 SiO_2 填充量；(c) 3 wt%纳米 SiO_2 填充量；

(d) 5 wt%纳米 SiO_2 填充量

针对自由基在电树枝老化过程中起到的重要作用，人们可以通过在基体中添加能够与自由基反应的基团或化合物，使自由基的链式反应终止，从而保护周围的其他高分子链，大大降低电树枝的起始和生长速度[29]。利用上述方法，电树的起始过程和生长速度受到抑制，大大延长了材料的寿命[9]。

10.4　聚合物自修复绝缘特性影响

介电材料是微电子和高压电气器件绝缘封装中不可缺少的元素，聚合物是首选的介电材料。为了使电子和电气器件具有较高的功率密度、更小的特征尺寸和更长的使用寿命，对聚合物封装材料性能提出了较高要求，尤其是要求聚合物电介质有更好的电气和自修复性能[30]。

理想的绝缘聚合物电介质应该是均匀的,本体没有缺陷。然而,均质的电介质在绝缘材料性能方面存在局限性。负载添加剂增强聚合物电介质的性能已引起广泛关注。添加剂的体积效应和纳米颗粒的大表面积都有助于增强材料对电树的抵抗力。采用不同形状的 SiO_2、Al_2O_3 等纳米颗粒的复合材料形成异质材料,可以增加相界面区域,从而增强电性能。Zhou 等[31]报道了复合材料的力学性能可能会抑制电老化过程,特别是限制了局部放电的发展,从而形成微小的电树。Bian 等[30]制备了电性能自修复三相环氧树脂复合材料,即 SiO_2 微纳米颗粒、不同链长的氢键自修复材料(hydrogen-bonded self-healing materials,HSM)和环氧树脂三相共混,其介电常数和介电损耗的增量随 HSM 填充量的增加而减小。高磊等[32]基于微胶囊自修复方法,利用原位产生的电致发光固化电树化过程微胶囊释放的愈合剂,其过程如图 10-14 所示。

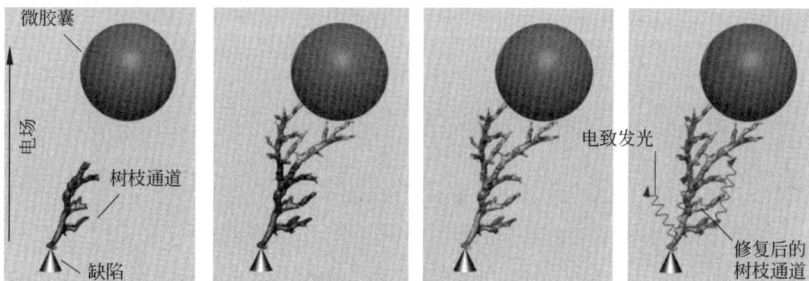

图 10-14   电树自修复示意图(见文前彩图)

为了验证复合材料的电性能自修复效果,高磊等[32]绘制了环氧树脂和复合材料在电树循环过程中的直流电阻变化图和观察到的电树图像,如图 10-15 所示。当电树随着循环次数不断传播、电树长度超过 500 μm 时,纯环氧树脂的电阻值明显降低(约为原环氧树脂的 80%);当电树长度达到 100 μm 时,电阻迅速下降,环氧树脂发生击穿,如图 10-15(a)所示。而随循环次数的增加,由于电树的产生和生长,复合材料的电阻在最初降低,逐渐增加到稳定值 2×10^{13} Ω,该值与电树形成前复合材料的电阻相当,如图 10-15(b)所示,证明了绝缘性能的自修复。

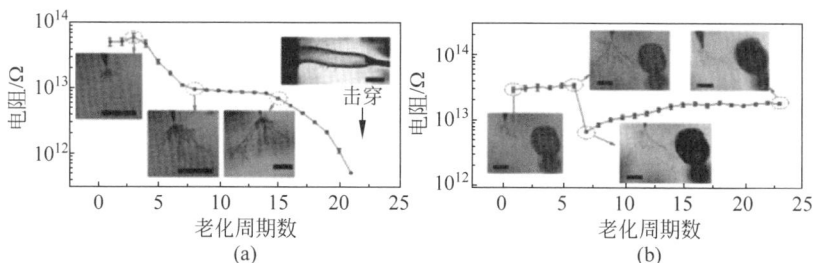

图 10-15　环氧树脂及其复合材料修复过程中电阻变化情况

（a）纯环氧树脂降解过程；（b）复合材料自修复过程直流电阻的变化

10.5　本章小结

　　聚合物自修复绝缘特性对聚合物电介质薄膜的性能和使用寿命具有重要影响。首先，自修复绝缘特性可以增强聚合物电介质薄膜的稳定性。在充放电过程中，聚合物电介质薄膜可能会受到电击穿或热击穿等损伤，导致绝缘性能下降。然而，如果聚合物具有自修复绝缘特性，这些损伤可以在一定程度上自行修复，从而保持聚合物电介质薄膜的稳定性和可靠性。其次，自修复绝缘特性可以提高聚合物电介质薄膜的耐高温性能。在高温环境下，聚合物电介质薄膜可能会因为热膨胀等原因导致绝缘性能下降。然而，如果聚合物具有自修复绝缘特性，可以在一定程度上抵消这些影响，保持聚合物电介质薄膜的耐高温性能。此外，自修复绝缘特性还可以延长聚合物电介质薄膜的使用寿命。在使用过程中，聚合物电介质薄膜可能会因为各种因素而逐渐老化，导致绝缘性能下降。然而，如果聚合物具有自修复绝缘特性，可以在一定程度上减缓老化的进程，从而延长聚合物电介质薄膜的使用寿命。总之，聚合物自修复绝缘特性对聚合物电介质薄膜的性能和使用寿命具有重要影响。因此，在开发聚合物电介质薄膜时，需要充分考虑聚合物的自修复绝缘特性，以提高薄膜的稳定性和可靠性。

参考文献

［1］　YANG Y，DANG Z M，LI Q，HE J. Self-healing of electrical damage in polymers［J］. Advanced Science，2020，7（21），2002131.

［2］　李金辉. 自修复聚合物复合材料的设计、制备及应用研究［D］. 中国科学院大学（中国科学院深圳先进技术研究院），2018.

［3］ LI B，CAO P F，SAITO T，SOKOLOV A P. Intrinsically self-healing polymers：from mechanistic insight to current challenges ［J］. Chemical Reviews，2023，123(2)，701-735.

［4］ JUD K，KAUSCH H H，WILLIAMS J G. Fracture mechanics studies of crack healing and welding of polymers ［J］. Journal of Materials Science，1981，16(1)：204-210.

［5］ WU D Y，MEURE S，SOLOMON D. Self-healing polymeric materials：A review of recent developments ［J］. Progress in Polymer Science，2008，33(5)：479-522.

［6］ Cioffi M O H，Bomfim A S C，Ambrogi V，Advani S G. A review on self-healing polymers and polymer composites for structural applications［J］. Polymer Composites，2022，43(11)：7643-7668.

［7］ VARLEY R J，PARN G P. Thermally activated healing in a mendable resin using a non woven EMAA fabric ［J］. Composites Science and Technology，2012，72(3)：453-460.

［8］ HERBST F，DOHLER D，MICHAEL P，BINDER W H. Self-healing polymers via supramolecular forces ［J］. Macromolecular Rapid Communications，2013，34(3)：203-220.

［9］ 谢佳烨. 具有电树缺陷修复功能的新型固性绝缘材料基础研究[D]. 清华大学，2021.

［10］ LESAINT C，RISINGGARD V，HOLTO J，et al. Self-healing high voltage electrical insulation materials ［C］//Proceedings of IEEE Electrical Insulation Conference(EIC)，Philadelphia，PA，2014：241-244.

［11］ LI C H，WANG C，KEPLINGER C，et al. A highly stretchable autonomous self-healing elastomer ［J］. Nature Chemistry，2016，8(6)：619-625.

［12］ CAO P F，LI B，HONG T，et al. Superstretchable，self-healing polymeric elastomers with tunable properties ［J］. Advanced Functional Materials，2018，28(22)，1800741.

［13］ TIAN Q，YUAN Y C，RONG M. Z，ZHANG M Q. A thermally remendable epoxy resin ［J］. Journal of Materials Chemistry，2009，19(9)：1289-1296.

［14］ CANADELL J，GOOSSENS H，KLUMPERMAN B. Self-healing materials based on disulfide links ［J］. Macromolecules，2011，44(8)：2536-2541.

［15］ AMAMOTO Y，OTSUKA H，TAKAHARA A，MATYJASZEWSKI K. Self-healing of covalently cross-linked polymers by reshuffling thiuram disulfide moieties in air under visible light ［J］. Advanced Materials，2012，24(29)：3975-3980.

［16］ LAI J C，MEI J F，JIA X Y，et al. Stiff and healable polymer based on dynamic-covalent boroxine bonds ［J］. Advanced Materials，2016，28(37)：8277-8282.

[17] WHITE S R,SOTTOS N R,GEUBELLE P H,et al. Autonomic healing of polymer composites [J]. Nature,2001,409(6822):794-797.

[18] YANG Y,HE J,LI Q,et al. Self-healing of electrical damage in polymers using superparamagetic nanoparticles [J]. Nature Nanotechnology,2019, 14(2): 151-155.

[19] SALVATIERRA L M,KOVALEVSKI L I,IRURZUN I M,et al. Self-healing during electrical treeing: A feature of the two-phase liquid-solid nature of silicone gels [J]. IEEE Transactions on Dielectrics and Electrical Insulation,2016,23(2): 757-767.

[20] WHITE S R,SOTTOS N R,GEUBELLE P H,et al. Autonomic healing of polymer composites [J]. Nature. 2001,409(6822): 794-797.

[21] 高雷. 微放电光致触发的自修复绝缘电介质基础研究 [D]. 清华大学,2016.

[22] SHIMIZU N,LAURENT C. Electrical tree initiation [J]. IEEE Transactions on Dielectrics and Electrical Insulation,1998,5(5): 651-659.

[23] YANG W H,YANG X,XU M,LUO P,CAO XL. The effect of nano SiO_2 additive on electrical tree characteristics in epoxy resin [C]//Proceedings of the 2013 Annual Report Conference on Electrical Insulation and Dielectric Phenomena,Shenzhen,China,2013,683-686.

[24] TANAKA T,YOKOYAMA K,OHKI Y,et al. High field light emission in LDPE/MgO nanocomposite [C]//Proceedings of International Symposium on Electrical Insulating Materials,Mie,Japan,2008: 152.

[25] WU J D,LIZUKA T,MONDEN K,et al. Characteristics of initial trees of 30 to 60 μm length in epoxy/silica nanocomposite [J]. IEEE Transactions on Dielectrics and Electrical Insulation,2012,19(1): 312-320.

[26] IMAI T,SAWA F,OZAKI T,et al. Influence of temperature on mechanical and insulation properties of epoxy-layered silicate nanocomposite [J]. IEEE Transactions on Dielectrics and Electrical Insulation,2006,13(2): 445-452.

[27] TIEMBLO P,HOYOS M,Gomez-Elvira J M,et al. The development of electrical treeing in LDPE and its nanocomposites with spherical silica [J]. Journal of Physics D,2008,41(12): 125208.

[28] PITSA D,VARDAKIS G E,DANIKAS M G. Effect of nanoparticles loading on electrical tree propagtion in polymer nanocomposites [C]// Proceedings of International Symposium on Electrical Insulating Materials, Kyoto,Japan,2011:9-11.

[29] 李春阳,韩宝忠,张城城,等. 电压稳定剂提高 PE/XLPE 绝缘耐电性能研究综述[J]. 中国电机工程学报,2017,37(16): 4850-4864.

[30] BIAN W,WANG W,YANG Y. A self-healing and electrical-tree-inhibiting epoxy composite with hydrogen-bonds and SiO_2 particles [J]. Polymers, 2017,9(9): 431.

[31] ZHOU Y,LIU R,HOU F,XUE W,ZHANG X. Effect of silica particles on electrical treeing initiation in silicone rubber [C]//Proceedings of the Conference on Electrical Insulation and Dielectric Phenomena,Montreal,QC,Canada,2012.

[32] GAO L,YANG Y,XIE J,et al. Autonomous self-healing of electrical degradation in dielectric polymers using in situ electroluminescence [J]. Matter,2020,2(2):451-463.